计算机科学组合学丛书

组 合 数 学
（第 5 版）

卢开澄　卢华明　编著

清 华 大 学 出 版 社

北 京

内 容 简 介

本书是《组合数学(第 4 版)》的修订版,全书共分 7 章,分别是排列与组合、递推关系与母函数、容斥原理与鸽巢原理、Burnside 引理与 Pólya 定理、区组设计、编码简介和组合算法简介.丰富的实例及理论和实际相结合是本书一大特点,有利于对问题的深入理解.

本书是计算机相关专业本科生和研究生的教学用书,也可作为数学专业师生的教学参考书.

图书在版编目(CIP)数据

组合数学/卢开澄,卢华明编著. —5 版. —北京:清华大学出版社,2016(2025.3重印)
(计算机科学组合学丛书)
ISBN 978-7-302-44930-0

Ⅰ. ①组… Ⅱ. ①卢… ②卢… Ⅲ. ①组合数学 Ⅳ. ①O157

中国版本图书馆 CIP 数据核字(2016)第 212913 号

责任编辑:张　民
封面设计:傅瑞学
责任校对:白　蕾
责任印制:沈　露

出版发行:清华大学出版社
　　网　　　址:https://www.tup.com.cn,https://www.wqxuetang.com
　　地　　　址:北京清华大学学研大厦 A 座　　　　　　邮　　编:100084
　　社 总 机:010-83470000　　　　　　　　　　　　邮　　购:010-62786544
　　投稿与读者服务:010-62776969,c-service@tup.tsinghua.edu.cn
　　质量反馈:010-62772015,zhiliang@tup.tsinghua.edu.cn
印 装 者:三河市天利华印刷装订有限公司
经　　销:全国新华书店
开　　本:185mm×260mm　　　　　印　张:18　　　　字　　数:437 千字
版　　次:2006 年 12 月第 1 版　 2016 年 11 月第 5 版　　印　次:2025 年 3 月第 12 次印刷
定　　价:49.00 元

产品编号:070980-02

序　言

电子计算机的出现是 20 世纪最有影响的一件大事,它改变了整个世界的面貌,人们几乎无处不感到它的存在.哪个领域如果至今还宣称它与计算机线性无关,十之八九它已落后了.电子计算机使各种难题得以解决,但也萌生出更多的相关理论问题,在这种刺激和影响下,组合数学新军突起,一跃而成为最活跃的新数学分支,虽然它所讨论的问题和所使用的工具有的可追溯到二百多年前.有的组合学家将"计算机科学"定义为研究算法的科学,它为组合数学提供了活动的空间和舞台.组合数学(分析)是算法的理论基础,它与算法的关系犹如数学分析与计算方法的关系.作者认为这门课实际上是为学习"算法与复杂性分析"做理论知识的准备.图论本是这个家族的主要成员,由于它已成长壮大,现已独立出去.

组合数学来源于实际,不少的讨论引人入胜,但初学者也往往有犯难的感觉.其实之所以觉得难,是因为还没弄懂,一旦明白了,则会恍然大悟而兴趣盎然.如果说学这门课有什么窍门,那就是从实际情况出发,以规模小的问题,模拟"沙盘推演",寻找其规律性,然后推广及一般.

作者在实践中常有这样的体会:组合数学欲留给读者以和善可亲的形象,相比板着冷峻的面孔,要困难得多.解决方法是求助于实例.如果说法则是支撑肢体的框架,那么它将因丰富多彩的例子而丰满.本书在这方面,不论质和量都是一个亮点.不少问题饶有趣味,我们也常常为之而上下求索.第 5 版将依据作者近几年各自在教学实践中的经验,以怎样使读者更易接受作为出发点.

前面已提到这门课是为"算法与复杂性分析"所做的理论知识的准备,作者经验认为,计算机相关专业的本科生和研究生在学习第 1～3 章后继续学习第 6～7 章是一个不错的主意,以免有"空返"之憾.其他专业的学生则请酌情处理.

作　者

目　　录

第1章　排列与组合

1.1　加法法则与乘法法则

组合数学的最主要内容是对离散对象的计数,计数时经常要用到两个基本法则,即加法法则和乘法法则. 在以后讨论中不特别说明都假定 A 和 B 是性质无关的两类事件.

1. 加法法则

若具有性质 A 的事件有 m 个,具有性质 B 的事件有 n 个,则具有性质 A 或性质 B 的事件有 $m+n$ 个.

例如事件 A 是大于 0 而小于 10 的偶数,即 $A=\{2,4,6,8\}$;事件 B 是大于 0 而小于 10 的奇数,即 $B=\{1,3,5,7,9\}$. 具有性质 A 的事件数 $m=4$,具有性质 B 的事件数 $n=5$. 具有性质 A 和性质 B 的事件,即大于 0 而小于 10 的正整数数目等于 $4+5=9$.

2. 乘法法则

若具有性质 A 的事件有 m 个,具有性质 B 的事件有 n 个,则具有性质 A 及性质 B 的事件有 mn 个.

[**例 1-1**]　设某 BASIC 语言限制标识符,最多由三个字符组成,要求第 1 个字符必须是 26 个英文字母中的一个,第 2、3 字符可以是英文字母,也可以是阿拉伯数字 $0,1,2,3,4,\cdots,$ 9.求标识符的数目.

标识符的构成,可以是一个字符,或两个字符,最多三个字符.

一个字符组成时只能是 26 个英文字母.

两个字符组成时第 1 个字符是 26 个英文字母之一,第 2 个字符可能是 26 个英文字母及 10 个阿拉伯数字,共 36 个. 根据乘法法则两个字符构成的标识符有

$$26 \times 36 = 936$$

三个字符构成的标识符,其中第 1 个字符有 26 个,第 2 个和第 3 个字符有 36 个,故三个字符构成的标识符数为

$$26 \times 36 \times 36 = 33696$$

根据加法法则,最多由三个字符构成的标识符数目为

$$N = 26 + 936 + 33696 = 34658$$

[**例 1-2**]　求小于 10000 的正整数中含有数字 1 的数的个数.

小于 10000 的正整数可以看成是由 $0,1,2,\cdots,8,9$ 中取 4 个数构成的. 但 0000 不在正整数范围内,故小于 10000 的正整数数目根据乘法法则应为 $10^4-1=9999$ 个.

同理,4 位中不含 1 的数的数目应为

$$9^4 - 1 = 6561 - 1 = 6560$$

故小于 10000 并含有 1 的数的个数为

$$9999 - 6560 = 3439$$

本题解法不是直接去求含有 1 的数的数目,而是求不含 1 的数的数目. 全体减去不含 1

的数剩下的就是含有数 1 的数的个数.

[**例 1-3**]　长度为 n 的 0,1 符号串的数目为 2^n.

假定 $a=a_1a_2\cdots a_n$,$a_i\in[0,1]$,$i=1,2,\cdots,n$,根据乘法法则立即可得 0,1 符号串的个数为 $2^n=\underbrace{2\cdot2\cdot\cdots\cdot2}_{n个}$,例如 $n=3$,有

000, 001, 010, 011, 100, 101, 110, 111

或表示为图 1-1.

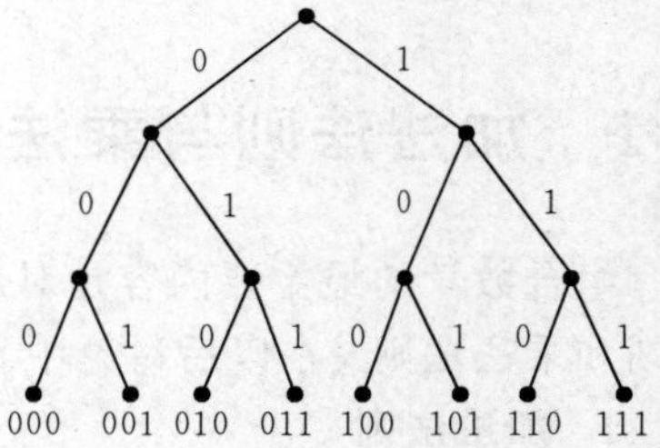

[**例 1-4**]　遗传物质 DNA 是由 T,C,A,G 四种化合物组成的链,由 T,C,A,G 它们的不同排列顺序确定遗传信息,称为遗传编码.在遗传学上 T 为胸腺喀啶,C 为胞喀啶,A 为腺嘌呤,G 为鸟嘌呤.

图　1-1

人类的 DNA 链长度为 2.1×10^{10}.根据乘法法则,人类的 DNA 链的数目 N 为

$$N=4^{2.1\times10^{10}}=(4^{2.1})^{10^{10}},$$

但　　　　　　　　　　$4^{2.1}=18.379>10^{1.26}$,

故　　　　　　　　　　$N>(10^{10^{10}})^{1.26}$.

[**例 1-5**]　n 元布尔函数 $f(x_1,x_2,\cdots,x_n)$ 的数目.

n 个布尔目变元 $x_1,x_2,\cdots,x_n$,$x_i=(0,1)$,$i=1,2,\cdots,n$,根据乘法法则可能有 $\underbrace{2\cdot2\cdot\cdots\cdot2}_{n项}=2^n$ 种指派,令 2^n 个不同指派为

$$a_1,a_2,\cdots,a_{2^n}$$

对每个指派,布尔函数取值为 $(0,1)$,故不同的布尔函数的数目为

$$\underbrace{2\cdot2\cdot\cdots\cdot2}_{2^n}=2^{2^n}$$

以 $n=2$ 为例,(x_1,x_2) 有 $(0,0)$,$(0,1)$,$(1,0)$,$(1,1)$,共 4 种指派,而 $f(x_1,x_2)$ 有 $2^4=16$ 种可能.相同的 (x_1,x_2),而函数值不全相同,表示为不相同的布尔函数,见表 1-1.

表　1-1

x_1	x_2	f_1	f_2	f_3	f_4	f_5	f_6	f_7	f_8
0	0	0	0	0	0	0	0	0	0
0	1	0	0	0	0	1	1	1	1
1	0	0	0	1	1	0	0	1	1
1	1	0	1	0	1	0	1	0	1
$f_i=$		0	$x_1\wedge x_2$	$x_1\wedge\bar{x}_2$	x_1	$\bar{x}_1\wedge x_2$	x_2	$(\bar{x}_1\vee\bar{x}_2)\wedge(x_1\vee x_2)$	$x_1\vee x_2$

x_1	x_2	f_9	f_{10}	f_{11}	f_{12}	f_{13}	f_{14}	f_{15}	f_{16}
0	0	1	1	1	1	1	1	1	1
0	1	0	0	0	0	1	1	1	1
1	0	0	0	1	1	0	0	1	1
1	1	0	1	0	1	0	1	0	1
$f_i=$		$\bar{x}_1\wedge\bar{x}_2$	$(\bar{x}_1\vee x_2)\wedge(x_1\vee\bar{x}_2)$	$\bar{x}_2$	$x_1\vee\bar{x}_2$	$\bar{x}_1$	$\bar{x}_1\vee x_2$	$\bar{x}_1\vee\bar{x}_2$	1

其中 $\bar{1}=0,\bar{0}=1$，并满足：

$\lor$	0	1
0	0	1
1	1	1

$\land$	0	1
0	0	0
1	0	1

例如 $(\bar{x_1}\lor x_2)\land(x_1\lor \bar{x_2})$ 列表计算见表 1-2.

表　1-2

x_1	x_2	$\bar{x_1}$	$\bar{x_2}$	$\bar{x_1}\lor x_2$	$x_1\lor \bar{x_2}$	$(\bar{x_1}\lor x_2)\land(x_1\lor \bar{x_2})$	
0	0	1	1	1	1	1	
0	1	1	0	1	0	0	
1	0	0	1	0	1	0	
1	1	0	0	1	1	1	

　　[例 1-6] $n=7^3\times11^2\times13^4$，求除尽 n 的整数个数.

　　显然能除尽 n 的整数是

$$7^{l_1}\times11^{l_2}\times13^{l_3}，\quad 0\leqslant l_1\leqslant3,0\leqslant l_2\leqslant2,0\leqslant l_3\leqslant4.$$

　　根据乘法法则，能除尽 n 的数的数目为

$$4\times3\times5=60$$

　　[例 1-7] 有 a,b,c,d,e 这 5 个字，从中取 6 个构成一组字符串. 要求：(1)第 1 个和第 6 个必须是子音 b,c,d；(2)每一字符串都必有 a,e 两个母音，且 a,e 不相邻；(3)相邻两子音不允许相同. 求字符串的数目.

　　根据要求，两个母音 a,e 有以下 3 种格式：(1)即 a,e 位于第 2 和第 4 位，或记为(2,4)格式；(2)(2,5)格式；(3)(3,5)格式.

$$(2,4)：\quad \bullet\quad\bigcirc\quad\bullet\quad\bigcirc\quad\bullet\quad\bullet$$
$$(2,5)：\quad \bullet\quad\bigcirc\quad\bullet\quad\bullet\quad\bigcirc\quad\bullet$$
$$(3,5)：\quad \bullet\quad\bullet\quad\bigcirc\quad\bullet\quad\bigcirc\quad\bullet$$

其中 $\bullet$ 表示子音，$\bigcirc$ 表示母音. 单个子音有 3 种选择，一对子音字符只有 3×2 种选择.

　　(2,4)格式有 $3\times2\times3\times2\times3\times2=3^3\times2^3$ 种方案，

　　(2,5)格式有 $3\times2\times3\times2\times2\times3=3^3\times2^3$ 种方案，

　　(3,5)格式有 $3\times2\times2\times3\times3\times2=3^3\times2^3$ 种方案.

根据加法法则所求字符串的数目 n 有

$$n=3\times3^3\times2^3=3^4\times2^3=81\times8=648$$

　　[例 1-8] 有日文书 5 册，英文书 7 册，中文书 10 册，若从中取两册不同文字的书有几种可能？若取两册是相同文字的又有多少种方案？若取两本不论是什么文字的又有几种方案？

　　(1)取两本不同文字的书，根据乘法法则有：

　　① 英、日各一册的有 $n_1=5\times7=35$ 种可能；

　　② 中、日各一册的有 $n_2=10\times5=50$ 种可能；

　　③ 中、英各一册的有 $n_3=10\times7=70$ 种可能.

　　再根据加法法则取两册不同文字的书的方案数

$$N_1 = 35 + 50 + 70 = 155 \text{ 种}$$

（2）取两册书是相同文字的方案数分别有：

① 同为中文：$n_1' = (10 \times 9)/2 = 45$；

第 1 本有 10 种可能，第 2 本有 9 种可能，但第 1 本为 a，第 2 本为 b，和第 1 本为 b，第 2 本为 a 情况相同，重复计算一次，故除以 2.

② 同为英文：$n_2' = 7 \times 6/2 = 21$；

③ 同为日文：$n_3' = 5 \times 4/2 = 10$.

根据加法法则取两册，为同文字的方案数

$$N_2 = 45 + 21 + 10 = 76 \text{ 种}$$

（3）不考虑文字相同与否，根据加法法则

$$N_3 = 155 + 76 = 231 \text{ 种},$$

或从 22 本书取两册有 $22 \times 21/2 = 231$ 种.

［例 1-9］ 由 26 个英文字母构成长度为 5 的字符串，要求：(1)6 个母音 a,e,i,o,u,y 不相邻；(2)其余 20 个子音不存在 3 个相邻；(3)相邻的子音不相同. 试有多少个这样的字符串.

用 α 表示 a,e,i,o,u,y 的集合，β 表示其余 20 个子音的集合，根据要求，这样的字符串其结构可表示为

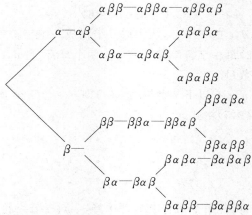

在此，"—"表示过程，并非其他运算.

根据乘法法则有：

（1）$\alpha\beta\beta\alpha\beta$ 型

$$n_1 = 6 \times 20 \times 19 \times 6 \times 20 = 6^2 \times 20^2 \times 19;$$

（2）$\alpha\beta\alpha\beta\alpha$ 型

$$n_2 = 6 \times 20 \times 6 \times 20 \times 6 = 6^3 \times 20^2;$$

（3）$\alpha\beta\alpha\beta\beta$ 型

$$n_3 = 6 \times 20 \times 6 \times 20 \times 19 = 6^2 \times 20^2 \times 19;$$

（4）$\beta\beta\alpha\beta\alpha$ 型

$$n_4 = 20 \times 19 \times 6 \times 20 \times 6 = 6^2 \times 20^2 \times 19;$$

（5）$\beta\beta\alpha\beta\beta$ 型

$$n_5 = 20 \times 19 \times 6 \times 20 \times 19 = 6 \times (20 \times 19)^2;$$

（6）$\beta\alpha\beta\alpha\beta$ 型

$$n_6=20\times6\times20\times6\times20=6^2\times20^3;$$

（7）$\beta\alpha\beta\beta\alpha$ 型

$$n_7=20\times6\times20\times19\times6=6^2\times20^2\times19.$$

根据加法法则

$$\begin{aligned}n&=n_1+n_2+n_3+n_4+n_5+n_6+n_7\\&=6\times20^2[6\times19+6^2+6\times19+6\times19+19^2+6\times20+6\times19]\\&=6\times20^2[24\times19+6^2+6\times20]\\&=6\times20^2\times973=2335200.\end{aligned}$$

1.2　一一对应

一一对应是计数时常用的一种技巧,若性质 A 的计数比较困难,性质 B 的计数比较容易,但性质 A 和性质 B 一一对应,则对 A 的计数可转换为对性质 B 的计数.

最有趣而且直观的一个例子,比如有 100 位乒乓球选手通过淘汰赛,最后产生一名冠军,先分 50 对比赛,第一轮结束留下 50 名胜利者.第二轮将 50 名第一轮胜出的选手分成 25 对进行比赛,25 名胜利者参加第三轮比赛,分 12 组,其中一人直接参加第四轮比赛.第四轮开始时 13 名选手,分 6 对比赛,一人直接进入第五轮,第五轮有 7 人,分 3 组,同样有一个直接进入第六轮;第六轮有四人,分两组,其中胜者参加最后的决赛.现统计共进行多少对比赛,总比赛台数 $50+25+12+6+3+2+1=99$.

其实比赛的台数和每一场比赛淘汰一名选手一一对应,100 名选手要选出一名单打冠军,必须淘汰 99 名,故必须进行 99 台比赛.1000 位选手要选出一名单打冠军,不必犹豫回答要进行 999 台比赛.

[例 1-10]　碳氢化合物 C_nH_{2n+2},随 n 的不同有如下不同的支链,见图 1-2.

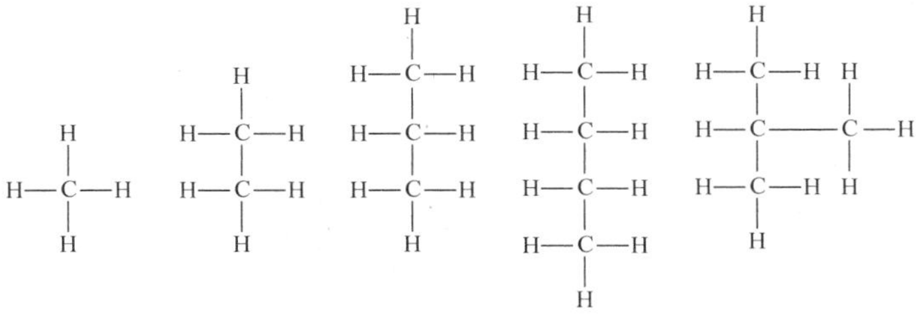

$n=1$ 甲烷　　$n=2$ 乙烷　　$n=3$ 丙烷　　$n=4$ 丁烷　　$n=4$ 异丁烷

图　1-2

这说明 C_nH_{2n+2} 的每一支链和一棵有 $3n+2$ 个顶点的树一一对应,要求树叶的数目为 $2n+2$,内点的数目为 n,内点的线度为 4.比如图 1-2 的 $n=4$,这样的树有两个,一个对应丁烷,一个对应异丁烷.构造碳氢化合物 C_nH_{2n+2} 的问题可转换为图论问题.只要计算符合上述条件的树的数目,便可确定对应的不同化合物的数目,而且列举满足条件的树的结构便可提供对应化合物支链的构造.例如 $n=3$ 的 C_3H_6,图 1-3 有两个图,从图论的观点看是同构,他们的相关位置一样，即他们点和边的连接关系是一致的.

定理 1-1（Cayley） 过 n 个有标志顶点的树的数目等于 n^{n-2}.

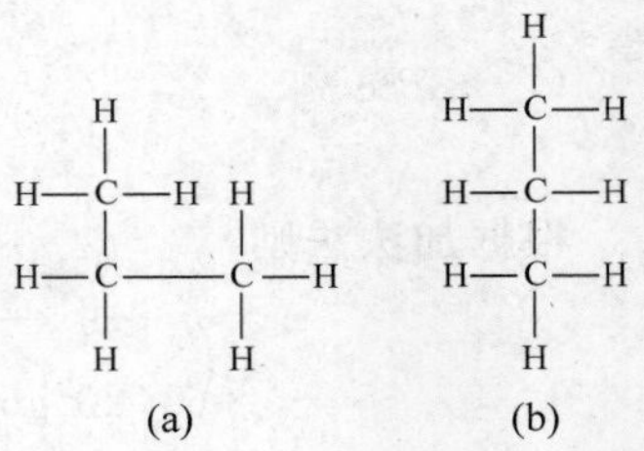

此定理说明用 $n-1$ 条边将 n 个已知的顶点连接起来的连通图的个数为 n^{n-2}. 也可以这样理解，将 n 个城市连接起来的树状公路网络有 n^{n-2} 种可能方案. 所谓树状，指的是用 $n-1$ 条边将 n 个顶点构成一个连通图. 当然，建造一个树状公路网将 n 个城市连接起来，应求其中长度最短，造价最省的一种，或效益最大的一种. Cayley 定理只是说明可能方案的数目.

图 1-3

Cayley 定理的证明方法有许多，下面采用最聪明的——对应法. 不失一般性，假定已知的 n 个顶点标志为 $1, 2, \cdots, n$.

假定 T 是其中一棵树，树叶中有标号最小者，设为 a_1，a_1 的邻接点为 b_1，从图中消去 a_1 点和边 (a_1, b_1). b_1 点便成为消去后余下的树 T_1 的顶点. 在余下的树 T_1 中寻找标号最小的树叶，设为 a_2，a_2 的邻接点为 b_2，从 T_1 中消去 a_2 及边 (a_2, b_2). 如此步骤继续 $n-2$ 次，直到最后剩下一条边为止. 于是一棵树 T 对应一序列

$$b_1, b_2, \cdots, b_{n-2}$$

$b_1, b_2, \cdots, b_{n-2}$ 是 1 到 n 中的数，并且允许重复.

反过来从 $b_1 b_2 \cdots b_n$ 可以恢复树 T 本身，因为消去的是树叶中标号最小的，而且它和 b_1 是邻接的. 即给出一序列

$$b_1, b_2, \cdots, b_{n-2}$$

其中 $1 \leqslant b_i \leqslant n, i = 1, 2, \cdots, n-2$. 可恢复与之对应的树，方法如下：有两个序列，一个是

$$1, 2, \cdots, n \tag{1-1}$$

另一个是

$$b_1, b_2, \cdots, b_{n-2} \tag{1-2}$$

在序列 (1-1) 中找出第一个不出现在序列 (1-2) $b_1, b_2, \cdots, b_{n-2}$ 中的数，这个数显然便是 a_1，同时形成边 (a_1, b_1)，并从 (1-1) 中消去 a_1，从 (1-2) 中消去 b_1. 在余下的 (1-1)，(1-2) 序列中继续以上的步骤 $n-2$ 次，直到序列 (1-2) 成为空集为止. 这时序列 (1-1) 剩下两个数 a_k, b_k. 边 (a_k, b_k) 是树 T 的最后一条边.

[**例 1-11**] $n = 6$，由图 1-4 根据上述的步骤可得序列 $b_1 = b_2 = b_3 = b_4 = 1$，即图 1-4 对应序列 1 1 1 1. 这个过程很容易，请读者自己来做做看. 这是一个极端的例子，反过来已知

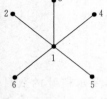

图 1-4

$$\begin{cases} (1,2,3,4,5,6) & \text{序列 (1)} \\ (1,1,1,1), & \text{序列 (2)} \end{cases}$$

恢复树 T.

序列 (1) 中第一个不在序列 (2) 中出现的数是 2. 故 (2,1) 是树的一条边. 从序列 (1) 中消去 2，从序列 (2) 中消去第 1 个数 1 并继续以上步骤.

$$\begin{cases} (1,3,4,5,6) \\ (1,1,1) \end{cases} \Rightarrow \begin{cases} (1,4,5,6) \\ (1,1) \end{cases} \quad (3,1) \text{是树的一条边.}$$

$$\begin{cases}(1,4,5,6)\\(1,1)\end{cases}\Rightarrow\begin{cases}(1,5,6)\\(1)\end{cases}\qquad(4,1)\text{是 }T\text{ 树的一条边,}$$

$$\begin{cases}(1,5,6)\\(1)\end{cases}\Rightarrow\begin{cases}(1,6)\\\phi\end{cases}(5,1)\text{是树的边.}(1,6)\text{是 }T\text{ 的最后一边.}$$

[**例 1-12**] 以图 1-5 为例说明以上的步骤.

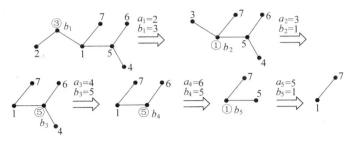

图　1-5

得 $(b_1,b_2,b_3,b_4,b_5)=(3,1,5,5,1),n=7.$

回过来从 $(3,1,5,5,1)$ 恢复树 T,

$$\begin{cases}(1,②,3,4,5,6,7)\\(③,1,5,5,1)\end{cases}\Rightarrow\begin{cases}(1,③,4,5,6,7)\\(①,5,5,1)\end{cases}\Rightarrow\begin{cases}(1,④,5,6,7)\\(⑤,5,1)\end{cases}\Rightarrow\begin{cases}(1,5,⑥,7)\\(⑤,1)\end{cases}\Rightarrow$$

$$\begin{cases}(1,⑤,7)\\(①)\end{cases}\Rightarrow\begin{cases}(1,7)\\\phi.\end{cases}$$

图 1-6 中假定已知各顶点的标号,有标志 $*$ 的边是新加的边.

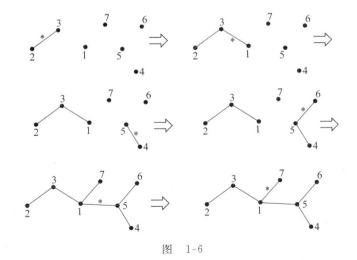

图　1-6

上面的讨论解决了由过 n 个已知标号的顶点的树,可推出序列 $b_1,b_2,\cdots,b_{n-2},1\leqslant b_i\leqslant n,i=1,2,\cdots,n-2.$ 反过来从已知序列: $b_1,b_2,\cdots,b_{n-2}$,其中 $1\leqslant b_i\leqslant n,i=1,2,\cdots,n-2$,可推出一个过 n 个已知标号的顶点的树,即过 n 个已知标号的顶点的树和序列 $b_1b_2\cdots b_{n-2}$ 一一对应,根据乘法法则可得,过 n 个有标号的顶点的树的数目,由于 $1\leqslant b_i\leqslant n$, $i=1,2,\cdots$, $n-2$,故为 n^{n-2} 个.

Cayley 定理的证明过程实际上是提供了构造过 n 个有标号顶点的树的方法.

1.3 排列与组合

1.3.1 排列与组合的模型

从 n 个元素中任取 r 个元素一组,若不考虑它们的顺序时,则称为从 n 中取 r 的组合,它的方案数以 $C(n,r)$ 或 $\begin{bmatrix} n \\ r \end{bmatrix}$ 表示.

n 个元素中取 r 个按顺序排成一列,称为从 n 中取 r 的排列,其排列的方案数以 $P(n,r)$ 表示.

例如从 $\{A,B,C,D\}$ 中取 3 个为一组,可有
$$(A,B,C),\ (A,B,D),\ (A,C,D),\ (B,C,D)$$
4 个组,故 $C(4,3)=4$.

将 (A,B,C) 进行排列可有 ABC,ACB,BAC,BCA,CAB,CBA;

将 (A,B,D) 进行排列可有 ABD,ADB,BAD,BDA,DAB,DBA;

将 (A,C,D) 进行排列可有 ACD,ADC,CAD,CDA,DAC,DCA;

将 (B,C,D) 进行排列可有 BCD,BDC,CBD,CDB,DBC,DCB.

故 $P(4,3)=24$.

从 n 中取 r 个排列的模型:可以看作 r 个盒是有标志的,n 个球也是有区别的,取 r 个球放进盒子,且无一空盒.

$$\boxed{(1)}\quad \boxed{(2)}\quad \boxed{(3)}\quad \cdots\quad \boxed{(r)}$$

不失一般性,记球的标志为 $1,2,\cdots,n$. 取一球放进第 1 个盒子,有 n 种选择可能. 再从余下的 $n-1$ 个球中取一球放进第 2 个盒子,有 $n-1$ 种选择可能,依此类推,最后第 r 次从 $n-r+1$ 个球中取 1 球放进第 r 个盒子,有 $n-r+1$ 种可能选择,根据乘法法则有

$$P(n,r)=n(n-1)(n-2)\cdots(n-r+1)$$

$$=\frac{n!}{(n-r)!}$$

取 n 个有标志的球的全体进行排列,称为 n 的全排列,其排列数为

$$n!$$

这里补充定义

$$0!=1$$

从 n 个元素中取 r 个进行组合的模:例如 n 个球是有标志的,r 个盒子是无区别的,从 n 个球中取 r 个装进盒子,每盒一球,无一空盒.

排列与组合的模型的区别在于盒子,排列的盒子有区别,组合的盒子无区别. 放进 r 个盒子的球的全排列为 $r!$,这就是组合的重复度,故

$$C(n,r)=\frac{P(n,r)}{r!}=\frac{n!}{r!(n-r)!}$$

$$P(n,r) = r!C(n,r)$$

1.3.2　排列与组合问题的举例

下面是关于排列、组合及乘法、加法法则的典型例子.

[例 1-13]　5 面不同颜色的旗帜,20 种不同的盆花,排成两端是两面旗帜,中间放 3 盆花的形式,试问有多少种不同的方案数?

5 面旗取 2 面的排列数为

$$P(5,2) = 5 \times 4 = 20$$

20 盆花取 3 盆的排列数为

$$P(20,3) = 20 \times 19 \times 18 = 6840$$

根据乘法法则,共有的方案数为

$$N = 20 \times 6840 = 136800$$

[例 1-14]　有男运动员 7 名,女运动员 3 名,列队进场,若要求头尾两名运动员必须是男运动员,且女运动员不相邻.问有多少种排列方案? 若女运动员排在一起,排在队的头尾两端,又有多少种方案? 只要女运动员排在一起又有多少种方案?

本例可以看作由男运动员先进行全排列,然后女运动员往里插入.设男运动员 7 名的一个排列为 $m_1 m_2 m_3 m_4 m_5 m_6 m_7$,女运动员再插入的位置为 ○,示意图如下

$$m_1 \bigcirc m_2 \bigcirc m_3 \bigcirc m_4 \bigcirc m_5 \bigcirc m_6 \bigcirc m_7$$

第 1 名女运动员有 6 种选择,第 2 名只有 5 种选择,第 3 名有 4 种选择,故第一个问题的方案数为

$$7! \times 6 \times 5 \times 4 = 5040 \times 120 = 604800$$

女运动员排在一起,列在队的头上或尾上则有方案数

$$2 \times 3! \times 7! = 60480$$

若 3 名女队员作为一个单位,插入男队排列中间,其方案数应为

$$7! \times 6 \times 6 = 181440$$

[例 1-15]　求 2000～7000 间的偶数中,由不同数字组成的 4 位数的个数.

设这四位数为 $n_3 n_2 n_1 n_0$,

由于是偶数,故 n_0 只能取 0,2,4,6,8 五个数字.

限制在 2000～7000 之间的数,故 n_3 只能取 2,3,4,5,6 五个数字.分别讨论如下:

(1) 当 n_3 取 2,4 或 6 时,n_0 只能有 4 种选择,而 $n_2 n_1$ 则只能从余下的 8 个数字取 2 个进行排列,故符合条件的数,根据乘法法则有

$$3 \times 4 \times P(8,2) = 12 \times 8 \times 7 = 672 \text{ 个}$$

(2) 若 n_3 不取 2,4,6,则 n_0 有 5 种选择,$n_2 n_1$ 为余下的 8 个数字取 2 个进行排列,故有符合条件的偶数个数为

$$2 \times 5 \times P(8,2) = 560 \text{ 个}$$

根据加法法则,所求的偶数数目为

$$672 + 560 = 1232 \text{ 个}$$

[例 1-16]　求由 1,3,5,7 不重复出现组成的整数的和.

这样的整数最多只能有 4 位数.

1 位数 4 个：1,3,5,7,

2 位数的个数为 $P(4,2)=12$ 个：

13,15,17,31,35,37,51,53,57,71,73,75,

3 位数有 $P(4,3)=24$ 个：

135,137,315,317,513,517,713,715,
153,173,351,371,531,571,731,751,
157,175,357,375,537,573,735,753.

4 位数有 $4!=24$ 个：

1357,1375,1537,1573,1735,1753,
3157,3175,3517,3571,3715,3751,
5137,5173,5317,5371,5713,5731,
7135,7153,7315,7351,7513,7531.

求这些数的和.直接对这些数求和不是目的,这是枚举,枚举只是在毫无办法时才用.现在设法找出其中的规律性来.注意个位、十位、百位、千位中 1,3,5,7 的分布特点,以三位数为例,第 1 位为 1 的 135,153,137,173,157,175,其中 35,53,37,73,57,75 是从 3,5,7 中取两个的排列.

令 S_1 表示个位数之和,S_2 表示十位数之和,同理 S_3,S_4 分别是百位、千位数之和.求得 S_1,S_2,S_3,S_4,则问题所求的和数

$$S = S_1 + 10S_2 + 100S_3 + 1000S_4$$

(1) S_1 的计算：

一位数中个位数之和 $=1+3+5+7=16$,

两位数中个位数之和 $=P(3,1)\times16=3\times16=48$,

三位数中个位数之和 $=P(3,2)\times16=6\times16=96$,

四位数中个位数之和 $=P(3,3)\times16=6\times16=96$.

$S_1=16+48+96+96=256$.

(2) S_2 的计算：

两位数中十位数之和 $=P(3,1)\times16=3\times16=48$,

三位数中十位数之和 $=P(3,2)\times16=6\times16=96$,

四位数中十位数之和 $=P(3,3)\times16=6\times16=96$.

$S_2=48+96+96=240$.

(3) S_3 的计算：

三位数中百位数之和 $=P(3,2)\times16=6\times16=96$,

四位数中百位数之和 $=P(3,3)\times16=6\times16=96$.

$S_3=96+96=192$.

(4) S_4 的计算：

四位数中千位数之和 $S_4=P(3,3)\times16=96$.

所以

$$S = 256 + 240 \times 10 + 192 \times 100 + 96 \times 1000$$
$$= 256 + 2400 + 19200 + 96000$$
$$= 117856.$$

[例 1-17]　5 个女生 7 个男生要组成一个含 5 个人的小组,要求该小组不允许男生某甲和女生某乙同时参加,试问有多少方案?

12 个人取 5 个的组合为

$$\binom{12}{5} = 11 \times 9 \times 8 = 792,$$

该甲和乙同时参加的方案数为 $\binom{10}{3} = \dfrac{10 \times 9 \times 8}{3 \times 2} = 120,$

故所求的方案数为 $792 - 120 = 672.$

[例 1-18]　英文 Wellcome 有 3 个母音:e、o、e 重复一次,5 个子音:w,l,l,c,m,但是 l 重复一次,将这 8 个字母进行排列,要求 3 个母音不允许相邻,试问有几种不同的排列?

5 个子音用○表示,其排列数为 $5!/2 = 60$,对其每一个排列如下插入位置○·表示母音:

$$\bullet \bigcirc \bullet \bigcirc \bullet \bigcirc \bullet \bigcirc \bullet \bigcirc \bullet$$

3 个母音中第 1 个插入位置有 6 种选择,即·的数目,第 2 个母音插入位置有 5 种选择,第 3 个母音插入位置有 4 种选择.

考虑 e 重复一个,总方案数为

$$60 \times 6 \times 5 \times 4 \div 2 = 3600$$

也可以考虑先将母音排列,然后将子音插入,留作思考。

[例 1-19]　从 1~300 间选取 3 个数使它们的和正好被 3 除尽,试问有多少种方案?

3 个数之和被 3 除尽只有如下两种可能:

(1) 3 个数被 3 除的剩余相同,即同除 3 除尽,或余 1 或 2.

(2) 3 个数中一个数被 3 除尽,一个被 3 除余 1,另一个余 2.

将 1~300 的数分成 3 组:

$A = \{1, 4, 7, \cdots, 298\}$,$A$ 的数被 3 除都余 1.

$B = \{2, 5, 8, \cdots, 299\}$,$B$ 的数被 3 除都余 2.

$C = \{3, 6, 9, \cdots, 300\}$,$C$ 的数被 3 除尽,即余 0.

3 个数同属于 A, B, C 的都有 $C(100, 3)$ 种方案.

3 个数分别属于 A, B, C 的有 100^3 种方案.

根据加法法则,取 3 个数使其和被 3 除尽的方案数为

$$3C(100, 3) + 100^3 = 3 \times \frac{100 \times 99 \times 98}{3 \times 2} + 1000000$$
$$= 1485100$$

[例 1-20]　红、黄、蓝、绿 4 种颜色的旗帜各 4 面,共 16 面排成一列,问有多少种不同的方案?

考虑到红、黄、蓝、绿各 4 面旗帜没区别,故有

$$\frac{16!}{(4!)^4} = 63063000$$

$(4!)^4$ 是由于每个颜色无区别的 4 面旗帜引起的重复度.

[例 1-21]　用 $1\times1,1\times2,1\times3$ 的方块铺设 1×7 的模块,试问有几种模式?

(1) 用 7 块 1×1 的成品,模式为 1 种;

(2) 用 5 块 $1\times1,1$ 块 1×2 的成品,模式 6!/5!=6 种;

(3) 用 4 块 $1\times1,1$ 块 1×3 的成品,模式 5!/4!=5 种;

(4) 用 3 块 $1\times1,2$ 块 2×2 的成品,模式 $\dfrac{5!}{3!2!}=10$ 种;

(5) 用 2 块 $1\times1,1\times2,1\times3$ 各一块,模式 4!/2!=12 种;

(6) 用 1 块 $1\times1,3$ 块 1×2,模式 4!/3!=4 种;

(7) 用 1 块 $1\times1,2$ 块 1×3,模式 3!/2!=3 种;

(8) 用 2 块 $1\times2,1$ 块 1×3,模式 3!/2!=3 种.

根据加法法则总共有

$$1+6+5+10+12+4+3+3 = 44 \text{ 种模式.}$$

[例 1-22]　设 $A_1,A_2,A_3,A_4,A_5,A_6,A_7,A_8$ 共 8 位同志,分成 4 组,每组两人,试问有多少种方案?

方法 1　A_1 进行选择同组人时有 7 种选择可能,

余下的 6 人中一人选择同组时只有 5 种可能,

余下的 4 人中一人选择同组时只有 3 种可能,

最后两人结成一组无选择余地.

故方案数 $N=7\times5\times3=105$.

方法 2

将 8 人进行全排列共有 8! 个.

若将 8 人分成 4 组:

$$\{1,2\},\{3,4\},\{5,6\},\{7,8\}$$

1 和 2、3 和 4、5 和 6、7 和 8 互换,实为相同的分组,故重复度为 2^4.

类似 $\{1,2\},\{3,4\},\{5,6\},\{7,8\}$ 进行全排列共 4! 个都表达同类分组,其重复度为 4!.所以分组的个数 N 有

$$N = \frac{8!}{4!2^4} = \frac{8\times7\times6\times5}{16} = 105$$

方法 3　将 8 人分成 4 组,第 1 组有 $\binom{8}{2}$ 种选择.余下 6 人,第 2 组有 $\binom{6}{2}$ 种选择,第 3 组有 $\binom{4}{2}$ 种选择.故根据乘法法则

$$N = \binom{8}{2}\cdot\binom{6}{2}\cdot\binom{4}{2}\Big/4! = 8\times7\times6\times5\times4\times3/2^3 \cdot 4! = 105$$

除 4! 的原因在于 4 组与顺序无关.

可将以上的讨论推广到 $2n$ 个成员有多少种分组方案,每组 2 人.

[例 1-23] 有 9 个有标志的棋子,将它们布放在 6×9 的棋盘上(见图 1-7)模拟 9 人从 6 个出口出去的各种方案.试讨论有多少种不同的方案数?棋盘每行第 1 格表示面临出口处.

图　1-7

方法 1　设 9 个棋子 $a_1,a_2,\cdots,a_9$ 只有标号没有顺序的关系,a_1 先选择出口有 6 种选择;a_2 选择的因素有 7,若选择与 a_1 同行时,可考虑在 a_1 前面或后面;同理 a_3 有 8 种选择可能,因 a_3 选择与 a_2 同行时,得考虑在 a_2 前面还是 a_2 后面,若 a_1,a_2 同行,还应考虑是在 a_1, a_2 的前面还是后面.依此类推,方案数 N 有

$$N = \underbrace{6\times 7\times 8\times 9\times 11\times 12\times 13\times 14}_{9\text{项}} = 14!/5!$$

方法 2　棋子的标志为 $a_1,a_2,\cdots,a_9$,它的任何一个排列,插入 5 个标志 $*$,便可表达一种出口方案,例如排列 1　2　3　4　5　6　7　8　9,插入 $*$ 如

$$1\quad 2\quad *\quad 3\quad *\quad 4\quad 5\quad *\quad 6\quad *\quad 7\quad 8\quad *\quad 9$$

表示 a_1,a_2 从第 1 出口处出去;a_3 从第 2 出口处出去;a_4,a_5 从第 3 出口处出去;a_6 从第 4 出口处出去;a_7,a_8 从第 5 出口处出去;a_9 从第 6 出口处出去.又如

$$\underbrace{1}_{\text{第1出口}}\quad *\quad \underbrace{2\quad 3}_{\text{第2出口}}\quad *\quad \underbrace{4}_{\text{第3出口}}\quad *\quad *\quad \underbrace{5\quad 6}_{\text{第5出口}}\quad *\quad \underbrace{7\quad 8\quad 9}_{\text{第6出口}}$$

其中第 4 出口空.

方法 3　如图 1-8 所示 9 个棋子 $\boxed{a}$ 和 5 个 ○ 标志.其中棋子是有标志的,而标志 ○ 是无区别的

$$\boxed{a_1}\ \boxed{a_2}\ ○\ \boxed{a_3}\ \boxed{a_4}\ ○\ \boxed{a_5}\ \boxed{a_6}\ ○\ \boxed{a_7}\ ○\ \boxed{a_8}\ \boxed{a_9}$$

图　1-8

$\boxed{a}$ 和 ○ 共 14 个. ○ 的位置是随机的从 14 中取 5 组合.例如图 1-8 是从 1～14 间取 3, 6,8,10,12. $a_1 a_2 \cdots a_9$ 是 1,2,3,4,5,6,7,8,9 的某一排列,从 14 格子中先按从 14 中取 5 的组合(本例如 3,6,8,10,12)放上标志 ○.余下的 9 个格子,按排列的顺序在空格放上 a_i,这样的排列应为 14! 种,但 ○ 没区别, ○ 之间的排列无影响,故不同的排列对同一组合对应一种出口方案.

$$N = 9!C(14,5) = \frac{14!}{5!}$$

3 种方案异途同归.

[例 1-24] 求 5 位数中,至少出现一个 6,而且被 3 除尽的数的数目. k 位数 $a_{k-1}a_{k-2}\cdots$ $a_1 a_0 \equiv a_k \times 10^{k-1} + a_{k-2} \times 10^{k-2} + \cdots + a_1 \times 10 + a_0$,由于 $10 \equiv 1 \bmod 3, 10^2 \equiv 1 \bmod 3, \cdots,$ $10^k \equiv 1 \bmod 3$.所以 $a_{k-1}a_{k-2}\cdots a_1 a_0$ 被 3 除尽的必要条件是

$$a_{k-1} + a_{k-2} + \cdots + a_1 + a_0 \equiv 0 \bmod 3$$

方法 1　5 位数从 10000 到 99999 共 90000 个,其中被 3 除尽的有 30000 个,这 30000 个数中第 1 位不出现 6 的有 1,2,3,4,5,7,8,9 共 8 种可能.第 2,3,4 位数不出现 6 的有 9 种可能,其中多了一个 0.但为了保证被除尽,第 5 位(即个位数)只能有 3 种选择.即若前 4 位数之和被 3 除尽,则个位数只能取 0,3,9,若前 4 位数之和被 3 除余 1,则个位数只能取 2,

5,8;若前 4 位数之和被 3 除余 2,则个位数只能取 1,4,7,都只有 3 种选择.

5 位数中不含有 6,而且被 3 除尽的数根据乘法法则有

$$8 \times 9^3 \times 3 = 17496$$

5 位数中被 3 除尽的数减去其中没有一位出现 6 的数即有 $30000 - 17496 = 12504$ 个数至少有 1 位出现 6 的.

方法 2 设 5 位数为 $a_4 a_3 a_2 a_1 a_0$.

(1) 若 $a_0 = 6$,则 a_1, a_2, a_3 有 10 种选择,即可取 $0,1,2,\cdots,9$. 但 a_4 只能有 3 种选择,为了保证 $a_4 + a_3 + a_2 + a_1 + a_0 \equiv 0 \bmod 3$,$a_4$ 不能为 0,即当 $a_3 + a_2 + a_1 + a_0 \equiv 0 \bmod 3$ 时,a_4 有 $3,6,9$ 三种可能. 故满足条件的方案数为 $3 \times 10^3 = 3000$.

(2) 如果 $a_0 \neq 6$,$a_1 = 6$,则 a_0 有 9 种选择,但 a_2, a_3 有 10 种选择. 同样道理 a_4 有 3 种选择,所以 $a_0 \neq 6$,从右边向左搜索第一个 6 出现在 a_1 时,有 $3 \times 10^2 \times 9 = 2700$ 种方案.

(3) 从右向左第一个 6 出现在 a_2,则 a_0, a_1 有 9 种选择,a_3 有 10 种选择,a_4 只有 3 种选择,故满足以上条件的数的个数为 $3 \times 10 \times 9^2 = 2430$.

(4) 如果从右向左搜索,第一个 6 出现在 $a_3 = 6$ 时. 则 a_0, a_1, a_2 都只有 9 种选择,a_4 只有 3 种选择,故满足以上条件的数的个数为 $3 \times 9^3 = 2187$.

(5) $a_4 = 6$ 时,即 a_3, a_2, a_1, a_0 都不为 6 时,符合条件的方案数目为 $3 \times 9^3 = 2187$. 其中 a_0 位只有 3 种选择,且 $a_0 \neq 6$.

根据加法法则,5 位数中至少出现一个 6,而且被 3 除尽的数的数目为

$$3000 + 2700 + 2430 + 2187 + 2187 = 12504$$

这两种方法很有代表性,一是直接去求满足条件的个数,如后一种. 另一种则是直接求不满足条件的个数,全体减去它. 这两种方法计数时常用它,看哪个更方便.

1.4 圆周排列

如果在一圆周上讨论排列问题即将一排列排到一圆周上,称为圆周排列问题,在这以前讨论的排列是排成一列. 从 n 个中取 r 个在圆周上进行排列数以 $Q(n,r)$ 表示.

圆周排列与排列不同之处在于圆周排列头尾相邻,比如 4 个元素 a,b,c,d 的排列 $abcd,dabc,cdab,bcda$ 是不同的排列,但将它围着圆周排列,其实是一回事,属于同一个圆周排列,如图 1-9 所示.

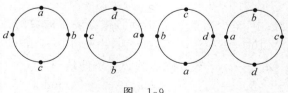

图 1-9

而且不难理解

$$Q(n,r) = \frac{P(n,r)}{r}$$

[例 1-25] 5 个男生，3 个女生围一圆桌而坐。若没加任何要求，则 $Q(8,8)=7!=5040$。若要求男生 B_1 不和女生 G_1 相邻而坐有多少种方案？若要求 3 个女生不相邻，又有多少方案数？

方法 1 先将 G_1 排除在外，7 个人围一圆桌坐，然后 G_1 插入，如图 1-10 所示。G_1 插入有 5 种选择，故 B_1 和 G_1 不相邻的方案数为 $5\times6!=5\times720=3600$。

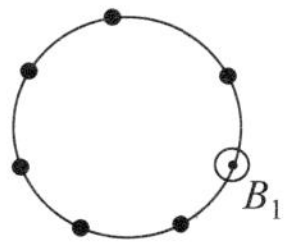

图 1-10

方法 2 先求出 B_1 和 G_1 相邻而坐的方案数：$2\times6!=2\times720=1440$，$5040-1440=3600$。

若 3 位女生不相邻。先考虑 5 个男生围圆桌而坐的方案数，然后 3 个女生依次插入，其方案数为

$$4!\times5\times4\times3=1440$$

[例 1-26] n 对夫妻围一圆桌而坐，求每对夫妻相邻而坐的方案数。

夫妻相邻而坐但可交换位置故所求的方案数 $N=(n-1)!\times2^n$。

[例 1-27] (1)有 12 个人分两桌，每桌 6 人，围着圆桌而坐，有几种安排方案？(2)若有 12 对夫妻平分为两桌，围圆桌而坐有几种方案？

(1) 根据乘法法则，从 12 人中取 6 个组各作围圆桌排列，故 $C(12,6)(5!)^2$。

(2) $C(12,6)(5!\ 2^6)^2$。

1.5 排列的生成算法

若说以前讨论了排列的个数，这一节则将这些排列一一罗列出来。

实际工作中有时要在计算机上模拟各种排列状态下出现的情况加以分析，下面介绍若干排列的生成算法。

1.5.1 序数法

$$n! = n(n-1)! = [(n-1)+1](n-1)!$$
$$= (n-1)(n-1)! + (n-1)!$$

同样理由可得

$$(n-1)! = (n-2)(n-2)! + (n-2)!$$

代入上式可得

$$n! = (n-1)(n-1)! + (n-2)(n-2)! + (n-2)!$$
$$= (n-1)(n-1)! + (n-2)(n-2)! + (n-3)(n-3)! + \cdots + 2\cdot2! + 2!$$
$$= \sum_{k=1}^{n-1} k\cdot k! + 1$$

$$n!-1 = (n-1)(n-1)! + (n-2)(n-2)! + \cdots + 2\cdot2! + 1\cdot1!$$

可得 $0\sim n!-1$ 的整数 m 可以唯一地表示为

$$m = a_{n-1}(n-1)! + a_{n-2}(n-2)! + \cdots + a_2\cdot2! + a_1$$

其中 a_k 满足 $0\leqslant a_k\leqslant k, k=1,2,\cdots,n-1$。

所以可以证明 $0\sim n!-1$ 的 $n!$ 个整数和序数

$$(a_{n-1}, a_{n-2}, \cdots, a_2, a_1)$$

一一对应. 下面讨论从 m 求序数 $(a_{n-1}, a_{n-2}, \cdots, a_2, a_1)$ 的方法.

$$m = a_{n-1}(n-1)! + a_{n-2}(n-2)! + \cdots + a_2 \cdot 2! + a_1$$

m 除以 2, 令 $n_1 = m$, 故 n_1 除以 2, 余数 r_1 即 a_1,

$$n_2 = \left\lfloor \frac{n_1}{2} \right\rfloor = a_{n-1} \frac{(n-1)!}{2} + a_{n-2} \frac{(n-2)!}{2} + \cdots + a_2, r_1 = a_1$$

类似 $n_3 = \left\lfloor \frac{n_2}{3} \right\rfloor = a_{n-1} \frac{(n-1)!}{3!} + a_{n-2} \frac{(n-2)!}{3!} + \cdots + a_3, r_2 = a_2$

令
$$n_{i+1} = \left\lfloor \frac{n_i}{i+1} \right\rfloor, r_i = a_i, i = 1, 2, \cdots, n-1.$$

[**例 1-28**] $m = 4000, 6! < 4000 < 7!$, 以 $n = 4000$ 作为例子, 方法可推及一般.

令

$$n_1 = 4000 = a_6 \cdot 6! + a_5 \cdot 5! + a_4 \cdot 4! + a_3 \cdot 3! + a_2 \cdot 2! + a_1,$$

$$n_2 = \left\lfloor \frac{n_1}{2} \right\rfloor = \left\lfloor \frac{4000}{2} \right\rfloor = 2000 = a_6 \cdot \frac{6!}{2} + a_5 \cdot \frac{5!}{2} + a_4 \cdot \frac{4!}{2} + a_3 \cdot \frac{3!}{2} + a_2, a_1 = 0,$$

$$n_3 = \left\lfloor \frac{n_2}{3} \right\rfloor = \left\lfloor \frac{2000}{3} \right\rfloor = 666 = a_6 \cdot \frac{6!}{3!} + a_5 \cdot \frac{5!}{3!} + a_4 \cdot \frac{4!}{3!} + a_3, a_2 = 2 = r_2,$$

$$n_4 = \left\lfloor \frac{n_3}{4} \right\rfloor = \left\lfloor \frac{666}{4} \right\rfloor = 166 = a_6 \cdot \frac{6!}{4!} + a_5 \cdot \frac{5!}{4!} + a_4, \quad a_3 = 2 = r_3,$$

$$n_5 = \left\lfloor \frac{n_4}{5} \right\rfloor = \left\lfloor \frac{166}{5} \right\rfloor = 33 = a_6 \cdot \frac{6!}{5!} + a_5, \quad a_4 = r_4 = 1,$$

$$n_6 = \left\lfloor \frac{33}{6} \right\rfloor = 5 = a_6, \quad a_5 = r_5 = 3,$$

$$n_7 = \left\lfloor \frac{5}{7} \right\rfloor = 0, \quad a_6 = r_6 = 5.$$

所以
$$4000 = 5 \cdot 6! + 3 \cdot 5! + 4! + 2 \cdot 3! + 2 \cdot 2!$$

综上所述, 满足条件

$$0 \leqslant a_i \leqslant i, i = 1, 2, \cdots, n-1$$

的序数

$$(a_{n-1}, a_{n-2}, \cdots, a_2, a_1) \qquad (*)$$

和 $0 \sim n! - 1$ 间 $n!$ 个整数一一对应. 下面试图将 n 个元素的全排列和序数 $(a_{n-1}, a_{n-2}, \cdots, a_2, a_1)$ 建立起一一对应关系, 不失一般性, n 个元素不妨令 i 为 $1, 2, \cdots, n$. 对应的规则如下:

式 $(*)$ 中第一个数 a_{n-1} 表示排列中数 n 的右(或左)端比 n 小的数的个数, 将 n 在排列的位置确定下来, 接着取 a_{n-2}, 它表示在排列中 $n-1$ 这个数在排列中的右(或左)端比 $n-1$ 小的数的个数, 依此类推, a_i 表示 $i+1$ 这个数在排列中的位置其右方(或左方)比 $i+1$ 小的数的个数, $i = n-1, n-2, \cdots, 2, 1$.

以 $1, 2, 3, 4$ 的排列 4213 为例, 排列 4213, 4 的右方比它小的数有 3 位, 故 $a_3 = 3$; 3 的右方比 3 小的数为 0, 故 $a_2 = 0$; 2 的右方比 2 小的数为 1, 故 $a_1 = 1$. 故排列 4213 对应于序数 (301), 反过来从 (301) 可推得排列 4213. $a_3 = 3$, 故 4 在排列中所在位右方比 4 小的数有 3 个, 故在下列 4 格的排列中的第 1 格为 4.

$a_2=0$,故 3 的右方没有比它小的,故在第 4 格填上 3,$a_1=1$,表示 2 的右方有一个比 2 小的,故在第 2 格填上 2,剩下的一格填上 1,便得排列 4213.现将 $n=4$ 的序数($a_3a_2a_1$)与对应的排列,列于表 1-3.

表 1-3

N	$a_3a_2a_1$	排 列	N	$a_3a_2a_1$	排 列
1	0 0 0	1 2 3 4	13	2 0 0	1 4 2 3
2	0 0 1	2 1 3 4	14	2 0 1	2 4 1 3
3	0 1 0	1 3 2 4	15	2 1 0	1 4 3 2
4	0 1 1	2 3 1 4	16	2 1 1	2 4 3 1
5	0 2 0	3 1 2 4	17	2 2 0	2 4 1 2
6	0 2 1	3 2 1 4	18	2 2 1	3 4 2 1
7	1 0 0	1 2 4 3	19	3 0 0	4 1 2 3
8	1 0 1	2 1 4 3	20	3 0 1	4 2 1 3
9	1 1 0	1 3 4 2	21	3 1 0	4 1 3 2
10	1 1 1	2 3 4 1	22	3 1 1	4 2 3 1
11	1 2 0	3 1 4 2	23	3 2 0	4 3 1 2
12	1 2 1	3 2 4 1	24	3 2 1	4 3 2 1

上面的讨论将"右"改为"左"也可以得另一种对应关系.

1.5.2 字典序法

以图 1-11 为例,高度为 4 的树,按从树根到树叶读出边的标号顺序得一排列,自左至右,依次为

$$1234, \quad 1243, \quad 1324, \quad 1342, \quad 1423, \quad 1432, \cdots, \quad 4321.$$

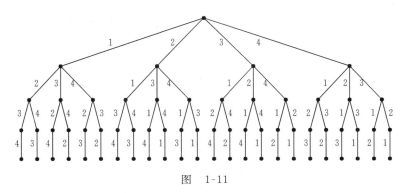

图 1-11

它是按字典的排列顺序排列的.由前面一个排列 $p_1p_2p_3p_4$ 到下一个排列的生成算法,归纳其规律为

S1. 求满足关系式 $p_{j-1}<p_j$ 的 j 的最大值,设为 i,即

$$i = \max\{j \mid p_{j-1}<p_j\}$$

S2. 求满足关系式 $p_{i-1}<p_k$ 的 k 的最大值,设为 h,即

$$h = \max\{k \mid p_{i-1} < p_k\}$$

S3. p_{i-1} 与 p_h 互换得 $\overline{p}_1 \overline{p}_2 \cdots \overline{p}_n$

S4. 令 $\overline{p}_1 \overline{p}_2 \cdots \overline{p}_{i-1} \overline{p}_i \overline{p}_{i+1} \cdots \overline{p}_n$ 的 $\overline{p}_i \overline{p}_{i+1} \cdots \overline{p}_n$ 的顺序逆转便得下一个排列

$$\overline{p}_1 \overline{p}_2 \cdots \overline{p}_{i-1} \overline{p}_n \cdots \overline{p}_i$$

例如 $p_1 p_2 p_3 p_4 = 3421$,

S1. $i = \max\{j \mid p_{j-1} < p_j\} = 2$,

S2. $h = \max\{k \mid p_{i-1} < p_k\} = 2$,

S3. p_1 和 p_2 互换得 4321,

S4. 将 4321 中的 321 的顺序逆转得下一个排列 4123.

以 $1, 2, \cdots, n$ 的排序利用字典序生成法,可从 $1\,2\cdots n$ 开始,直到 $n\,n-1\cdots 2\,1$ 结束,即直到不存在 $p_{j-1} < p_j$ 为止.

1.5.3 换位法

下面介绍一种比较直观的排序生成法,以 $\overleftarrow{1}\ \overleftarrow{2}\ \overleftarrow{3}\ \overleftarrow{4}$ 为初始排列,箭头所指一侧,相邻的数若比它小时,则称该数处在活动状态,$\overleftarrow{1}\ \overleftarrow{2}\ \overleftarrow{3}\ \overleftarrow{4}$ 的 2,3,4 都处在活动状态.

下面叙述从 $p_1 p_2 \cdots p_n$ 生成下一个排列的步骤:

S1. 若 $p_1 p_2 \cdots p_n$ 没有数处于活动状态则结束.

S2. 将处于活动状态的各数中值最大者设为 m,则 m 和它的箭头所指一侧相邻的数互换位置,而且比 m 大的所有数的箭头改变方向,即 → 改为 ←,← 改为 →.转 S1.

以 $\overleftarrow{1}\ \overleftarrow{2}\ \overleftarrow{3}\ \overleftarrow{4}$ 为例,2,3,4 都处于活动状态,根据算法有 $\overleftarrow{1}\ \overleftarrow{2}\ \overleftarrow{3}\ \overleftarrow{4}$.4 一直保持活动状态如下

$$\overleftarrow{1}\ \overleftarrow{2}\ \overleftarrow{4}\ \overleftarrow{3} \rightarrow \overleftarrow{1}\ \overleftarrow{4}\ \overleftarrow{2}\ \overleftarrow{3} \rightarrow \overleftarrow{4}\ \overleftarrow{1}\ \overleftarrow{2}\ \overleftarrow{3}$$

此时 $\overleftarrow{4}$ 所指一侧为空,由于改为 $\overrightarrow{3}$ 处于活动状态,与 $\overleftarrow{2}$ 换位,故有状态:$\overleftarrow{4}\ \overleftarrow{1}\ \overleftarrow{3}\ \overleftarrow{2}$,注意 $\overrightarrow{4}$ 的箭头又改变为 →,而处于活动状态.

图的最上方一块:

$$\overleftarrow{1}\ \overleftarrow{2}\ \overleftarrow{3} \left\{ \begin{array}{cccc} \overleftarrow{1} & \overleftarrow{2} & \overleftarrow{3} & \overleftarrow{4} \\ \overleftarrow{1} & \overleftarrow{2} & \overleftarrow{4} & \overleftarrow{3} \\ \overleftarrow{1} & \overleftarrow{4} & \overleftarrow{2} & \overleftarrow{3} \\ \overleftarrow{4} & \overleftarrow{1} & \overleftarrow{2} & \overleftarrow{3} \end{array} \right.$$

表示括号{右方的 4 个排列是由 $\overleftarrow{4}$ 分别插入而获得的.斜向的箭头是表示所指的数的活动轨迹.

如图 1-12 所示,直到 $\overleftarrow{2}\ \overleftarrow{1}\ \overleftarrow{3}\ \overleftarrow{4}$ 没有数处于活动状态,故结束.

换位法看起来很直观,但若直接按步骤执行,十分烦琐.实际上求最大的处于活动状态的数有规律可遵循.下面归纳出改善了的方法用算法表示,供参考使用.

S1. $A[i] \leftarrow 1$;

S2. i 从 2 到 n 做

    始 $A[i] \leftarrow i$, $D[i] \leftarrow i$,

    $E[i] \leftarrow -1$ 终;

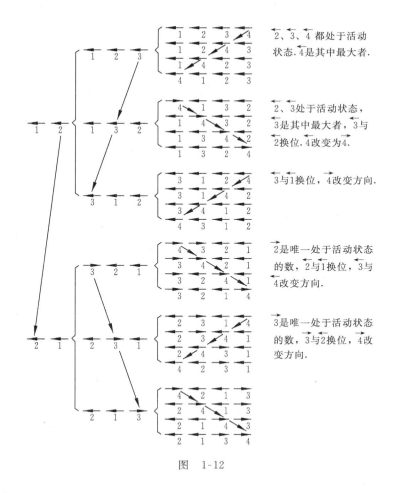

图 1-12

S3. $q \leftarrow 0$

　　i 从 1 到 n 输出 $A[i]$；

S4. $k \leftarrow n$；

S5. 若 $k > 1$ 则转 S6；

S6. $D[k] \leftarrow D[k] + E[k]$，$p \leftarrow D[k]$；

S7. 若 $p = k$ 则做 $E[k] \leftarrow -1$，转 S10；

S8. 若 $p = 0$ 则做

　　始 $E[k] \leftarrow 1$，$q \leftarrow q + 1$ 转 S10 **终**；

S9. $p \leftarrow p + q$，$r \leftarrow A[p]$，$A[p] \leftarrow A[p] \leftarrow A[p+1]$，

　　$A[p+1] \leftarrow i$，转 S3；

S10. $k \leftarrow k - 1$ 转 S5.

从图 1-12 可见，1234 的全排列，从 1 2，2 1 开始先将 3 插入得 123，132，312，213，231，321 然后将 4 插入．推及一般，也可算是生成排列算法的一种．

1.6　允许重复的组合与不相邻的组合

这一节讨论两种附加一些条件的组合问题,后面讨论中会用到它们.

1.6.1　允许重复的组合

允许重复的组合是指从 $A=\{1,2,\cdots,n\}$ 中取 r 个元素 $\{a_1,a_2,\cdots,a_r\}$, $a_i\in A$, $i=1,2,\cdots,r$, 而且允许 $a_i=a_j$, $i\neq j$.

例如 $A=\{1,2,3\}$,取 A 中两个元素作允许重复的组合,除了不重复的 $\{1,2\}$, $\{1,3\}$, $\{2,3\}$ 外还包含 $\{1,1\}$, $\{2,2\}$, $\{3,3\}$. 允许重复的组合的模型是 r 个球是无标志的, n 个盒子是有区别的,取出 r 个球放进盒子,每个盒子允许多于一个球. 不允许重复的组合模型是 n 个球是有标志的, r 个盒是无区别的,取 r 个球放进盒子,每盒一个球.

定理 1-2　在 n 个不同元素中取 r 个作允许重复的组合,其组合数为 $C(n+r-1,r)$.

证明　只要证明允许重复的组合和从 $n+r-1$ 个不同元素中取 r 个作不允许重复的组合一一对应,定理就得到了证明.

先证从 n 个元素中取 r 个作允许重复的组合,和从 $n+r-1$ 个不同元素中取 r 个作不允许重复的组合对应.

不失一般性,假定 n 个元素为 $1,2,\cdots,n$,从中取 r 个允许重复的组合 $a_1,a_2,\cdots,a_r$. 由于允许重复,假定

$$a_1\leqslant a_2\leqslant\cdots\leqslant a_r$$

从 $(a_1,a_2,\cdots,a_r)$ 引出 $(a_1,a_2+1,a_3+2,\cdots,a_r+r-1)$, $a_1,a_2+1,a_3+2,\cdots,a_r+r-1$ 互不相同,而且 $a_r+r-1\leqslant n+r-1$. 这就证明了每一个 1 到 n 取 r 个作允许重复的组合 $(a_1,a_2,\cdots,a_r)$,对应一个从 1 到 $n+r-1$ 取 r 个作不重复的组合 $(a_1,a_2+1,\cdots,a_r+r-1)$.

反过来每一个从 1 到 $n+r-1$ 中取 r 个作不重复的组合 $(b_1,b_2,\cdots,b_r)$,对应一个从 1 到 n 取 r 个作允许重复的组合,假定

$$b_1<b_2<b_3<\cdots<b_r\leqslant n+r-1$$

令　　　　　　　$a_1=b_1, a_2=b_2-1, a_3=b_3-2,\cdots,a_r=b_r-r+1$

于是有　　　　　　　$a_1\leqslant a_2\leqslant a_3\leqslant\cdots\leqslant a_r\leqslant n.$

即从 1 到 $n+r-1$ 取 r 个作不允许重复组合 $(b_1,b_2,\cdots,b_r)$ 对应于一个从 1 到 n 取 r 个作允许重复组合.

[例 1-29]　试问 $(x+y+z)^4$ 有多少项?

$$(x+y+z)^4=(x+y+z)\cdot(x+y+z)\cdot(x+y+z)\cdot(x+y+z)$$

展开式相当于从每一个右边括号里取一项相乘,可对应于有 4 个无标志的球,放进 3 个有标志 x,y,z 的盒子,一盒可多于 1 球,比如 x^4 可以看作 4 个球全部放在标志为 x 的盒子. 又如 x^2yz 可以看作 x 盒有两个球, y,z 盒子各一球.

所以问题等价于从 3 个元素中取 4 个作允许重复的组合,其组合数为

$$\binom{4+3-1}{4}=\binom{6}{4}=\frac{6!}{4!2!}=\frac{30}{2}=15$$

$(x+y+z)^4$ 共 15 项.

$$
\begin{aligned}
(x+y+z)^4 &= (x+y+z)^2 \cdot (x+y+z)^2 \\
&= (x^2+y^2+z^2+2xy+2xz+2yz)^2 \\
&= x^4+y^4+z^4+4x^3y+4x^3z+4y^3x+4y^3z \\
&\quad +4y^3z+4y^3x+6x^2y^2+6x^2z^2+6y^2z^2 \\
&\quad +4xyz^2+4xy^2z+4x^2yz
\end{aligned}
$$

1.6.2 不相邻的组合

所谓不相邻的组合是指从 $A=\{1,2,\cdots,n\}$ 取 r 个不相邻的数的组合,即不存在相邻两个数 j 和 $j+1$ 的组合.例如 $n=7,r=3$,有组合 $\{1,3,5\},\{1,3,6\},\{1,3,7\},\{1,4,6\},\{1,4,7\},\{1,5,7\},\{2,4,6\},\{2,4,7\},\{2,5,7\},\{3,5,7\}$.

定理 1-3 从 $A=\{1,2,\cdots,n\}$ 中取 r 个作不相邻的组合,其组合数为 $\binom{n-r+1}{r}$.

证 设 $B=\{b_1,b_2,\cdots,b_r\}$ 是一组不相邻的组合,假定 $b_1<b_2<\cdots<b_r$,令 $c_1=b_1,c_2=b_2-1,c_3=b_3-2,\cdots,c_r=b_r-r+1\leqslant n-r+1$,则 $\{c_1,c_2,\cdots,c_r\}$ 有 $c_1<c_2<\cdots<c_r$,即为从 $\{1,2,\cdots,n-r+1\}$ 中取 r 个作不允许重复的组合,假定 $0\leqslant r\leqslant n-r+1$. 反之,$\bar{A}=\{1,2,\cdots,n-r+1\}$,从 $\bar{A}$ 中取 r 个作不允许重复的组合 $\{d_1,d_2,\cdots,d_r\}$,假定 $d_1<d_2<\cdots<d_r$,则

$$
c_1=d_1, \quad c_2=d_2+1, \quad c_3=d_3+2,\cdots,
$$
$$
c_r=d_r+r-1\leqslant n-r+1+(r-1)=n
$$

则 $c_1<c_2<c_3<\cdots<c_r$,而且

$$
c_{i+1}-c_i=(d_{i+1}+i)-(d_i+i-1)=d_{i+1}-d_i+1>1
$$

故 $\{c_1,c_2,\cdots,c_r\}$ 是从 $A=\{1,2,3,\cdots,n\}$ 取 r 个作不相邻的组合.若 $r>n-r+1$,则不存在这样的组合.

后面第 3 章讨论"n 对夫妻"问题时要用到这个结果.

1.6.3 线性方程的整数解的个数问题

已知线性方程 $x_1+x_2+\cdots+x_n=b,n$ 和 b 都是整数,$n\geqslant 1$,求此方程的非负整数解的个数.

定理 1-4 线性方程 $x_1+x_2+\cdots+x_n=b$ 的非负整数解的个数是 $\binom{n+b-1}{b}$.

证 方程的每个非负整数解 $(\xi_1,\xi_2,\cdots,\xi_n)$ 对应一个将 b 个无区别的球,放进 n 个有标志的盒子 $(x_1,x_2,\cdots,x_n)$ 的情况,允许一盒多于一个球,故非负整解的数目等价于 1 到 n 的正整数取 b 个作允许重复的组合,其组合数为

$$
\binom{n+b-1}{b}
$$

$x_1=\xi_1,x_2=\xi_2,\cdots,x_n=\xi_n$,使 $\xi_1+\xi_2+\cdots+\xi_n=b$ 等价于 x_i 盒有 ξ_i 个球,$i=1,2,\cdots,n$.

1.6.4 组合的生成

组合的生成比排列要简单些,试从 $1,2,3,4,5,6,7$ 中取 3 个作组合得如下一组,从中找出

生成的规律.

$$123,124,125,126,127,$$
$$134,135,136,137,$$
$$145,146,147$$
$$156,157$$
$$167,$$
$$234,235,236,237,$$
$$245,246,247,$$
$$256,257,$$
$$267,$$
$$345,346,347,$$
$$356,357,$$
$$367,$$
$$456,457,$$
$$467,$$
$$567.$$

已知 $c_1,c_2,\cdots,c_r$ 为一组不允许重复的组合,不妨假定 $c_1<c_2<\cdots<c_r\leqslant n,c_{r-1}\leqslant n-1,c_{r-2}\leqslant n-2,\cdots,c_1\leqslant n-r+1$,或 $c_i\leqslant n-r+i,i=1,2,\cdots,r$. 而且存在 $c_1<c_2<\cdots<c_r$ 使 $c_j\leqslant n-r+j$,否则 $c_1<c_2<\cdots<c_r$ 已到最后一组,不存在后续的组合.

下面是生成不允许重复的组合的步骤:

S1. 求满足 $c_j<n-r+j$ 的 j,使 j 的值达到最大,设
$$i=\max\{j\mid c_j<n-r+j\};$$

S2. $c_i\leftarrow c_i+1$;

S3. $c_j\leftarrow c_{j-1}+1,j=i+1,i+2,\cdots,r$.

上面算法可以从一组:$c_1=1,c_2=2,\cdots,c_r=r$ 开始,直到产生 $c_1=n-r+1,c_2=n-r+2,\cdots,c_r=n$ 最后一组.

1.7 组合意义的解释

许多排列组合的公式有着饶有趣味的实际意义,而且直观、富有启发. 在以后的讨论中若非特别说明都指的是不允许重复的组合.

[例 1-30] 许多街道都建成方格形. 从家中出发到目的地,向东要走 m 条街,向北要走 n 条街,试问从家中到工作地点最短路径有几条?

若将家作为 $(0,0)$ 点,工作地为 (m,n) 点,问题转化成从 $(0,0)$ 到 (m,n) 点有几条最短路径(图 1-13).

从 $(0,0)$ 点到 (m,n) 点走的路径,必然是向 x 轴方向过 m 次街道,y 轴方向过 n 个街道. 即每条道路和由 m 个 x 和 n 个 y 构成的共 $m+n$ 的排列——对

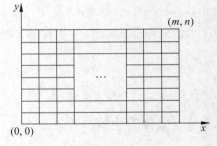

图 1-13

应,可以看作在 $m+n$ 个格中选 m 个格子,填上 x,剩下的 n 个格子填上 y,这样的排列数为 $C(m+n,m)$.即从 $(0,0)$ 点到 (m,n) 点的路径数为 $C(m+n,m)$.

[**例 1-31**] 证明 $\binom{m+n}{m}=\binom{m+n}{n}$ 或 $\binom{n}{r}=\binom{n}{n-r}$.

在 $(m+n)$ 个格上选 m 个格子,剩下的格子为 n 个,先将 m 个格填 x,再将 n 个格子填上 y,构成长为 $m+n$,由 m 个 x 和 n 个 y 构成的序列,这个序列和由 $m+n$ 个格选出 n 个格子填上 y,剩下 m 个格子填上 x 的情况一一对应,故

$$\binom{m+n}{m}=\binom{m+n}{n}$$

令 $m+n=n'$,$m=r$,$n=n'-r$,即得 $\binom{n}{r}=\binom{n}{n-r}$.

直接不难证明 $\binom{n}{r}=\dfrac{n!}{r!(n-r)!}$,$\binom{n}{n-r}=\dfrac{n!}{(n-r)!\,r!}$.

[**例 1-32**] $\binom{n}{r}=\binom{n-1}{r}+\binom{n-1}{r-1}$.

(1) 先从组合意义看这个公式:

如图 1-14 所示,

$\binom{n}{r}$ 看作 $(0,0)$ 点到 $(n-r,r)$ 点的路径数,

$\binom{n-1}{r}$ 看作 $(0,0)$ 点到 $(n-r-1,r)$ 点的路径数,

$\binom{n}{r-1}$ 看作 $(0,0)$ 点到 $(n-r,r-1)$ 点的路径数.

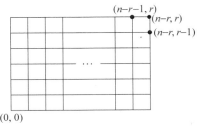

图 1-14

即从 $(0,0)$ 点到 $(n-r,r)$ 点的路径由两部分路径组成,一部分是从 $(0,0)$ 到 $(n-r,r-1)$ 点再向 y 轴方向走一步;另一部分是从 $(0,0)$ 点到 $(n-r-1,r)$ 点的路径,再向 x 轴方向走一步.

(2) 含有元素 a_1 的 n 个元素取 r 个组合,可以除去 a_1,在剩下的 $n-1$ 个元素中取 r 个组合,即 n 个元素取 r 个组合不含 a_1 的部分.另一个方法是将 a_1 取走,从 $n-1$ 个元素中取 $r-1$ 个组合,然后再加上 a_1 构成 n 个元素取 r 个的组合中含有 a_1 的部分.

例如从 $1,2,3,4,5$ 中取 3 个的组合有:

$\{1,2,3\},\{1,2,4\},\{1,2,5\},\{1,3,4\},\{1,3,5\},\{1,4,5\},$

$\{2,3,4\},\{2,3,5\},\{2,4,5\},\{3,4,5\}.$

可以看作从 $\{1,2,3,4,5\}$ 中去掉 1,剩下的 $2,3,4,5$ 取 3 个组合得,$\{2,3,4\},\{2,3,5\},\{3,4,5\}$.

还有从 $2,3,4,5$ 取 2 个组合得 $\{2,3\},\{2,4\},\{2,5\},\{3,4\},\{3,5\},\{4,5\}$,然后加上 1 构成含有 1 的 3 个元素的组合 $\{1,2,3\},\{1,2,4\},\{1,2,5\},\{1,3,4\},\{1,3,5\},\{1,4,5\}$.

上述的等式同时也是我国有名的杨辉三角或 Pascal 三角(见图 1-15).

[**例 1-33**] $C(n+r+1,r)=C(n+r,r)+C(n+r-1,r-1)+C(n+r-2,r-2)+\cdots+C(n+1,1)+C(n,0)$.

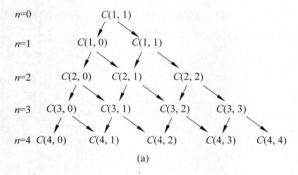

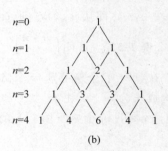

(a)   (b)

图   1-15

组合意义之一：

$C(n+r+1,r)$：从$(0,0)$到$(n+1,r)$点的路径数；

$C(n+r,r)$：从$(0,0)$点到(n,r)点的路径数；

$C(n,0)$：从$(0,0)$点到$(n,0)$点的路径数.

等式左端是$(0,0)$点到$(n+1,r)$点的路径数，右端第一项是$(0,0)$点→(n,r)点→$(n+1,r)$点的路径数，等式左端可以看作是由$(0,0)$点到$(n+1,r)$点距离最短的路径数.

如图 1-16 所示，右端第一项是从$(0,0)$点到 (n,r)点→$(n+1,r)$点的路径数；

右端第二项是$(0,0)$点到$(n,r-1)$→$(n+1,r-1)$点→$(n+1,r)$点的路径数；

$\vdots$

右端最后一项$c(n,0)$是从$(0,0)$点到$(n,0)(n+1,0)$→点→$(n+1,r)$点的路径数. 也就是说从$(0,0)$点到$(n+1,r)$点的路径必经过$(n,0),(n,1),\cdots,(n,r)$点之一.

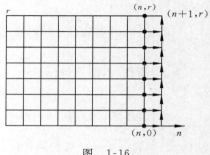

图   1-16

组合意义之二：

等式左端是从$n+r+1$个元素取r个元素的组合，有以下几种情形：假定$n+r+1$个元素为$a_1,a_2,\cdots,a_{n+r},a_{n+r+1}$，而$c_1c_2\cdots c_r$是从$n+r+1$个元素中取$r$个元素的组合.

(1) r个组合元素中不含元素a_1，等价于从$a_2,a_3,\cdots,a_{n+r+1}$的$n+r$个元素中取r个组合，其组合数为$C(n+r,r)$；

(2) r个组合元素含a_1不含a_2，看作$a_3,a_4,\cdots,a_{n+r+1}$的$n+r-1$个元素取$r-1$个元素，然后再加上a_1而成，其组合数为$C(n+r-1,r-1)$；

(3) r个组合元素中含a_1,a_2，但不含a_3，相当于从$a_4,a_5,\cdots,a_{n+r+1}$的$n+r-2$个元素中取$r-2$个元素组合，然后加上a_1a_2而成，其组合数为$C(n+r-2,r-2)$，其他依此类推.

取出r个组合元素含$a_1,a_2,\cdots,a_{r-1}$但不含a_r，相当于从$a_{r+1},a_{r+2},a_{n+r-1}$中取1个元素与$a_1,a_2,\cdots,a_{r-1}$相结合，其组合数为$C(n+1,1)$；

(4) 由$a_1,a_2,\cdots,a_r$组成的组合为$C(n,0)=1$.

[例 1-34] $\binom{n}{l}\binom{l}{r}=\binom{n}{r}\binom{n-r}{l-r}$，$(l\geqslant r)$.

等式左端可以视为从 n 个元素中取 l 个进行组合,由此得一组长为 l 的组合,再从所得的长为 l 的组合中取 r 个进行组合,由此所得的结果相当于从原始的 n 个元素中取 r 个组合,但有重复度 $\binom{n-r}{l-r}$,即其重复数等于剩下的 $n-r$ 个元素取 $l-r$ 个元素组合的组合数.

例如从 $1,2,3,4,5$ 中取 4 个组合得

$$1234,1235,1245,1345,2345.$$

再从每个组合中取两个元素组合得表 1-4.

表 1-4

取4组合 ＼ 取2组合	12	13	14	15	23	24	25	34	35	45
1 2 3 4	*	*	*		*	*		*		
1 2 3 5	*	*		*	*		*		*	
1 2 4 5	*		*	*		*	*			*
1 3 4 5		*	*	*				*	*	*
2 3 4 5					*	*	*	*	*	*

可见从 $1,2,3,4,5$ 中取两个进行组合得 $12,13,14,15,23,24,25,34,35,45$,若由 $1234,1235,1245,1345,2345$ 取两个进行组合,重复度为 3.以 12 为例,除 12 外尚有 $3,4,5$,取两个进行组合有 $34,35,45$,与 12 合并得 $1234,1235,1245$,重复度由此产生.

[例 1-35] $C(m,0)+C(m,1)+C(m,2)+\cdots+C(m,m)=2^m$.

组合意义之一:

由二项式定理

$$(x+y)^m=\underbrace{(x+y)\times(x+y)\times\cdots\times(x+y)}_{m\text{项}}$$ 看作 m 个球无区别,两个盒子有标志 x 和 y,将 m 个球投入 x,y 的盒子,故得

$$(x+y)^m=C(m,0)x^m+C(m,1)x^{m-1}y$$
$$+C(m,2)x^{m-2}y^2+\cdots+C(m,m)y^m.$$

令上式 $x=y=1$ 便得所要证明的等式.两个变元 x,y 构成的 $m+1$ 项 $x^m,x^{m-1}y,\cdots,$ y^m,可以看作 m 个无区别的球,放入有 x,y 标志的盒子,总共有 2^m 种状态,对 x 盒来说每次都有两种选择:放进或不放进,故总和为 2^m.等式右端说明所有状态分解为,m 个球中 x 盒分别装 0 个,1 个,$\cdots$,m 个的组合的总和.

组合意义之二:

从 $(0,0)$ 点出发到 $(m,0)$ 和 $(0,m)$ 点连线上诸点的路径总和为 2^m.(图 1-17),因

$C(m,0)$ 是 $(0,0)$ 点到 $(m,0)$ 点的路径数;

$C(m,1)$ 是 $(0,0)$ 点到 $(m-1,1)$ 点的路径数;

$\vdots$

$C(m,k)$ 是 $(0,0)$ 点到 $(m-k,k)$ 点的路径数;

$\vdots$

$C(m,m)$ 是 $(0,0)$ 点到 $(0,m)$ 点的路径数.

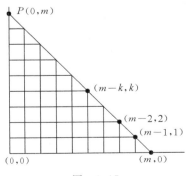

图 1-17

或理解为 2^m 个人从 $(0,0)$ 点分两批,每批 2^{m-1} 个人,每到十字路上又均分为二,最后走 m 条路在 $(m-k,k)$ 点汇合,各人走的路径都不尽相同.在 $(m-k,k)$ 点汇合的人数正好是从 $(0,0)$ 点到 $(m-k,k)$ 点的不同路径数.

[**例 1-36**] $\binom{n}{0} - \binom{n}{1} + \binom{n}{2} - \cdots \pm \binom{n}{n} = 0$.

直接证明上面等式是很容易的,根据二项式定理

$$(x+y)^n = \binom{n}{0}x^n + \binom{n}{1}x^{n-1}y + \binom{n}{2}x^{n-2}y^2 + \cdots + \binom{n}{n}y^n$$

令 $x=1,y=-1$ 代入,等式即得证明.

下面给以组合意义的解释:

等式的意义表示从 n 个元素中取偶数个数的组合数(包含 0),等于取奇数个数的组合数.

只要在 r 为偶数的组合和 r 为奇数的组合之间建立一一对应即可.以 4 个元素 a,b,c,d 的一切组合为例,r 为奇数的组合有:

$$a,b,c,d,abc,abd,acd,bcd,$$

r 为偶数的组合有:

$\phi,ab,ac,ad,bc,bd,cd,abcd$ 其中 ϕ 表示"空",即由 0 个元组成的"空"集.

从 n 个元素中取 r 个组合,r 可有不同的值,但就元素 a 而言只有含 a 和不含 a 两种类别.含有奇数个元素的组合,若组合含有 a 元素,去掉 a 便得只含偶数个元素的组合;若组合不含有 a,加上 a 便是含有偶数个元素的组合.见表 1-5.

表　1-5

奇数组合	a	b	c	d	abc	abd	acd	bcd
偶数组合	ϕ	ab	ac	ad	bc	bd	cd	$abcd$

[**例 1-37**] $\binom{m+n}{r} = \binom{m}{0}\binom{n}{r} + \binom{m}{1}\binom{n}{r-1} + \cdots + \binom{m}{r}\binom{n}{0}$,$r \leqslant \min(m,n)$.

组合意义之一:设 $m+n$ 个有标志的球取 r 个进行组合,这 $m+n$ 个球中有 m 个是红色的,n 个是蓝色的,则一切组合不外乎几种情况,r 个球都是蓝的无一为红,这样的状态有 $\binom{m}{0}\binom{n}{r}$ 种方案;$r-1$ 个球是蓝的,1 个为红,则有 $\binom{m}{1}\binom{n}{r-1}$ 种方案,$\cdots$,最后一种情况是 r 个球为红的,无一为蓝,有 $\binom{m}{r}\binom{n}{0}$ 种方案.根据加法法则等式成立.

组合意义之二:如图 1-18 所示,$P(m-r,r)$,$Q(m,0)$ 是图上两点,PQ 上各网点坐标 $(m-l,l)$,$l=r,r-1,\cdots,2,1,0$ 从 $(0,0)$ 点到 $(m+n-r,r)$ 点的路径数应为 $C(m+n,r)$,每条路径都必须通过 PQ 线上一点,设为 $(m-l,l)$ 点.

从 $(0,0)$ 点到 $(m-l,l)$ 点的路径数为 $C(m,l)$,从 $(m-l,l)$ 点到 $(m+n-r,r)$ 点的路径数为

$$C(m+n-r-(m-l)+r-l,r-l) = C(n,r-l).$$

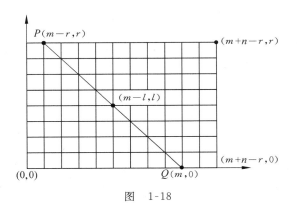

图　1-18

根据乘法法则从 $(0,0)$ 点经 $(m-l,l)$ 点到 $(m+n-r,r)$ 点的路径数 $=C(m,l)\cdot C(n,r-l)$，又根据加法法则有

$$\binom{m+n}{r}=\binom{m}{0}\binom{n}{r}+\binom{m}{1}\binom{n}{r-1}+\cdots+\binom{m}{r}\binom{n}{0}.$$

[例 1-38]　若 $m\leqslant n,r=m$，则有

$$\binom{m+n}{m}=\binom{m}{m}\binom{n}{0}+\binom{m}{m-1}\binom{n}{1}+\cdots+\binom{m}{0}\binom{n}{m}$$

$$=\binom{m}{0}\binom{n}{0}+\binom{m}{1}\binom{n}{1}+\cdots+\binom{m}{m}\binom{n}{m}.$$

[例 1-39]　$\binom{r}{r}+\binom{r+1}{r}+\cdots+\binom{n}{r}=\binom{n+1}{r+1}.$

设 $A=\{a_1,a_2,\cdots,a_{n-r+1},\cdots,a_{n+1}\}$，从 A 中取 $r+1$ 个元素组合成 C，考虑以下 $n-r+1$ 种情况：

(1) $a_1\in C$，则 A 需从 $A\setminus\{a_1\}$ 中取 r 个与 a_1 配合，构成 C，共 $\binom{n}{r}$ 种可能.

(2) $a_1\notin C,a_2\in C$，则需从 $A\setminus\{a_1,a_2\}$ 中取 r 个，加上 a_2 构成 C，共 $\binom{n-1}{r}$ 种可能.

$$\vdots$$

$(n-r)$ $a_1,a_2,\cdots,a_{n-r-1}\notin C,a_{n-r}\in C$，则需从 $A\setminus\{a_1,a_2,\cdots,a_{n-r}\}$ 中取 r 个组合，再加上 a_1 构成 C，共 $\binom{r+1}{r}$ 种可能.

$(n-r+1)$ $a_1,a_2,\cdots,a_{n-r}\notin C$，这时只有 $\binom{r}{r}=1$ 种可能.

故 $\binom{n}{r}+\binom{n-1}{r}+\binom{n-2}{r}+\cdots+\binom{r+1}{r}+\binom{r}{r}=\binom{n+1}{r+1}.$

[例 1-40]　设有 6 个有标志的球，其中 3 个是红色球，设为 r_1,r_2,r_3；其余 3 个为蓝色球，设为 b_1,b_2,b_3. 从 6 个球中取 3 个的组合有：

$r_1r_2r_3$，$b_1b_2b_3$，$r_1r_2b_1$，$r_1r_2b_2$，$r_1r_2b_3$，$r_1r_3b_1$，$r_1r_3b_2$，

$r_1r_3b_3$，$r_2r_3b_1$，$r_2r_3b_2$，$r_2r_3b_3$，$r_1b_1b_2$，$r_1b_1b_3$，$r_1b_2b_3$，

$r_2b_1b_2$，$r_2b_1b_3$，$r_2b_2b_3$，$r_3b_1b_2$，$r_3b_1b_3$，$r_3b_2b_3$.

现在把 k 个红球和 $3-k$ 个蓝球的组合，与 k 个蓝球和 $3-k$ 个红球的组合的一一对应关系表示如下：

$r_1r_2r_3 \leftrightarrow \varnothing$，　　　　　　$b_1b_2b_3 \leftrightarrow r_1r_2r_3b_1b_2b_3$，

$r_1r_2b_1 \leftrightarrow r_3b_1$，　　　$r_1r_2b_2 \leftrightarrow r_3b_2$，　　　$r_1r_2b_3 \leftrightarrow r_3b_3$，

$r_1r_3b_1 \leftrightarrow r_2b_1$，　　　$r_1r_3b_2 \leftrightarrow r_2b_2$，　　　$r_1r_3b_3 \leftrightarrow r_2b_3$，

$r_2r_3b_1 \leftrightarrow r_1b_1$，　　　$r_2r_3b_2 \leftrightarrow r_1b_2$，　　　$r_2r_3b_3 \leftrightarrow r_1b_3$，

$r_1b_1b_2 \leftrightarrow r_2r_3b_1b_2$，　$r_1b_1b_3 \leftrightarrow r_2r_3b_1b_3$，　$r_1b_2b_3 \leftrightarrow r_2r_3b_2b_3$，

$r_2b_1b_2 \leftrightarrow r_1r_3b_1b_2$，　$r_2b_1b_3 \leftrightarrow r_1r_3b_1b_3$，　$r_3b_1b_3 \leftrightarrow r_1r_2b_1b_3$，

$r_3b_1b_2 \leftrightarrow r_1r_2b_1b_2$，　$r_3b_1b_2 \leftrightarrow r_1r_2b_1b_3$，

$r_3b_2b_3 \leftrightarrow r_1b_2b_3$.

特别地，当 $m=n=k$ 时，有

$$\binom{2n}{n} = \binom{n}{0}^2 + \binom{n}{1}^2 + \cdots + \binom{n}{n}^2$$

1.8　应用举例

［例 1-41］　7 位科学工作者从事一项机密的技术研究. 他们的实验室装有"电子锁"，每位参加该项工作的人都有一把打开"电子锁"的钥匙. 为了安全起见，必须有 4 位到场方可打开实验室的门. 试问该"电子锁"必须具备多少特征？每位科学工作者的"钥匙"应具有多少这些特征？

这仅仅是定量研究，而不是具体设计这样的"锁"和"钥匙". 为了容易理解，不妨将此问题看作门上至少应挂上多少把锁？而每位科学工作者应携带多少把钥匙？

解　7 人中任意 3 人到场，门上至少有一把锁他们无法打开. 根据一一对应原理，门上至少应挂上 $\binom{7}{3}=35$ 把锁，也就是说"电子锁"至少应具备 35 个特征.

对于任何一位科学工作者，他以外的 6 个人中若 3 人在场，至少有一把锁需要他来了之后才能打开，根据一一对应原则，每人至少应携带

$$\binom{6}{3}=20$$

把钥匙. 也就是每人的钥匙要至少具备 20 种特征.

［例 1-42］　4 个全同的质点，总能量为 $4E_0$，其中 E_0 是常数. 每个质点的能级可能为 kE_0，$k=0,1,2,3,4$.

（1）若质点服从布什-爱因斯坦（Bose-Einstein）分布，即能级为 kE_0 的质点可以有 k^2+1 种状态，同能级的质点可以处于相同的状态. 试问有多少种不同的分布图像？

（2）若质点服从费米-狄拉克（Fermi-Dirac）分布，即 kE_0 能级的质点有 $2(1+k^2)$ 种状态，而且不允许同能级的两个质点有相同的状态，问有多少种不同的分布图像？

解　总能量为 $4E_0$ 的 4 个质点有以下 5 种可能的分布：

$$(0,0,0,4),(0,0,1,3),(0,0,2,2)(0,1,1,2),(1,1,1,1)$$

其中 (n_1,n_2,n_3,n_4) 表示 4 个质点的能级分别为 $n_1E_0,n_2E_0,n_3E_0,n_4E_0,n_1+n_2+n_3+n_4=4$.
例如,$(0,0,2,2)$ 表示两个质点在 0 级,两个质点在 $2E_0$ 级.

（1）先考虑布什-爱因斯坦分布.各能级的状态数为

能级 kE_0	0	E_0	$2E_0$	$3E_0$	$4E_0$
状态数	1	2	5	10	17

① 对应于 $(0,0,0,4)$ 分布,有

$$1\times 17=17$$

种图像.3 个质点为 0 级的状态,可以考虑成 3 个无区别的球放到有区别的盒子中,每个盒子可以放多于一个球.

② 对应于 $(0,0,1,3)$ 分布,有

$$1\times 2\times 10=20$$

种图像.

③ 对应于 $(0,0,2,2)$ 分布,需要证明的 $k=2$ 有 5 种状态,而且允许同能级的两个质点可处于相同的状态.将能级的状态看作有标志的盒子,于是问题相当于两个无区别的球,置于 5 个盒子,允许同一盒子放多于 1 个球,故有 $\binom{5+2-1}{2}=\binom{6}{2}=15$ 种图像.

④ 对应于 $(0,1,1,2)$ 分布,有

$$\binom{2+2-1}{2}\binom{5}{1}=15$$

种图像.

⑤ 对应于 $(1,1,1,1)$ 分布,有

$$\binom{2+4-1}{4}=\binom{5}{4}=5$$

种图像.

根据加法法则可得,总的图像数为

$$N=17+20+15+15+5=72$$

（2）若服从费米-狄拉克分布,即 kE_0 级的状态数为 $2(1+k^2)$,不允许有两个同能级的质点处于相同的状态.

能级 kE_0	0	E_0	$2E_0$	$3E_0$	$4E_0$
状态数	2	4	10	20	34

分别讨论如下:

① 0 级只有两种状态,可有 3 个质点,不允许一个状态有多于一个质点,所以这时不可能存在这样的分布.

② 对于 $(0,0,1,3)$ 分布,有

$$4\times 20=80$$

种不同图像.

③ 对于 $(0,1,1,2)$ 分布,有

$$2 \times \begin{bmatrix} 4 \\ 2 \end{bmatrix} \times 10 = 120$$

种不同图像.

④ 对于 $(0,0,2,2)$ 分布,有

$$\begin{bmatrix} 10 \\ 2 \end{bmatrix} = 45$$

种不同图像.

⑤ 对于 $(1,1,1,1)$ 分布,有

$$\begin{bmatrix} 4 \\ 4 \end{bmatrix} = 1$$

种不同图像.

根据加法法则,共有

$$80 + 120 + 45 + 1 = 246$$

种不同的图像.

[例 1-43] 3 个全同质点分布在两个全同的势阱里,总能量为 $3E_0$. 设能级为 kE_0 的质点服从费米-狄拉克分布,有 $2(1+k^2)$ 状态. 问共有多少种不同的图像?

两个不同的势阱里的质点是互相独立的,虽然费米-狄拉克分布要求同一能级的质点不能处于同一个状态,但这仅对同一势阱而言,而且两个势阱则不受此限制. 两个势阱全同,即他们无区别.

解 3 个全同质点分布在两个势阱,只有两种情况:(1) 3 个质点同在一个势阱里;(2) 一个势阱里有一个质点,其余两个质点在另一个势阱里. 若 3 个质点必须分布于两个势阱,即不允许一个势阱为空,则排除第 1 种的可能. 现分别讨论如下:

(1) 3 个质点同在一个势阱,其分布状态有 $(0,0,3),(0,1,2),(1,1,1)$ 3 种. 问题和例 1-42 一样,不再详细讨论,不同的分布图像数有

$$N_1 = 20 + 2 \times 4 \times 10 + \begin{bmatrix} 4 \\ 3 \end{bmatrix} = 104$$

(2) 3 个质点分布于两个势阱,总能级为 $3E_0$ 的分布状态有以下几种:

$$(0;0,3),(0;1,2),(1;0,2),(1;1,1),(2;1,0),(3;0,0)$$

其中 $(a;b,c)$ 表示一个势阱有一个质点,其能级为 a;其他两个质点在另一个势阱,其能级分别为 b 和 c;且 $a+b+c=3$.

根据加法法则和乘法法则,可得

$$N_2 = 2 \times 2 \times 20 + 2 \times 4 \times 10 + 4 \times 2 \times 10 + 4 \times \begin{bmatrix} 4 \\ 2 \end{bmatrix} + 10 \times 2 \times 4$$

$$= 80 + 80 + 80 + 80 + 24 + 20 = 364$$

如若 3 个质点分布在两个势阱,不包括有一个势阱为空,则有 364 种分布图像.

若考虑到情况(1),则图像总数为

$$N = 104 + 364 = 468$$

[例 **1-44**]　从 $(0,0)$ 点到达 (m,n) 点,其中 $m<n$. 要求中间所经过的路径上的点 (a,b) 恒满足 $a<b$. 问有多少不同的路径?

解　前面 1.7 节给出了 $(0,0)$ 点到 (m,n) 点的路径数为 $C(m+n,m)$. 现在加上一个条件:不接触到 $y=x$ 上的点. 当然更不能穿过 $y=x$ 这条直线. 也就是说,从 $(0,0)$ 点第 1 步必须到 $(0,1)$ 点,而不允许到 $(1,0)$ 点,如图 1-19 所示.

问题也可以提为从 $(0,1)$ 点到 (m,n) 点的路径,路径上各点 (a,b) 均满足 $a<b$ 条件的路径数.

由于 $m<n$,显然从 $(1,0)$ 点到 (m,n) 点的每一条路径,必然穿过 $y=x$ 上的格子点. 下面建立起从 $(1,0)$ 点到 (m,n) 点每一条路径(图 1-20),与从 $(0,1)$ 点到 (m,n) 点但经过 $y=x$ 线上的格子点的路径间的一一对应关系.

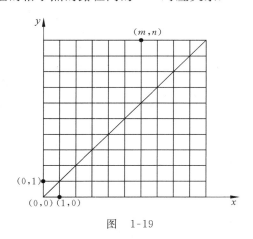

图　1-19

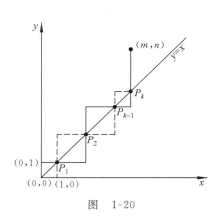

图　1-20

从图 1-20 可见,若从 $(1,0)$ 点到 (m,n) 点的某一路径与 $y=x$ 的交点从左而右依次为 $P_1,P_2,\cdots,P_k$,设 P_k 是最后一个在 $y=x$ 上的格子点. 作 $(0,1)$ 点到 P_k 点的一条道路(实线),使之与上述的从 $(1,0)$ 点到 P_k 点的路径(虚线)关于直线 $y=x$ 对称. 于是对从 $(1,0)$ 点到 (m,n) 点的一条路径,有一条从 $(0,1)$ 点到 (m,n) 点,但过 $y=x$ 上的点的路径与之对应. 反之对从 $(1,0)$ 点到 (m,n) 点的一条路径(必穿过 $y=x$ 上的点),必存在一条从 $(0,1)$ 点到 (m,n) 点的路径与之对应.

故所求的路径数:$N=$ 从 $(0,1)$ 点到 (m,n) 点的路径数 $-$ 从 $(1,0)$ 点到 (m,n) 点的路径数.

$$N=\binom{m+n-1}{m}-\binom{m+n-1}{m-1}$$
$$=(m+n-1)!\left[\frac{1}{m!(n-1)!}-\frac{1}{(m-1)!n!}\right]$$
$$=\frac{(m+n-1)!}{m!n!}(n-m)$$

[例 **1-45**]　一场音乐会的票价为 50 元,排队买票的顾客中有 n 位持 50 元的钞票,m 位持 100 元的钞票. 售票处没有准备 50 元的零钱. 试问有多少种排队的办法使购票能顺利进行,不出现找不出钱的状态. 假定每位顾客只限买一张,而且 $n\geqslant m$.

假定用 $m+n$ 维 0,1 行向量来表示一种排队状态,令该行向量为
$$(a_1 a_2 \cdots a_{m+n})$$
其中 $a_i = 0, 1$, $i = 1, 2, \cdots, m+n$.

$a_i = 1$ 表示第 i 个顾客持 50 元的票款;$a_i = 0$ 表示第 i 个顾客持 100 元的票款.

这样有 m 个 0 元素,n 个 1 元素的向量,共有 $C(m+n, m)$ 个.

每一个向量可以和从 $(0,0)$ 点到达 (m,n) 点的路径一一对应,即从 $(0,0)$ 点出发,令 $a_i = 0$ 时沿 x 轴方向走一个单位;$a_i = 1$ 时沿 y 轴方向走一个单位.

为了保证顾客能顺利地买到票,不出现找不出 50 元钞票的情况,路径上各点 (x,y) 必须满足 $x \leqslant y$ 的情况.

问题等价于求从 $(0,0)$ 点到 (m,n) 点的路径中,不穿越 $y=x$ 线的点(即求路径上各点 (x,y), $y \geqslant x$),所求的路径为可接触 $y=x$ 上的点,但不穿越 $y=x$. 或为不触及 $y=x-1$ 上的点. 根据上一问题,所求路径数为从 $(0,0)$ 点出发到 $(m, n+1)$ 求问题例 1-45 的解,即所求路径数为
$$C(m+n, m) - C(m+n, m-1)$$
$$= (m+n)! \left[\frac{1}{m!n!} - \frac{1}{(m-1)!(n+1)!} \right]$$
$$= (m+n)! \frac{n-m+1}{m!(n+1)!}$$

[例 1-46] 若 a 和 b 是两个用 n 位二进制表达的码,设
$$a = a_1 a_2 \cdots a_n, \quad b = b_1 b_2 \cdots b_n$$
其中 $a_i, b_i = 0, 1$, $i = 1, 2, \cdots, n$. 若 $a_i \neq b_i$ 的数目为 l,则将
$$d(a,b) = d(b,a) = l$$
称 l 为 a, b 码的汉明(Hamming)距离.

关于汉明距离,下面的三角不等式成立,即
$$d(a,b) + d(b,c) \geqslant d(a,c)$$
令
$$c = c_1 c_2 \cdots c_n, \quad c_i = 0, 1, \quad i = 1, 2, \cdots, n$$
若 $a_i \neq c_i$,由于 $a_i, c_i = 0$ 或 1,所以只有以下两种可能:
$$a_i \neq b_i, \text{但 } b_i = c_i,$$
$$a_i = b_i, \text{但 } b_i \neq c_i,$$
而且若 $a_j \neq b_j, b_j \neq c_j$,则 $a_j = c_j$,故若 $d(a,c) = l$,
$$d(a,b) = l_1, \quad d(b,c) = l_2$$
则
$$l_1 + l_2 \geqslant l$$

因此,汉明距离的三角不等式得到了证明.

编码中的纠错功能是这样处理的,比如能纠正传输过程中产生的 r 个错,即若收到
$$a' = a_1' a_2' \cdots a_n'$$
而 a' 与 a 的汉明距离小于等于 r,则认为 a' 是由 a 的错误引起的,将它作为 a 处理.

由汉明距离的三角不等式,只要码 b 与码 a 间的距离不小于 $2r+1$,则不至于产生一个 n 位二进制数 $b' = b_1' b_2' \cdots b_n'$,使 b' 与 a 和 b 的汉明距离都小于 r,无法判定是 a 还是 b 的错.

也就是说,若 a 和 b 的汉明距离大于等于 $2r+1$,c 与 a 的汉明距离小于等于 r,则 c 与 b 的汉明距离大于 r.

因为，
$$d(a,c)+d(c,b)\geqslant d(a,b)$$
$$d(b,c)\geqslant d(a,b)-d(a,c)\geqslant 2r+1-r\geqslant r+1$$

所以要保证能纠正 r 个错，码字间的距离至少为 $2r+1$．与码字的距离小于 r 的范围内的 n 位二进制数的全体称为该码字的 r 邻域．各码字的 r 邻域不相交．

每一码字 r 邻域内的 n 位二进制数的数目等于 $\binom{n}{0}+\binom{n}{1}+\binom{n}{2}+\cdots+\binom{n}{r}$，因为与码字的汉明距离为 k 的数有 $\binom{n}{k}$ 个，$k=0,1,2,\cdots,r$．

为了保证码字间的距离不小于 $2r+1$，所以码字的数目 m 与码长 n 之间必须满足不等式：
$$m\left[\binom{n}{0}+\binom{n}{1}+\cdots+\binom{n}{r}\right]\leqslant 2^n$$

故
$$m\leqslant\frac{2^n}{\binom{n}{0}+\binom{n}{1}+\cdots+\binom{n}{r}}$$

这个不等式称为汉明不等式，其中 2^n 是 n 位二进制数的全体数目．

[例 1-47] 扑克问题．每张扑克牌都有两种标志，一种是花：
$$\{\clubsuit\ \heartsuit\ \diamondsuit\ \spadesuit\}$$
另一种是数值
$$\{2,3,4,5,6,7,8,9,10,J,Q,K,A\}$$
每一对这样的标志都只有一张，共 $4\times13=52$ 张．

当两张牌的数值相同时(花自然不同)，称为一对．

(1) 从 52 张扑克牌中取出 5 张，使其中两张的值相同，另外 3 张的值也相同，试问有多少种方案．花只有 4 种标志，故不存在5 张同值的情况．

取两张是同值的方案数，也就是四朵花取两朵，但同值的可能方案数，即
$$C(4,2)\times13=6\times13=78,$$
继续取 3 张牌同值的方案数，由于异于前两张的值，故为
$$C(4,3)\times12=4\times12=48,$$
根据乘法法则，取 5 张牌，其中两张同值，其余 3 张同值的方案数为
$$N=13\times12\times C(4,2)\times C(4,3)$$
$$=13\times12\times\frac{4!}{2!2!}\times\frac{4!}{3!}=3744.$$

(2) 上面的问题改为取 5 张扑克牌，求出现两对同值的方案数．

两对同值的方案数应为
$$N=\binom{13}{2}\binom{4}{2}\binom{4}{2}44$$
$$=13\times6\times(6)^2\times44$$
$$=123552$$

其中 44 是第 5 张非成对的数的选择方案数，即 $11\times4=44$．

显然，这就保证了第 5 张牌的数值不同于前面两对的数值．

其中两个 $\binom{4}{2}$ 是两组同值扑克牌可能有的花数.

若考虑从 52 张扑克牌中取出两份,每份 5 张,要求每份有两对相同的数值,则问题比较复杂.

第 1 份 5 张满足条件的取法已见于前,第 2 份取的方案数(在第 1 份取定后)讨论如下:

(3) 52 张扑克牌,两个牌友 A 与 B,各取 5 张,分别有两对相同的数值,问这样的状态有多少种? 第 5 张牌与自己的两对的值不同,但与对手的两对值相同与否有两种可能.

P_A 表示 A 手里有两对相同的数,P_B 表示 B 手里有两对相同的数.

$P_A \bigcap P_B$ 表示 A 和 B 手里各自的两对相同的数的交,

$$|P_A \bigcap P_B| = \begin{cases} 0, & \text{A 和 B 手里的两对数不同} \\ 1, & \text{A 和 B 手里的两对数有一对相同} \\ 2, & \text{A 和 B 手里的两对数完全一样} \end{cases}$$

例如,A 手里有两对相同的数为 $(1,3)$,B 手里的两对相同的数为 $(3,Q)$,则

$$P_A = (1,3), \quad P_B = (3,Q),$$
$$P_A \bigcap P_B = (3), \quad |P_A \bigcap P_B| = 1$$

除了 A 和 B 手里各有两对相同的牌外,设 A 的第 5 张牌的数为 a_5,这样,就存在 $a_5 \in P_B$ 与否的问题,当

$$|P_A \bigcap P_B| = 2$$

时,余下的一张牌不可能取与它相同的数值.故可用状态树表达如下:

$|P_A \bigcap P_B|$:

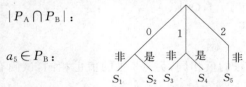

即 S_1 状态为 $|P_A \bigcap P_B| = 0$,且第 2 个牌友手里的第 5 张牌的数不同于 P_A 中的数. $S_2, S_3,$ S_4, S_5 状态不一一叙述.

显然,当 $|P_A \bigcap P_B| = 2$ 时不存在 $b_5 \in P_A$ 的可能.

下面计算当 A 的牌确定之后,B 的方案数 $|S_i^*|$,$i = 1,2,3,4,5$.

$$|S_1^*| = \binom{10}{2}\binom{4}{2}^2 (52-8-5) = 45 \times 6^2 \times 39 = 63180$$

A 的牌中有 3 个数,故 B 只能在余下的 10 个数中选择.根据前面讨论可知,两对数相同的牌应有:

$$\binom{10}{2}\binom{4}{2}^2$$

至于 $|S_1^*|$ 的另一因式 $(52-8-5)$ 是最后一张牌的选择方案数,即必须避免与 B 已选的两对数以及 A 已掌握的 5 张牌具有相同的数.

$$|S_2^*| = \binom{3}{2} \times 10 \binom{4}{2}(52-8-4) = 7200,$$

$$|S_3^*| = 2 \times 10 \binom{4}{2}(52-8-3) = 4920,$$

$$|S_4^*| = 2\binom{3}{2}(52-8-2) = 252,$$

$$|S_5^*| = 52-8-1 = 43.$$

以 $|S_2^*|$ 为例分析如下：

由于 $a_5 \in P_B$，故 P_B 中与 a_5 同值的一对数的个数为 $\binom{3}{2}$. 请注意：一个数对应于 4 个花，与 a_5 同值的尚余 3 个. 每组取两个组合，另一对的个数为 $10\binom{4}{2} = 60$.

因为 $a_5 \in P_B$，所以 b_5 的选择为 $52-8-4 = 40$. 其他依此类推. 故当 A 的 5 张扑克牌取定之后，B 可能有：

$$N = 63180 + 7200 + 4920 + 252 + 43$$
$$= 75595$$

种方案.

两个牌友 A 和 B 各取 5 张，使得每个人都有两对相同数的状态数为

$$123552 \times 75595 = 9.34 \times 10^9$$

[**例 1-48**]（中国剩余定理）早在公元前后，中国的"孙子算经"有记载"今有物不知其数，三三数之剩二，五五数之剩三，七七数之剩二，问物几何？答曰二十三"，用现在的方式表达即建立联立同余方程组：

$$x \equiv 2 \pmod{3}$$
$$x \equiv 3 \pmod{5}$$
$$x \equiv 2 \pmod{7}$$

求 x.

所以将求解同余方程组：

$$x \equiv a_1 \pmod{m_1}$$
$$x \equiv a_2 \pmod{m_2}$$
$$\vdots$$
$$x \equiv a_k \pmod{m_k}$$

(A)

其中，$m_1, m_2, \cdots, m_k$ 两两互素，求解的方法便称为中国剩余定理，下面证 mod $m_1 m_2 \cdots m_k$，(A)有唯一解，证明的过程也就给出解的过程.

令 $M = m_1 m_2 \cdots m_k$，$M_j = \dfrac{M}{m_j}$，$j = 1,2,\cdots,k$，$M_j y_j \equiv 1 \pmod{m_j}$，$j = 1,2,\cdots,k$，

因 $(M_j, m_j) = 1$，所以存在 M_j^{-1}，使 $M_j^{-1} M_j \equiv 1 \pmod{m_j}$，因 $(M_j, m_j) = 1$，所以存在 h 和 k 两个整数，使 $hM_j + km_j = 1$，$hM_j \equiv 1 \pmod{m_j}$，h 就是 $M_j^{-1} \pmod{m_j}$，所以

$$y_j \equiv M_j^{-1} \pmod{m_j}, \quad j = 1,2,\cdots,k$$

令 $x = M_1 y_1 a_1 + M_2 y_2 a_2 + \cdots + M_k y_k a_k$

不难验证 $x \equiv a_i \pmod{m_i}$，$i = 1,2,\cdots,k$.

请注意所有的 M_j，除 $j-i$ 外都含有 m_i 的因数，所以 $M_j y_j a_i \equiv 0 \pmod{m_i}$，$M_i y_i a_i \equiv a_i \pmod{m_i}$.

求解

$$x \equiv 2 (\bmod 3),$$
$$x \equiv 3 (\bmod 5),$$
$$x \equiv 2 (\bmod 7).$$

解　$35 y_1 \equiv 1 (\bmod 3), 21 y_2 \equiv 1 (\bmod 5), 15 y_3 \equiv 1 (\bmod 7), M = 3 \cdot 5 \cdot 7 = 105, M_1 = \dfrac{105}{3} =$

$35, M_2 = \dfrac{105}{5} = 21, M_1 = \dfrac{105}{7} = 15.$

$$35 y_1 \equiv 1 (\bmod 3), y_1 \equiv 35^{-1} (\bmod 3).$$
$$35 = 3 \times 11 + 2, 3 = 2 + 1,$$
$$1 = 3 - 2 = 3 - (35 - 11 \cdot 3) = 12 \cdot 3 - 35.$$

所以

$$y_1 \equiv 35^{-1} (\bmod 3) \equiv -1 \equiv 2.$$
$$21 y_2 \equiv 1 (\bmod 5), \ y_2 \equiv 21^{-1} (\bmod 5),$$
$$21 = 4 \times 5 + 1, \ 1 = 21 - 4 \cdot 5, \ y_2 \equiv 21^{-1} (\bmod 5) \equiv 1.$$
$$15 y_3 \equiv 1 (\bmod 7), \ y_3 \equiv 15^{-1} (\bmod 7),$$
$$15 = 2 \cdot 7 + 1, \ 1 = 15 - 2 \cdot 7, \ y_3 \equiv 15^{-1} (\bmod 7) \equiv 1.$$
$$x = 35 \cdot 2 \cdot 2 + 21 \cdot 1 \cdot 3 + 15 \cdot 1 \cdot 2 = 233 \equiv 23 (\bmod 105)$$

1.9　Stirling 公式

在组合数学中经常遇到 $n!$ 的计算,随着 n 的增长,$n!$ 的增长极快. 司特林(Stirling)公式给出求 $n!$ 的近似公式. 公式如下:

$$n! \sim \sqrt{2n\pi} \left(\frac{n}{e} \right)^n$$

这里,符号 $\sim$ 表示符号两端的比值的极限为 1. 即相对误差随 n 趋于 ∞ 而趋向 0,但它的绝对误差可能很大. 实际上,

$$\lim_{n \to \infty} \left[n! - \sqrt{2n\pi} \left(\frac{n}{e} \right)^n \right] = \infty$$

*1.9.1　Wallis 公式

沃利斯(Wallis)公式是证明司特林公式所需要的. 即

$$\lim_{k \to \infty} \left[\frac{(2k)!!}{(2k-1)!!} \right]^2 \frac{1}{2k+1} = \frac{\pi}{2}$$

$$\lim_{k \to \infty} \left[\frac{(2k)!!(2k)!!}{(2k)!} \right]^2 \frac{1}{2k+1} = \frac{\pi}{2}$$

$$\lim_{k \to \infty} \left[\frac{2^{2k}(k!)^2}{(2k)!} \right]^2 \frac{1}{2k+1} = \frac{\pi}{2}$$

其中 $n!! = \begin{cases} 1 \cdot 3 \cdot 5 \cdot \cdots \cdot (n-2) \cdot n, & n \text{ 是奇数} \\ 2 \cdot 4 \cdot 6 \cdot \cdots \cdot (n-2) \cdot n, & n \text{ 是偶数} \end{cases}$

---

*　作为一种标志,表示初学者可以考虑省略的章节. 后同此,不再说明.

证明　令

$$I_k = \int_0^{\frac{\pi}{2}} \sin^k x \, dx, \quad k = 0, 1, 2, \cdots$$

显然 $I_0 = \pi/2, I_1 = 1$.

当 $k > 2$ 时，

$$\int \sin^k x \, dx = -\int \sin^{k-1} x \, d\cos x$$

$$= -\cos x \sin^{k-1} x + \int (k-1) \cos^2 x \sin^{k-2} x \, dx$$

$$= -\cos x \sin^{k-1} x + (k-1) \int (1 - \sin^2 x) \sin^{k-2} x \, dx$$

所以，
$$I_k = -\cos x \sin^{k-1} x \Big|_0^{\frac{\pi}{2}} + (k-1) \int_0^{\frac{\pi}{2}} \sin^{k-2} x \, dx - (k-1) \int_0^{\frac{\pi}{2}} \sin^k x \, dx$$

$$= (k-1)(I_{k-2} - I_k)$$

得到 I_k 的递推关系式为

$$I_k = \frac{k-1}{k} I_{k-2}$$

令

$$n!! = \begin{cases} 1 \cdot 3 \cdot 5 \cdot \cdots \cdot (n-2) \cdot n, & n \text{ 是奇数} \\ 2 \cdot 4 \cdot 6 \cdot \cdots \cdot (n-2) \cdot n, & n \text{ 是偶数} \end{cases}$$

则

$$I_k = \begin{cases} \dfrac{(k-1)!!}{k!!} I_1, & k \text{ 是奇数} \\[2mm] \dfrac{(k-1)!!}{k!!} I_0, & k \text{ 是偶数} \end{cases}$$

当 $x \in \left(0, \dfrac{\pi}{2}\right)$ 时，

$$\sin^{k+1} x < \sin^k x$$

故
$$I_{2k+1} < I_{2k} < I_{2k-1}, \quad k = 1, 2, \cdots$$

即
$$\frac{(2k)!!}{(2k+1)!!} < \frac{(2k-1)!!}{(2k)!!} \frac{\pi}{2} < \frac{(2k-2)!!}{(2k-1)!!}$$

$$1 < \frac{\pi/2}{\left[\dfrac{(2k)!!}{(2k-1)!!}\right]^2 \dfrac{1}{2k+1}} < \frac{2k+1}{2k}$$

但
$$\lim_{k \to \infty} \frac{2k+1}{2k} = 1$$

由
$$\frac{(2k)!!}{(2k+1)!!} < \frac{(2k-1)!!}{(2k)!!} \frac{\pi}{2}$$

故
$$\left[\frac{(2k)!!}{(2k-1)!!}\right]^2 \frac{1}{2k+1} < \frac{\pi}{2}$$

故
$$\lim_{k \to \infty} \left[\frac{(2k)!!}{(2k-1)!!}\right]^2 \frac{1}{2k+1} = \frac{\pi}{2}$$

类似可证

$$\lim_{k \to \infty} \left[\frac{(2k)!!(2k)!!}{(2k)!!}\right]^2 \frac{1}{2k+1} = \frac{\pi}{2}$$

$$\lim_{k \to \infty}\left[\frac{2^{2k}(k!)^2}{(2k)!}\right]^2 \frac{1}{2k+1} = \frac{\pi}{2}$$

*1.9.2 Stirling 公式的证明

令
$$A_n = \int_1^n \ln x \mathrm{d}x = x\ln x \Big|_1^n - \int_1^n \mathrm{d}x = n\ln n - n + 1$$

$$t_n = \frac{1}{2}\ln 1 + \ln 2 + \cdots + \ln(n-1) + \frac{1}{2}\ln n$$

$$= \ln(n!) - \frac{1}{2}\ln n$$

t_n 的几何意义是由 x 轴,$x=n$,以及连接 $(1,0)$,$(2,\ln 2)$,$\cdots$,$(n-1,\ln(n-1))$,$(n,\ln n)$ 诸点而成的折线围成的面积,如图 1-21 所示.

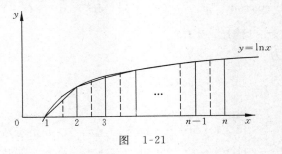

图 1-21

$$T_n = \frac{1}{8} + \ln 2 + \cdots + \ln(n-1) + \frac{1}{2}\ln n$$

T_n 是由 3 部分面积构成的:一是曲线 $y=\ln x$ 在 $x=k$ 点的切线和 x 轴,以及 $x=k-\frac{1}{2}$,$x=k+\frac{1}{2}$ 包围的梯形,当 k 分别为 $2,3,\cdots,n-1$ 时的面积之和;二是曲线 $y=\ln x$ 在 $x=1$ 点的切线,$x=3/2$,以及 x 轴围成的梯形;三是由 $y=\ln n$,$x=n-\frac{1}{2}$,$x=n$ 及 x 轴包围的矩形面积.因而有

$$t_n < A_n < T_n$$

$$0 < A_n - t_n < T_n - t_n = \frac{1}{8}$$

令 $b_n = A_n - t_n$. 序列 $b_1,b_2,\cdots$ 单调递增,而且有上界,故有极限.令

$$\lim_{n \to \infty} b_n = b_1$$

$$b_n = n\ln n - n + 1 - \ln(n!) + \frac{1}{2}\ln n$$

$$= \ln n^n - n + 1 - \ln(n!) + \ln\sqrt{n}$$

$$\ln(n!) = 1 - b_n + \ln n^n + \ln\sqrt{n} - \ln e^n$$

所以,
$$n! = \mathrm{e}^{1-b_n}\sqrt{n}\left(\frac{n}{\mathrm{e}}\right)^n$$

令 $\beta_n = \mathrm{e}^{1-b_n}$,$\lim\limits_{n \to \infty}\beta_n = \beta$. 将此结果代入沃利斯公式,整理得

$$\beta = \sqrt{2\pi}$$

故

$$\lim_{n \to \infty} \frac{\beta_n \sqrt{n} \left(\dfrac{n}{e}\right)^n}{n!} = 1$$

$$\lim_{n \to \infty} \frac{\sqrt{2n\pi} \left(\dfrac{n}{e}\right)^n}{n!} = 1$$

令

$$a_n = \sqrt{2n\pi} \left(\frac{n}{e}\right)^n$$

现将若干特定的 n, a_n 和 $n!$ 列表比较于表 1-6.

表 1-6

n	$n!$	a_n	$n!/a_n$
10	3.6288×10^6	3.5987×10^6	1.0084
20	2.4329×10^{18}	2.4228×10^{18}	1.0042
30	2.6525×10^{32}	2.6452×10^{32}	1.0028
40	8.1592×10^{47}	8.1422×10^{47}	1.0021
50	3.0414×10^{64}	3.0363×10^{64}	1.0017
60	8.3210×10^{81}	8.3094×10^{81}	1.0014

$$60! \approx 8.3094 \times 10^{81}$$

用每秒生成 10^7 个排列的超高速电子计算机, 生成 60 个字符的全排列. 由于每年有 3.1536×10^7 秒, 所以需要

$$T = 8.3210 \times 10^{81} / (3.1536 \times 10^{14}) = 2.4386 \times 10^{67} (年)$$

习　　题

1.1 从 $\{1, 2, \cdots, 50\}$ 中找两个数 $\{a, b\}$, 使其满足

(1) $|a - b| = 5$;

(2) $|a - b| \leqslant 5$.

1.2 5 个女生, 7 个男生进行排列,

(1) 若女生在一起有多少种不同的排列?

(2) 女生两两不相邻有多少种不同的排列?

(3) 两男生 A 和 B 之间正好有 3 个女生的排列有多少种?

1.3 m 个男生, n 个女生, 排成一行, 其中 m, n 都是正整数, 若

(1) 男生不相邻 ($m \leqslant n+1$);

(2) n 个女生形成一个整体;

(3) 男生 A 和女生 B 排在一起.

分别讨论有多少种方案.

1.4 26 个英文字母进行排列, 求 x 和 y 之间有 5 个字母的排列数.

1.5 求 3000～8000 之间的奇整数的数目, 而且没有相同的数字.

1.6 计算

$$1 \cdot 1! + 2 \cdot 2! + 3 \cdot 3! + \cdots + n \cdot n!$$

1.7 试证

$$(n+1)(n+2)\cdots(2n)$$

被 2^n 除尽.

1.8 求 10^{40} 和 20^{30} 的公因数的数目.

1.9 试证 n^2 的正除数的数目是奇数.

1.10 证明任一正整数 n 可唯一地表示成如下形式:

$$n = \sum_{i \geqslant 1} a_i \, i!, \qquad 0 \leqslant a_i \leqslant i, \quad i \geqslant 1.$$

1.11 证明 $nC(n-1,r) = (r+1)C(n,r+1)$,并给予组合解释.

1.12 试证等式:$\sum_{k=1}^{n} kC(n,k) = n2^{n-1}$

1.13 有 n 个不同的整数,从中取出两组来,要求第 1 组的最小数大于另一组的最大数.

1.14 6 个引擎分列两排,要求引擎的点火顺序两排交错开来,试求从一个特定引擎开始有多少种方案?

1.15 试求从 1 到 1000000 的整数中,0 出现的次数.

1.16 n 个完全一样的球放到 r 个有标志的盒($n \geqslant r$)中,无一空盒,试问有多少种方案?

1.17 n 和 r 都是正整数,而且 $r \leqslant n$,试证下列等式:

(1) $P_r^n = nP_{r-1}^{n-1}$

(2) $P_r^n = (n-r+1)P_{r-1}^n$

(3) $P_r^n = \dfrac{n}{n-r}P_r^{n-1}$, $r < n$

(4) $P_r^{n+1} = P_r^n + rP_{r-1}^n$

(5) $P_r^{n+1} = r! + r(P_{r-1}^{r-1} + P_{r-1}^r + \cdots + P_{r-1}^{n-1})$

1.18 8 个盒子排成一列,5 个有标志的球放到盒子中,每盒最多放一个球,要求空盒不相邻,问有多少种排列方案?

1.19 $n+m$ 位由 m 个 0,n 个 1 组成的符号串,其中 $n \leqslant m+1$,试问不存在两个 1 相邻的符号串的数目.

1.20 甲单位有 10 个男同志,4 个女同志,乙单位有 15 个男同志,10 个女同志,由他们产生一个 7 人的代表团,要求其中甲单位占 4 人,而且 7 人中男同志占 5 位.试问有多少种方案?

1.21 一个盒子里有 7 个无区别的白球,5 个无区别的黑球.每次从中随机取走一个球,已知前面取走 6 个,其中 3 个是白的.试问取第 6 个球是白球的概率.

1.22 求图 1-22 中从 0 到 P 的路径数:

(1) 路径必须过 A 点;

(2) 路径必须过道路 AB;

(3) 路径必须过 A 点和 C 点;

(4) 道路 AB 封锁(但 A,B 两点开放).

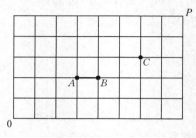

图 1-22

1.23 令 $s=\{1,2,\cdots,n+1\},n\geqslant2,T=\{(x,y,z)\mid x,y,z\in s,x<z,y<z\}$,试证:

$$|T|=\sum_{k=1}^{n}k^2=\binom{n+1}{2}+2\binom{n+1}{3}$$

1.24 $A=\{(a,b)\mid a,b\in Z,0\leqslant a\leqslant9,0\leqslant b\leqslant5\}$,

    (1) 求 x-y 平面上以 A 作顶点的长方形的数目;

    (2) 求 x-y 平面上以 A 作顶点的正方形数目.

1.25 平面上有 15 个点 $P_1,P_2,\cdots,P_{15}$,其中 P_1,P_2,P_3,P_4,P_5 共线,此外不存在 3 点共线.

    (1) 求至少过 15 个点中两点的直线的数目;

    (2) 求由 15 个点中的 3 点组成的三角形的数目.

1.26 $S=\{1,2,\cdots,1000\},a,b\in S$,使 $ab\equiv0 \bmod 5$,求数偶 $\{a,b\}$ 的数目.

1.27 6 位男宾,5 位女宾围一圆桌而坐,

    (1) 女宾不相邻有多少种方案?

    (2) 所有女宾在一起有多少种方案?

    (3) 一女宾 A 和两位男宾相邻又有多少种方案?

1.28 k 和 n 都是正整数,kn 位来宾围着 k 张圆桌而坐,试求其方案数.

1.29 从 n 个对象中取 r 个作圆周排列,求其方案数.已知 $1\leqslant r\leqslant n$.

1.30 试证下列等式

    (1) $\binom{n}{r}=\frac{n}{r}\binom{n-1}{r-1}$, $1\leqslant r\leqslant n$;

    (2) $\binom{n}{r}=\frac{n-r+1}{r}\binom{n}{r-1}$, $1\leqslant r\leqslant n$;

    (3) $\binom{n}{r}=\frac{n}{n-r}\binom{n-1}{r}$, $0\leqslant r\leqslant n$.

1.31 试证任意 r 个相邻数的连乘:

$$(n+1)(n+2)\cdots(n+r)$$

被 $r!$ 除尽.

1.32 在 a,b,c,d,e,f,x,x,x,y,y 的排列中,要求 y 必须夹在两个 x 之间,问这样的排列数等于多少?

1.33 已知 r,n,k 都是正整数,$r\geqslant nk$,将 r 个无区别的球放在 n 个有标志的盒子里,每盒至少 k 个球,试问有多少种方案?

1.34 在 r,s,t,u,v,w,x,y,z 的排列中求 y 居于 x 和 z 中间的排列数.

1.35 凸十边形的任意三条对角线不共点.试求这凸十边形的对角线交于多少个点?

1.36 试证一整数是另一整数的平方的必要条件是除尽它的数的数目是整数.

1.37 给出

$$\binom{n}{m}\binom{r}{0}+\binom{n-1}{m-1}\binom{r+1}{1}+\binom{n-2}{m-2}\binom{r+2}{2}+\cdots+\binom{n-m}{0}\binom{r+m}{m}=\binom{n+r+1}{m}$$

的组合意义.

1.38 给出 $\binom{r}{r}+\binom{r+1}{r}+\binom{r+2}{r}+\cdots+\binom{n}{r}=\binom{n+1}{r+1}$ 的组合意义.

1.39 证明:

$$\binom{m}{0}\binom{m}{n}+\binom{m}{1}\binom{m-1}{n-1}+\cdots+\binom{m}{n}\binom{m-n}{0}=2^n\binom{m}{n}$$

1.40 从 n 个人中选 r 个围成一个圆圈,问有多少种不同的方案?

1.41 分别写出按照字典序,由给定排列计算其对应序号的算法及由给定序号计算其对应排列的算法.

1.42 (1) 按照习题 1.41 的要求,写出邻位对换法(排列的生成算法之二)的相应算法.

(2) 写出按照邻位对换法由给定排列生成其下一个排列的算法.

1.43 对于给定的正整数 n,证明,当

$$k = \begin{cases} \dfrac{n-1}{2} \text{ 或 } \dfrac{n+1}{2}, & \text{若 } n \text{ 是奇数} \\[2mm] \dfrac{n}{2}, & \text{若 } n \text{ 是偶数} \end{cases}$$

时,$C(n,k)$ 是最大值.

1.44 (1) 用组合方法证明 $\dfrac{(2n)!}{2^n}$ 和 $\dfrac{(3n)!}{2^n \cdot 3^n}$ 都是整数.

(2) 证明 $\dfrac{(n^2)!}{(n!)^{n+1}}$ 是整数.

1.45 (1) 在 $2n$ 个球中,有 n 个相同.求从这 $2n$ 个球中选取 n 个的方案数.

(2) 在 $3n+1$ 个球中,有 n 个相同.求从这 $3n+1$ 个球中选取 n 个的方案数.

1.46 证明在由字母表 $\{0,1,2\}$ 生成的长度为 n 的字符串中,

(1) 0 出现偶数次的字符串有 $\dfrac{3^n+1}{2}$ 个;

(2) $\dbinom{n}{0}2^n + \dbinom{n}{2}2^{n-2} + \cdots + \dbinom{n}{q}2^{n-q} = \dfrac{3^n+1}{2}$,其中 $q = 2\left[\dfrac{n}{2}\right]$.

1.47 5 台教学机器 m 个学生使用,使用第 1 台和第 2 台的人数相等,有多少种分配方案?

1.48 在由 n 个 0 及 n 个 1 构成的字符串中,在任意前 k 个字符中,0 的个数不少于 1 的个数的字符串有多少?

1.49 在 $1 \sim n$ 的自然数中选取不同且互不相邻的 k 个数,有多少种选取方案?

1.50 (1) 在由 5 个 0,4 个 1 组成的字符串中,出现 01 或 10 的总次数为 4 的字符串,有多少个?

(2) 在由 m 个 0,n 个 1 组成的字符串中,出现 01 或 10 的总次数为 k 的字符串,有多少个?

1.51 从 $N = \{1,2,\cdots,20\}$ 中选出 3 个数,使得没有两个数相邻,问有多少种方案?

1.52 从 $S = \{1,2,\cdots,n\}$ 中选取 k 个数,使之没有两数相邻,求不同方案数.

1.53 把 n 个无区别的球放进有标志 $1,2,\cdots,n$ 的 n 个盒子中,每个盒子可放多于一个球,求有多少种方案?

1.54 m 个 1,n 个 0 进行排列,求 1 不相邻的排列数.设 $n > m$.

1.55 偶数位的对称数,即从左向右的读法与从右向左的读法相同,如 3223.试证这样的数可被 11 整除.

1.56 n 个男人与 n 个女人沿一圆桌坐下,问两个女人之间坐一个男人的方案数.又 m 个女人 n 个男人,且 $m < n$,沿一圆桌坐下,求无两个女人并坐的方案数.

1.57 n 个人分别沿着两张圆桌坐下,一张 r 个人,另一张 $n-r$ 个人,试问有多少种不同的方案?

1.58 一圆周上 n 个点标以 $1,2,\cdots,n$.每一点与其他 $n-1$ 个点连以直线,试问这些直线交于圆内多少点?

1.59 n 和 k 都是正整数,设平面有 n 个点,其中每一点都存在 k 个点与之距离相等.试证 k 满足.

第2章 递推关系与母函数

2.1 递推关系

组合数学很重要的内容是计数,有许多计数问题要化为递推关系来求解.计算机算法尤其如此,什么是递推关系,先举一个河内塔问题作为例子来加以说明,河内塔问题是组合数学的典型问题.

[例2-1] 有 n 个圆盘依半径的大小,从下而上套在柱 A 上,如图2-1所示.每次只允许转移到柱 B 或柱 C 上,而且不允许将半径大的盘压在半径小的盘上面,要求将 A 柱上的 n 个盘转移到柱 C 上,请设计一种办法,并估计要移动几次?问题提供 A,B,C 3根柱子可供应用.

河内塔问题的典型意义在于先找出算法,进一步对其时间复杂性进行估计,本题是搬动的盘次、算法的研究大致如此.

请读者从实际出发,以规模小一些的问题模拟"沙盘推演",找出带规律性的东西,然后推及一般.

如图2-1所示,先将最上面一个盘搬到 B 柱上,然后将下面一个盘转移 C 柱上,最后再将 B 柱上的盘转移到 C 柱上,共作3次转移. $n=2$ 的河内塔已获得解决.进而考虑 $n=3$ 的问题, $n=2$ 的问题已解决,第一步将 A 柱前面两个盘转移到 B 柱上,然后将 A 柱上最后一个盘转移到 C 柱上.接着利用移动两个盘的方法将 B 柱上的两个盘转移到 C 柱上, $n=3$ 的河内塔问题,即告解决. $n=4$ 的问题依法炮制,接着连锁反应, $n=5,n=6,\cdots$,依次得到解决. $n-1$ 个盘的河内塔问题获得解决,将导致 n 个盘的河内塔问题迎刃而解.这样的方法称为递推算法.

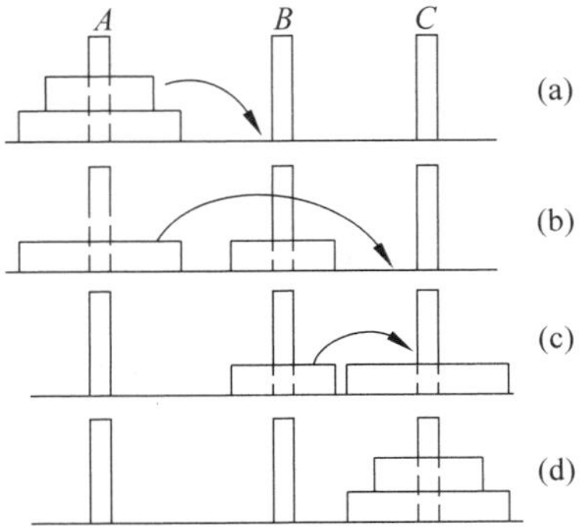

算法分析:令 $H(n)$ 表示 n 个盘的河内塔问题搬动的盘次,依据算法要作两个 $n-1$ 盘的河内塔问题的搬动,一次先从 A 柱上将前 $n-1$ 个盘转移到 B 柱上,接着将 A 柱上的最后一个盘转移到 C 柱上,最后还得将 B 柱上的 $n-1$ 个盘再转移到 C 柱上,于是有

$$H(n) = 2H(n-1)+1, \qquad H(1)=1 \quad (2\text{-}1)$$

$H(1)=1$ 是递推关系(2-1)的初始条件,即一个盘只要搬动一次.

图 2-1

于是依次得序列:

$$H(1) = 1,$$
$$H(2) = 2+1 = 2^2-1,$$
$$H(3) = 2(2^2-1)+1 = 2^3-1,$$
$$H(4) = 2(2^3-1)+1 = 2^4-1.$$

可通过数学归纳法证 $H(n)=2^n-1$,显然 $H(1)=2^1-1=1$ 成立.

设 $$H(n-1)=2^{n-1}-1 \text{ 成立}$$

则 $$H(n)=2H(n-1)+1=2(2^{n-1}-1)+1=2^n-1$$

若 $n=50$，则 $H(50)=2^{50}-1\approx1.126\times10^{15}$

这是什么概念？设每秒可移动 10^7 盘次，每年按 365 天计，每年有

$$N = 365 \times 24 \times 3600 = 3.1536\times10^7 \text{ 秒}$$

则解决 $n=50$ 个圆盘的河内塔问题，需要时间

$$T = \frac{1.126\times10^{15}}{3.1536\times10^{14}} = 3.5705 \text{ 年}$$

[例 2-2] Fibonacci 序列.

Fibonacci 序列是组合数学的另一个典型问题，问题的提出是这样的：有雌雄一对兔子，假定出生两个月后每月又能繁殖雌雄一对小兔，问 n 个月后有几对兔子？

Fibonacci 序列有许多很有趣的应用，在计算机领域尤其如此，有的在后面将讨论到.

设满 n 个月的兔子对数为 F_n，其中当月新出生的兔子对数为 N_n，上个月留下的兔子对数为 O_n，则有

$$F_n = N_n + O_n$$

根据假定 $N_n=F_n-2$，即第 $n-2$ 个月的兔子对数到第 n 月都有繁殖能力，$O_n=F_{n-1}$ 即上个月原本的兔子对数，故

$$F_n = F_{n-1} + F_{n-2}, \quad F_1 = F_2 = 1$$

$F_1=1,F_2=1$，即第 1 个月和第 2 个月，兔子对数为 1，这是初始条件.

于是有序列：

1,1,1+1=2,2+1=3,2+3=5,3+5=8,5+8=13,

8+13=21,

⋮

即　1,1,2,3,5,8,13,21,34,55,89,144,…

与河内塔问题类似，产生一序列. 但 $H(n)$ 给一个表达公式，F_n 暂时还不能，这正是 2.2 节要解决的问题.

2.2　母函数

组合数学用的最多的工具要算母函数，究竟什么是母函数呢，先看 $(1+a_1x)(1+a_2x)$
$\cdots(1+a_nx)=1+(a_1+a_2+\cdots+a_n)x+(a_1a_2+a_1a_3+\cdots+a_{n-1}a_n)x^2+\cdots+a_1a_2\cdots a_nx^n$

x^1 项系数：$a_1+a_2+\cdots+a_n$；

x^2 项系数：$a_1a_2+a_1a_3+\cdots+a_{n-1}a_n$；$\cdots$

即　x^k 项系数：$a_1,a_2,\cdots,a_n$ 取 k 个组合的全体之和，$k=1,2,\cdots,n$.

令 $a_1=a_2=\cdots=a_n=1$，即得

$$(1+x)^n = 1+C(n,1)x+C(n,2)x^2+\cdots+C(n,n)x^n$$

另一方面

$$(1+x)^m(1+x)^n = (1+x)^{m+n}$$

故

$$(1+x)^m(1+x)^n = \{C(m,0)+C(m,1)x+\cdots$$
$$+C(m,m)x^m\}\times\{C(n,0)$$
$$+C(n,1)x+\cdots+C(n,n)x^n\}$$
$$=\{C(m+n,0)+C(m+n,1)x+\cdots$$
$$+C(m+n,m+n)x^{m+n}\}$$

比较上面等式 x^k 项系数,

$$C(m,0)C(n,k)+C(m,1)C(n,k-1)+\cdots+C(m,k)C(n,0)$$
$$=C(m+n,k), \quad k=0,1,2,\cdots,\min\{m,n\}$$

这个等式在第 1 章只给出组合意义的解释,现在给出了正式的证明,类似的方法有:

$$(1+x)^n\left(1+\frac{1}{x}\right)^m=\{C(n,0)+C(n,1)x+\cdots+C(n,n)x^n\}$$
$$\times\Big\{C(m,0)+C(m,1)\frac{1}{x}+C(m,2)\frac{1}{x^2}$$
$$+\cdots+C(m,m)\frac{1}{x^m}\Big\}$$

$$\text{等式左端}=\frac{1}{x^m}(1+x)^{m+n}$$
$$=\frac{1}{x^m}\{C(m+n,0)+C(m+n,1)x+\cdots$$
$$+C(m+n,m)x^m+\cdots+C(m+n,m+n)x^{m+n}\}$$
$$=\Big\{\sum_{i=0}^{n}C(n,i)x^i\Big\}\times\Big\{\sum_{j=0}^{m}C(m,j)x^{-j}\Big\}$$

比较等式两端的常数项可得一等式:

$$C(m+n,m)=C(n,0)C(m,0)+C(n,1)C(m,1)+\cdots+C(n,m)C(m,m)$$

又如

$$(1+x)^n=C(n,0)+C(n,1)x+C(n,2)x^2+\cdots+C(n,n)x^n$$

令 $x=1$,得恒等式

$$C(n,0)+C(n,1)+\cdots+C(n,n)=2^n$$

$$\frac{\mathrm{d}}{\mathrm{d}x}(1+x)^n=n(1+x)^{n-1}$$
$$=C(n,1)+2C(n,2)x+\cdots+nC(n,n)x^{n-1}$$

将 $x=1$ 代入上式等号两端得恒等式

$$C(n,1)+2C(n,2)+\cdots+nC(n,n)=n2^{n-1}$$

另一方面从公式 $r\binom{n}{r}=n\binom{n-1}{r-1}$ 不难推出:

$$\sum_{r=1}^{n}r\binom{n}{r}=\sum_{r=1}^{n}n\binom{n-1}{r-1}=n\sum_{r=1}^{n}\binom{n-1}{r-1}=n\sum_{s=0}^{n-1}\binom{n-1}{s}=n2^{n-1}$$

还可以推出一系列关于 $C(n,0),C(n,1),\cdots,C(n,n)$ 的关系式. 但可见 $(1+x)^n=C(n,0)+C(n,1)x+\cdots+C(n,n)x^n$ 在研究序列 $C(n,0),C(n,1),\cdots,C(n,n)$ 时所起的作用. 为此引进母函数的概念.

定义 2-1 对于序列 $C_0, C_1, C_2, \cdots$ 构造一函数
$$G(x) = C_0 + C_1 x + C_2 x^2 + \cdots$$
称 $G(x)$ 为序列 $C_0, C_1, C_2, \cdots$ 的母函数.

例如 $(1+x)^n$ 称为序列 $C(n,0), C(n,1), \cdots, C(n,n)$ 的母函数. 序列长度可能是有限的, 也可能是无限的.

若已知序列 $C_0, C_1, C_2, \cdots$, 则母函数 $G(x)$ 便确定, 反之若已求得母函数, 序列也就确定了, 序列和对应的母函数是一一对应的. 为方便起见记序列 $C_0, C_1, \cdots$ 为 $\{C_i\}$.

现在利用母函数求递推关系的解, 还是先拿河内塔问题作为例子.
$$H(n) = 2H(n-1) + 1, \quad H(1) = 1,$$
为方便起见记 $H(n)$ 为 H_n. 令序列 $\{H_n\}$ 的母函数为
$$G(x) = H_0 + H_1 x + H_2 x^2 + \cdots$$
补充定义 $H_0 = 0$, 并作如下步骤的形式化演算:

$$x: \quad H_1 = 2H_0 + 1$$
$$x^2: \quad H_2 = 2H_1 + 1$$
$$x^3: \quad H_3 = 2H_2 + 1$$
$$+) \qquad\qquad\qquad \vdots$$

$$\overline{\qquad G(x) = 2x[H_0 + H_1 x + H_2 x^2 + \cdots] + [x + x^2 + x^3 + \cdots] \qquad}$$

上面表达式为 $H_1 = 2H_0 + 1$ 乘以 x, $H_2 = 2H_1 + 1$ 乘以 x^2, 等等.

等式两端分别为

$$H_1 x + H_2 x^2 + \cdots = 2x \sum_{k=0}^{\infty} H_k x^k + \sum_{k=1}^{\infty} x^k$$

$$x + x^2 + x^3 + \cdots = x[1 + x + x^2 + \cdots] = \frac{x}{1-x}$$

因
$$\frac{1}{1-x} = 1 + x + x^2 + \cdots$$

所以得
$$G(x) = 2xG(x) + \frac{x}{1-x}$$

$$(1-2x)G(x) = \frac{x}{1-x}$$

所以
$$G(x) = \frac{x}{(1-x)(1-2x)}$$

序列 $\{H_k\}$ 的母函数已求得, 后面是设法从 $G(x)$ 求序列 $\{H_k\}$.

令
$$\frac{x}{(1-x)(1-2x)} = \frac{A}{1-2x} + \frac{B}{1-x}$$

即将等号左端的分式化为两个部分分式的和, A、B 是待定系数:

$$\frac{A(1-x) + B(1-2x)}{(1-2x)(1-x)} = \frac{(A+B) - (A-2B)x}{(1-2x)(1+x)} = \frac{x}{(1-2x)(1-x)}$$

故得关于 A, B 的联立代数方程组, 比较 x_0 和 x 系数得

$$\begin{cases} A + B = 0 \\ A + 2B = -1 \end{cases}$$

$$A = 1, \quad B = -1$$

所以
$$G(x) = \frac{1}{1-2x} - \frac{1}{1-x} = (1 + 2x + 2^2 x^2 + \cdots) - (1 + x + x^2 + \cdots)$$
因此
$$H_n = 2^n - 1, \quad n = 1, 2, \cdots$$
上面利用母函数求递推关系的序列,构建序列和母函数有座桥:
$$\frac{1}{1-x} = 1 + x + x^2 + \cdots$$

2.3 Fibonacci 序列

2.3.1 Fibonacci 序列的递推关系

类似的方法可以求得 Fibonacci 序列的一般公式,已知
$$F_n = F_{n-1} + F_{n-2}$$
$$F_1 = F_2 = 1$$
令
$$G(x) = F_1 x + F_2 x^2 + F_3 x^3 + \cdots$$
继续形式化步骤:
$$x^3: F_3 = F_2 + F_1$$
$$x^4: F_4 = F_3 + F_2$$
$$x^5: F_5 = F_4 + F_3$$
$$+) \qquad \vdots$$

$$\overline{G(x) - x^2 - x = x[G(x) - x] + x^2 G(x)}$$

故
$$(1 - x - x^2)G(x) = x$$
$$G(x) = \frac{x}{1 - x - x^2}$$
因
$$1 - x - x^2 = \left(1 - \frac{1 - \sqrt{5}}{2}x\right)\left(1 - \frac{1 + \sqrt{5}}{2}x\right)$$
令
$$G(x) = \frac{A}{1 - \frac{1 + \sqrt{5}}{2}x} + \frac{B}{1 - \frac{1 - \sqrt{5}}{2}x}$$
$$= \frac{x}{\left(1 - \frac{1 + \sqrt{5}}{2}x\right)\left(1 - \frac{1 - \sqrt{5}}{2}x\right)}$$
比较常数项及 x 的系数得:
$$\begin{cases} A + B = 0 \\ \frac{\sqrt{5}}{2}(A - B) = 1, \end{cases} \quad 或 \quad \begin{cases} A + B = 0 \\ A - B = \frac{2}{\sqrt{5}}, \end{cases}$$
$$A = \frac{1}{\sqrt{5}}, \quad B = -\frac{1}{\sqrt{5}}$$

$$G(x) = \frac{1}{\sqrt{5}} \left[\frac{1}{1 - \dfrac{1+\sqrt{5}}{2}x} - \frac{1}{1 - \dfrac{1-\sqrt{5}}{2}x} \right]$$

令

$$\alpha = \frac{1+\sqrt{5}}{2}, \quad \beta = \frac{1-\sqrt{5}}{2}$$

$$G(x) = \frac{1}{\sqrt{5}} [(\alpha - \beta)x + (\alpha^2 - \beta^2)x^2 + \cdots]$$

$$F_n = \frac{\alpha^n - \beta^n}{\sqrt{5}}$$

$$|\beta| = \left| \frac{1-\sqrt{5}}{2} \right| < 1, \quad \beta^n \to 0$$

所以

$$F_n = \frac{1}{\sqrt{5}} \left(\frac{1+\sqrt{5}}{2} \right)^n$$

$$\frac{F_n}{F_{n-1}} = \frac{1+\sqrt{5}}{2} = 1.618$$

$$F_n = 1.618 F_{n-1}, \quad F_n - F_{n-1} = F_{n-2} = 0.618 F_{n-1}$$

2.3.2 若干等式

（1）$F_1 + F_2 + \cdots + F_n = F_{n+2} - 1$

证

$$F_1 = F_3 - F_2$$
$$F_2 = F_4 - F_3$$
$$\vdots$$
$$F_{n-1} = F_{n+1} - F_n$$
$$+) \quad F_n = F_{n+2} - F_{n+1}$$

$$\overline{\quad F_1 + F_2 + \cdots + F_n = F_{n+2} - F_2 = F_{n+2} - 1 \quad}$$

（2）$F_1 + F_3 + F_5 + \cdots + F_{2n-1} = F_{2n}$

证

$$F_1 = F_2$$
$$F_3 = F_4 - F_2$$
$$F_5 = F_6 - F_4$$
$$\vdots$$
$$+) \quad F_{2n-1} = F_{2n} - F_{2n-2}$$

$$\overline{\quad F_1 + F_3 + \cdots + F_{2n-1} = F_{2n} \quad}$$
$$F_1^2 + F_2^2 + \cdots + F_n^2 = F_n F_{n+1}$$

(3)

证

$$F_1^2 = F_2 F_1$$
$$F_2^2 = F_2(F_3 - F_1) = F_2 F_3 - F_2 F_1$$
$$F_3^2 = F_3(F_4 - F_2) = F_3 F_4 - F_3 F_2$$
$$\vdots$$

$$+)\quad F_n^2 = F_n(F_{n+1} - F_{n-1}) = F_n F_{n+1} - F_n F_{n-1}$$

$$\overline{}$$

$$F_1^2 + F_2^2 + \cdots + F_n^2 = F_n F_{n+1}$$

2.4 优选法与 Fibonacci 序列的应用

科学技术少不了试验,试验总是带有破坏性,是要付出代价的.优选法就是研究实验该如何进行、使效率最高.

2.4.1 优选法

设函数 $y = f(x)$ 在区间 (a, b) 上有单峰极大点(或单峰极小点).所谓单峰极值点,即只有一个极值点 ξ,而且 x 与 ξ 的偏离越大,偏差 $|f(x) - f(\xi)|$ 也越大.

设函数 $f(x)$ 在 $x = \xi$ 处取得极大值.在数学分析中讨论过求 ξ 点方法,在 $f(x)$ 是初等函数时适用.自然界的规律错综复杂,对于丰富的自然界现象,用初等函数作为描绘工具远为不够,求极值点 ξ 的方法只能靠实验.

以炼钢为例,钢的性能与所含的某一元素(比如锰)的量具有极其复杂的函数关系.但是根据经验在某一区间范围内有极大点 ξ(图 2-2).找 ξ 的办法只能通过试验.

最简单的办法名曰"瞎子爬山",瞎子一步一步地往上走,虽然眼睛看不见但他感觉得到是否到达最高点 ξ.这里所谓一步一步往上走,实际上是每隔一小段做一次试验,如若将 (a, b) 区间三等分,

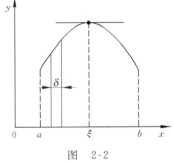

图 2-2

令 $\quad x_1 = a + \dfrac{1}{3}(b - a) \qquad x_2 = a + \dfrac{2}{3}(b - a)$

依据 $f(x_1)$ 和 $f(x_2)$ 值的大小,分别讨论如下:

(1) 若 $f(x_1) > f(x_2)$,由于 $f(x)$ 在 (a, b) 区间是单峰,则极大点 ξ 必然在 (a, x_2) 区间内,可将 (x_2, b) 区间舍去.

(2) 若 $f(x_1) < f(x_2)$,则 ξ 点在 (x_1, b) 区间内,将 (a, x_1) 区间舍去.

(3) 若 $f(x_1) = f(x_2)$,则 ξ 点必在 (x_1, x_2) 区间内,(a, x_1) 和 (x_2, b) 可舍去.

图 2-3 中有影线的部分便是舍去的部分.可见做两次试验,至少可将区间缩为原来区间的 $\dfrac{2}{3}$,但对剩下的部分继续用刚才讨论的三等分法,则其中有一点的试验没被用上.

不失一般性,假定 (a, b) 区间是 $(0, 1)$.即 $f(x)$ 在 $(0, 1)$ 区间上有单峰极值,两个对称的点为 x 和 $1 - x$,在 x 和 $1 - x$ 两点进行试验,不妨再假定保留下来的是 $(0, x)$ 区间.

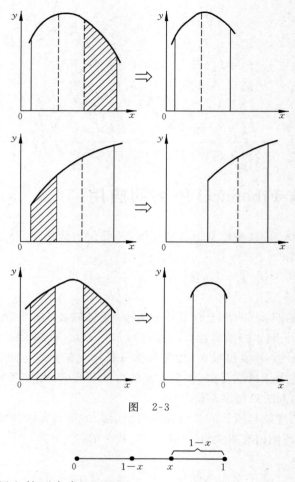

图　2-3

继续在$(0,x)$区间上的两个点

$$x^2 , (1-x)x$$

处做试验,若

$$x^2 = 1-x$$

则前一次在$1-x$处的试验可以派上用场,节省一次试验.而且省略去的区间是原来区间的$1-x$部分.

　　故有

$$x^2 + x - 1 = 0$$

$$x = \frac{-1+\sqrt{5}}{2} \approx 0.618$$

　　这就是所谓的0.618优选法.即在$(0,1)$区间上找单峰极大值时,可在$x_1 = 0.618$点和$x_2 = 1-0.618 = 0.382$点做试验,若保留$(0,0.618)$区间,由于$(0.618)^2 = 0.382$,故,下一轮的试验只要在$x_3 = 0.618 \times 0.382 = 0.236$做另一次试验.除第 1 轮外每一轮都只要做一次试验,消去的部分是原来区间的$0.382 > \frac{1}{3}$.试验少了,效率还提高了.

2.4.2　优选法的步骤

以含极大点 ξ 的单峰区间 (a,b) 为例,假定准确度 ε,优选法执行步骤如图 2-4 所示:

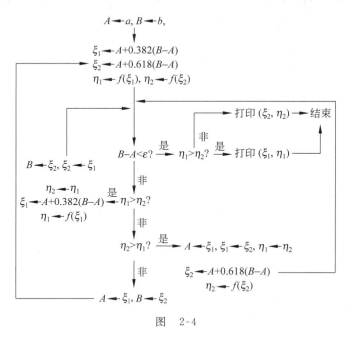

图　2-4

S1. $A \leftarrow a, B \rightarrow b$;

S2. $\xi_1 \leftarrow A + 0.382(B - A)$, $\xi_2 \leftarrow A + 0.618(B - A)$, $\eta_1 \leftarrow f(\xi_1)$, $\eta_2 \leftarrow f(\xi_2)$;

S3. 若 $B - A < \varepsilon$ 则做

始若 $\eta_1 > \eta_2$,则输出 (ξ_1, η_1) 终,否则做始输出 (ξ_2, η_2),结束. 终;

S4. 若 $\eta_1 > \eta_2$ 则做

$B \leftarrow \xi_2, \eta_2 \leftarrow \eta_1, \xi_2 \leftarrow \xi_1, \xi_1 \leftarrow A + 0.382(B - A), \eta_1 \leftarrow f(\xi_1)$,转 S3;

S5. 若 $\eta_1 < \eta_2$ 则做

$A \leftarrow \xi_1, \eta_1 \leftarrow \eta_2, \xi_1 \leftarrow \xi_2, \xi_2 \leftarrow A + 0.618(B - A), \eta_2 \leftarrow f(\xi_2)$,转 S3;

S6. $A \leftarrow \xi_1, B \leftarrow \xi_2$,转 S2.

n 轮迭代结果为单峰含极点的区间缩小为原先 (a,b) 区间长度的 $(0.618)^n$. 由于 $n \rightarrow \infty$ 时 $(0.618)^n \rightarrow 0$,故任给 $\varepsilon > 0$,总存在 n,使得 n 次迭代结果缩至单峰含极点的区间长度 $< \varepsilon$,设为 (x_1, x_2),不论 $f(x_1)$ 和 $f(x_2)$ 哪个较优,将其作为极值点 ξ,其误差都不超过 ε. 使 $\dfrac{(b-a)}{F_n} < \varepsilon$ 即可.

2.4.3　Fibonacci 的应用

优选法也可以利用 Fibonacci 数来完成,它和 0.618 法不同之点在于它预先确定次数,而 0.618 法则取决于区间的逐渐缩小直到小于事先给定的准确度,分两种情况介绍其方法.

(1) 先介绍利用 Fibonacci 数进行优选法的步骤. 假定要求在 n 次试验的条件下确定极值点 ξ,以求极大点为例.

将 (a,b) 区分成 F_{n+1} 等分,令 ξ_k 为第 k 个等分点,

即
$$\xi_k = a + \frac{k}{F_{n+1}}(b-a), \qquad k = 0,1,2,\cdots,F_{n+1}$$

为方便起见简称为 ξ_k 点. 例如 ξ_{55} 点即 F_{10} 点,ξ_{34} 即 F_9 点,称 $\dfrac{(b-a)}{F_{n+1}}$ 为分段问题. 问题变成在 $[0,F_{n+1}]$ 区间求极值点 ξ. 第一轮在 F_{n-1} 及 F_n 点进行试验,若 $f(F_{n-1}) > f(F_n)$,则 ξ 点在 $[0,F_n]$ 区间上,将 (F_n,F_{n+1}) 排除. 只要在 $[0,F_n]$ 区间上的 F_{n-2} 点做一次试验,F_{n-1} 点的试验结果保留使用. 若 $f(F_{n-1}) < f(F_n)$,则 ξ 点在 $[F_{n-1},F_{n+1}]$ 上,长度也是 F_n 个分段,原来的 F_n 点,在新的 $[F_{n-1},F_{n+1}]$ 是第 F_{n-2} 点,只要在新区的第 F_{n-1} 点做一次试验.

以 $n=9$,$F_{10} = 55$ 为例,将原来的区间分成 55 等分,将问题理解为在 $[0,55]$ 区间找极大点. $F_{n-1} = F_8 = 21$,$F_9 = 34$. 故第一轮需在 $F_8 = \xi_{21}$ 和 $F_9 = \xi_{34}$ 两点做试验,这里 ξ_{21} 和 ξ_{34} 即分别为第 21 个等分点和第 34 个等分点. 若 $f(\xi_{21}) > f(\xi_{34})$,则舍去 (ξ_{34},ξ_{55}) 区间,而在 $[0,F_9]$ 上的 $F_7 = \xi_{13}$ 点做试验,$F_8 = \xi_{21}$ 点保留使用. 若 $f(\xi_{21}) < f(\xi_{34})$,则舍去 $[0,\xi_{21}]$ 区间在 $[\xi_{21}, \xi_{55}]$ 区间上找极大点,区间长度依然是 34 个等分段,ξ_{34} 点在新区间 $[F_8,F_{10}]$ 上相当于 F_7,还要在新区间的 F_8 点做一试验. 当然新区间的 F_8 点即原来的 ξ_{42} 点.

第二轮舍去的是 21 分段,$\dfrac{21}{55} = 0.3818 > \dfrac{1}{3}$,接近于 0.382.

(2) Fibonacci 数的选取法比 0.618 优越之处还在于它适用于参数只能取整数的情况. 若可解得参加试验的点数比 F_n 少,比 F_{n-1} 大,可以 0 加几个点凑成 F_n 个点. 只要保证在 $[0,F_n]$ 区间是单峰极小就可以,而且新加点的试验不用认真去做,可作为比其他点都差的点来处理.

从以上讨论可以知道 Fibonacci 数优选法,以 F_n 个等分点为例,一轮优选将包含极值的单峰区间缩为其中含 F_{n-1} 个等分点:

$$\frac{F_{n-1}}{F_n} \approx \frac{1}{2}(\sqrt{5} - 1) \approx 0.618$$

2.5　母函数的性质

一个母函数和一组序列一一对应,利用母函数解递推关系必须要使从母函数到序列,或从序列到母函数的桥保持通畅,母函数的性质就在于搭这样的桥. 下面假定序列 $\{a_k\}$ 的母函数为 $A(x) = a_0 + a_1 x + a_2 x^2 + \cdots$,序列 $\{b_k\}$ 的母函数为 $B(x) = b_0 + b_1 x + b_2 x^2 + \cdots$.

性质 1　若

$$b_k = \begin{cases} 0 & k < l \\ a_{k-l}, & k \geqslant l, \end{cases} \quad \text{则 } B(x) = x^l A(x)$$

证明 $B(x) = b_0 + b_1 x + b_2 x + \cdots + b_l x^l + b_{l+1} x^{l+1} + \cdots$

$\qquad\qquad = b_l x^l + b_{l+1} x^{l+1} + \cdots = a_0 x^l + a_1 x^{l+1} + a_2 x^{l+2} + \cdots$

$\qquad\qquad = x^l (a_0 + a_1 x + a_2 x^2 + \cdots) = x^l A(x)$

性质 2 若 $b_k = a_{k+l}$ 则

$$B(x) = \left[A(x) - \sum_{k=0}^{l-1} a_k x^k \right] \Big/ x^l$$

证明 $B(x) = b_0 + b_1 x + b_2 x^2 + \cdots$

$\qquad\qquad = a_l + a_{l+1} x + a_{l+2} x^2 + \cdots$

$\qquad\qquad = \dfrac{1}{x^l} [a_l x^l + a_{l+1} x^{l+1} + \cdots]$

$\qquad\qquad = \dfrac{1}{x^l} [A(x) - a_0 - a_1 x - a_2 x^2 - \cdots - a_{l-1} x^{l-1}]$

$\qquad\qquad = \left[A(x) - \sum_{k=0}^{l-1} a_k x^k \right] \Big/ x^l.$

性质 3 若 $b_k = \displaystyle\sum_{l=0}^{k} a_l$, 则 $B(x) = A(x)/(1-x).$

证明

$\qquad\qquad 1: b_0 = a_0$

$\qquad\qquad x: b_1 = a_0 + a_1$

$\qquad\qquad x^2: b_2 = a_0 + a_1 + a_2$

$\qquad +) \qquad\qquad \vdots$

_____

$\qquad b_0 + b_1 x + b_2 x^2 + \cdots = a_0(1 + x + x^2 + \cdots) + a_1 x(1 + x + x^2 + \cdots)$

$\qquad\qquad\qquad\qquad\qquad\qquad + a_2 x^2 (1 + x + x^2 + \cdots) + \cdots$

故 $\qquad B(x) = a_0 \dfrac{1}{1-x} + a_1 x \dfrac{1}{1-x} + a_2 x^2 \dfrac{1}{1-x} + \cdots$

$\qquad\qquad = (a_0 + a_1 x + a_2 x^2 + \cdots)/(1-x) = A(x)/(1-x)$

[例 2-3] $\mathrm{e}^x = 1 + x + \dfrac{x^2}{2!} + \dfrac{x^3}{3!} + \cdots$

$$B(x) = \dfrac{x^m}{1!} + \dfrac{x^{m+1}}{2!} + \dfrac{x^{m+2}}{3!} + \cdots = x^{m-1}(\mathrm{e}^x - 1)$$

[例 2-4] 已知 $\sin x = x + \dfrac{1}{3!} x^3 + \dfrac{1}{5!} x^5 + \cdots$

$$B(x) = \dfrac{1}{7!} x + \dfrac{1}{9!} x^3 + \dfrac{1}{11!} x^5 + \cdots = \left[\sin x - x - \dfrac{1}{3!} x^3 - \dfrac{1}{5!} x^5 \right] \Big/ x^6$$

[例 2-5] $A(x) = 1 + x + x^2 + \cdots = \dfrac{1}{1-x},$

$\qquad B(x) = 1 + 2x + 3x^2 + \cdots = (1 + x + x^2 + \cdots)(1 + x + x^2 + \cdots)$

$\qquad\qquad = \dfrac{1}{1-x} \Big/ (1-x) = \dfrac{1}{(1-x)^2}$

[例 2-6] $C(x) = (1 + 2x + 3x^2 + 4x^3 + \cdots)(1 + x + x^2 + \cdots)$

$$= 1 + 3x + 6x^2 + 10x^3 + \cdots$$
$$= \sum_{k=0}^{\infty} \frac{1}{2}(k+1)(k+2)x^k = \frac{1}{(1-x)^3}$$

性质 4 若 $\sum\limits_{k=0}^{\infty} a_k$ 收敛，$b_k = \sum\limits_{h=k}^{\infty} a_h$，

则
$$B(x) = \frac{A(1) - xA(x)}{1-x}$$

证明 由于 $\sum\limits_{k=0}^{\infty} a_k$ 收敛，故 b_k 存在 $k = 1, 2, \cdots$.

$$1： \quad b_0 = a_0 + a_1 + \cdots = A(1)$$
$$x： \quad b_1 = a_1 + a_2 + \cdots = A(1) - a_0$$
$$x^2： \quad b_2 = a_2 + a_3 + \cdots = A(1) - a_0 - a_1$$

$+)$ $\qquad\qquad\qquad \vdots$

$$\overline{\qquad\qquad\qquad\qquad\qquad\qquad\qquad\qquad}$$

$$B(x) = A(1)(1 + x + \cdots) - a_0 x(1 + x + \cdots)$$
$$- a_1 x^2 (1 + x + \cdots) + \cdots$$
$$= \frac{A(1)}{1-x} - [a_0 + a_1 x + \cdots]x(1 + x + \cdots)$$
$$= \frac{A(1) - xA(x)}{1-x}$$

性质 5 若 $b_k = ka_k$，则 $B(x) = xA'(x)$，其中 $A'(x) = \dfrac{\mathrm{d}}{\mathrm{d}x} A(x)$

$$B(x) = a_1 x + 2a_2 x^2 + 3a_3 x^3 + \cdots$$
$$= x[a_1 + 2a_2 x + 3a_3 x^2 + \cdots] = xA'(x)$$

［例 2-7］ $A(x) = 1 + x + x^2 + \cdots = \dfrac{1}{1-x}$，

则
$$B(x) = x + 2x^2 + 3x^3 + \cdots = x(1 + 2x + 3x^2 + \cdots)$$
$$= x \frac{\mathrm{d}}{\mathrm{d}x}[1 + x + x^2 + \cdots] = x \frac{\mathrm{d}}{\mathrm{d}x} \frac{1}{1-x} = \frac{x}{(1-x)^2}$$

性质 6 若 $c_k = a_0 b_k + a_1 b_{k-1} + \cdots + a_k b_0 = \sum\limits_{h=0}^{k} a_h b_{k-h}$

则
$$C(x) = A(x)B(x)，$$
证明
$$1： c_0 = a_0 b_0$$
$$x： c_1 = a_0 b_1 + a_1 b_0$$
$$x^2： c_2 = a_0 b_2 + a_1 b_1 + a_2 b_0$$

$+)$ $\qquad\qquad\qquad \vdots$

$$\overline{\qquad\qquad\qquad\qquad\qquad\qquad\qquad\qquad}$$

$$C(x) = a_0(b_0 + b_1 x + \cdots) + a_1 x(b_0 + b_1 x + \cdots)$$
$$+ a_2 x^2 (b_0 + b_1 x + \cdots) + \cdots$$
$$= a_0 B(x) + a_1 x B(x) + a_2 x^2 B(x) + \cdots$$
$$= (a_0 + a_1 x + a_2 x^2 + \cdots)B(x)$$
$$= A(x)B(x)$$

性质 7 若 $b_k = \dfrac{a_k}{1+k}$，则 $B(x) = \dfrac{1}{x}\displaystyle\int_0^x A(x)\,\mathrm{d}x$.

[例 2-8] 已知 $A(x) = 1 + x + x^2 + \cdots = \dfrac{1}{1-x}$，

$$B(x) = x + 2x^2 + 3x^2 + \cdots = \frac{x}{(1-x)^2}$$

$$c_k = 1 + 2 + 3 + \cdots + k = \frac{k(k+1)}{2},$$

则

$$C(x) = \frac{x}{(1-x)^3}$$

2.6 线性常系数齐次递推关系

定义 $a_n + c_1 a_{n-1} + c_2 a_{n-2} + \cdots + c_k a_{n-k} = 0$ （2-2）

$\quad\quad a_0 = d_0, a_1 = d_1, \cdots, a_{k-1} = d_{k-1}$

若 $c_1, c_2, \cdots, c_k, d_0, d_1, \cdots, d_{k-1}$ 都是常数，式(2-2)则称为 k 阶的线性常系数齐次递推关系.

例如 Fibonacci 数 $\{F_n\}$ 满足

$$F_n = F_{n-1} + F_{n-2}, \quad F_1 = F_2 = 1$$

便是二阶线性常系数齐次递推关系. Hanoi 塔问题的递推关系：

$$a_n = 2a_{n-1} + 1, \quad a_1 = 1,$$

是一阶线性常系数递推关系，但不是齐次.

与式(2-2)递推关系相对应的有

$$C(x) = x^k + c_1 x^{k-1} + \cdots + c_{k-1} x + c_k$$

称之为式(2-2)的特征多项式. 设由式(2-2)递推关系确定的序列 $a_0, a_1, \cdots, a_n, \cdots$ 的母函数为

$$G(x) = a_0 + a_1 x + a_2 x^2 + \cdots$$

根据式(2-2)有

$$x^k: \quad a_k + c_1 a_{k-1} + c_2 a_{k-2} + \cdots + c_{k-1} a_1 + c_k a_0 = 0$$

$$x^{k+1}: \quad a_{k+1} + c_1 a_k + c_2 a_{k-1} + \cdots + c_{k-1} a_2 + c_k a_1 = 0$$

$$x^{k+2}: \quad a_{k+2} + c_1 a_{k+1} + c_2 a_k + \cdots + c_{k-1} a_3 + c_k a_2 = 0$$

$$+) \quad\quad\quad\quad \vdots$$

$$\overline{\begin{array}{l} [G(x) - (a_0 + a_1 x + \cdots + a_{k-1} x^{k-1})] + c_1 x [G(x) - (a_0 + a_1 x + \cdots \\ \quad + a_{k-2} x^{k-2})] + c_2 x^2 [G(x) - (a_0 + a_1 x + \cdots + a_{k-3} x^{k-3})] + \cdots \\ \quad + c_{k-1} x^{k-1} [G(x) - a_0] + c_k x^k G(x) = 0 \end{array}}$$

或

$$G(x) - \sum_{h=0}^{k-1} a_h x^h + c_1 x \left[G(x) - \sum_{h=0}^{k-2} a_h x^h \right]$$

$$+ c_2 x^2 \left[G(x) - \sum_{h=0}^{k-3} c_h x^h \right] + \cdots + c_k x^k G(x) = 0,$$

即
$$(1 + c_1 x + c_2 x^2 + \cdots + c_k x^k)G(x) = \sum_{h=0}^{k-1}\left[c_h x^h\left(\sum_{j=0}^{k-1-h}a_j x^j\right)\right]$$

其中定义 $c_0 = 1$. 令 $P(x) = \sum_{h=0}^{k-1}\left[c_h x^h\left(\sum_{j=0}^{k-1-h}a_j x^j\right)\right]$, $P(x)$ 的次方不超过 $k-1$. 则

$$G(x) = \frac{P(x)}{1 + c_1 x + c_2 x^2 + \cdots + c_k x^k} = \frac{P(x)}{R(x)}$$

请注意：$G(x)$ 为分式，其分母 $R(x)$ 与序列 $\{a_h\}$ 的特征多项式 $C(x)$ 的关系：

$$R(x) = x^k\left[\frac{1}{x^k} + c_1\frac{1}{x^{k-1}} + c_2\frac{1}{x^{k-2}} + \cdots + c_{k-1}\frac{1}{x} + c_k\right]$$

$$= x^k C\left(\frac{1}{x}\right)$$

由 $C(x)$ 是 k 次方首 1 多项式，$C(x) = 0$ 有 k 个根.

令
$$C(x) = (x - \alpha_1)^{k_1}(x - \alpha_2)^{k_2}\cdots(x - \alpha_t)^{k_t}$$
$$k_1 + k_2 + \cdots + k_t = k.$$

所以
$$G(x) = \frac{P(x)}{R(x)} = \frac{P(x)}{(1 - \alpha_1 x)^{k_1}(1 - \alpha_2 x)^{k_2}\cdots(1 - \alpha_t x)^{k_t}}$$

上式给出母函数 $G(x)$ 的结构，可以直接从这里入手，省去前面的手工操作.

（1）不同根情况举例

[**例 2-9**] Fibonacci 数列递推关系
$$F_n = F_{n-1} + F_{n-2}, \quad F_1 = F_2 = 1$$

特征方程：$x^2 - x - 1 = 0$,
$$G(x) = \frac{P(x)}{1 - x - x^2} = \frac{P(x)}{\left(1 - \frac{1+\sqrt{5}}{2}x\right)\left(1 - \frac{1-\sqrt{5}}{2}x\right)} = \frac{A}{1 - \alpha x} + \frac{B}{1 - \beta x},$$

$$\alpha = \frac{1+\sqrt{5}}{2}, \beta = \frac{1-\sqrt{5}}{2}$$

$P(x)$ 是一次多项式，令 $P(x) = ax + b$,

这里 A, B 都是待定系数：
$$G(x) = A(1 + \alpha x + \alpha^2 x^2 + \cdots) + B(1 + \beta x + \beta^2 x^2 + \cdots),$$

$$F_0 = A + B = 0, \quad F_1 = A\alpha + B\beta = \frac{1}{2}(A + B) + \frac{\sqrt{5}}{2}(A - B) = 1,$$

故
$$\begin{cases} A + B = 0 \\ A - B = \dfrac{2}{\sqrt{5}} \end{cases}$$

$$A = \frac{1}{\sqrt{5}}, \qquad B = -\frac{1}{\sqrt{5}}$$

所以 $F_n = (\alpha^n - \beta^n)/\sqrt{5}$.

[**例 2-10**] $a_n - a_{n-1} - 12a_{n-2} = 0, a_0 = 3, a_1 = 26$.

特征方程： $x^2 - x - 12 = 0, \quad (x-4)(x+3) = 0$
$$G(x) = \frac{P(x)}{1 - x - 12x^2} = \frac{P(x)}{(1 - 4x)(1 + 3x)},$$

其中 $P(x)$ 是一次多项式

将 $G(x)$ 化为部分分数得

$$G(x) = \frac{A}{1-4x} + \frac{B}{1+3x}$$

$$= A[1 + 4x + 4^2 x^2 + \cdots]$$

$$+ B[1 - 3x + 3^2 x^2 - 3^3 x^3 + 3^4 x^4 \cdots]$$

$$a_n = A(4)^n + B(-3)^n$$

$$a_0 = A + B = 3, \qquad a_1 = 4A - 3B = 26,$$

$$\begin{cases} A + B = 3 \\ 4A - 3B = 26, \end{cases} \qquad A = 5, B = -2$$

$$a_n = 5 \cdot 4^n - 2 \cdot (-3)^n$$

（2）复根情况举例

[**例 2-11**]　$a_n - a_{n-1} + a_{n-2} = 0, a_1 = 1, a_2 = 0$，补充 $a_0 = 1$.

特征方程：$x^2 - x + 1 = 0$，根 $\alpha = \frac{1}{2} \pm \frac{\sqrt{-3}}{2}$，

$$G(x) = \frac{c + dx}{\left(1 - \frac{1+\sqrt{-3}}{2}x\right)\left(1 - \frac{1-\sqrt{3}}{2}x\right)}$$

$$= \frac{A}{1 - \frac{1+\sqrt{-3}}{2}x} + \frac{B}{1 - \frac{1-\sqrt{-3}}{2}x}$$

c 和 d，A 和 B 都是待定系数：

$$a_n = A\left(\frac{1+\sqrt{3}i}{2}\right)^n + B\left(\frac{1-\sqrt{3}i}{2}\right)^n$$

$$a_0 = A + B = 1$$

$$a_1 = A\left(\frac{1+\sqrt{3}i}{2}\right) + B\left(\frac{1-\sqrt{3}i}{2}\right) = 1$$

$$= \frac{1}{2}(A + B) + \frac{\sqrt{3}}{2}i(A - B)$$

故得　　　　　　　　　　　　$\sqrt{3}i(A - B) = 1$

即　　$\begin{cases} A + B = 1 & A = \frac{1}{2}\left[1 - \frac{1}{\sqrt{3}}i\right] \\ A - B = \frac{-i}{\sqrt{3}} & B = \frac{1}{2}\left[1 + \frac{1}{\sqrt{3}}i\right] \end{cases}$

$$a_n = \frac{1}{2}\left(1 - \frac{1}{\sqrt{3}}i\right)\left(\frac{1+\sqrt{3}i}{2}\right)^n + \frac{1}{2}\left(1 + \frac{1}{\sqrt{3}i}\right)\left(\frac{1-\sqrt{3}i}{2}\right)^n$$

令 $\frac{1}{2} + \frac{\sqrt{3}}{2}i = e^{i\frac{\pi}{3}}$，$\frac{1}{2} - \frac{\sqrt{3}}{2}i = e^{-\frac{1}{3}\pi i}$

$$a_n = \frac{1}{2}\left(1 - \frac{i}{\sqrt{3}}\right)e^{i\frac{n\pi}{3}} + \frac{1}{2}\left(1 + \frac{i}{\sqrt{3}}\right)e^{-i\frac{n\pi}{3}}$$

$$= \frac{1}{2}\left(1 - \frac{i}{\sqrt{3}}\right)\left(\cos\frac{n\pi}{3} + i\sin\frac{n\pi}{3}\right) + \frac{1}{2}\left(1 + \frac{i}{\sqrt{3}}\right)\left(\cos\frac{n\pi}{3} - i\sin\frac{n\pi}{3}\right)$$

$$= \cos\frac{n\pi}{3} + \frac{1}{\sqrt{3}}\sin\frac{n\pi}{3}$$

上面将特征函数两个共轭复数根,当作两个单根处理.下面介绍针对一对复根的方法.

由于 $\qquad Z_1 = \rho e^{i\theta}$,

则 $\qquad Z_1^n = \rho^n e^{in\theta} = \rho^n(\cos n\theta + i\sin n\theta)$.

可令 $\qquad a_n = A\rho^n\cos n\theta + B\rho^n\sin n\theta$,

其中 A、B 是待定系数.本题 $\rho = 1$,$a_n = A\cos\frac{n\pi}{3} + B\sin\frac{n\pi}{3}$

$$a_1 = 1,$$

$$\frac{A}{2} + \frac{\sqrt{3}}{2}B = 1$$

$$a_2 = 0,$$

$$-\frac{1}{2}A + \frac{\sqrt{3}}{2}B = 0,$$

所以 $\qquad A = 1, \qquad B = \frac{1}{3}\sqrt{3}$

$$a_n = \cos\frac{n\pi}{3} + \frac{\sqrt{3}}{3}\sin\frac{n\pi}{3}$$

后一种方法要简便得多了.

(3) 二重根情况举例

[例 2-12] $a_n - 4a_{n-1} + 4a_{n-2} = 0$,$a_0 = 1$,$a_1 = 4$,

特征方程: $\qquad x^2 - 4x + 4 = (x-2)^2$

$$G(x) = \frac{ax + b}{(1 - 2x)^2}$$

这里要特别注意,分母 $(1-2x)^2$ 是平方项,化为部分分式应有两项:

$$G(x) = \frac{A}{1 - 2x} + \frac{B}{(1 - 2x)^2}$$

其中 A 和 B 都是待定常数,所以有

$$G(x) = A(1 + 2x + 2^2 x^2 + \cdots) + B(1 + 2x + 2^2 x^2 + \cdots)$$
$$\times (1 + 2x + 2^2 x^2 + \cdots)$$
$$= A(1 + 2x + 2^2 x^2 + \cdots) + B(1 + 2 \cdot (2x)$$
$$+ 3 \cdot (2x)^2 + 4 \cdot (2x)^3 + \cdots)$$
$$a_n = A \cdot 2^n + B(n+1)2^n = (A^* + Bn)2^n$$

A^*,B 都是待定系数,

$$a_0 = A^* = 1, \quad a_1 = (1 + B)2 = 4, \quad 1 + B = 2, \quad B = 1$$
$$a_n = (1 + n)2^n$$

(4) 一般性讨论

前面讨论了对于 k 阶线性常系数齐次递推关系

$$a_n + c_1 a_{n-1} + c_2 a_{n-2} + \cdots + c_{k-1} a_{n-k+1} + c_k a_{n-k} = 0 \qquad (2\text{-}3)$$

$$a_0 = d_0, a_1 = d_1, \cdots, a_{k-1} = d_{k-1}$$

对应的序列：$a_0, a_1, a_2, \cdots$的母函数

$$G(x) = \frac{P(x)}{R(x)}$$

$$R(x) = 1 + c_1 x + c_2 x^2 + \cdots + c_k x^k$$

$$P(x) \text{ 为次方不超过 } k-1 \text{ 的多项式}$$

$C(x) = x^k + c_1 x^{k-1} + c_2 x^{k-2} + \cdots + c_{k-1} x + c_k$ 为递推关系（2-2）的特征函数. $R(x)$ 和 $C(x)$ 满足

$$R(x) = x^k C\left(\frac{1}{x}\right)$$

根据代数的基本定理 $C(x) = 0$ 在复数域上有 k 个根.

假定

$$C(x) = (x - \alpha_1)^{k_1} (x - \alpha_2)^{k_2} \cdots (1 - \alpha_l)^{k_l}$$

$$k_1 + k_2 + \cdots + k_l = k$$

则

$$R(x) = x^k C\left(\frac{1}{x}\right) = (1 - \alpha_1 x)^{k_1} (1 - \alpha_2 x)^{k_2} \cdots (1 - \alpha_l x_l)^{k_l}$$

$$G(x) = \frac{P(x)}{(1 - \alpha_1 x)^{k_1} (1 - \alpha_2 x)^{k_2} \cdots (1 - \alpha_l x)^{k_l}}$$

$$= \frac{P_1(x)}{(1 - \alpha_1 x)^{k_1}} + \frac{P_2(x)}{(1 - \alpha_2 x)^k} + \cdots + \frac{P_l(x)}{(1 - \alpha_l x)^{k_l}}$$

其中 $P_i(x)$ 是次方不超过 $k_i - 1$ 的多项式，$i = 1, 2, \cdots, l$.

$$\frac{P_i(x)}{(1 - \alpha_i x)^{k_i}} = \frac{A_{i1}}{1 - \alpha_i x} + \frac{A_{i2}}{(1 - \alpha_i x)^2} + \cdots + \frac{A_{ik_1}}{(1 - \alpha_i x)^{k_l}}$$

$$G(x) = \frac{A_{11}}{1 - \alpha_1 x} + \frac{A_{12}}{(1 - \alpha_1 x)^2} + \cdots + \frac{A_{1k_1}}{(1 - \alpha_1 x)^{k_1}} +$$

$$+ \frac{A_{21}}{1 - \alpha_2 x} + \frac{A_{22}}{(1 - \alpha_2 x)^2} + \cdots + \frac{A_{2k_2}}{(1 - \alpha_2 x)^{k_2}} +$$

$$\cdots$$

$$+ \frac{A_{l1}}{1 - \alpha_l x} + \frac{A_{l2}}{(1 - \alpha_l x)^2} + \cdots + \frac{A_{lk_l}}{(1 - \alpha_l x)^{k_l}}$$

$$= \sum_{l=0}^{\infty} a_l x^l$$

其中 A_{ij} 为待定常数，展开式中 x^n 的系数为

$$a_n = \sum_{i=1}^{l} \sum_{j=1}^{k_i} A_{ij} \binom{j+n-1}{n} \alpha_i^n$$

上面公式的证明用到二项式定理：

$$\frac{1}{(1-x)^n} = 1 - nx + \frac{n(n+1)}{2!} x^2 - \frac{n(n+1)(n+2)}{3!} x^3 + \cdots$$

$$+ (-1)^m \frac{n(n+1)\cdots(n+m-1)}{m!} x^m + \cdots$$

即将函数 $\dfrac{1}{(1-x)^n}$ 在 $x=0$ 点展开为幂级数.

定理 2-1 设 $\dfrac{P(x)}{R(x)}$ 是有理分式,多项式 $P(x)$ 的次方低于 $R(x)$ 的次方,则 $\dfrac{P(x)}{R(x)}$ 可化为部分分式来表示,且表示是唯一的.

证明 设 $R(x)$ 的次方为 n,对 n 作数学归纳法.

$n=1$ 时定理显然成立.假定对于小于 n 的正整数定理成立.证 n 成立.设 α 是 $R(x)$ 的 k 重根,

$$R(x) = (x-\alpha)^k R_1(x), \quad R_1(\alpha) \neq 0.$$

不失一般性,令 $P(x)$ 与 $R(x)$ 互素,

$$\frac{P(x)}{R(x)} = \frac{A}{(x-\alpha)^k} + \frac{P_1(x)}{(x-\alpha)^{k-1} R_1(x)}$$

$$= \frac{A R_1(x) + (x-\alpha) P_1(x)}{R(x)}$$

$$P(x) = A R_1(x) + (x-\alpha) P_1(x)$$

α 代入上式得

$$A = \frac{P(\alpha)}{R_1(\alpha)} \neq 0$$

$$P_1(x) = [P(x) - A R_1(x)]/(x-\alpha)$$

$P_1(x)$ 的次方低于 $P(x)$,根据假定 $\dfrac{P_1(x)}{(x-\alpha)^{k-1} R_1(x)}$ 可化为部分分式,而且是唯一的.定理证毕.

下面将前面讨论涉及的几种情况推及一般.

(1) 特征方程无重根,即

$$C(x) = (x-\alpha_1)(x-\alpha_2) \cdots (x-\alpha_k)$$

则

$$G(x) = \frac{A_1}{1-\alpha_1 x} + \frac{A_2}{1-\alpha_2 x} + \cdots + \frac{A_k}{1-\alpha_k x} = \sum_{h=1}^{k} \frac{A_h}{1-\alpha_h x}$$

$$a_n = \sum_{h=1}^{k} A_h \alpha_h^n$$

A_k 是待定常数,由初始条件确定:

即由方程组:

$$\begin{cases} A_1 + A_2 + \cdots + A_k = d_0 \\ A_1 \alpha_1 + A_2 \alpha_2 + \cdots + A_k \alpha_k = d_1 \\ \quad \vdots \\ A_1 \alpha_1^{k-1} + A_2 \alpha_2^{k-1} + \cdots + A_k \alpha_k^{k-1} = d_{k-1} \end{cases}$$

求出 $A_1, A_2, \cdots, A_k$.由于上面方程组的系数行列式是 Vandermond 行列式:

$$\begin{vmatrix} 1 & 1 & \cdots & 1 \\ \alpha_1 & \alpha_2 & \cdots & \alpha_k \\ & & \vdots & \\ \alpha_1^{k-1} & \alpha_2^{k-1} & \cdots & \alpha_k^{k-1} \end{vmatrix} = \prod_{i>j} (\alpha_i - \alpha_j) \neq 0$$

所以解是唯一的.

（2）特征方程的根是复数.根据代数定理,必是一对共轭复根.设 $\alpha_1 = a + bi = \rho e^{i\theta}$, $\alpha_2 = a - bi = \rho e^{-i\theta}$, $e^{\pm i\theta} = \cos\theta \pm i\sin\theta$,

$$\frac{A_1}{1 - \alpha_1 x} + \frac{A_2}{1 - \alpha_2 x} = A_1(1 + \alpha_1 x + \alpha_1^2 x^2 + \cdots)$$
$$+ A_2(1 + \alpha_2 x + \alpha_2^2 x^2 + \cdots)$$

x^n 的系数 $A_1\alpha_1^n + A_2\alpha_2^n = A_1\rho^n e^{in\theta} + A_2\rho^n e^{-in\theta} = A_1\rho^n(\cos n\theta + i\sin n\theta) + A_2\rho^n(\cos n\theta - i\sin n\theta) = (A_1 + A_2)\rho^n\cos n\theta + i(A_1 - A_2)\rho^n\sin n\theta = A\rho^n\cos n\theta + B\rho^n\sin n\theta.$

其中 $A = A_1 + A_2$, $B = i(A_1 - A_2)$ 也是待定常数.

（3）特征根有重根的情形：设 $P(x)$ 是小于 k 次方的多项式,

$$\frac{P(x)}{(1 - \alpha x)^k} = \frac{A_1}{1 - \alpha x} + \frac{A_2}{(1 - \alpha x)^2} + \cdots + \frac{A_k}{(1 - \alpha x)^k}$$

根据二项式定理：

$$\frac{1}{(1 - x)^k} = 1 + kx + \frac{k(k+1)}{2!}x^2 + \frac{k(k+1)(k+2)}{3!}x^3 + \cdots$$
$$= \sum_{j=0}^{\infty} \binom{j+k-1}{j} x^j$$

所以展开式中 x^n 项的系数为

$$a_n = \sum_{j=1}^{k} A_j \binom{j+n-1}{n} \alpha^n = \sum_{j=1}^{k} A_j \binom{n+j-1}{j-1} \alpha^n$$

$\binom{n+j-1}{j-1} = \frac{(n+j-1)!}{(j-1)!\,n!} = \frac{(n+j-1)(n+j-2)\cdots(n+1)}{(j-1)!}$ 是关于 n 的 $j-1$ 次多项式,

所以 a_n 是 n 的 $k-1$ 次多项式与 α^n 之积

$$(h_1 n^{k-1} + h_2 n^{k-2} + \cdots + h_k)\alpha^n$$

其中 $h_1, h_2, \cdots, h_k$ 是待定常数.

总之：

（1）若 $C(x) = 0$ 有 m 个单根 $\alpha_1, \alpha_2, \cdots, \alpha_m$ 则

$$a_n = A_1\alpha_1^n + A_2\alpha_2^n + \cdots + A_m\alpha_m^n$$

（2）若 $C(x) = 0$ 有一对共轭复根 $\rho e^{\pm i\theta} = \rho(\cos\theta \pm i\sin\theta)$

$$A\alpha_1^n + B\alpha_2^n = A\rho^n(\cos n\theta + i\sin n\theta) + B\rho^n(\cos n\theta - i\sin n\theta)$$
$$= \rho^n[(A + B)\cos n\theta + i(A - B)\sin n\theta]$$
$$= \rho^n[A^*\cos n\theta + B^*\sin n\theta]$$

$A^* = (A + B)$, $B^* = (A - B)$ 由于 A, B 是待定常数,而成为待定常数.所以对应于一对共轭复根 $\alpha_1 = \rho e^{i\theta}$, $\alpha_2 = \rho e^{-i\theta}$,解 a_n 有对应的项

$$A\rho^n\cos n\theta \text{ 和 } B\rho^n\sin n\theta$$

A, B 是待定常数;

（3）当 $C(x) = 0$ 出现 k 重根,不妨令 α 是 $C(x) = 0$ 的 k 重根,对应于 α 的 k 重根 a_n 有对应的项：

$$(h_1 n^{k-1} + h_2 n^{k-2} + \cdots + h_k)\alpha^n$$

其中 $h_1, h_2, \cdots, h_k$ 为待定常数.

2.7 关于线性常系数非齐次递推关系

前面集中地讨论了线性常系数齐次递推关系的求解,下面讨论非齐次递推关系:

$$a_n + c_1 a_{n-1} + c_2 a_{n-2} + \cdots + c_{k-1} a_{n-k+1} + c_k a_{n-k} = b_n$$

$$a_0 = d_0, a_1 = d_1, \cdots, a_{k-1} = d_{k-1}$$

的问题. 河内塔问题 $H_n = 2H_{n-1} + 1, H_1 = 1$ 就是一阶线性常系数非齐次递推关系.

对于已知序列 $\{b_n\}$ 母函数的一类问题可以求解.

[例 2-13] $a_n - a_{n-1} - 6a_{n-2} = 5 \cdot 4^n$, $a_0 = 5, a_1 = 3$.

令
$$G(x) = a_0 + a_1 x + a_2 x^2 + \cdots$$

$$x^2: a_2 - a_1 - 6a_0 = 5 \cdot 4^2$$

$$x^3: a_3 - a_2 - 6a_1 = 5 \cdot 4^3$$

$$x^4: a_4 - a_3 - 6a_1 = 5 \cdot 4^4$$

$$+) \qquad \vdots$$

$$G(x) - 3x - 5 - x[G(x) - 5] - 6x^2 G(x) = 5 \cdot [4^2 x^2 + 4^3 x^3 + \cdots]$$

$$(1 - x - 6x^2) G(x) = 3x + 5 - 5x + 5 \cdot \frac{4^2 x^2}{1 - 4x}$$

$$G(x) = \frac{5 - 2x}{(1 - 3x)(1 + 2x)} + \frac{80x^2}{(1 - 3x)(1 + 2x)(1 - 4x)}$$

$$= \frac{5 - 22x + 88x^2}{(1 - 3x)(1 + 2x)(1 - 4x)}$$

$$= \frac{A}{1 + 2x} + \frac{B}{1 - 3x} + \frac{C}{1 - 4x}$$

$$A(1 - 3x)(1 - 4x) + B(1 + 2x)(1 - 4x) + C(1 + 2x)(1 - 3x) = 5 - 22x + 88x^2$$

$$A(1 - 7x + 12x^2) + B(1 - 2x - 8x^2) + C(1 - x - 6x^2) = 5 - 22x + 88x^2$$

所以比较系数得关于 A, B, C 的联立方程组

$$\begin{cases} A + B + C = 5 \\ 7A + 2B + C = 22 \\ 12A - 8B - 6C = 88 \end{cases}$$

$$A = \frac{76}{15}, \quad B = -\frac{67}{5}, \quad C = \frac{40}{3}$$

$$a_n = \frac{76}{15}(-2)^n - \frac{67}{5} 3^n + \frac{40}{3} \cdot 4^n$$

[例 2-14] $a_n - a_{n-1} - 6a_{n-2} = 3^n$, $a_0 = 5, a_1 = 2$,

设
$$G(x) = a_0 + a_1 x + a_2 x^2 + \cdots$$

$$x^2: a_2 - a_1 - 6a_0 = 3^2$$

$$x^3: a_3 - a_2 - 6a_1 = 3^3$$

$$x^4: a_4 - a_3 - 6a_2 = 3^4$$

$$+) \qquad \vdots$$

$$G(x) - 2x - 5 - x[G(x) - 5] - 6x^2 G(x) = \frac{3^2 x^2}{1 - 3x}$$

$$(1 - x - 6x^2)G(x) = 5 - 3x + \frac{3^2 x^2}{1 - 3x}$$

$$G(x) = \frac{5 - 3x}{1 - x - 6x^2} + \frac{3^2 x^2}{(1 - 3x)(1 - x - 6x^2)}$$

$$= \frac{5 - 18x + 9x^2 + 9x^2}{(1 - 3x)^2(1 + 2x)} = \frac{5 - 18 + 18x^2}{(1 + 2x)(1 - 3x)^2}$$

$$= \frac{A}{1 + 2x} + \frac{B}{1 - 3x} + \frac{C}{(1 - 3x)^2}$$

$$A(1 - 3x)^2 + B(1 + 2x)(1 - 3x) + C(1 + 2x)$$

$$= (A + B + C) + (-6A - B + 2C)x + (9A - 6B)x^2$$

$$= 5 - 18x + 18x^2$$

所以

$$\begin{cases} A + B + C = 5 \\ 6A + B - 2C = 18 \\ 9A - 6B = 18 \end{cases} \quad A = \frac{74}{25}, \quad B = \frac{36}{25}, \quad C = \frac{15}{25} = \frac{3}{5}$$

故

$$a_n = \frac{74}{25}(-2)^n + \frac{36}{25}(3)^n + \frac{15}{25}(n + 1)3^n$$

$$= \frac{74}{25} \cdot (-2)^n + \frac{51}{25}3^n + \frac{3}{5}n \cdot 3^n$$

总之,线性常系数齐次递推关系解决得比较彻底,而非齐次的递推关系只限于讨论某些特殊情况.

(1) 假定所讨论的非齐次递推关系为

$$a_n + c_1 a_{n-1} + c_2 a_{n-2} + \cdots + c_k a_{n-k} = b_n s^n$$

其中 s 是一参数,对应的齐次递推关系为:

$$a_n + c_1 a_{n-1} + c_2 a_{n-2} + \cdots + c_h c_{n-h} = 0$$

若序列 $\alpha_0, \alpha_1, \alpha_2, \cdots, \alpha_n, \cdots$ 和 $\beta_0, \beta_1, \cdots, \beta_n, \cdots$ 是非齐次递推关系的解,则序列 $a_0 = \alpha_0 - \beta_0$, $a_1 = \alpha_1 - \beta_1, \cdots, a_n = \alpha_n - \beta_n$ 是齐次递推关系的解,即要求的非齐次递推关系的解等于齐次递推关系的解和一个非齐次递推关系特解的叠加. 即 $\alpha_0 = a_0 + \beta_0, \alpha_1 = a_1 + \beta_1, \cdots \alpha_n = a_n + \beta_n, \cdots$ 是非齐次递推关系的解.

[**例 2-15**]　$a_n - a_{n-1} - 6a_{n-2} = 5 \cdot 4^n$, $a_0 = 5, a_1 = 3$, 以 $\alpha = c4^n$ 代入非齐次递推关系

$$c4^n - c \cdot 4^{n-1} - 6c \cdot 4^{n-2} = 5 \cdot 4^n$$

即

$$c(4^n - 4^{n-1} - 6 \cdot 4^{n-2}) = 5 \cdot 4^n$$

$n = 2$ 有

$$c(4^2 - 4 - 6) = 5 \cdot 4^2$$

$$6c = 80, \quad c = \frac{40}{3}$$

$$\alpha = \frac{40}{3} \cdot 4^n$$

令

$$a_n = \beta_n + \alpha_n$$

则 β_n 满足齐次递推关系

$$\beta_n - \beta_{n-1} - 6\beta_{n-2} = 0$$

特征方程：
$$x^2 - x - 6 = (x-3)(x+2) = 0$$
$$\beta_n = k_1 3^n + k_2(-2)^n$$
$$a_n = k_1 3^n + k_2(-2)^n + \frac{40}{3} \cdot 4^n$$

由于初始条件：$a_0 = 5, a_1 = 3$,

故
$$\begin{cases} k_1 + k_2 = -\dfrac{40}{3}4^0 + 5 \\ 3k_1 - 2k_2 = -\dfrac{160}{3} + 3 \end{cases}$$

$$5k_1 = -\frac{240}{3} + 13, \quad k_1 = \frac{67}{5} = -13\frac{2}{5}$$

$$k_2 = -k_1 - \frac{40}{3} + 5 = 13\frac{2}{5} - 13\frac{1}{3} + 5 = \frac{76}{15}$$

$$a_n = -\frac{67}{5} \cdot 3^n + \frac{76}{15} \cdot (-2)^n + \frac{40}{3} \cdot 4^n$$

[例 2-16] $a_n - a_{n-1} - 6a_{n-2} = 3^n$, $\quad a_0 = 5, a_1 = 2$,

试用下面方法求特解,根据递推关系设特解为 α_n,

$$\alpha_{n-1} - \alpha_{n-2} - 6\alpha_{n-3} = 3^{n-1}$$
$$3\alpha_{n-1} - 3\alpha_{n-2} - 18\alpha_{n-3} = 3^n$$
$$\alpha_n - \alpha_{n-1} - 6\alpha_{n-2} = 3^n$$

所以
$$\alpha_n - 4\alpha_{n-1} - 3\alpha_{n-2} + 18\alpha_{n-3} = 0$$

α_n 满足三阶齐次递推关系,其特征函数为
$$x^3 - 4x^2 - 3x + 18 = (x+2)(x-3)^2$$
$$G(x) = \frac{P_2(x)}{(x+2)(x-3)^2} = \frac{A}{1+2x} + \frac{B}{1-3x} + \frac{C}{(1-3x)^2}$$
$$\alpha_n = A(-2)^n + (Bn + Cn + C)3^n$$

可见本题也可取特解 $\alpha_n = kn3^n$ 代入原非齐次递推关系有
$$k[n3^n - (n-1)3^{n-1} - 6(n-2)3^{n-2}] = 3^n$$
$$k[9n - 3(n-1) - 6(n-2)]3^{n-2} = 3^n$$
$$15k = 9, \quad k = \frac{3}{5}$$

即特解为 $\dfrac{3}{5}n3^n$.

（2）若非齐次递推关系
$$a_n + c_1 a_{n-1} + c_2 a_{n-2} + \cdots + c_k a_{n-k} = r^n b(n)$$
其中,$b(n)$ 是 n 的 p 次多项式,r 是特征方程
$$C(x) = x^k + c_1 x^{k-1} + \cdots + c_{k-1}x + c_k$$
的 m 重根,则特解的形式有
$$r^n[k_0 n^m + k_1 n^{m+1} + \cdots + k_p n^{m+p}]$$

其中，$k_0, k_1, \cdots, k_p$ 是待定常数，由非齐次递推关系所确定.

若 r 不是 $C(x) = 0$ 的根，则令 $m = 0$.

定理的证明从略，举例说明之.

[例 2-17] $a_n + 3a_{n-1} - 10a_{n-2} = (-7)^n n$.

特征方程：

$$x^2 + 3x - 10 = (x+5)(x-2) = 0$$

-7 不是特征根，令特解为

$$\alpha_n = (-7)^n (k_0 + k_1 n)$$

代入原来非齐次递推关系：

$$(-7)^n [k_0 + k_1 n] + 3(-7)^{n-1} [k_0 + k_1(n-1)]$$
$$- 10(-7)^{n-2} [k_0 + k_1(n-2)] = (-7)^n n$$

等号两端除 $(-7)^{n-2}$ 得

$$(-7)^2 (k_0 + k_1 n) - 21(k_0 - k_1 + k_1 n) - 10(k_0 - 2k_1 + k_1 n) = 49n$$
$$(49k_1 - 21k_1 - 10k_1)n + (49k_0 - 21k_0 + 21k_1 - 10k_0 + 20k_1) = 49n$$

即

$$18k_1 n + (18k_0 + 41k_1) = 49n$$

所以

$$k_1 = \frac{49}{18}, \quad k_0 = \frac{-41}{18} \cdot \frac{49}{18} = \frac{-2009}{324}$$

$$\alpha_n = (-7)^n \left[\frac{-2009}{324} + \left(\frac{49}{18} \right) n \right]$$

原递推关系的解

$$a_n = A_1 2^n + A_2 (-5)^n + \alpha_n$$

A_1, A_2 是待定常数由初始条件来确定.

[例 2-18] $a_n + 3a_{n-1} - 10a_{n-2} = 2^n (5+n)$.

特征函数：$x^2 + 3x - 10 = (x-2)(x+5)$，所以 2 是特征根.

问题的特解

$$\alpha_n = (k_0 n + k_1 n^2) \cdot 2^n$$

代入递推关系得

$$(k_0 n + k_1 n^2)2^n + 3[k_0(n-1) + k_1(n-1)^2]2^{n-1}$$
$$- 10[k_0(n-2) + k_1(n-2)^2]2^{n-2} = (5+n)2^n$$

或

$$4(k_0 n + k_1 n^2) + 6[k_1 n^2 + (k_0 - 2k_1)n - k_0 + k_1]$$
$$- 10[k_1 n^2 + (k_0 - 4k_1)n - 2k_0 + 4k_1] = 4n + 20$$

即

$$(4k_1 + 6k_1 - 10k_1)n^2 + (4k_0 + 6k_0 - 12k_1 - 10k_0 + 40k_1)n$$
$$+ (-6k_0 + 6k_1 + 20k_0 - 40k_1) = 4n + 20$$
$$(28k_1)n + (14k_0 - 34k_1) = 4n + 20$$
$$28k_1 = 4, \quad k_1 = \frac{4}{28} = \frac{1}{7}$$

$$14k_0 - 34k_1 = 20, \quad k_0 = \frac{1}{14} \times \left[20 + \frac{34}{7}\right] = \frac{1}{14} \times \frac{174}{7} = \frac{87}{49}$$

故非齐次方程特解是

$$\alpha_n = \left(\frac{87}{49}n + \frac{1}{7}n^2\right)2^n$$

一般解：

$$a_n = A2^n + B(-5)^n + \left(\frac{87}{49}n + \frac{1}{7}n^2\right)2^n$$

系数 A, B 由初始条件确定。

[例 2-19] $a^n - 3a_{n-1} + 2a_{n-2} = 6n^2, \quad a_0 = 6, a_1 = 7.$

递推关系的特征方程

$$x^2 - 3x + 2 = (x-1)(x-2) = 0$$

右端项 $6n^2$ 可以看作 $6 \cdot (1)^n n^2$，令特解

$$\alpha_n = (k_1 n + k_2 n^2 + k_3 n^3)1^n$$

代入递推关系：

$$(k_1 n + k_2 n^2 + k_3 n^3) - 3[k_1(n-1) + k_2(n-1)^2 + k_3(n-1)^3]$$
$$+ 2[k_1(n-2) + k_2(n-2)^2 + k_3(n-2)^3] = 6n^2$$

即

$$[k_3 n^3 + k_2 n^2 + k_1 n] - 3[k_3 n^3 + (k_2 - 3k_3)n^2$$
$$+ (k_1 - 2k_2 + 3k_3)n + (-k_1 + k_2 - k_3)]$$
$$+ 2[k_3 n^3 + (k_2 - 6k_3)n^2 + (k_1 - 4k_2 + k_3)n$$
$$- (2k_1 - 4k_2 + 8k_3)] = 6n^2,$$
$$n^3[k_3 - 3k_3 + 2k_3] + n^2[k_2 - 3k_2 + 2k_2 + 9k_3 - 12k_3]$$
$$+ n[k_1 - 3k_1 + 6k_2 - 9k_3 + 2k_1 - 8k_2 + 24k_3]$$
$$+ [3k_1 - 3k_2 + 3k_3 - 4k_1 + 8k_2 - 16k_3] = 6n^2,$$
$$-3k_3 n^2 + (-2k_2 + 15k_3)n + (-k_1 + 5k_2 - 13k_3) = 6n^2,$$
$$-3k_3 = 6, \quad k_3 = -2$$
$$\begin{cases} -2k_2 + 15k_1 = 0 \\ -k_1 + 5k_2 - 13k_3 = 0 \end{cases}$$
$$\begin{cases} 15k_1 - 2k_2 = 0 \\ -k_1 + 5k_2 = -26, \end{cases}$$
$$k_1 = -49, k_2 = -15,$$
$$\alpha_n = -49n - 15n^2 - 2n^3$$

也可以直接从

$$(k_1 n + k_2 n^2 + k_3 n^3) - 3[k_1(n-1) + k_2(n-1)^2 + k_3(n-1)^3]$$
$$+ 2[k_1(n-2) + k_2(n-2)^2 + k_3(n-2)^3] = 6n^2$$

用 $n = 2, 3, 4$ 代入，依次得

$$\begin{cases} 2k_1 + 4k_2 + 8k_3 = 3(k_1 + k_2 + k_3) = 24 \\ (3k_1 + 9k_2 + 27k_3) - 3(2k_1 + 4k_2 + 8k_3) \\ \qquad + 2(k_1 + k_2 + k_3) = 54 \\ (4k_1 + 16k_2 + 64k_3) - 3(3k_1 + 9k_2 + 27k_3) \\ \qquad + 2(2k_1 + 4k_2 + 8k_3) = 96 \end{cases}$$

或

$$\begin{cases} -k_1 + k_2 + 5k_3 = 24 \\ -k_1 - k_2 + 5k_3 = 54 \\ -k_1 - 3k_2 - k_3 = 96 \end{cases}$$

解出 $k_1 = 49, k_2 = 15, k_3 = -2$.

非齐次递推关系一般解为

$$a_n = -49n - 15n^2 - 2n^3 + A_1 + A_2 \cdot 2^n$$

其中 A_1, A_2 是待定常数,由初始条件来确定.

[例 2-20] $a_n = 3a_{n-1} - 2a_{n-2} + 3\sin\left(\dfrac{n}{2}\pi\right)$, $\quad a_0 = 0, a_1 = 1$.

令
$$G(x) = a_0 + a_1 x + a_2 x^2 + \cdots$$

$$x^2: a_2 = 3a_1 - 2a_0 + 3\sin\pi$$

$$x^3: a_3 = 3a_2 - 2a_1 + 3\sin\left(-\dfrac{\pi}{2}\right)$$

$$x^4: a_4 = 3a_3 - 2a_2 + 3\sin(2\pi)$$

$$x^5: a_5 = 3a_4 - 2a_3 + 3\sin\dfrac{\pi}{2}$$

$+)\qquad \vdots$

$$G(x) - x = 3xG(x) - 2x^2 G(x) - 3(x^3 - x^5 + x^7 - x^9 + \cdots)$$

$$(1 - 3x + 2x^2)G(x) = x - \dfrac{3x^3}{1 + x^2} = \dfrac{x - 2x^3}{1 + x^2}$$

$$G(x) = \dfrac{x - 2x^3}{(1 - x)(1 - 2x)(1 + x^2)}$$

$$= \dfrac{A}{1 - x} + \dfrac{B}{1 - 2x} + \dfrac{Cx + d}{1 + x^2}$$

$$a_n = A(1)^n + B(2)^n + h\cos\dfrac{n\pi}{2} + k\sin\dfrac{n\pi}{2}, \quad n \geqslant 2$$

令 $a_n = h\cos\dfrac{n}{2}\pi + k\sin\dfrac{n}{2}\pi$ 是非齐次递推关系的特解. 代入非齐次递推关系

$$h\cos\left(\dfrac{n\pi}{2}\right) + k\sin\left(\dfrac{n\pi}{2}\right) = 3h\cos\left(\dfrac{n-1}{2}\pi\right) + 3k\sin\left(\dfrac{n-1}{2}\pi\right)$$

$$- 2h\cos\left(\dfrac{n-2}{2}\pi\right) - 2k\sin\left(\dfrac{n-2}{2}\pi\right) + 3\sin\left(\dfrac{n}{2}\pi\right)$$

$n = 2$ 代入 $h\cos\pi + k\sin\pi = 3h\cos\dfrac{\pi}{2} + 3k\sin\dfrac{\pi}{2} - 2h\cos0 - 2k\sin0 + \sin\pi$

所以
$$h = 3k$$
令 $n=3$,可得
$$-k = -3h - 2k - 3$$
或
$$3h + k = -3$$
因
$$h = 3k, \quad 故 \quad 10k = -3, k = -\frac{3}{10}, h = -\frac{9}{10}$$

递推关系一般解
$$a_n = A + B2^n - \frac{9}{10}\cos\frac{n}{2}\pi - \frac{3}{10}\sin\frac{n}{2}\pi, \quad n \geq 2$$

$a_0 = 0$,
$$A + B = \frac{9}{10}$$

$a_1 = 1$,
$$A + 2B = \frac{3}{10}$$
$$A = \frac{15}{10}, \quad B = -\frac{6}{10}$$

故
$$a_n = \frac{5}{10} - \frac{6}{10}2^n - \frac{9}{10}\cos\frac{n}{2}\pi - \frac{3}{10}\sin\frac{n}{2}\pi$$

2.8 整数的拆分

母函数将问题转换为关于母函数的某种代数问题,甚至变成关于母函数的某种形式的运算,以整数的拆分为例.所谓整数的拆分,即将正整数 n 分解为若干个正整数的和,不考虑其求和的顺序,一般假定 $n = n_1 + n_2 + \cdots + n_k, n_1 \geq n_2 \geq n_3 \geq \cdots \geq n_k$,而且分解的方式不唯一,但有一定的限量.例如 $n=2$,只有一种拆分 $2 = 1+1, n=3$,则有 $1+2, 1+1+1$ 两种,$n=4$,有 $1+1+1+1, 1+1+2, 1+3, 2+2$,四种不同的拆分.

将正整数 n 拆分成若干正整数的和,拆分的个数用 $p(n)$ 表示,则 $p(2)=1, p(3)=2, p(4)=4$.

正整数的一种拆分可以理解为将 n 个无区别的球,放入 n 个无区别的盒子,其每种方案就是一种拆分.

[**例 2-21**] 有 1 克、2 克、3 克、4 克的砝码各一枚,问能称出多少重量,并各有几种称法.

这问题可以看成将 n 拆分成 $1, 2, 3, 4$ 之和且不允许重复的拆分数,利用母函数计算如下:
$$(1+x)(1+x^2)(1+x^3)(1+x^4)$$
$$= (1 + x + x^2 + x^3)(1 + x^3 + x^4 + x^7)$$
$$= 1 + x + x^2 + 2x^3 + 2x^4 + 2x^5 + 2x^6 + 2x^7 + x^8 + x^9 + x^{10}$$

$2x^3$ 表明称出 3 克的有 2 种方案,一是 $1+2$,一是 3,依此类推,超过 10 克便无法称出.

[**例 2-22**] 求 1 角, 2 角, 3 角的邮票能贴出的邮资及其方案数. 这个问题等价于将 n 分解为 1, 2, 3 的和, 且允许重复的拆分数, 因为邮票理论上是可以重复的.

利用母函数:

$$(1 + x + x^2 + \cdots)(1 + x^2 + x^4 + \cdots)(1 + x^3 + x^6 + \cdots)$$

$$= \frac{1}{1-x} \cdot \frac{1}{1-x^2} \cdot \frac{1}{1-x^3}$$

$$= \frac{1}{(1-x)(1-x^2)(1-x^3)}$$

$$= \frac{1}{1 - x - x^2 + x^4 + x^5 - x^6}$$

$$= 1 + x + 2x^2 + 3x^3 + 4x^4 + 5x^5 + 7x^6 + \cdots$$

右端的级数是直接除的结果.

若将 n 分解为 1, 2, 3, 4 的和, 不允许重复的方案数为 a_n, 其母函数可以写成

$$G(x) = (1+x)(1+x^2)(1+x^3)(1+x^4)$$

$$= (1 + x + x^2 + x^3)(1 + x^3 + x^4 + x^7)$$

$$= 1 + x + x^2 + 2x^3 + 2x^4 + 2x^5 + 2x^6 + 2x^7 + x^8 + x^9 + x^{10}$$

以 $2x^7$ 为例, 说明使指数为 7 的项出现两次, 和为 7 的方案有两种. 指数和系数各有功能. 也就是说 4 分解为 1+3 和 4 两种, 但 5 可分解为 1+4 和 2+3 两种, 超过 10 不能拆分为 1, 2, 3, 4 之和, 即 $a_n = 0, n > 10$.

若将正整数 n 分解为 1, 2, 3, $\cdots$ 之和, 允许重复, 其方案数 $\{a_n\}$ 序列的母函数为

$$G(x) = (1 + x + x^2 + \cdots)(1 + x^2 + x^4 + \cdots)(1 + x^3 + x^6 + \cdots)\cdots$$

$$= \prod_{i=1}^{\infty}(1 - x^i)^{-1} = \frac{1}{1-x} \frac{1}{1-x^2} \frac{1}{1-x^3}\cdots$$

定理 2-2 正整数 n 拆分成 1, 2, 3, $\cdots$ 不允许重复的拆分数 $p(n)$, 和正整数 n 拆分成 1, 3, 5, $\cdots$ 奇数和, 但允许重复的拆分数 $q(n)$ 相等, 即 $p(n) = q(n)$.

证明 $p(n)$ 的母函数为

$$G(x) = (1+x)(1+x^2)(1+x^3)(1+x^4)\cdots$$

$$= \frac{1-x^2}{1-x} \cdot \frac{1-x^4}{1-x^2} \cdot \frac{1-x^6}{1-x^3} \cdot \frac{1-x^8}{1-x^4}\cdots$$

$$= \frac{1}{1-x} \cdot \frac{1}{1-x^3} \cdot \frac{1}{1-x^5} \cdot \frac{1}{1-x^7} \cdots$$

$$= (1 + x + x^2 + \cdots)(1 + x^3 + x^6 + \cdots)(1 + x^5 + x^{10} + \cdots) \cdots$$

也是将 n 拆分成奇数 $1, 3, 5, \cdots$ 之和,但允许重复的拆分数 $q(n)$ 的母函数.

以 $7x^6$ 项为例说明贴出 6 角的方案有 7 个:

$$111111, \quad 11112, \quad 1113, \quad 1122, \quad 123, \quad 222, \quad 33.$$

$5x^5$ 项说明贴出 5 角的方案有 5 个:

$$11111, \quad 1112, \quad 113, \quad 122, \quad 23.$$

[例 2-23] 若 1 克的砝码 3 枚,2 克的砝码 4 枚,4 克的砝码 2 枚,试问能称出哪些重量,又各有几种称法.

$$G(x) = (1 + x + x^2 + x^3)(1 + x^2 + x^4 + x^6 + x^8)(1 + x^4 + x^8)$$

$$= (1 + x + 2x^2 + 2x^3 + 2x^4 + 2x^5 + 2x^6 + 2x^7 + 2x^8$$
$$+ 2x^9 + x^{10} + x^{11})(1 + x^4 + x^8)$$

$$= 1 + x + 2x^3 + 3x^4 + 3x^5 + 4x^6 + 4x^7 + 5x^8 + 5x^9$$
$$+ 5x^{10} + 5x^{11} + 4x^{12} + 4x^{13} + 3x^{14} + 3x^{15} + 2x^{16}$$
$$+ 2x^{17} + x^{18} + x^{19}$$

以 $5x^{11}$ 项为例说明称出 11 的方法有 5 种:

$$111224, \quad 11144, \quad 12224, \quad 11144, \quad 1244.$$

超过 19 克则无法用天平称出.

[例 2-24] 整数拆分成 $1, 2, 3, \cdots, m$ 的和,并允许重复,求其母函数;若 m 至少出现 1 次,求母函数.

n 拆分成 $1, 2, \cdots, m$ 之和,并允许重复的母函数为

$$G_1(x) = (1 + x + x^2 + \cdots)(1 + x^2 + x^4 + \cdots) \cdots (1 + x^m + x^{2m} + \cdots)$$

$$= \frac{1}{1-x} \frac{1}{1-x^2} \cdots \frac{1}{(1-x^m)} = \frac{1}{(1-x)(1-x^2)\cdots(1-x^m)}$$

m 至少出现一次的拆分,其母函数为

$$G_2(x) = (1 + x + x^2 + \cdots)(1 + x^2 + x^4 + \cdots) \cdots (x^m + x^{2m} + \cdots)$$

$$= \frac{x^m}{(1-x)(1-x^2)\cdots(1-x^m)}$$

$$= \frac{1}{(1-x)(1-x^2)\cdots(1-x^{m-1})} \frac{x^m}{1-x^m}$$

$$= \frac{1}{(1-x)(1-x^2)\cdots(1-x^{m-1})} \left[\frac{1 - (1-x^m)}{1-x^m} \right]$$

$$= \frac{1}{(1-x)(1-x^2)\cdots(1-x^m)}$$
$$- \frac{1}{(1-x)(1-x^2)\cdots(1-x^{m-1})}$$

上式的组合意义十分明显,即正整数 n 拆分成 $1, 2, \cdots, m$ 的拆分数,减去 n 拆分成 $1, 2, \cdots, m-1$ 的拆分数,即为拆分成 $1, 2, \cdots, m$,其中 m 至少出现一次的拆分数.

[例 2-25] n 个无区别的球放入 m 个有区别的盒子,不允许有空盒,问有多少种方案?

其中，$n \geqslant m$.

方案数 a_n 的母函数为

$$G(x) = \underbrace{(x+x^2+\cdots)(x+x^2+\cdots)\cdots(x+x^2+\cdots)}_{m\text{项}} = \frac{x^m}{(1-x)^m}$$

由于 $(1-x)^{-m} = 1 + mx + \frac{m(m+1)}{2!}x^2 + \frac{m(m+1)(m+2)}{3!}x^3 + \cdots$

其中，x^{n-m} 项的系数为

$$\frac{m(m+1)(m+2)\cdots(m+n-m-1)}{(m-1)!(n-m)!} = \frac{m(m+1)\cdots(n-1)}{(n-m)!}$$

$$= \frac{(n-1)!}{(m-1)!(n-m)!} = C(n-1, m-1)$$

[例 2-26] 设有 $1,2,4,8,16,32$ 克的砝码各一枚，问能称出哪些重量？分别有几种方案？

$$G = (1+x)(1+x^2)(1+x^4)(1+x^8)(1+x^{16})(1+x^{32})$$

$$= \frac{1-x^2}{1-x} \cdot \frac{1-x^4}{1-x^2} \cdot \frac{1-x^8}{1-x^4} \cdot \frac{1-x^{16}}{1-x^8} \cdot \frac{1-x^{32}}{1-x^{16}} \cdot \frac{1-x^{64}}{1-x^{32}}$$

$$= \frac{1-x^{64}}{1-x} = 1 + x + x^2 + \cdots + x^{63}$$

可见能称出 $1 \sim 63$ 克的重量，而且方案是唯一的。实际上 $1 \sim 63$ 的数用二进制表达是唯一的。

定理 2-3　n 拆分成重复数不超过 2 的数之和的拆分数，等于拆分成不被 3 除尽的数之和的拆分数。

证明　n 拆分成重复数不超过 2 的正整数之和的拆分数 p_n 的母函数为

$$G(x) = (1+x+x^2)(1+x^2+x^4)(1+x^3+x^6)\cdots$$

$$= \frac{(1-x)(1+x+x^2)}{1-x} \cdot \frac{(1-x^2)(1+x^2+x^4)}{1-x^2}$$

$$\cdot \frac{(1-x^3)(1+x^3+x^6)}{1-x^3}\cdots$$

$$= \frac{1-x^3}{1-x} \cdot \frac{1-x^6}{1-x^2} \cdot \frac{1-x^9}{1-x^3} \cdot \frac{1-x^{12}}{1-x^4} \cdot \frac{1-x^{15}}{1-x^5} \cdot \frac{1-x^{18}}{1-x^6}\cdots$$

$$= \frac{1}{1-x} \cdot \frac{1}{1-x^2} \cdot \frac{1}{1-x^4} \cdot \frac{1}{1-x^5}\cdots$$

$$= \prod_{\substack{k=1 \\ k \nmid 3}}^{\infty} \left(\frac{1}{1-x^k} \right)$$

2.9　Ferrers 图像

Ferrers 图像也和母函数一样是研究拆分的一种工具，假定我们将 n 拆分成

$$n = n_1 + n_2 + \cdots + n_k,$$

其中 $n_1 \geqslant n_2 \geqslant n_3 \geqslant \cdots \geqslant n_{k-1} \geqslant n_k$.

将 n 个点排列成从上到下非增的行，第一行 n_1 个点，第 2 行 n_2 个点，$\cdots$. 这样的图像称

为 Ferrers 图像,如图 2-5 所示.

Ferrers 图像有如下一些性质:

(1) 每一层至少有一个点.

(2) Ferrers 图像的行与列互换,即以对角线为轴旋转 180°,使第 1 行换成第 1 列,第 2 行换成第 2 列,…,第 k 行换成第 k 列.结果仍然是 Ferrers 图像,后一个 Ferrers 图像称为前一个 Ferrers 图像的共轭图像,并互为共轭.例如图 2-5 的转置如图 2-6.

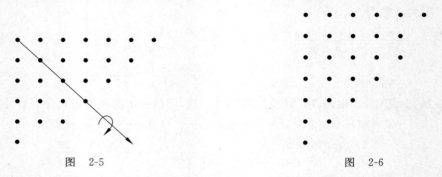

图　2-5　　　　　　　　　　　　　图　2-6

通过 Ferrers 图像的性质可以获得关于整数拆分的有趣性质:

正整数 n 拆分成 k 个数和的拆分数和将 n 拆分成最大数为 k 的拆分数相等,反之亦然.图 2-5 是将 26 拆分成 6 个数之和,

即
$$26=7+6+5+4+3+1,$$

图 2-6 是图 2-5 的共轭 Ferrers 图,他表示将 26 拆分成最大数为 6 的一个拆分,

即
$$26=6+5+5+4+3+2+1$$

反过来也能证明是对的.

以 $n=8$ 为例,8 分为 3 个数之和与 8 拆分为最大数为 3 的 Ferrers 图像相互对应.如图 2-7 所示.

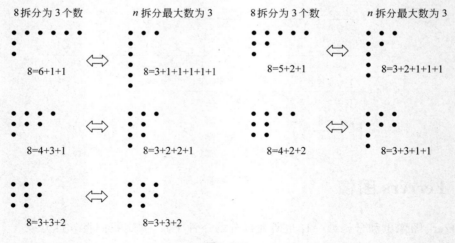

图　2-7

上面的结论有一个应用:将 n 个无区别的球放进 3 个无标志盒子,且无一空盒.这等价

· 72 ·

于将 n 拆分成 3 个数之和,其拆分数 a_n 的母函数 $G(x)$ 相当于最大数为 3 的拆分数 b_n 的母函数,即

$$G(x) = (1+x+x^2+\cdots)(1+x^2+x^4+\cdots)(x^3+x^6+x^9+\cdots)$$
$$= \frac{x^3}{(1-x)(1-x^2)(1-x^3)}$$

由于最大数是 3,所以 3 不能不取,其他只能取 1 或 2.第一括号里 x^r 项表达 1 出现 r 次;同样第二括号里取 x^{2p} 次表示 2 出现 p 次,还是以 $n=8$ 为例求

$$G(x) = (1+x+x^2+\cdots)(1+x^2+x^4+\cdots)(x^3+x^6+x^9+\cdots)$$
$$= \frac{x^3}{1-x-x^2+x^4+x^5-x^6}$$
$$= x^3+x^4+2x^5+3x^6+4x^7+5x^8+\cdots,$$

即 8 拆分成 3 个数之和的拆分数为 5.同样 7 拆分成 3 个数的和的拆分数为 4.7＝4＋2＋1, 7＝3＋3＋1,7＝3＋2＋2,7＝3＋3＋1.

推论 设 $m \leqslant n$, n 拆分成最多 m 个数的和的拆分数等于将 n 拆分成最大数不超过 m 的拆分数.

类似地,将 n 拆分成最大数为 m 的拆分数的母函数为

$$G(x) = \frac{x^m}{(1-x)(1-x^2)\cdots(1-x^m)}$$

将 n 拆分成最多不超过 m 个数和的拆分数的母函数为

$$G_1(x) = \frac{1}{(1-x)(1-x^2)\cdots(1-x^m)}$$

同理将 n 拆分成最多不超过 $m-1$ 个数和的拆分数的母函数为

$$G_2(x) = \frac{1}{(1-x)(1-x^2)\cdots(1-x^{m-1})}$$

所以将 n 拆分成 m 个数之和的拆分数的母函数为

$$G(x) = G_1(x) - G_2(x)$$
$$= \frac{1}{(1-x)(1-x^2)\cdots(1-x^m)}$$
$$\quad - \frac{1}{(1-x)(1-x^2)\cdots(1-x^{m-1})}$$
$$= \frac{1}{(1-x)(1-x^2)\cdots(1-x^{m-1})}\left(\frac{1}{1-x^m}-1\right)$$
$$= \frac{x^m}{(1-x)(1-x^2)\cdots(1-x^m)}$$

(3) 整数 n 拆分成互不相同的奇数和的拆分数与将 n 拆分成自共轭 Ferrers 图像相同的拆分数相等.

自共轭 Ferrers 图像指的是其和共轭图像一样.例如 24 拆分成

$$24 = 6+5+5+4+3+1$$

如图 2-8 所示是自共轭的.

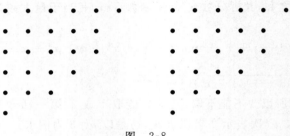

图 2-8

2.10 拆分数估计

正整数 n 拆分成若干正整数之和,其不同的拆分数用 $p(n)$ 表示,$\{p(n)\}$ 的母函数

$$G(x) = \frac{1}{(1-x)(1-x^2)\cdots(1-x^n)\cdots} = \prod_{k \geqslant 1}^{\infty}(1-x^k)^{-1}$$

已知下面 n 个拆分数

$$p(10) = 42, \quad p(100) = 190509292,$$
$$p(1000) = 3972999029388, \cdots$$

定理 2-4 $p_n \leqslant e^{\sqrt{\frac{20}{3}n}}$.

证明 令

$$G(x) = p_0 + p_1 x + p_2 x^2 + \cdots = \frac{1}{(1-x)(1-x^2)(1-x^3)\cdots}$$

$$\ln G(x) = -\ln(1-x) - \ln(1-x^2) - \ln(1-x^3) - \cdots$$

根据马克罗林级数:

$$\ln(1-x) = -x - \frac{1}{2!}x^2 - \frac{1}{3}x^3 - \cdots$$

$$\ln(1-x^2) = -x^2 - \frac{1}{2}x^4 - \cdots$$

$$\vdots$$

所以

$$\ln G(x) = \left(x + \frac{1}{2}x^2 + \frac{1}{3}x^3 + \cdots\right) + \left(x^2 + \frac{1}{2}x^4 + \frac{1}{3}x^6 + \cdots\right)$$

$$+ \left(x^3 + \frac{1}{2}x^6 + \frac{1}{3}x^9 + \cdots\right) + \cdots$$

$$= \frac{x}{1-x} + \frac{1}{2}\frac{x^2}{1-x^2} + \frac{1}{3}\frac{x^3}{1-x^3} + \cdots$$

$$\frac{x^n}{1-x^n} = \frac{x}{1-x}\frac{x^{n-1}}{1+x+x^2+\cdots}$$

又由于 $1 > x > x^2 > x^3 > \cdots > x^{n-1}$,

所以

$$1 + x + x^2 + \cdots + x^{n-1} > nx^{n-1}$$

故

$$\frac{x^n}{1-x^n} < \frac{1}{n}\frac{x}{1-x}$$

· 74 ·

所以

$$\ln G(x) < \frac{x}{1-x} + \frac{1}{2^2}\frac{x}{1-x} + \frac{1}{3^2}\frac{x}{1-x} + \cdots$$

$$= \frac{x}{1-x}\left(1 + \frac{1}{2^2} + \frac{1}{3^2} + \cdots\right)$$

但

$$\frac{1}{n^2} < \frac{1}{n^2 - \frac{1}{4}} = \frac{1}{n-\frac{1}{2}} - \frac{1}{n+\frac{1}{2}}$$

$$\frac{1}{(n+1)^2} < \frac{1}{n+\frac{1}{2}} - \frac{1}{n+\frac{3}{2}}$$

$$\vdots$$

$$\frac{1}{n^2} + \frac{1}{(n+1)^2} + \cdots < \frac{1}{n-\frac{1}{2}}$$

所以

$$\ln G(x) < \frac{5}{3}\frac{x}{1-x} < 2\frac{x}{1-x}$$

设 $x \in (0,1)$, 有

$$G(x) = p_0 + p_1 x + p_2 x^2 + \cdots + p_n x^n + \cdots > p_n x^n$$

$$\ln G(x) > \ln p_n + n\ln x$$

$$\ln p_n < \ln G(x) + n\ln\frac{1}{x}$$

$$\ln p_n < \frac{\frac{5}{3}x}{1-x} + n\ln\frac{1}{x} < \frac{2x}{1-x} + n\ln\frac{1}{x}$$

曲线 $y = \ln x$ 是向上凸的, 所以曲线 $y = \ln x$ 在其 $(1,0)$ 点切线 $y = x - 1$.

下面如图 2-9 所示, 即 $\ln x \leqslant x - 1$

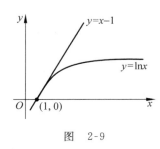

图 2-9

或

$$\ln\frac{1}{x} \leqslant \frac{1}{x} - 1$$

所以 $\ln p_n < \dfrac{5}{3}\dfrac{x}{1-x} + n\left(\dfrac{1}{x} - 1\right) = \dfrac{5}{3}\dfrac{x}{1-x} + \dfrac{n(1-x)}{x}$

对 $y = \dfrac{5}{3}\dfrac{x}{1-x} + \dfrac{n(1-x)}{x}$ 求极小值:

$$y' = \frac{5}{3(1-x)^2} - \frac{n}{x^2} = 0$$

$$(3n-5)x^2 - 6nx + 3n = 0$$

$$x = \frac{3n \pm \sqrt{15n}}{3n-5}$$

$$x_1 = \frac{3n + \sqrt{15n}}{3n-5} > 1$$

$$x_2 = \frac{\sqrt{3n}}{\sqrt{3n} + \sqrt{5}} < 1$$

且 $x_2 > 0$，

$$y'' = -\frac{5}{3}\frac{2}{(1-x)^3} + \frac{2n}{x^3}, \quad y''|_{x_2} > 0$$

$$y|_{x=x_2} = \sqrt{\frac{20}{3}n}$$

所以

$$p_n < e^{\sqrt{\frac{20}{3}n}}$$

如果利用

$$\frac{1}{6}\pi^2 = 1 + \frac{1}{2^2} + \frac{1}{3^2} + \cdots$$

可推得下面更好一些的估计式：

$$p_n < e^{\sqrt{\frac{2}{3}n\pi}}$$

2.11　指数型母函数

指数型母函数是母函数的一种，便于处理某一类计数问题.

2.11.1　问题的提出

设 n 个元素 $a_1, a_2, \cdots, a_n$ 互不相同，进行全排列，可得 $n!$ 个不同的排列. 若其中某一元素 a_1 重复了 n_1 次，全排列出来必有重复元素，其中真正不同的排列数应为 $n!/n_1!$，即其重复度为 $n_1!$.

同样理由 a_1 重复了 n_1 次，a_2 重复了 n_2 次，$\cdots$，a_k 重复了 n_k 次，$n_1 + n_2 + \cdots + n_k = n$. 对这样的 n 个元素进行全排列，可得不同排列的个数实际上是

$$\frac{n!}{n_1!n_2!\cdots n_k!}$$

［例 2-27］　8 个元素中 a_1 重复 3 次，a_2 重复 2 次，a_3 重复 3 次，从中取 r 个 $(r \leqslant 8)$ 组合，其组合数 c_r，设 c_r 的母函数

$$G(x) = (1 + x + x^2 + x^3)(1 + x + x^2)(1 + x + x^2 + x^3)$$
$$= (1 + 2x + 3x^2 + 3x^3 + 2x^4 + x^5)(1 + x + x^2 + x^3)$$
$$= 1 + 3x + 6x^2 + 9x^3 + 10x^4 + 9x^5 + 6x^6 + 3x^7 + x^8$$

由 x^4 可知是由这 8 个元素取 4 个组合，这 10 个组合是如何构成的？请看

$$(1 + x_1 + x_1^2 + x_1^3)(1 + x_2 + x_2^2)(1 + x_3 + x_3^2 + x_3^3)$$
$$= [1 + (x_1 + x_2) + (x_1^2 + x_1 x_2 + x_2^2) + (x_1^3 + x_1^2 x_2 + x_1 x_2^2)$$
$$\quad + (x_1^3 x_2 + x_1^2 x_2^2) + x_1^3 x_2^2](1 + x_3 + x_3^2 + x_3^3)$$

其中，$x_1^3 x_2$ 表示由 3 个 a_1 和 1 个 a_2 组合，依此类推，继续展开. 现抽取其中的 4 次方项：

$$(x_1 + x_2)x_3^3 + (x_1^2 + x_1 x_2 + x_2^2)x_3^2 + (x_1^3 + x_1^2 x_2 + x_1 x_2^2)x_3 + x_1^3 x_2 + x_1^2 x_2^2$$
$$= x_1 x_3^3 + x_2 x_3^3 + x_1^2 x_3^2 + x_1 x_2 x_3^2 + x_2^2 x_3^2 + x_1^3 x_3 + x_1^2 x_2 x_3 + x_1 x_2^2 x_3 + x_1^3 x_2 + x_1^2 x_2^2$$

从 8 个元素中取 4 个进行允许重复的排列，其排列数应由组合中每一组进行分析. 比如 $x_1 x_3^3$ 表示 1 个 a_1，3 个 a_3；$x_1 x_2^2 x_3$ 表示 1 个 a_1，2 个 a_2，1 个 a_3. 它们排列数各不相同，

$x_1 x_2^2 x_3$ 的排列数为

$$\frac{4!}{2!} = 12,$$

而 $x_1 x_3^3$ 的排列数为

$$\frac{4!}{3!} = 4.$$

这样不难得出取 4 个作允许重复的排列,其排列数为

$$4!\left(\frac{1}{1!3!} + \frac{1}{1!3!} + \frac{1}{2!2!} + \frac{1}{1!1!2!} + \frac{1}{2!2!} + \frac{1}{3!1!}\right.$$
$$\left. + \frac{1}{2!1!1!} + \frac{1}{1!2!1!} + \frac{1}{3!1!} + \frac{1}{2!2!}\right)$$
$$= 4!\left(\frac{4}{3!} + \frac{3}{2!2!} + \frac{3}{2!}\right) = 16 + 18 + 36 = 70$$

从以上例子,我们受到启发,若形式地引入如下的多项式

$$G_e(x) = \left(1 + \frac{x}{1!} + \frac{x^2}{2!} + \frac{x^3}{3!}\right)\left(1 + \frac{x}{1!} + \frac{x^2}{2!}\right)$$
$$\cdot \left(1 + \frac{1}{1!}x + \frac{1}{2!}x^2 + \frac{1}{3!}x^3\right)$$
$$= 1 + 3x + \frac{9}{2}x^2 + \frac{14}{3}x^3 + \frac{35}{12}x^4 + \frac{17}{12}x^5$$
$$+ \frac{35}{72}x^6 + \frac{8}{72}x^7 + \frac{1}{72}x^8$$

再将等号右端写成

$$G_e(x) = 1 + \frac{3}{1!}x + 9 \cdot \frac{1}{2!}x^2 + 28 \cdot \frac{1}{3!}x^3 + 70 \cdot \frac{1}{4!}x^4$$
$$+ 170 \cdot \frac{1}{5!}x^5 + 350 \frac{1}{6!}x^6 + 560 \cdot \frac{1}{7!}x^7 + 560 \cdot \frac{1}{8!}x^8$$

取 4 个元素的排列数为 70,不仅如此,同样可得取 1 个进行排列的排列数为 3;取 2 个进行排列的排列数为 9;取 3 个进行排列的排列数为 28;取 5 个进行排列的排列数为 170;取 6 个进行排列的排列数为 350;取 7 个进行排列的排列数为 560;取 8 个进行排列的排列数为 560.

2.11.2 指数型母函数的定义

对于序列 $a_0, a_1, a_2, \cdots$ 定义

$$G_e(x) = a_0 + \frac{a_1}{1!}x + \frac{a_2}{2!}x^2 + a_3\frac{x^3}{3!} + \cdots$$

为序列 $\{a_j\}$ 的指数型母函数.

[**例 2-28**] (1) 序列 $\{1, 1, \cdots, 1, \cdots\}$ 的指数型母函数为

$$G_e(x) = 1 + \frac{x}{1!} + \frac{x^2}{2!} + \cdots = \sum_{j=0}^{\infty} \frac{x^j}{j!} = e^x$$

(2) 序列 $\{0!, 1!, 2!, \cdots\}$ 的指数型母函数为

$$G_e(x) = 0! + \frac{1!}{1!}x + \frac{2!}{2!}x^2 + \cdots = 1 + x + x^2 + \cdots = \frac{1}{1-x}$$

(3) 序列 $\{1,k,k^2,k^3,\cdots\}$ 的指数型母函数为
$$G_e(x) = 1 + kx + \frac{k^2}{2!}x^2 + \frac{k^3}{3!}x^3 + \cdots = e^{kx}$$

(4) 序列 $\{1,1\cdot 3,1\cdot 3\cdot 5,1\cdot 3\cdot 5\cdot 7,\cdots\}$ 的指数型母函数为
$$(1-2x)^{-3/2}$$

2.12 广义二项式定理

根据 $(1-y)^\alpha = 1 - \alpha y + \dfrac{\alpha(\alpha-1)}{2!}y^2 - \dfrac{\alpha(\alpha-1)(\alpha-2)}{3!}y^3 + \cdots + (-1)^r \times$

$\dfrac{\alpha(\alpha-1)\cdots(\alpha-r+1)}{r!}y^r + \cdots$

在广义二项式定理中令 $y=2x, \alpha=-\dfrac{3}{2}$ 得

$$
\begin{aligned}
(1-2x)^{-\frac{3}{2}} &= 1 + \frac{3}{2}(2x) + \frac{\left(-\frac{3}{2}\right)\left(-\frac{5}{2}\right)(2x)^2}{2!} + \cdots \\
&= 1 + 3x + \frac{3\cdot 5}{2!}x^2 + \frac{\left(-\frac{3}{2}\right)\left(-\frac{5}{2}\right)\left(-\frac{7}{2}\right)(-2x)^3}{3!} + \cdots \\
&= 1\cdot 1 + \frac{1\cdot 3}{1!}x + \frac{1\cdot 3\cdot 5}{2!}x^2 + \frac{1\cdot 3\cdot 5\cdot 7}{3!}x^3 + \cdots \\
&= \sum_{h=0}^{\infty} \begin{bmatrix} -\dfrac{3}{2} \\ h \end{bmatrix}(-2x)^h
\end{aligned}
$$

$$
\begin{aligned}
\begin{bmatrix} -\dfrac{3}{2} \\ h \end{bmatrix}(-2)^h &= (-2)^h \frac{\left(-\frac{3}{2}\right)\left(-\frac{5}{2}\right)\cdots\left(-\frac{3}{2}-h+1\right)}{h!} \\
&= (-2)^h\left(-\frac{1}{2}\right)^h \frac{3\cdot 5\cdot \cdots \cdot(2h+1)}{h!} \\
&= \frac{1\cdot 3\cdot 5\cdot \cdots \cdot(2h+1)}{h!}
\end{aligned}
$$

求 $\{p_r^n\}$ 的指数型母函数.

$p_r^n = r!\, C(n,r)$，所以有
$$\sum_{r=0}^{n} p_r^n \frac{x^r}{r!} = \sum_{r=0}^{n}\binom{n}{r}x^r = (1+x)^n$$

[例 2-29]　由 a,b,c,d 这 4 个字符取 5 个作允许重复的排列,要求 a 出现次数不超过 2 次,但不能不出现;b 不超过 1 个;c 不超过 3 个;d 出现的次数为偶数.求满足以上条件的排列数.

设满足以上条件取 r 个排列的排列数为 $p_r, p_1, p_2, \cdots, p_{10}$ 的指数型母函数为
$$G_e(x) = \underbrace{\left(x+\frac{1}{2}x^2\right)}_{a} \underbrace{(1+x)}_{b} \underbrace{\left(1+x+\frac{1}{2}x^2+\frac{1}{6}x^3\right)}_{c} \cdot \underbrace{\left(1+\frac{1}{2!}x^2+\frac{1}{24}x^4\right)}_{d}$$

$$= x + \frac{5}{2}x^2 + 3x^3 + \frac{8}{3}x^4 + \frac{43}{24}x^5 + \frac{43}{48}x^6 + \frac{17}{48}x^7 + \frac{1}{288}x^8 + \frac{1}{48}x^9 + \frac{1}{288}x^{10}$$

必须将上式转换成指数型母函数得

$$G_e(x) = \frac{x}{1!} + 5 \cdot \frac{1}{2!}x^2 + 18 \cdot \frac{1}{3!}x^3 + 64 \cdot \frac{1}{4!}x^4 + 215 \cdot \frac{1}{5!}x^5$$

$$+ 645 \cdot \frac{1}{6!}x^6 + 1785 \cdot \frac{1}{7!}x^7 + 140 \cdot \frac{1}{8!}x^8$$

$$+ 7650 \cdot \frac{1}{9!}x^9 + 12600 \cdot \frac{1}{10!}x^{10}$$

由此可见满足上述条件取 5 个进行排列的排列数为 215.

[**例 2-30**] 将 n 个不同的球放进 m 个有标志的盒子,无一空盒,求方案数,其中 $1 \leqslant m \leqslant n$.

这个问题等价于从 n 个元素中取 m 个进行排列 $p(n, m)$, $m \geqslant 1$.

其指数型母函数为

$$G_e(x) = \left(\frac{x}{1!} + \frac{x^2}{2!} + \frac{1}{3!}x^3 + \cdots \right)^m = (e^x - 1)^m$$

$$= \sum_{h=0}^{m} \binom{m}{h} (-1)^h e^{(m-h)x}$$

$$e^{(m-h)x} = 1 + \frac{m-h}{1!}x + \frac{(m-h)^2}{2!}x^2 + \frac{(m-h)^3 x^3}{3!} + \cdots$$

$$= \sum_{n=0}^{\infty} \frac{(m-h)^n}{n!}x^n$$

$$G_e(x) = \sum_{h=0}^{m} \binom{m}{h} (-1)^h \sum_{n=0}^{\infty} \frac{(m-h)^n}{n!}x^n$$

$$= \sum_{n=0}^{\infty} \frac{x^n}{n!} \sum_{h=0}^{m} \binom{m}{h} (-1)^h (m-h)^n$$

所以

$$p_m^n = \sum_{h=0}^{m} \binom{m}{h} (-1)^h (m-h)^n$$

[**例 2-31**] 将 1, 3, 5, 7, 9 这 5 个数字组成 n 位数,要求 3 和 7 出现次数为偶数,其他 3 个无限制,问这样的数的个数等于多少?

设符合要求的 n 位数个数 $a_n, a_0, a_1, a_2, \cdots, a_n, \cdots$ 序列的指数型母函数为

$$G_e(x) = \underbrace{\left(1 + \frac{x^2}{2!} + \frac{x^4}{4!} + \cdots \right)^2}_{\text{3和7对应项}} \underbrace{\left(1 + x + \frac{1}{2!}x^2 + \frac{1}{3!}x^3 + \cdots \right)^3}_{\text{1,5,9对应项}},$$

$$1 + \frac{1}{2!}x^2 + \frac{1}{4!}x^4 + \cdots = \frac{(e^x + e^{-x})}{2},$$

$$e^{-x} = 1 - x + \frac{1}{2!}x - \frac{1}{3!}x^3 + \cdots$$

$$G_e(x) = \frac{1}{4}(e^x + e^{-x})^2 \cdot e^{3x}$$

$$= \frac{1}{4}(e^{2x} + 2 + e^{-2x}) \cdot e^{3x}$$

$$= \frac{1}{4}(e^{5x} + 2e^{3x} + e^x)$$

$$= \frac{1}{4} \sum_{n=0}^{\infty} (5^n + 2 \cdot 3^n + 1) \frac{x^n}{n!}$$

故
$$a_n = (5^n + 2 \cdot 3^n + 1)/4$$

〔**例 2-32**〕 7 个有区别的球放进 4 个有标志的盒子,要求 1,2 必须含有偶数个球,第 3 个盒子含奇数个球,求方案数.

本题相当于从 1,2,3,4 这 4 个数取 7 个作允许重复的排列.另外要求 1,2 两盒含偶数个球,第 3 盒含奇数个球,第 4 盒没有特殊要求,例如 3124214 便是符合条件的排列,可以形象地看作有下面 4 个盒子:

2,6	3,5	1	4,7

即标志为 1 的球在第 3 盒,标志为 2 的球在第 1 盒,标志为 3 的球在第 2 盒,⋯也就是 3124214 依次是标志号为 1,2,3,4,5,6,7 的球放在盒的顺序号.根据要求,设 n 个球的分配方案数为 a_n,序列 $a_0, a_1, \cdots, a_n, \cdots$ 的指数型母函数为

$$G_e(x) = \underbrace{\left(1 + \frac{1}{2!}x^2 + \frac{1}{4!}x^4 + \cdots\right)^2}_{\text{对应于第(1),(2)盒}} \underbrace{\left(\frac{1}{1!}x + \frac{1}{3!}x^3 + \cdots\right)}_{\text{对应于第(3)盒}} \times \left(1 + \frac{x}{1!} + \frac{x^2}{2!} + \cdots\right)$$

$$= \left(\frac{e^x + e^{-x}}{2}\right)^2 \left(\frac{e^x - e^{-x}}{2}\right) e^x$$

$$= \frac{1}{8}(e^{2x} + e^{-2x} + 2)(e^x - e^{-x})e^x$$

$$= \frac{1}{8}(e^{2x} + e^{-2x} + 2)(e^{2x} - 1)$$

$$= \frac{1}{8}(e^{4x} - 1 + e^{2x} - e^{-2x})$$

$$= \frac{1}{8}\left\{-1 + \sum_{h=0}^{\infty}\left[4^h + 2^h - (-2)^h\right]\frac{x^h}{h!}\right\}$$

$$a_n = \frac{1}{8}\left[4^n + 2^n - (-2)^n\right], \quad n \geqslant 1$$

〔**例 2-33**〕 n 个有标志的球放进 m 个有区别的盒子,无一空盒,问有多少种不同的方案?

相当于将 m 个有标志的字符取 n 个作允许重复的排列,其排列数为 a_n,序列 $\{a_n\}$ 的指数型母函数为

$$G_e(x) = \left(x + \frac{x^2}{2!} + \frac{x^3}{3!} + \cdots\right)^n = (e^x - 1)^n = \sum_{k=0}^{n}\binom{n}{k}(e^x)^{n-k}(-1)^k$$

$$= \sum_{k=0}^{n}\left[\binom{n}{k}\sum_{m=0}^{\infty}\frac{(n-k)^m}{m!}\frac{x^m}{m!}\right](-1)^k$$

$$= \sum_{m=0}^{\infty}\left[\sum_{k=0}^{n}(-1)^k\binom{n}{k}(n-k)^m\right]\frac{x^m}{m!}$$

故

$$a_m = \sum_{k=0}^{n} (-1)^k \binom{n}{k} (n-k)^m$$

2.13 应用举例

[例 2-34] 设有红、蓝、白球各两个,试列举各种组合的方案,假定同颜色的球是无区别的.

讨论时用 r 代表红,b 代表蓝,w 代表白

$$(1+r+r^2)(1+b+b^2)(1+w+w^2)$$
$$= [1+(r+b)+(r^2+b^2+rb)+(r^2b+rb^2)+r^2b^2] \cdot (1+w+w^2)$$
$$= 1+(r+b+w)+(r^2+b^2+rb+rw+bw+w^2)$$
$$\quad +(r^2b+rb^2+r^2w+w^2b+rbw+rw^2+wb^2)$$
$$\quad +(r^2w^2+r^2wb+rw^2b+r^2b^2+w^2b^2+rwb^2)$$
$$\quad +(r^2w^2b+r^2wb^2+rw^2b^2)+r^2w^2b^2$$

等式右端各项是左端每个括号里各取 1 项相乘的结果,1 代表不取. r 或 r^2 代表红的取一个球或两个球,所以各种组合的枚举变成形式上的代数运算,例如取 5 个球的有

$$r^2w^2b, \quad r^2wb, \quad rw^2b^2$$

r^2w^2b 表示红的球 2 个,白的球 2 个,蓝的球 1 个.

上面例子如果仅问取 4 个组成一组共有多少种方案,则可作如下形式上的代数运算. 求

$$(1+x+x^2)(1+x+x^2)(1+x+x^2) = (1+x+x^2)^3$$

展开式中 x^4 项系数:6 可直接估算而不必全部展开.

若要枚举 4 个的方案,则有

$$r^2w^2, \quad r^2wb, \quad rw^2b, \quad r^2b^2, \quad w^2b^2, \quad rwb^2.$$

[例 2-35] 某单位有 8 位男同志,5 位女同志,拟组织一个由偶数个男同志及不少于两位女同志参加的小组,试问有多少种不同的组成方案?

$\binom{8}{2} = \binom{8}{6} = 28, \binom{8}{4} = 70,$ 令男同志对应的母函数为

$$A(x) = 1 + 28x^2 + 70x^4 + 28x^6 + x^8$$

类似地,可得女同志的允许组合数对应的母函数为

$$B(x) = 10x^2 + 10x^3 + 5x^4 + x^5$$
$$C(x) = A(x)B(x) = (1 + 28x^2 + 70x^4 + 28x^6 + x^8)$$
$$\quad \times (10x^2 + 10x^3 + 5x^4 + x^5)$$
$$= 10x^2 + 10x^3 + 285x^4 + 281x^5 + 840x^6 + 728x^7$$
$$\quad + 630x^8 + 350x^9 + 150x^{10} + 38x^{11} + 5x^{12} + x^{13}$$

$C(x)$ 中 x^k 项的系数 c_k 为符合要求的 k 个人组成的小组的数目,总的组成方案数目为

$$10+10+285+281+840+728+630+350+150+38+5+1 = 3328.$$

[例 2-36] n 个完全一样的球放入 m 个有标志的盒子里,不允许空盒,问有多少种不同的方案? 其中 $n \geqslant m$.

令将 n 个球放入 m 个盒子的方案数为 a_n,设序列 $\{a_n\}$ 的母函数为 $G(x)$,由于不允许空

盒,故有

$$G(x) = \underbrace{(x + x^2 + \cdots)(x + x^2 + \cdots)\cdots(x + x^2 + \cdots)}_{m\text{项}} = \frac{x^m}{(1-x)^m}$$

$$(1-x)^{-m} = 1 + mx + \frac{m(m+1)}{2!}x^2 + \cdots + \frac{m(m+1)\cdots(m+k-1)}{k!}x^k + \cdots$$

求 x^{n-m} 项系数,即 $k = n - m$.

$$\frac{m(m+1)\cdots(m+\overline{n-m}-1)}{(n-m)!} = \frac{m(m+1)\cdots(n-1)}{(n-m)!}$$

$$= C(n-1, n-m) = C(n-1, m-1)$$

[**例 2-37**] 求下列 n 阶行列式的值:

$$d_n = \begin{vmatrix} 2 & 1 & 0 & 0 & \cdots & 0 \\ 1 & 2 & 1 & 0 & \cdots & 0 \\ 0 & 1 & 2 & 1 & \cdots & 0 \\ & & & & \vdots & \\ 0 & 0 & 0 & 0 & \cdots & 2 \end{vmatrix}$$

根据行列性质

$$d_n - 2d_{n-1} + d_{n-2} = 0, \quad d_1 = 2, \quad d_2 = 3$$

对应的特征方程为

$$x^2 - 2x + 1 = (x-1)^2 = 0$$
$$x_1 = x_2 = 1$$

故 $x = 1$ 是二重根.

所以, $\qquad d_n = (A + Bn)(1)^n = A + Bn$

当 $n = 1$ 时,有 $d_1 = A + B = 2$,

当 $n = 2$ 时,有 $d_2 = A + 2B = 3$.

故 $\qquad \begin{cases} A + B = 2 \\ A + 2B = 3 \end{cases}, \quad A = B = 1$

即 $\qquad\qquad\qquad d_n = n + 1$

[**例 2-38**] 求 $S_n = \sum_{k=0}^{n} k$.

$$S_n = 1 + 2 + 3 + \cdots + \overline{n-1} + n$$
$$S_{n-1} = 1 + 2 + 3 + \cdots + \overline{n-1}$$

则有 $\qquad\qquad S_n - S_{n-1} = n$

同理 $\qquad\qquad S_{n-1} - S_{n-2} = n - 1$

相减得 $\qquad\qquad S_n - 2S_{n-1} + S_{n-2} = 1$

同理 $\qquad\qquad S_{n-1} - 2S_{n-2} + S_{n-3} = 1$

则 $\qquad\qquad S_n - 3S_{n-1} + 3S_{n-2} - S_{n-3} = 0$

$$S_0 = 0, S_1 = 1, S_2 = 3$$

对应的特征方程为

$$x^3 - 3x^2 + 3x - 1 = (x-1)^3 = 0$$

$x=1$ 是三重根.

所以有
$$S_n = (A + Bn + Cn^2)(1)^n = A + Bn + Cn^2$$
$$S_0 = 0, \quad 则 A = 0$$
$$S_1 = 1, B + C = 1$$
$$S_2 = 3, 2B + 4C = 3, 则 B = C = \frac{1}{2}$$

即
$$S_n = \frac{1}{2}n + \frac{1}{2}n^2 = \frac{1}{2}n(n+1)$$

这就证明了公式

$$1 + 2 + 3 + \cdots + n = \frac{1}{2}n(n+1)$$

［例 2-39］　求　　$S_n = \sum_{k=0}^{n} k^2$.
$$S_n = 1 + 2^2 + 3^2 + \cdots + (n-1)^2 + n^2$$
$$S_{n-1} = 1 + 2^2 + 3^2 + \cdots + (n-1)^2$$

则有
$$S_n - S_{n-1} = n^2$$

同理
$$S_{n-1} - S_{n-2} = (n-1)^2$$

相减得
$$S_n - 2S_{n-1} + S_{n-2} = 2n - 1$$

同理
$$S_{n-1} - 2S_{n-2} + S_{n-3} = 2(n-1) - 1$$

相减得
$$S_n - 3S_{n-1} + 3S_{n-2} - S_{n-3} = 2$$

同理
$$S_{n-1} - 3S_{n-2} + 3S_{n-3} - S_{n-4} = 2$$

则
$$S_n - 4S_{n-1} + 6S_{n-2} - 4S_{n-3} + S_{n-4} = 0$$
$$S_0 = 0, S_1 = 1, S_2 = 5, S_3 = 14$$

对应的特征方程是

$$x^4 - 4x^3 + 6x^2 - 4x + 1 = (x-1)^4 = 0$$

$x=1$ 是 4 重根.

所以有
$$S_n = (A + Bn + Cn^2 + Dn^3)1^n$$

依据 $S_0 = 0, S_1 = 1, S_2 = 5, S_3 = 14$ 得关于 A, B, C, D 的联立方程组:

$$\begin{cases} A = 0 \\ B + C + D = 1 \\ 2B + 4C + 8D = 5 \\ 3B + 9C + 27D = 14 \end{cases}$$

$$\begin{vmatrix} 1 & 1 & 1 \\ 2 & 4 & 8 \\ 3 & 9 & 27 \end{vmatrix} = 12$$

$$B = \frac{1}{12} \begin{vmatrix} 1 & 1 & 1 \\ 5 & 4 & 8 \\ 14 & 9 & 27 \end{vmatrix} = \frac{1}{6}$$

$$C=\frac{1}{12}\begin{vmatrix}1 & 1 & 1\\ 2 & 5 & 8\\ 3 & 14 & 27\end{vmatrix}=\frac{1}{2},\ D=\frac{1}{3}$$

则 $$S_n=\frac{1}{6}n+\frac{1}{2}n^2+\frac{1}{3}n^3=\frac{1}{6}n(1+3n+2n^2)=\frac{1}{6}n(n+1)(2n+1)$$

已知 S_n 是 n 的 3 次式，故不妨令

$$S_n=A+Bn+\frac{1}{2!}Cn(n-1)+\frac{1}{3!}Dn(n-1)(n-2)$$

对确定待定系数比较方便，无须再解一联立方程组.

例如，当 $n=0$ 时，$S_0=A=0$；

当 $n=1$ 时，$S_1=A+B=1$，则有 $B=1$；

当 $n=2$ 时，$S_2=2B+C=5$，则有 $C=3$；

当 $n=3$ 时，$S_3=3B+3C+D=14$，则有 $D=2$；

故 $$S_n=n+\frac{3}{2}n(n-1)+\frac{1}{3}n(n-1)(n-2)=\frac{1}{6}n(n+1)(2n+1)$$

［**例 2-40**］ 一个正 8 边形，如图 2-10 所示. 一醉汉从 1 点出发，沿着 8 边形的边流浪，除 5 点外，每到一顶点有两种选择，一是往前到下一站，一是向后返回前一站，每到一站算走一步，到达 5 点便停止. 试从 1 点出发，n 步到 5 点有几条路径？

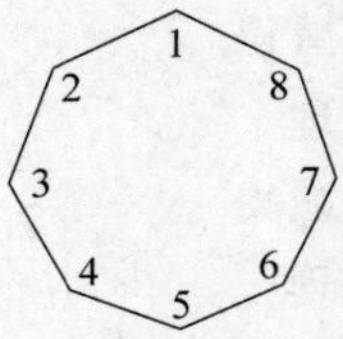

图 2-10

令 a_n 表示从 1 点出发 n 步到达 5 点的路径数，b_n 表示从 3 点或 7 点出发 n 步到达 5 点的路径数，从 1 点或 3 点出发必然要偶数步到达 5 点.

因 $1\to2\to1$，$1\to8\to1$，$1\to2\to3$，$1\to8\to7$，$3\to2\to3$，$3\to4\to3$，$3\to2\to1$，故有

$$\begin{aligned}a_{2n}&=2a_{2n-2}+2b_{2n-2}\\ b_{2n}&=a_{2n-2}+2b_{2n-2}\\ a_2&=0,\quad a_4=2,\quad b_2=1\\ a_{2n\pm1}&=b_{2n\pm1}=0\end{aligned}$$

令 $A_n=a_{2n}$，$B_n=b_{2n}$ 得

$$\begin{cases}A_n=2A_{n-1}+2B_{n-1} & A_0=0,A_1=0,A_2=1\\ B_n=A_{n-1}+2B_{n-1} & B_0=\frac{1}{2},B_1=1,B_2=1.\end{cases}$$

令 $$G(x)=A_0+A_1x+\cdots$$
$$H(x)=B_0+B_1x+\cdots$$

$$\begin{aligned}x:&\ A_1=2A_0+2B_0\\ x^2:&\ A_2=2A_1+2B_1\\ x^3:&\ A_3=2A_2+2B_2\\ +)\ &\ \vdots\\ \hline &G(x)=2xG(x)+2xH(x)\end{aligned}$$

$$x: \quad B_1 = A_0 + 2B_0$$
$$x^2: \quad B_2 = A_1 + 2B_1$$
$$x^3: \quad B_3 = A_2 + 2B_2$$
$$+) \qquad \vdots$$

$$\overline{\qquad H(x) - \frac{1}{2} = xG(x) + 2xH(x) \qquad}$$

解联立方程组：

$$\begin{cases} (1-2x)G(x) - 2xH(x) = 0 \\ xG(x) - (1-2x)H(x) = -\dfrac{1}{2} \end{cases}$$

$$D = \begin{vmatrix} 1-2x & -2x \\ x & -(1-2x) \end{vmatrix} = -(1-2x)^2 + 2x^2$$

$$= [1 - (2-\sqrt{2})x][1 - (2+\sqrt{2})x]$$

$$G(x) = \frac{1}{[1-(2+\sqrt{2})x][1-(2-\sqrt{2})x]} \begin{vmatrix} 0 & -2x \\ -\dfrac{1}{2} & -1+2x \end{vmatrix}$$

$$= \frac{-x}{[1-(2-\sqrt{2})x][1-(2+\sqrt{2})x]}$$

$$= \frac{A}{[1-(2-\sqrt{2})x]} + \frac{B}{1-(2+\sqrt{2})x}$$

$$A_n = A(2-\sqrt{2})^{n-1} + B(2+\sqrt{2})^{n-1}$$

$$A_1 = 0, \quad A + B = 0$$

$$A_2 = 2, \quad (A+B) - \sqrt{2}(A-B) = 2, \quad A - B = -\sqrt{2}$$

$$A = -\frac{1}{\sqrt{2}}, \quad B = +\frac{1}{\sqrt{2}}$$

$$a_{2n} = A_n = \frac{1}{\sqrt{2}}\left\{ (2+\sqrt{2})^{n-1} - (2-\sqrt{2})^{n-1} \right\}$$

解法之二：从

$$\begin{cases} a_{2n} = 2a_{2n-2} + 2b_{2n-2} & (*) \\ b_{2n} = a_{2n-2} + 2b_{2n-2} & (**) \end{cases}$$

由（*）得

$$2b_{2n-2} = a_{2n} - 2a_{2n-2}$$

$$b_{2n} = \frac{1}{2}[a_{2n+2} - 2a_{2n}]$$

代入（**）得

$$\frac{1}{2}[a_{2n+2} - 2a_{2n}] = a_{2n-2} + a_{2n} - 2a_{2n-2} = a_{2n} - a_{2n-2}$$

或

$$a_{2(n+1)} - 4a_{2n} + 2a_{2(n-1)} = 0$$

令 $d_n = a_{2n}$，故得

$$d_{n+1} - 4d_n + 2d_{n-1} = 0$$

特征方程

$$x^2 - 4x + 2 = 0, \quad [x - (2+\sqrt{2})][x - (2-\sqrt{2})] = 0$$

令

$$a_{2n} = d_n = A(2+\sqrt{2})^n + B(2-\sqrt{2})^n$$

根据 $a_2 = 0$ 和 $a_4 = 2$，分别得 $d_1 = 0, d_2 = 2$.

$$A(2+\sqrt{2}) + B(2-\sqrt{2}) = 2(A+B) + \sqrt{2}(A-B) = 0$$

$$A(2+\sqrt{2})^2 + B(2-\sqrt{2})^2 = 4(A+B) + 4\sqrt{2}(A-B) + 2(A+B) = 2$$

$$\begin{cases} 2(A+B) + \sqrt{2}(A-B) = 0 \\ 6(A+B) + 4\sqrt{2}(A-B) = 2 \end{cases}$$

联立求解得

$$\begin{cases} A + B = -1 \\ A - B = 2/\sqrt{2} \end{cases}$$

而且

$$2 = (2-\sqrt{2})(2+\sqrt{2})$$

所以

$$\begin{cases} A = \dfrac{1}{\sqrt{2}}\left(\dfrac{1}{2+\sqrt{2}}\right) \\ B = -\dfrac{1}{\sqrt{2}}\left(\dfrac{1}{2-\sqrt{2}}\right) \end{cases}$$

[例 2-41] 求 $S_n = 1^3 + 2^3 + \cdots + n^3$.

解 $\Delta S_n = S_{n+1} - S_n = (n+1)^3$ 是 n 的 3 次多项式，因此 S_n 满足递推关系：

$$S_n - 5S_{n-1} + 10S_{n-2} - 10S_{n-3} + 5S_{n-4} - S_{n-6} = 0$$

设

$$S_n = A_1\binom{n}{1} + A_2\binom{n}{2} + A_3\binom{n}{3} + A_4\binom{n}{4}$$

$$S_1 = 1 = A_1$$

$$S_2 = 1^3 + 2^3 = 9 = 1 \cdot \binom{2}{1} + A_2, \quad A_2 = 7$$

$$S_3 = 9 + 3^3 = 36 = 1 \cdot 3 + 7 \cdot \binom{3}{2} + A_3, \quad A_3 = 12$$

$$S_4 = 36 + 4^3 = 100 = 1 \cdot 4 + 7 \cdot 6 + 12 \cdot 4 + A_4, \quad A_4 = 6$$

所以 $S_n = \binom{n}{1} + 7\binom{n}{2} + 12\binom{n}{3} + 6\binom{n}{4}$. 以 $n = 5$ 为例对上面的结果验证一下.

$$S_5 = 100 + 5^3 = 225$$

$$\binom{5}{1} + 7\binom{5}{2} + 12\binom{5}{3} + 6\binom{5}{4} = 5 + 70 + 120 + 30 = 225$$

[例 2-42] 求 $G(x) = \dfrac{1}{(1-x)(1-x^2)(1-x^3)}$ 中 x^n 的系数 a_n.

解 $\{a_n\}$ 的特征多项式是 $(x-1)^3(x+1)(x^2+x+1)$.

$x=1$ 是三重根,$x=-1$ 是一重根.

$x^2+x+1=0$ 的根为 $\dfrac{1}{2}(-1\pm\sqrt{3}i)=\mathrm{e}^{\pm\frac{2}{3}\pi i}$,

因此可设

$$a_n=a+bn+c\binom{n}{2}+d(-1)^n+e\cos\frac{2}{3}\pi n+f\sin\frac{2}{3}\pi n$$

通过长除求得

$$G(x)=\frac{1}{(1-x)(1-x^2)(1-x^3)}=\frac{1}{1-x-x^2+x^4+x^5-x^6}$$
$$=1+x+2x^2+3x^3+4x^4+5x^5+7x^6+8x^7+10x^8+\cdots$$

可知 $a_0=1,a_1=1,a_2=2,a_3=3,a_4=4,a_5=5,a_6=7,a_7=8,a_8=10,\cdots$,利用初始值 a_0,$a_1,\cdots,a_5$ 可得

$$a_n=\frac{47}{72}+\frac{7}{12}n+\frac{1}{6}\binom{n}{2}+\frac{1}{8}(-1)^n+\frac{2}{9}\cos\frac{2}{3}n\pi$$

再利用这一结果计算 a_6,a_7,a_8 可得结果与长除一致.

〔**例 2-43**〕 10 个数字($0\sim9$)和 4 个四则运算符($+$、$-$、$\times$、$\div$)组成的 14 个元素. 求由其中的 n 个元素的排列构成一算术表达式的个数.

因为所求的 n 个元素的排列是算术表达式,故从左向右的最后一个符号必然是数字. 而第 $n-1$ 位有两种可能,一是数字,一是运算符. 若第 $n-1$ 位是 10 个数字之一,则前 $n-1$ 位必然已构成一算术表达式. 如若不然,即第 $n-1$ 位是运算符,则前面 $n-2$ 位必然是一算术表达式,根据以上分析,令 a_n 表示 n 个元素排列成算术表达式的数目,则

$$a_n=10a_{n-1}+40a_{n-2}$$
$$a_1=10,\quad a_2=120$$

由此推出 $a_0=\dfrac{1}{2}$,由 a_1 的 a_2 的递推关系推出.

$a_2=120$ 指的是由从 $0\sim99$ 的 100 个数,以及 $\pm0,\pm1,\cdots,\pm9$ 构成的算术表达式的个数.

特征方程

$$x^2-10x-40=(x-\alpha)(x-\beta)=0$$

其中

$$\alpha=5+\sqrt{65},\quad\beta=5-\sqrt{65}$$
$$a_n=k_1(5+\sqrt{65})^n+k_2(5-\sqrt{65})^n$$

根据初始条件得

$$k_1+k_2=\frac{1}{2}$$
$$k_1(5+\sqrt{65})+k_2(5-\sqrt{65})=10$$

则

$$k_1=(15+\sqrt{65})/4\sqrt{65}$$
$$k_2=-(15-\sqrt{65})/4\sqrt{65}$$

$$a_n = \frac{1}{4\sqrt{65}}\left[(15+\sqrt{65})(5+\sqrt{65})^n - (15-\sqrt{65})(5-\sqrt{65})^n\right]$$

[例 2-44] n 条直线将平面分成多少个域？假定无三线共点，且两两相交.

设 n 条直线将平面分成 D_n 个域，则第 n 条直线被其余的 $n-1$ 条直线分割成 n 段. 这 n 段正好是新增加的 n 个域的边界.

所以
$$D_n = D_{n-1} + n$$
$$D_1 = 2$$

如图 2-11 所示.

又
$$D_1 = D_0 + 1, 则 D_0 = 1$$

$$\begin{aligned}
D_n &= D_{n-1} + n \\
&= D_{n-2} + (n-1) + n \\
&= D_{n-3} + (n-2) + (n-1) + n \\
&= \cdots = D_0 + n + (n-1) + \cdots + 1 \\
&= 1 + \frac{1}{2}n(n+1)
\end{aligned}$$

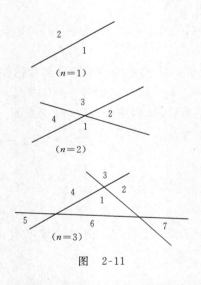

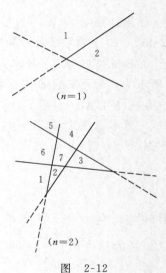

图 2-11

图 2-12

[例 2-45] 若将上例中的直线改为锯齿线，如图 2-12 所示，将虚线部分去掉即成锯齿线，加上虚线便是两直线相交问题. 每根锯齿线都和其他锯齿线两两相交，且无三线共点的情况，试问 n 条锯齿线将平面分成多少个域？

设 n 条锯齿线将平面分成 $\hat{D}_n$ 个域. 显然，当 $n=1$ 时，$\hat{D}_1 = 2$.

设 $n-1$ 条锯齿线将平面分割成 $\hat{D}_{n-1}$ 个域. 第 n 条锯齿线的每一支都和前面的 $n-1$ 条锯齿线相交于 $2(n-1)$ 个点，将每支半线分成 $2(n-1)+1$ 段，所以第 n 条锯齿线的加入可以看作是 $2n$ 条直线问题，但少了两段（即图中虚线所示的部分）. n 条锯齿线问题和 $2n$ 条直线问题相比，少了 $2n$ 段线段，每一条线段对应一新增的域，故

$$\hat{D}_n = D_{2n} - 2n, \quad \hat{D}_1 = 2$$

例如 $\hat{D}_1 = D_2 - 2 = 4 - 2 = 2, \hat{D}_2 = D_4 - 4 = 11 - 4 = 7.$

[**例 2-46**]　设有 n 条椭圆曲线,两两相交于两点,任意 3 条椭圆曲线不相交于一点,试问这样的 n 个椭圆将平面分隔成多少部分?

一个椭圆(Ⅰ)将平面分隔成内、外两部分,两个椭圆将平面分隔成 4 个部分,第 2 个椭圆(Ⅱ)的周界被(Ⅰ)分隔成两部分恰恰是新增加的域的边界.依此类推,第 3 个椭圆曲线(Ⅲ)被前面两个椭圆分隔成 4 部分,故将平面分隔成 $4+4=8$ 部分,如图 2-13 所示.若 $n-1$ 个椭圆将平面分隔成 a_{n-1} 个域,第 n 个椭圆和前 $n-1$ 个椭圆两两相交于两点,共 $2(n-1)$ 个分点,即被分成 $2(n-1)$ 段,每一段弧是新域的边界.即新增加的域有 $2(n-1)$ 个部分,故若 n 个椭圆将平面分隔成 a_n 个部分,则有

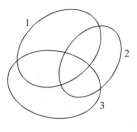

图　2-13

$$a_n = a_{n-1} + 2(n-1)$$
$$a_1 = 2$$

设
$$G(x) = a_1 + a_2 x + a_3 x^2 + a_4 x^3 + \cdots$$
$$x: \quad a_2 = a_1 + 2$$
$$x^2: \quad a_3 = a_2 + 2 \cdot 2$$
$$x^3: \quad a_4 = a_3 + 2 \cdot 3$$

$$+) \qquad \vdots$$

$$\overline{G(x) - 2 = xG(x) + 2x + 2 \cdot 2x^2 + 2 \cdot 3x^3 + \cdots}$$

故 $\quad (1-x)G(x) = 2 + 2x + 2 \cdot 2x^2 + 2 \cdot 3x^3 + \cdots$
$$= 2(1 + x + 2x^2 + 3x^3 + \cdots)$$

故 $\quad G(x) = 2(1 + x + 2x^2 + 3x^3 + \cdots)/(1-x)$
$$= 2(1 + x + 2x^2 + 3x^3 + \cdots)(1 + x + x^2 + \cdots)$$
$$= 2(1 + 2x + 4x^2 + 7x^3 + 11x^4 + 16x^5 + 22x^6 + 29x^7 + \cdots)$$

则有 $\quad a_1 = 2, a_2 = 4, a_3 = 8, a_4 = 14, a_5 = 22, a_6 = 32, a_7 = 44, \cdots$

一般有 $a_n = 2\left(1 + \sum_{k=1}^{n-1} k\right) = 2\left(1 + \frac{n(n-1)}{2}\right) = n(n-1) + 2$

另法:

$$a_n = a_{n-1} + 2n - 2 \tag{2-4}$$

设 α 为非齐次递推关系的特解,令

$$\alpha = k_0 + k_1 n + k_2 n^2$$

代入式(2-4),得

$$k_0 + k_1 n + k_2 n^2 = k_0 + k_1(n-1) + k_2(n-1)^2 + 2n - 2 \tag{2-5}$$

则有 $\quad 2k_2 n + k_1 - k_2 = 2n - 2$
故 $\quad k_2 = 1, k_1 - k_2 = -2$
故 $\quad k_1 = -2 + k_2 = -2 + 1 = -1$
$$\alpha = n^2 - n = n(n-1)$$

齐次方程:

$$a_n = a_{n-1}$$

的一般解为 $a_n = c$，其中 c 为常数.

非齐次递推关系式(2-4)的解为非齐次递推关系的特解 α 和齐次递推关系的一般解之和，即

$$a_n = n(n-1) + c$$

根据初始条件 $a_1 = 2$，可得 $c = 2$，故问题的解为

$$a_n = n(n-1) + 2$$

[**例 2-47**]　一个圆域，依圆心等分成 n 个部分，如图 2-14 所示，用 k 种颜色对这 n 个域进行涂色，要求相邻的域不同色，试问有多少种涂色方案？

令 a_n 表示 n 个域的涂色方案数. 无非有两种可能：(1) D_1 和 D_{n-1} 着以相同颜色；(2) D_1 和 D_{n-1} 颜色不同. 第 1 种情况 D_n 有 $k-1$ 种着色方案；即排除 D_1 和 D_n 的颜色，而且从 D_1 到 D_{n-2} 的着色方案，与 $n-2$ 个域的着色方案一一对应. 后一种 D_n 域有 $k-2$ 种颜色可供使用；而且从 D_1 到 D_{n-1} 的每一个着色方案与 $n-1$ 个域的着色方案一一对应.

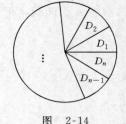

图　2-14

则

$$a_n = (k-2)a_{n-1} + (k-1)a_{n-2} \qquad (2\text{-}6)$$
$$a_2 = k(k-1), a_3 = k(k-1)(k-2)$$

利用式(2-6)得　$a_0 = k$，$a_1 = 0$

式(2-6)的特征方程为

$$x^2 - (k-2)x - (k-1) = 0$$
$$x_1 = k-1, \ x_2 = -1$$
$$a_n = A(k-1)^n + B(-1)^n$$

解方程

$$\begin{cases} A + B = k \\ (k-1)A - B = 0 \end{cases}$$

得

$$\begin{cases} A = 1 \\ B = k-1 \end{cases}$$

故

$$a_n = (k-1)^n + (k-1)(-1)^n, n \geqslant 2$$
$$a_1 = k$$

[**例 2-48**]　求下列行列式的值，

$$d_n = \left. \begin{vmatrix} 1 & 1 & 0 & 0 & \cdots & 0 & 0 \\ 1 & 1 & 1 & 0 & \cdots & 0 & 0 \\ 0 & 1 & 1 & 1 & \cdots & 0 & 0 \\ & & & \vdots & & & \\ 0 & 0 & 0 & 0 & \cdots & 1 & 1 \end{vmatrix} \right\} n \text{ 行}$$

$$\underbrace{\qquad\qquad\qquad\qquad}_{n \text{ 列}}$$

利用行列式展开法，沿第 1 行展开得

$$d_n = d_{n-1} - d_{n-2}, \ d_1 = 1, d_2 = 0 \qquad (2\text{-}7)$$

利用式(2-7)得　　　　　　　　$d_0 = 1$

其特征方程为

$$x^2 - x + 1 = 0$$
$$x = \frac{1}{2}(1 \pm \sqrt{3}i) = e^{\pm \frac{\pi}{3}i}$$

设
$$d_n = k_1 \cos \frac{n\pi}{3} + k_2 \sin \frac{n\pi}{3}$$

根据初始条件 $d_0 = 1$ 及 $d_1 = 1$ 得
$$k_1 = 1$$
$$k_1 \left(\frac{1}{2}\right) + k_2 \left(\frac{\sqrt{3}}{2}\right) = 1$$

则有
$$k_2 = \frac{1}{\sqrt{3}}$$
$$d_n = \cos \frac{n\pi}{3} + \frac{1}{\sqrt{3}} \sin \frac{n\pi}{3}, \qquad n \geqslant 1$$

[例 2-49] 求 n 位二进制数中最后 3 位为 010 图像的个数.

即求 n 位 $0,1$ 符号串 $b_1 b_2 \cdots b_n$ 从左向右扫描,一旦出现 010 图像的,便从这个图像后面一位从头开始扫描. 例如,11 位的 $0,1$ 符号串 00101001010,从左向右扫描结果是 $4 \sim 6, 7 \sim 9$ 出现了 010,而不是最后 3 位出现 010.虽然表面上看最后 3 位也是 010,这可作为一种约定. 或可说 $9 \sim 11$ 位是 010,但不是 010 图像.

为了找出关于数列 a_n 的递推关系,需对满足条件的数的结构进行分析. 由于 n 位中除了最后 3 位是 010 已确定,其余 $n-3$ 位可取 0 或 1,如(a)所示.

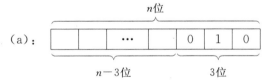

故最后 3 位是 010 的 n 位二进制数的个数是 2^{n-3}. 其中包含最后 3 位出现 010 图像的以及在第 $n-4$ 位到第 $n-2$ 位出现 010 图像,而在最后 3 位并不出现 010 图像的两类数,后一种数为

$$\underbrace{\times \times \cdots \times}_{1 \sim n-5 \text{位}} \quad \underbrace{0 \quad 1 \quad 0}_{n-4 \sim n-2 \text{位}} 1 \, 0$$

故有
$$a_n + a_{n-2} = 2^{n-3}, n \geqslant 5 \tag{2-8}$$
$$a_3 = 1, \quad a_4 = 2$$

利用式(2-8)得,$a_2 = 0, a_1 = 0, a_0 = \frac{1}{2}$.

特征方程为
$$(x-2)(x^2+1) = 0$$
$$x_1 = 2, \ x_{2,3} = e^{\pm \frac{\pi i}{2}}$$

设
$$a_n = A\cos\left(n \cdot \frac{\pi}{2}\right) + B\sin\left(n \cdot \frac{\pi}{2}\right) + C \cdot 2^n$$

解方程组

$$\begin{cases} A+C=\dfrac{1}{2} \\ B+2C=0 \\ -A+4C=0 \end{cases}$$

得

$$\begin{cases} A=\dfrac{2}{5} \\ B=-\dfrac{1}{5} \\ C=\dfrac{1}{10} \end{cases}$$

故

$$a_n=\frac{2}{5}\cos\left(n\cdot\frac{\pi}{2}\right)-\frac{1}{5}\sin\left(n\cdot\frac{\pi}{2}\right)+\frac{1}{10}\cdot2^n,\ n\geqslant3$$

[**例 2-50**]　求 n 位的二进制数中最后 3 位第 1 次出现 010 图像的数的个数.

即求对 n 位二进制数 $b_1b_2\cdots b_n$ 从左而右扫描,第 1 次在最后 3 位出现 010 图像的数的个数,自然,最后 3 位除外,任取连续 3 位都不会是 010 的.

设 a_n 表示满足条件的 n 位数的个数,与前例类似,最后 3 位是 010 的 n 位二进制数共 2^{n-3} 个,对这 2^{n-3} 个数分析如下:

(1) 包含了在最后 3 位第 1 次出现 010 图像的数,其个数为 a_n,排除了在第 $(n-4)$ 到第 $(n-2)$ 位第 1 次出现 010 图像的可能.

(2) 包含了在第 $(n-4)$ 到第 $(n-2)$ 位第 1 次出现 010 图像的数,其个数为 a_{n-2}.形象地表示为

(3) 包含了在第 $(n-5)$ 位到第 $(n-3)$ 位第 1 次出现 010 图像的数,其个数是 a_{n-3}.形象地表示为

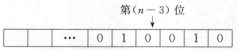

(4) 包含了在第 $(n-6)$ 位到第 $(n-4)$ 位第 1 次出现 010 图像的数,其个数为 $2a_{n-4}$,因在第 $(n-3)$ 位(打 $*$ 号的格)可以取 0 或 1 两种状态.形象地表示为

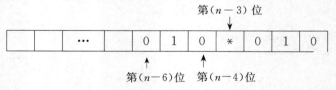

一般可以归纳为对 $k\geqslant3$,从第 $(n-k-2)$ 位到第 $(n-k)$ 位第 1 次出现 010 图像的数,其数目为 $2^{k-3}a_{n-k}$.从第 $(n-k)$ 位到第 $(n-3)$ 位中间的 $(k-3)$ 位可以取 0,1 两种值,故有 2^{k-3} 种状态.形象地表示为

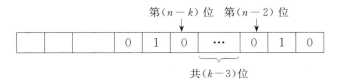

故得递推关系如下:

$$a_n + a_{n-2} + a_{n-3} + 2a_{n-4} + \cdots + 2^{n-6} a_3 = 2^{n-3}, \ n \geqslant 6$$

$$a_3 = 1, \quad a_4 = 2, \quad a_5 = 3$$

当 $n = 5$ 时,有下面几种状态:

$$00010, \ 10010, \ 11010$$

排除了 01010,因 01010 从左而右扫描时属于前 3 位出现 010 图像的情况.

请注意,所得的递推关系很特别,它的阶也是变数,前面讨论的特征值方法对之不适用.

$$a_3 = 1, \quad a_4 = 2, \quad a_5 = 3$$

当 $n = 6$ 时,有

$$a_6 + a_4 + a_3 = 2^3$$

故

$$a_6 = 8 - a_4 - a_3 = 5$$

当 $n = 7$ 时,有

$$a_7 + a_5 + a_4 + 2a_3 = 2^4$$

$$a_7 = 16 - a_5 - a_4 - 2a_3 = 9$$

其他依此类推.

令 $\quad A(x) = 1 + 2x + 3x^2 + a_6 x^3 + a_7 x^4 + \cdots$

$$x^3 : a_6 + a_4 + a_3 = 2^3$$
$$x^4 : a_7 + a_5 + a_4 + 2a_3 = 2^4$$
$$x^5 : a_8 + a_6 + a_5 + 2a_4 + 2^2 a_3 = 2^5$$
$$+) \qquad\qquad \vdots$$

$$[A(x) - 1 - 2x - 3x^2] + x^2 [A(x) - 1]$$
$$+ (x^3 + 2x^4 + 2^2 x^5 + \cdots) A(x)$$
$$= \frac{2^3 x^3}{1 - 2x}$$

整理后得到

$$\left(1 + x^2 + \frac{x^3}{1 - 2x}\right) A(x) = \frac{2^3 x^3}{1 - 2x} + 1 + 2x + 4x^2$$

$$\frac{1 - 2x + x^2 - 2x^3 + x^3}{1 - 2x} A(x) = \frac{2^3 x^3 + 1 - 4x^2 + 4x^2 - 8x^3}{1 - 2x} = \frac{1}{1 - 2x}$$

故有

$$A(x) = \frac{1}{1 - 2x + x^2 - x^3} = 1 + 2x + 3x^2 + 5x^3 + 9x^4 + 16x^5 + 28x^6 + 49x^7 + \cdots$$

即 $a_3 = 1, a_4 = 2, a_5 = 3, a_6 = 5, a_7 = 9, a_8 = 16, a_9 = 28, a_{10} = 49, \cdots$

[**例 2-51**]   解图 2-15 所示的电路网络中的 $v_j, j = 0, 1, 2, \cdots, n$. 设其中 $v(t) = v$. 根据欧姆定律可知

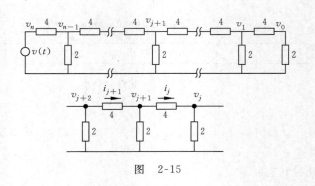

图 2-15

$$4i_{j+1} = v_{j+2} - v_{j+1}$$

$$4i_j = v_{j+1} - v_j$$

所以有

$$i_{j+1} = \frac{1}{4}(v_{j+2} - v_{j+1})$$

$$i_j = \frac{1}{4}(v_{j+1} - v_j)$$

由于各节点的电流代数和为 0，故有

$$i_{j+1} = i_j + \frac{1}{2}v_{j+1}$$

故

$$\frac{1}{4}v_{j+2} - v_{j+1} + \frac{1}{4}v_j = 0$$

或

$$v_{j+2} - 4v_{j+1} + v_j = 0, \ j = 0,1,2,\cdots,n-2$$

由 v_0 点的电流代数和为 0，可得

$$\frac{1}{4}(v_1 - v_0) = \frac{1}{2}v_0$$

故

$$v_1 = 3v_0$$

特征方程是

$$x^2 - 4x + 1 = 0$$

$$x = 2 \pm \sqrt{3}$$

设

$$v_n = k_1(2+\sqrt{3})^n + k_2(2-\sqrt{3})^n$$

$$k_1 + k_2 = v_0$$

$$k_1(2+\sqrt{3}) + k_2(2-\sqrt{3}) = 3v_0$$

$$k_1 = \frac{1}{2\sqrt{3}}(1+\sqrt{3})v_0$$

$$k_2 = \frac{-1}{2\sqrt{3}}(1-\sqrt{3})v_0$$

$$v_n = \frac{v_0}{2\sqrt{3}}\left[(1+\sqrt{3})(2+\sqrt{3})^n - (1-\sqrt{3})(2-\sqrt{3})^n\right]$$

[**例 2-52**]　求图 2-16 所示的 n 级网络的等效电阻 R_n，所谓等效电阻是图中虚线所包

围的电路用一电阻 R_n 取代,使两端点 n 和 n' 之间的效果一样.

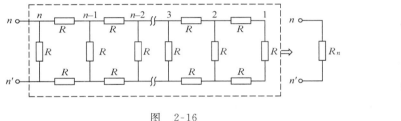
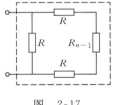

图 2-16 　　　　　　　　　　　　　　　　 图 2-17

R_n 可以作为由 R_{n-1} 等效电阻以图 2-17 所示的方式串并联构成.

$$\frac{1}{R_n} = \frac{1}{R} + \frac{1}{2R + R_{n-1}} = \frac{2R + R_{n-1} + R}{R(2R + R_{n-1})} = \frac{3R + R_{n-1}}{R(2R + R_{n-1})}$$

得递推关系如下:

$$R_n = \frac{R(2R + R_{n-1})}{3R + R_{n-1}} \tag{2-9}$$

式(2-9)不是线性的递推关系.

不妨令 $R = 1$,即令 R 作为单位电阻,则有

$$R_n = \frac{2 + R_{n-1}}{3 + R_{n-1}}$$

令

$$R_n = \frac{a_n}{b_n}, \ n = 1, 2, \cdots$$

$$R_1 = \frac{a_1}{b_1} = 1, 令 \ a_1 = b_1 = 1,则有$$

$$\frac{a_n}{b_n} = \frac{2 + \dfrac{a_{n-1}}{b_{n-1}}}{3 + \dfrac{a_{n-1}}{b_{n-1}}} = \frac{a_{n-1} + 2b_{n-1}}{a_{n-1} + 3b_{n-1}}$$

$$\begin{cases} a_n = a_{n-1} + 2b_{n-1} \\ b_n = a_{n-1} + 3b_{n-1} \end{cases} \quad a_1 = b_1 = 1 \tag{2-10}$$

式(2-10)是关于序列 $\{a_n\}$,$\{b_n\}$ 的联立递推关系.令

$$A(x) = a_1 x + a_2 x^2 + a_3 x^3 + \cdots$$
$$B(x) = b_1 x + b_2 x^2 + b_3 x^3 + \cdots$$
$$x^2: \quad a_2 = a_1 + 2b_1$$
$$x^3: \quad a_3 = a_2 + 2b_2$$
$$x^4: \quad a_4 = a_3 + 2b_3$$
$$+) \qquad \vdots$$
$$\overline{\quad A(x) - x = xA(x) + 2xB(x) \quad}$$

故
$$(1-x)A(x)-2xB(x)=x$$
$$x^2:\quad b_2=a_1+3b_1$$
$$x^3:\quad b_3=a_2+3b_2$$
$$x^4:\quad b_4=a_3+3b_3$$
$$\underline{+)\qquad\vdots}$$
$$B(x)-x=xA(x)+3xB(x)$$

故
$$(1-3x)B(x)-xA(x)=x$$

可得 $A(x)$ 和 $B(x)$ 的联立方程组：

$$\begin{cases}(1-x)A(x)-2xB(x)=x\\-xA(x)+(1-3x)B(x)=x\end{cases}$$

$$A(x)=\frac{1}{\begin{vmatrix}1-x&-2x\\-x&1-3x\end{vmatrix}}\begin{vmatrix}x&-2x\\x&1-3x\end{vmatrix}=\frac{x-x^2}{1-4x+x^2}$$

$$B(x)=\frac{x}{1-4x+x^2}=\frac{1}{2\sqrt{3}}\left[\frac{1}{1-(2+\sqrt{3})x}-\frac{1}{1-(2-\sqrt{3})x}\right]$$

$$A(x)=(1-x)B(x)=\frac{1-x}{2\sqrt{3}}\sum_{k=0}^{\infty}\left[(2+\sqrt{3})^k-(2-\sqrt{3})^k\right]x^k$$

令
$$a_k=\frac{1}{2\sqrt{3}}\left[(2+\sqrt{3})^k-(2-\sqrt{3})^k-(2+\sqrt{3})^{k-1}+(2-\sqrt{3})^{k-1}\right]$$

$$=\frac{1}{2\sqrt{3}}\left[(2+\sqrt{3})^{k-1}(1+\sqrt{3})-(2-\sqrt{3})^{k-1}(1-\sqrt{3})\right]$$

$$b_k=\frac{1}{2\sqrt{3}}\left[(2+\sqrt{3})^k-(2-\sqrt{3})^k\right]$$

$$R_k=\frac{a_k}{b_k}=\frac{(2+\sqrt{3})^{k-1}(1+\sqrt{3})-(2-\sqrt{3})^{k-1}(1-\sqrt{3})}{(2+\sqrt{3})^k-(2-\sqrt{3})^k}$$

$$=\frac{\dfrac{1+\sqrt{3}}{2+\sqrt{3}}-\dfrac{1-\sqrt{3}}{2+\sqrt{3}}\left(\dfrac{2-\sqrt{3}}{2+\sqrt{3}}\right)^{k-1}}{1-\left(\dfrac{2-\sqrt{3}}{2+\sqrt{3}}\right)^k}$$

因为
$$\frac{1+\sqrt{3}}{2+\sqrt{3}}=(1+\sqrt{3})(2-\sqrt{3})=2+\sqrt{3}-3=-1+\sqrt{3}$$

$$\frac{1-\sqrt{3}}{2+\sqrt{3}}=5-3\sqrt{3}$$

$$\frac{2-\sqrt{3}}{2+\sqrt{3}}=(2-\sqrt{3})^2=7-4\sqrt{3}$$

所以
$$R_k=\frac{\sqrt{3}-1-(5-3\sqrt{3})(7-4\sqrt{3})^{k-1}}{1-(7-4\sqrt{3})^k}$$

[**例 2-53**] 设有地址为 $1\sim n$ 的单元，用以存储随机的数据，每一数据占两个连续的单

元,而且存放的地址也是完全随机的,因而可能出现两个数据间留出的一个单元,不能存放其他数据的情况.求这 n 个单元留下空单元的平均数.设这个平均数为 a_n.

$$i \text{ 个单元} \qquad\qquad n-i-2 \text{ 个单元}$$

(a): $\boxed{1}\ \boxed{2}\ \cdots\ \boxed{i+1}\ \boxed{i+2}\ \cdots\ \boxed{n-1}\ \boxed{n}$

设某一数据占用了第 $i+1,i+2$ 两个单元,把这组单元分割成两部分,一部分是从 1 到 i,另一部分从 $i+3$ 到 n,由于相邻的两单元的几率相等如(a)所示,所以

$$a_n = \frac{1}{n-1}\big[(a_0+a_{n-2})+(a_1+a_{n-3})+\cdots+(a_{n-2}+a_0)\big]$$

$$(n-1)a_n = 2\sum_{k=0}^{n-2} a_k \tag{2-11}$$

故

$$(n-2)a_{n-1} = 2\sum_{k=0}^{n-3} a_k$$

式(2-11)是变系数递推关系,可改写为

$$(n-1)a_n - (n-2)a_{n-1} - 2a_{n-2} = 0$$
$$a_0 = 0,\ a_1 = 1,\ a_2 = 0$$

设

$$G(x) = a_1 + a_3 x^2 + a_4 x^3 + a_5 x^4 + \cdots$$
$$G'(x) = 2a_3 x + 3a_4 x^2 + 4a_5 x^3 + \cdots$$
$$x:\quad 2a_3 - a_2 = 2a_1$$
$$x^2:\quad 3a_4 - 2a_3 = 2a_2$$
$$x^3:\quad 4a_5 - 3a_4 = 2a_3$$
$$+)\qquad \vdots$$
$$\overline{\qquad\qquad\qquad\qquad\qquad}$$
$$G'(x) - xG'(x) = 2xG(x)$$

则有

$$(1-x)G'(x) = 2xG(x)$$
$$\frac{G'(x)}{G(x)} = \frac{2x}{1-x} = -2 + \frac{2}{1-x}$$
$$\ln G(x) = -2x + \ln(1-x)^{-2} + c$$
$$G(x) = k\mathrm{e}^{-2x}(1-x)^{-2}$$
$$G(x)\big|_{x=0} = a_1 = 1,\ \text{故}\ k=1$$

$$G(x) = \mathrm{e}^{-2x}(1-x)^{-2}$$
$$= \Big[1 - 2x + \frac{(2x)^2}{2!} - \frac{(2x)^3}{3!} + \cdots\Big] \times (1 + 2x + 3x^2 + \cdots)$$
$$= 1 + x^2 + \frac{2}{3}x^3 + x^4 + \frac{4}{15}x^5 + \cdots$$

一般有

$$a_{n+1} = (n+1) - 2n + \frac{2^2}{2!}(n-1) - \frac{2^3}{3!}(n-2) + \cdots$$
$$+ (-1)^n \frac{2^n}{n!} = \sum_{k=0}^{n} (-1)^k \frac{2^k(n-k+1)}{k!}$$

[**例 2-54**] n 个有序的元素应有 $n!$ 个不同的排列,若一个排列使得所有的元素都不在原来的位置上,则称这个排列为错排,也叫重排.

以 $1,2,3,4$ 这 4 个数的错排为例,分析其结构,找出其规律性.

12 的错排是唯一的,即 21.

123 的错排有 312,231.这二者可以看作 12 错排,3 分别与 1,2 换位而得的.即

$$2\ 1\ 3 \rightarrow 3\ 1\ 2$$
$$2\ 1\ 3 \rightarrow 2\ 3\ 1$$

1234 的错排有

$$4\ 3\ 2\ 1,\quad 4\ 1\ 2\ 3,\quad 4\ 3\ 1\ 2$$
$$3\ 4\ 1\ 2,\quad 3\ 4\ 2\ 1,\quad 2\ 4\ 1\ 3$$
$$2\ 1\ 4\ 3,\quad 3\ 1\ 4\ 2,\quad 2\ 3\ 4\ 1$$

第 1 列是 4 分别与 1、2、3 互换位置,其余两个元素错排,由此生成的.

第 2 列是由 4 和 312(123 的一个错排)的每一个数互换而得到的.即

$$3\ 1\ 2\ 4 \rightarrow 4\ 1\ 2\ 3$$
$$3\ 1\ 2\ 4 \rightarrow 3\ 4\ 2\ 1$$
$$3\ 1\ 2\ 4 \rightarrow 3\ 1\ 4\ 2$$

第 3 列则是由另一个错排 231 和 4 换位而得到,即

$$2\ 3\ 1\ 4 \rightarrow 4\ 3\ 1\ 2$$
$$2\ 3\ 1\ 4 \rightarrow 2\ 4\ 1\ 3$$
$$2\ 3\ 1\ 4 \rightarrow 2\ 3\ 4\ 1$$

上面分析的是产生错排的方法.

设 n 个数 $1,2,\cdots,n$ 错排的数目为 D_n,任取其中一个数 i,数 i 分别与其他 $n-1$ 个数之一互换,其余 $n-2$ 个数进行错排,共得 $(n-1)D_{n-2}$ 个错排.另一部分为对数 i 以外的 $n-1$ 个数进行错排,然后 i 与其中每个数互换得到 $(n-1)D_{n-1}$ 个错排.

综合以上分析得到递推关系:

$$D_n = (n-1)(D_{n-1}+D_{n-2}),\ D_1=0, D_2=1 \qquad (2\text{-}12)$$

得
$$D_0 = 1$$

式(2-12)是一种非常系数的递推关系,下面提供一种解法:

令
$$E_n = \frac{D_n}{n!}$$

$$\frac{D_n}{n!} = \frac{(n-1)}{n!}D_{n-1} + \frac{(n-1)}{n!}D_{n-2}$$

$$= \frac{(n-1)}{n}\frac{D_{n-1}}{(n-1)!} + \frac{1}{n}\frac{D_{n-2}}{(n-2)!}$$

$$E_n = \frac{n-1}{n}\frac{D_{n-1}}{(n-1)!} + \frac{n-1}{n(n-1)}\frac{D_{n-2}}{(n-2)!}$$

$$= \left(1-\frac{1}{n}\right)E_{n-1} + \frac{1}{n}E_{n-2}$$

即
$$E_n - E_{n-1} = \left(\frac{-1}{n}\right)(E_{n-1}-E_{n-2})$$

令 $F_n = E_n - E_{n-1}$，得关于 F_n 的递推关系：$F_n = \left(\dfrac{-1}{n}\right)F_{n-1}$，则有

$$F_n = \left(-\frac{1}{n}\right)F_{n-1} = \left(-\frac{1}{n}\right)\left(-\frac{1}{n-1}\right)F_{n-2} = \cdots = (-1)^{n-1}\frac{1}{n!}F_1$$

$$F_1 = E_1 - E_0 = -1$$

故 $\qquad\qquad F_n = (-1)^n \dfrac{1}{n!}, \quad 即 \quad E_n - E_{n-1} = (-1)^n \dfrac{1}{n!}$

$$E_n = \frac{(-1)^n}{n!} + E_{n-1} = \frac{(-1)^n}{n!} + \frac{(-1)^{n-1}}{(n-1)!} + E_{n-2}$$

$$= \frac{(-1)^n}{n!} + \frac{(-1)^{n-1}}{(n-1)!} + \cdots + \frac{(-1)^2}{2!}$$

$$D_n = n!E_n = n!\left(1 - \frac{1}{1!} + \frac{1}{2!} - \frac{1}{3!} + \cdots + (-1)^n\frac{1}{n!}\right) \approx n!\,e^{-1}$$

另法：

由 $D_n = (n-1)(D_{n-1} + D_{n-2})$ 可得

$$D_n - nD_{n-1} = -[D_{n-1} - (n-1)D_{n-2}]$$
$$= (-1)^2[D_{n-2} - (n-2)D_{n-3}]$$
$$= \cdots = (-1)^{n-1}(D_1 - D_0)$$

由于 $D_1 = 0$，$D_0 = 1$，所以

$$D_n - nD_{n-1} = (-1)^n$$

令

$$G_e(x) = D_0 + D_1 x + \frac{1}{2}D_2 x^2 + \frac{1}{3!}D_3 x^3 + \cdots$$

$$x：D_1 = D_0 + (-1)^1$$

$$\frac{x^2}{2!}：D_2 = 2D_1 + (-1)^2$$

$$\frac{x^3}{3!}：D_3 = 3D_2 + (-1)^3$$

$$+)\qquad\qquad\vdots$$

故 $\qquad\qquad G_e(x) - 1 = xG_e(x) + e^{-x} - 1$

$$(1-x)G_e(x) = e^{-x}$$

$$G_e(x) = \frac{e^{-x}}{1-x}$$

所以有 $\qquad\qquad D_n = \left(1 - 1 + \dfrac{1}{2!} - \cdots \pm \dfrac{1}{n!}\right)n!$

　[**例 2-55**]　数 $1,2,3,\cdots,9$ 的全排列中，求偶数在原来位置上，其余都不在原来位置上的错排数目.

　实际上是 $1,3,5,7,9$ 这 5 个数的错排问题，总数为

$$5! - C(5,1)4! + C(5,2)3! - C(5,3)2! + C(5,4)1! - C(5,5)$$

$$= 120\left(\frac{1}{2} - \frac{1}{6} + \frac{1}{24} - \frac{1}{120}\right) = 60 - 20 + 5 - 1 = 44$$

　[**例 2-56**]　在 8 个字母 A，B，C，D，E，F，G，H 的全排列中，求使 A，C，E，G 这 4 个字母

不在原来位置上的错排数目.

8 个字母的全排列中令 A_1,A_2,A_3,A_4 分别表示 A,C,E,G 在原来位置上的排列,则
$$|\overline{A}_1 \cap \overline{A}_2 \cap \overline{A}_3 \cap \overline{A}_4|=8!-C(4,1)7!+C(4,2)6! -C(4,3)5!+C(4,4)4!$$
$$=40320-20160+4320-480+24=24024$$

[**例 2-57**] 求在 8 个字母 A,B,C,D,E,F,G,H 的全排列中,只有 4 个元素不在原来的位置上的排列数.

8 个字母中只有 4 个不在原来的位置上,其余 4 个字母保持不动,相当于 4 个元素的错排,其数目为
$$4!\left(1-\frac{1}{1!}+\frac{1}{2!}+\frac{1}{3!}+\frac{1}{4!}\right)=24\left(1-1+\frac{1}{2}-\frac{1}{6}+\frac{1}{24}\right)$$
$$=12-4+1=9$$

故 8 个字母的全排列中有 4 个不在原来位置上的排列数应为
$$C(8,4)\cdot 9=\frac{8!}{4!4!}\cdot 9=\frac{8\cdot 7\cdot 6\cdot 5}{4\cdot 2}\cdot 3$$
$$=7\cdot 6\cdot 5\cdot 3=210\cdot 3=630$$

2.14 非线性递推关系举例

前面着重讨论的是线性常系数齐次递推关系,基本上得到全部解决,非齐次递推关系只有部分能解.至于非线性递推关系只能涉及比较特殊的几个.举几个典型的例子如下.

2.14.1 Stirling 数

n 个有区别的球放进两个有标志的盒子里,若第一个盒子放 k 个球,则第二个盒子的球数为 $n-k$ 个,$k=0,1,2,\cdots,n$. 这样的方案数正好是 $(x+y)^n$ 中 $x^k y^{n-k}$ 项的系数 $c(n,k)$. 根据加法法则,应有
$$c(n,0)+c(n,1)+\cdots+c(n,n)=2^n$$
可把上面的讨论推广到 n 个有区别的球放进 m 个有标志的盒子,要求 m 个有标志的盒子的球数依次为 $n_1,n_2,\cdots,n_m,n_1+n_2+\cdots+n_m=n$,其方案数用
$$\binom{n}{n_1 n_2 \cdots n_m}$$
表示.

从 n 个有区别的球中取 n_1 个放进第 1 个盒子,其选取方案数为 $\binom{n}{n_1}$,当第 1 个盒子的 n_1 个球选定之后,第 2 个盒子的 n_2 个球,则是从余下的 $n-n_1$ 个球中选取的,其方案数则为
$$\binom{n-n_1}{n_2}$$
同理,第 3 个盒子的 n_3 个球,则从 $n-n_1-n_2$ 个中选取,其方案数应为
$$\binom{n-n_1-n_2}{n_3}$$

依此类推,并根据乘法法则可得

$$\binom{n}{n_1 \, n_2 \cdots n_m} = \binom{n}{n_1}\binom{n-n_1}{n_2}\cdots\binom{n-n_1-n_2-\cdots-n_{m-1}}{n_m}$$

$$= \frac{n!}{n_1!(n-n_1)!} \cdot \frac{(n-n_1)!}{n_2!(n-n_1-n_2)!} \cdot \frac{(n-n_1-n_2)!}{n_3!(n-n_1-n_2-n_3)!} \cdots \cdot \frac{n_m!}{n_m!0!}$$

$$= \frac{n!}{n_1!n_2!\cdots n_m!}$$

n 个有标志的球放进 m 个有区别的盒子的方案数问题,也可以看作将 n 个有标志的球进行全排列,然后依次取 n_1 个球放进第一个盒子,取余下的 n_2 个放进第二个盒子,$\cdots$,最后取 n_m 个球放进第 m 个盒子.但盒子中的球是无顺序的,故得到不同的方案数为

$$\frac{n!}{n_1!n_2!\cdots n_m!}$$

称 $\binom{n}{n_1 \, n_2 \cdots n_m}$ 为多项式 $(x_1+x_2+\cdots+x_m)^n$ 的多项式系数.

$$(x_1+x_2+\cdots+x_m)^n = \underbrace{(x_1+x_2+\cdots+x_m)}_{\text{第1项}} \cdot \underbrace{(x_1+x_2+\cdots+x_m)}_{\text{第2项}} \cdots \underbrace{(x_1+x_2+\cdots+x_m)}_{\text{第}n\text{项}}$$

第 i 项 $(x_1+x_2+\cdots+x_m)$ 对应于第 i 个有区别的球,取 x_j 项对应于第 j 个盒子,第 i 项取 x_j 对应于将第 i 个球放进第 j 个盒子. $(x_1+x_2+\cdots+x_m)^n$ 的展开式为

$$x_1^{n_1} x_2^{n_2} \cdots x_m^{n_m}, \quad n_1+n_2+\cdots+n_m = n$$

表示第一个盒子里有 n_1 个球,第二个盒子里有 n_2 个球,$\cdots$,第 m 个盒子里有 n_m 个球.所以,$(x_1+x_2+\cdots+x_m)^n$ 展开式中项 $x_1^{n_1} x_2^{n_2} \cdots x_m^{n_m}$ 的系数为

$$\binom{n}{n_1 \, n_2 \cdots n_m}$$

即

$$(x_1+x_2+\cdots+x_m)^n = \sum_{n_1+n_2+\cdots+n_m=n} \binom{n}{n_1 \, n_2 \cdots n_m} x_1^{n_1} x_2^{n_2} \cdots x_m^{n_m}$$

定理 2-5 $(x_1+x_2+\cdots+x_m)^n$ 展开式的项数等于

$$\binom{n+m-1}{n}$$

而且这些项系数之和等于 m^n.

证明 $(x_1+x_2+\cdots+x_m)^n$ 的展开式中的

$$x_1^{n_1} x_2^{n_2} \cdots x_m^{n_m}, \quad n_1+n_2+\cdots+n_m = n$$

项和从 m 个元素 $x_1,x_2,\cdots,x_m$ 中取 n 个作允许重复的组合一一对应,故得到 $(x_1+x_2+\cdots+x_m)^n$ 的展开式的项数等于

$$\binom{n+m-1}{n}$$

从 m 个元素中取 n 个作允许重复的组合的全体,对于每个球都有 m 个盒子可供选择.根据乘法法则有

$$\sum_{n_1+n_2+\cdots+n_m=n} \binom{n}{n_1 \, n_2 \cdots n_m} = m^n$$

在等式中

$$(x_1 + x_2 + \cdots + x_m)^n = \sum_{n_1+n_2+\cdots+n_m=n} \binom{n}{n_1 \, n_2 \, \cdots \, n_m} x_1^{n_1} x_2^{n_2} \cdots x_m^{n_m}$$

令 $x_1 = x_2 = \cdots = x_m = 1$，代入即得

$$左端 = m^n = \sum_{n_1+n_2+\cdots+n_m=n} \binom{n}{n_1 \, n_2 \, \cdots \, n_m} = 右端$$

这里，我们只讨论其中的第 2 类司特林数，至于第 1 类司特林数则只给出其定义和递推关系.

定义 2-2　　$[x]_n = x(x-1)(x-2)\cdots(x-n+1)$

$$= s(n,0) + s(n,1)x + s(n,2)x^2 + \cdots + s(n,n)x^n$$

称 $s(n,0), s(n,1), \cdots, s(n,n)$ 为第 1 类司特林数.

$$[x]_{n+1} = [s(n,0) + s(n,1)x + \cdots + s(n,n)x^n](x-n)$$
$$= s(n+1,0) + s(n+1,1)x + \cdots + s(n+1,n+1)x^{n+1}$$

显然有

$$s(n+1,k) = s(n,k-1) - ns(n,k)$$

定义 2-3　　n 个有区别的球放到 m 个相同的盒子中，要求无一空盒，其不同的方案数用 $S(n,m)$ 表示，称为第 2 类司特林数. 即 $S(n,m)$ 也就是将 n 个数拆分成非空的 m 个部分的方案数.

例如，红、黄、蓝、白这 4 种颜色的球，放到两个无区别的盒子里，不允许空盒，其方案有如下 7 种，见表 2-1.

表　2-1

盒　子	1	2	3	4	5	6	7
第一个盒子	r	y	b	w	ry	rb	rw
第二个盒子	ybw	rbw	ryw	ryb	bw	yw	yb

其中 r 表示红球，y 表示黄球，b 表示蓝球，w 表示白球，则有

$$S(4,2) = 7$$

定理 2-6　第 2 类司特林数 $S(n,k)$ 有以下性质：

(1) $S(n,0) = S(0,n) = 0$, $\forall n \in N$；

(2) $S(n,k) > 0$, 若 $n \geqslant k \geqslant 1$；

(3) $S(n,k) = 0$, 若 $k > n \geqslant 1$；

(4) $S(n,1) = 1$, $n \geqslant 1$；

(5) $S(n,n) = 1$, $n \geqslant 1$；

(6) $S(n,2) = 2^{n-1} - 1$；

(7) $S(n,3) = \dfrac{1}{2}(3^{n-1}+1) - 2^{n-1}$；

(8) $S(n,n-1) = \dbinom{n}{2}$；

(9) $S(n, n-2) = \binom{n}{3} + 3\binom{n}{4}$.

证明 (1)～(5)都是显而易见的.

(6)的证明 两个盒子无区别,当第 1 个球放进其中一个盒后,其余 $n-1$ 个有标志的球都有与第 1 个球同盒与否的两种选择,共有 2^{n-1} 种可能.但必须排除其中与第一个球同盒,另一盒为空的可能.故 $S(n,2) = 2^{n-1} - 1$.

(8)的证明 n 个有标志的球,$n-1$ 个无区别的盒子,无一空盒.故必有一盒含有两个球,从 n 个有区别的球取两个组合,共有 $C(n,2)$ 种方案.

(7)和(9)的证明,留做作业.

定理 2-7 第 2 类司特林数满足下面的递推关系:
$$S(n,m) = mS(n-1,m) + S(n-1,m-1), n > 1, m \geq 1$$

证明 设有 n 个有区别的球 $b_1, b_2, \cdots, b_n$,从中取一个球设为 b_1.把 n 个球放到 m 个盒子无一空盒的方案的全体可分为两类:

(1) b_1 独占一盒,其方案数显然为 $S(n-1,m-1)$.

(2) b_1 不独占一盒,这相当于先将剩下的 $n-1$ 个球放到 m 个盒子,不允许空盒,共有 $S(n-1,m)$ 种不同方案,然后将 b_1 球放进其中一盒,由乘法法则得 b_1 不独占一盒的方案数应为 $mS(n-1,m)$.

根据加法法则,有
$$S(n,m) = S(n-1,m-1) + mS(n-1,m)$$

上面证明递推公式的过程,也就是给出构造所有方案的办法.例如,现将红、黄、蓝、白、绿这 5 个球放到无区别的两个盒子里,
$$S(5,2) = 2S(4,2) + S(4,1) = 2 \times 7 + 1 = 15$$
故共有 15 种不同方案.

先把绿球取走,余下的 4 个球放到两个盒子的方案已见诸前面的例子.与前例一样用 r,y,b,w 分别表示红、黄、蓝、白球,绿球用 g 表示.故得表 2-2.

表 2-2

	g 不独占一盒			g 独占一盒	
第一个盒子	第二个盒子	第一个盒子	第二个盒子	第一个盒子	第二个盒子
rg	ybw	r	$ybwg$	g	$rybw$
yg	rbw	y	$rbwg$		
bg	ryw	b	$rywg$		
wg	ryb	w	$rybg$		
ryg	bw	ry	bwg		
rbg	yw	rb	ywg		
rwg	yb	rw	ybg		

利用递推关系
$$S(n,m) = mS(n-1,m) + S(n-1,m-1)$$

及 $S(n,1)=S(n,n)=1$ 可得表 2-3.

表 2-3

n \ m	1	2	3	4	5	6	7	8	9	10
1	1									
2	1	1								
3	1	3	1							
4	1	7	6	1						
5	1	15	25	10	1					
6	1	31	90	65	15	1				
7	1	63	301	350	140	21	1			
8	1	127	966	1701	1050	266	28	1		
9	1	255	3025	7770	6951	2646	462	36	1	
10	1	511	9330	34105	42525	22827	5880	750	45	1

n 个有标志的球放进 m 个有区别的盒子的问题.

先举一个例子,设 $X=\{1,2,3,4\}$ 为有标志 $1,2,3,4$ 的 4 个球;$Y=\{a,b,c\}$ 为有标志 a,b,c 的 3 个盒子.

$S(4,3)$ 的一个例子:

$$\{\{1,2\},\{3\},\{4\}\}$$

即表示标志为 1 和 2 的球放进一个盒子,标志为 3 和 4 的球分别放到其余两个盒子.

由于 3 个盒子是无区别的,若将 $\{\{1,2\},\{3\},\{4\}\}$ 进行排列,则得到:

$$\{\{1,2\},\{3\},\{4\}\},\{\{3\},\{1,2\},\{4\}\},$$
$$\{\{3\},\{4\},\{1,2\}\},\{\{1,2\},\{4\},\{3\}\},$$
$$\{\{4\},\{1,2\},\{3\}\},\{\{4\},\{3\}\{1,2\}\}$$

若假定 3 个盒子无区别,则上面 6 个是相同的拆分. 若 3 个盒子 $\{a,b,c\}$ 有区别,则 3 个有区别的盒子,4 个有标志的球放进其中,无一空盒的方案数为 $6=3!$.

一般地,n 个有标志 $\{b_1,b_2,\cdots,b_n\}$ 的球,放进有区别 $\{c_1,c_2,\cdots,c_m\}$ 的 m 个盒子,无一空盒,其方案数为 $m!\,S(n,m)$,其中 $1\leqslant m\leqslant n$.

n 个球放到 m 个盒子里,则球和盒子是否有区别? 是否允许空盒? 共有 $2^3=8$ 种状态. 其方案个数分别列于表 2-4.

表 2-4

n 个球	m 个盒子	是否空盒	方 案 个 数
有区别	有区别	有空盒	m^n
有区别	有区别	无空盒	$m!\,S(n,m)$ 若不考虑盒子区别时得 $S(n,m)$,然后 m 个盒进行排列
有区别	无区别	有空盒	$S(n,1)+S(n,2)+\cdots+S(n,m),n\geqslant m$ $S(n,1)+S(n,2)+\cdots+S(n,n),n\leqslant m$
有区别	无区别	无空盒	$S(n,m)$
无区别	有区别	有空盒	$C(n+m-1,n)$,相当于 m 个有区别的元素取 n 个作允许重复的组合

n 个球	m 个盒子	是否空盒	方 案 个 数
无区别	有区别	无空盒	$C(n-1,m-1)$,例 2.25,或 n 个无区别的球排成一行相邻两球有一切触点,共 $n-1$ 个切触点,从中取 $m-1$ 个将 n 个球分成 m 个非空集合
无区别	无区别	有空盒	$G(x)=\dfrac{1}{(1-x)(1-x^2)\cdots(1-x^m)}$ 的 x^n 项系数,相当于 n 用 $\{1,2,\cdots,m\}$ 进行拆分的拆分数
无区别	无区别	无空盒	$G(x)=\dfrac{x^m}{(1-x)(1-x^2)\cdots(1-x^m)}$ 的 x^n 项系数,等价于先取 m 个球放到 m 个盒子,每盒一个球,余下的 $n-m$ 个球按前面办法处理,相当于整数 $n-m$ 用 $\{1,2,\cdots,m\}$ 进行拆分的拆分数

下面列出司特林数的计算公式,它的证明将在后面容斥原理中给出.

$$S(n,m)=\frac{1}{m!}\left[m^n-\binom{m}{1}(m-1)^n+\binom{m}{2}(m-2)^n-\cdots+(-1)^{m-1}\binom{m}{m-1}1^n\right]$$

$$=\frac{1}{m!}\sum_{k=0}^{m-1}(-1)^k\binom{m}{k}(m-k)^n.$$

[例 2-58] $S(n,3)=\dfrac{1}{3!}[3^n-3\cdot2^n+3]$.

2.14.2 Catalan 数

一个凸 n 边形通过不相交于 n 边形内部的对角线把 n 边形拆分成若干三角形,不同的拆分数用 C_n 表示.所谓凸 n 边形,即 n 边形内任意两点的连线线段都在该 n 边形内.

例如,五边形有如图 2-18 所示 5 种拆分方式,即 $C_5=5$.

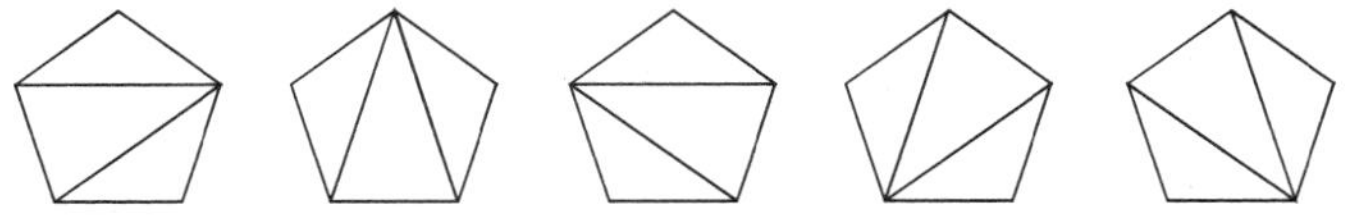

图 2-18

1. 关于 Catalan 数的递推关系

定理 2-8 Catalan 数 C_n 满足以下递推关系:

① $C_{n+1}=C_2C_n+C_3C_{n-1}+\cdots+C_{n-1}C_3+C_nC_2$;

② $(n-3)C_n=\dfrac{n}{2}(C_3C_{n-1}+C_4C_{n-2}+\cdots+C_{n-2}C_4+C_{n-1}C_3)$.

①的证明:如图 2-19 所示的 $n+1$ 边形,以 v_1v_{n+1} 作为三角形的一条边,三角形的另一个顶点为 $v_k,k=2,3,\cdots,n$,三角形 $v_1v_{n+1}v_k$ 将 $n+1$ 边形分割成一边为 k 边形,另一边为 $n-k+2$ 边形.

根据乘法法则,以 $v_1v_{n+1}v_k$ 为一剖分三角形的剖分数应为

$$C_kC_{n-k+2}$$

$k=2,3,\cdots,n$,所得的剖分各不相同.

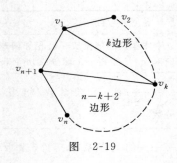

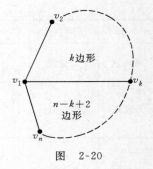

图 2-19　　　　　　　　　　　　　　　　图 2-20

根据加法法则有

$$C_{n+1} = C_2 C_n + C_3 C_{n-1} + \cdots + C_{n-1} C_3 + C_n C_2$$

②的证明：又如图 2-20 所示的 n 边形，从 v_1 分别到 $n-3$ 个顶点 $\{v_3, v_4, \cdots, v_{n-1}\}$ 引出 $n-3$ 条对角线，以 $v_1 v_k$ 对角线为例，将 n 边形分解为一边为 k 边形，另一边为 $n-k+2$ 边形的情形. 因此以 $v_1 v_k$ 为剖分线的 n 边形剖分数目应为

$$C_k C_{n-k+2}, \quad k = 3, 4, \cdots, n-1.$$

对 $k = 3, 4, \cdots, n-1$ 求和得

$$C_3 C_{n-1} + C_4 C_{n-2} + \cdots + C_{n-1} C_3 \qquad (*)$$

v_1 点改为 $v_2, v_3, \cdots, v_n$ 也有类似的结果. 由于每一条对角线有两个端点，而且每个剖分总有 $n-3$ 条对角线，对每条对角线都计算一次得

$$\frac{n}{2}(C_3 C_{n-1} + C_4 C_{n-2} + \cdots + C_{n-2} C_4 + C_{n-1} C_3) \qquad (**)$$

请注意每个 n 边形的剖分都通过 $n-3$ 条对角线，所以式 $(**)$ 将剖分方案数重复计算了 $n-3$ 次，故有

$$(n-3)C_n = \frac{n}{2}(C_3 C_{n-1} + C_4 C_{n-2} + \cdots + C_{n-1} C_3)$$

2. Catalan 数计算公式

定理 2-8 给出的卡特朗数的两个递推关系都不是线性的，它的求解办法比较特殊，介绍如下：

(1) 递推关系法.

由于 $C_2 = 1$，所以

$$C_{n+1} = C_2 C_n + C_3 C_{n-1} + \cdots + C_{n-1} C_3 + C_n C_2$$

则

$$C_{n+1} - 2C_n = C_3 C_{n-1} + C_4 C_{n-2} + \cdots + C_{n-1} C_3$$

$$(n-3)C_n = \frac{n}{2}(C_3 C_{n-1} + C_4 C_{n-2} + \cdots + C_{n-1} C_3)$$

$$= \frac{n}{2}(C_{n+1} - 2C_n)$$

$$2(n-3)C_n = nC_{n+1} - 2nC_n$$

$$nC_{n+1} = (4n-6)C_n$$

令 $nC_{n+1} = E_{n+1}$，则有

$$E_{n+1} = (4n-6)\frac{E_n}{n-1} = \frac{2(2n-3)}{n-1}E_n = \frac{(2n-2)(2n-3)}{(n-1)(n-1)}E_n$$

即

$$\frac{E_{n+1}}{E_n} = \frac{(2n-2)(2n-3)}{(n-1)(n-1)}, \quad E_2 = C_2 = 1$$

$$E_{n+1} = \frac{E_{n+1}}{E_n} \cdot \frac{E_n}{E_{n-1}} \cdots \frac{E_4}{E_3} \cdot \frac{E_3}{E_2}$$

$$= \frac{(2n-2)(2n-3)}{(n-1)(n-1)} \cdot \frac{(2n-4)(2n-5)}{(n-2)(n-2)} \cdots \frac{4 \cdot 3}{2 \cdot 2} \cdot \frac{2 \cdot 1}{1 \cdot 1}$$

$$= \frac{(2n-2)!}{(n-1)!(n-1)!} = \binom{2n-2}{n-1} = nC_{n+1}$$

所以有
$$C_{n+1} = \frac{1}{n}\binom{2n-2}{n-1}$$

（2）母函数法.

由于 $C_2 = C_3 = 1$,

设 $G(x) = C_2 + C_3 x + C_4 x^2 + \cdots$

$$x^2: \quad C_4 = C_2 C_3 + C_3 C_2$$
$$x^3: \quad C_5 = C_2 C_4 + C_3 C_3 + C_4 C_2$$
$$x^4: \quad C_6 = C_2 C_5 + C_3 C_4 + C_4 C_3 + C_5 C_2$$
$$\underline{+) \qquad\qquad \cdots}$$
$$G(x) - x - 1 = C_2(C_3 x^2 + C_4 x^3 + \cdots)$$
$$+ C_3 x(C_2 x + C_3 x^2 + \cdots)$$
$$+ C_4 x^2(C_2 x + C_3 x^2 + \cdots) + \cdots$$
$$= -x + C_2(C_2 x + C_3 x^2 + \cdots)$$
$$+ C_3 x(C_2 x + C_3 x^2 + \cdots) + \cdots$$

则有
$$G(x) - 1 = (C_2 + C_3 x + C_4 x^2 + \cdots)(C_2 x + C_3 x^2 + \cdots)$$
$$= x[G(x)]^2$$
$$xG^2(x) - G(x) + 1 = 0$$

所以
$$G(x) = \frac{1 \pm \sqrt{1-4x}}{2x}$$

后面我们将会看到，只有

$$G(x) = \frac{1 - \sqrt{1-4x}}{2x}$$

时才有意义.

由 $(1+y)^{1/2} = 1 + \frac{1}{2}y + \frac{\frac{1}{2}\left(\frac{1}{2}-1\right)}{2!}y^2 + \frac{\frac{1}{2}\left(\frac{1}{2}-1\right)\left(\frac{1}{2}-2\right)}{3!}y^3 + \cdots$

有 $(1-4x)^{1/2} = 1 - 2x - \frac{1 \cdot 1}{2^2 \cdot 2!}4^2 x^2 - \frac{1 \cdot 1 \cdot 3}{2^3 \cdot 3!}4^3 x^3 - \cdots - \frac{1 \cdot 3 \cdot 5 \cdot \cdots \cdot (2k-3)}{2^k k!}(4x)^k - \cdots$

所以 $(1-4x)^{1/2}$ 中 x^{n+1} 项系数为

$$\frac{1}{(n+1)!}\,\frac{1}{2}\left(\frac{1}{2}-1\right)\left(\frac{1}{2}-2\right)\cdots\left(\frac{1}{2}-n\right)(-4)^{n+1}$$

$$=\frac{(-1)^{2n+1}}{(n+1)!}\,\frac{1\cdot3\cdot\cdots\cdot(2n-1)}{2^{n+1}}2^{2n+2}$$

$$=-\frac{2^{n+1}}{(n+1)!}1\cdot3\cdot5\cdot\cdots\cdot(2n-1)$$

$$=\frac{-2(2n)!}{(n+1)(n!)^2}=\frac{-2}{n+1}\binom{2n}{n}$$

故 $G(x)=\dfrac{1-\sqrt{1-4x}}{2x}$ 的系数为正,而且

$$C_{n+1}=\frac{1}{n}\binom{2n-2}{n-1}$$

(3) 微分方程法.

从递推关系

$$nC_{n+1}=(4n-6)C_n,\quad C_2=1$$

同样可以推出

$$G(x)=\frac{1-\sqrt{1-4x}}{2}$$

令

$$G(x)=C_2x+C_3x^2+C_4x^3+\cdots$$

$$x:2C_3=4\cdot2C_2-6C_2$$

$$x^2:3C_4=4\cdot3C_3-6C_3$$

$$\underline{+)\qquad\qquad\vdots\qquad\qquad\qquad}$$

$$G'(x)-1=4[xG(x)]'-6G(x)$$

$$(1-4x)G'(x)+2G(x)=1\qquad\qquad\qquad(*)$$

$$G(0)=0$$

问题转化为解一阶线性常微分方程初值问题等式($*$).两端同时除以 $\sqrt{(1-4x)^3}$,得

$$\frac{1}{\sqrt{1-4x}}\,G'(x)+\frac{2G(x)}{\sqrt{(1-4x)^3}}=\frac{1}{\sqrt{(1-4x)^3}}$$

故

$$\frac{\mathrm{d}}{\mathrm{d}x}\left[\frac{G(x)}{\sqrt{1-4x}}\right]=\frac{1}{\sqrt{(1-4x)^3}}$$

$$\frac{G(x)}{\sqrt{1-4x}}=\int\frac{\mathrm{d}x}{\sqrt{(1-4x)^3}}=\frac{1}{2\sqrt{1-4x}}+C$$

$$G(x)=C\sqrt{1-4x}+\frac{1}{2}$$

由 $G(0)=0$,有 $G(x)=\dfrac{1-\sqrt{1-4x}}{2}$,即 $C=-\dfrac{1}{2}$.

2.14.3 举例

[例 2-59] $C_6 = \frac{1}{5}\binom{2 \cdot 5 - 2}{5 - 1} = \frac{1}{5}\binom{8}{4} = 14.$

六边形的 14 种剖分方式分别如图 2-21 所示.

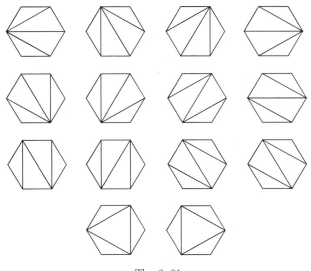

图 2-21

[例 2-60] $P = a_1 a_2 \cdots a_n$ 是 n 个数的连乘积.依据乘法的结合律,不改变其顺序,只用加进括号来表示乘积的顺序,试问有多少种乘法的方案?

令 p_n 表示 n 个数乘积的 $n-1$ 对括号插入的不同方案数.

$$p_n = p_1 p_{n-1} + p_2 p_{n-2} + \cdots + p_{n-1} p_1$$
$$p_1 = p_2 = 1$$

显然,$p_k = C_{k+1}, k = 1, 2, \cdots, n.$ 以 $k = 4$ 为例:

$$p_4 = C_5 = 5$$

图 2-22 给出不同乘法顺序与五边形剖分的一一对应关系.

$a \cdot b$ 用二分树表示为

分叉节点为运算符 $*$.

5 种乘法顺序为

$$((a_1(a_2 a_3))a_4), (((a_1 a_2)a_3)a_4), ((a_1 a_2)(a_3 a_4))$$
$$a_1(a_2(a_3 a_4)), (a_1((a_2 a_3)a_4)).$$

定理 2-9 求 n 个数相乘 $a_1 a_2 \cdots a_n$ 的积可有 C_{n+1} 种不同完成顺序,证明留做作业.

[例 2-61] n 个 1 和 n 个 0 组成一个 $2n$ 位的二进制数,要求从左到右扫描,1 的累计数

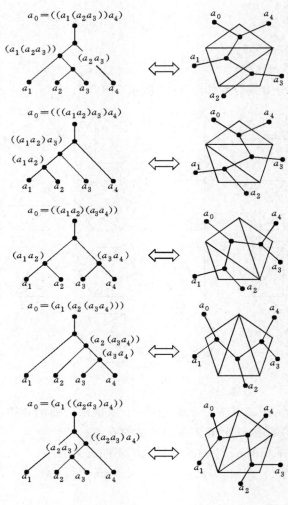

$$图 \quad 2\text{-}22$$

不小于 0 的累计数,试求满足这个条件的数有多少?

下面介绍两种解法.

解法 1:设 p_{2n} 为这样所得的数的个数. 在 $2n$ 位上填入 n 个 1 的方案数为 $\binom{2n}{n}$,不填 1 的其余 n 位自动填以数 0. 从 $\binom{2n}{n}$ 中减去不符合要求的方案数即为所求. 不合要求的数指的是从左向右扫描,出现 0 的累计数超过 1 的累计数的数.

不合要求的数的特征是当从左向右地扫描时,必然在某一奇数 $2m+1$ 位上首先出现 $m+1$ 个 0 的累计数和 m 个 1 的累计数. 此后的 $2(n-m)-1$ 位上有 $n-m$ 个 1,$n-m-1$ 个 0. 若把后面这部分 $2(n-m)-1$ 位,0 与 1 互换,使之成为 $n-m$ 个 0,$n-m-1$ 个 1,结果得到一个由 $n+1$ 个 0 和 $n-1$ 个 1 组成的 $2n$ 位数. 即一个不合要求的数对应于一个由 $n+1$ 个 0 和 $n-1$ 个 1 组成的一个排列.

反过来,任何一个由 $n+1$ 个 0, $n-1$ 个 1 组成的 $2n$ 位数,由于 0 的个数多两个,$2n$ 是偶数,故必在某一个奇数位上出现 0 的累计数超过 1 的累计数.同样在后面的部分,令 0 和 1 互换,使之成为由 n 个 0 和 n 个 1 组成的 $2n$ 位数.即 $n+1$ 个 0 和 $n-1$ 个 1 组成的 $2n$ 位数,必对应于一个不合要求的数.

用上述的方法建立了由 $n+1$ 个 0 和 $n-1$ 个 1 组成的 $2n$ 位数,与由 n 个 0 和 n 个 1 组成的 $2n$ 位数中从左向右扫描出现 0 的累计数超过 1 的累计数的数一一对应.

例如,$1010\overset{*}{0}101$ 是由 4 个 0 和 4 个 1 组成的 8 位二进制数,但从左向右扫描在第 5 位(打 * 号)出现 0 的累计数 3 超过 1 的累计数 2,它对应于由 3 个 1,5 个 0 组成的 10100010.

反过来,$1010\overset{*}{0}010$ 对应于 10100101.

因而不合要求的 $2n$ 位数与 $n+1$ 个 0,$n-1$ 个 1 组成的排列一一对应,故有

$$p_{2n} = \binom{2n}{n} - \binom{2n}{n+1} = (2n)! \left[\frac{1}{n!n!} - \frac{1}{(n-1)!(n+1)!} \right]$$

$$= (2n)! \left[\frac{n+1}{(n+1)!n!} - \frac{n}{(n+1)!n!} \right] = \frac{(2n)!}{(n+1)!n!}$$

$$= \frac{1}{n+1} \binom{2n}{n}$$

解法 2:这个问题可以一一对应于图 2-23 中从原点 $(0,0)$ 到 (n,n) 点的路径,要求中途所经过的点 (a,b) 满足关系 $a \leqslant b$.

对应的办法是从 $(0,0)$ 出发,对 $2n$ 位数从左向右地扫描,若遇到 1 便沿 y 轴正方向走一格;若遇到 0 便沿 x 轴正方向走一格.由于有 n 个 0,n 个 1,故对应一条从 $(0,0)$ 点到达 (n,n) 点的路径,由于要求 1 的累计数不少于 0 的累计数,故可以途经对角线 OA 上的点,但不允许穿越对角线.反过来,满足这一条件的路径对应一个满足要求的 $2n$ 位二进制数.

问题转化为求从 $(0,0)$ 出发,途经对角线 OA 及对角线上方的点到达 (n,n) 点的路径数.

从一点到另一点的路径数的讨论见第 1 章.如图 2-23,从 O 点出发经过 OA 及 OA 上方的点到达 A 点的路径对应一条从 O' 点出发经过 $O'A'$ 及 $O'A'$ 上方的点到达 A' 点的路径.这是显而易见的.

从 O' 点出发途经 OA 上的点到达 A' 点的路径,即为从 O' 点出发穿越 $O'A'$ 到达 A' 点的路径.故对应一条从 O 点出发穿越 OA 到达 A 点的路径.

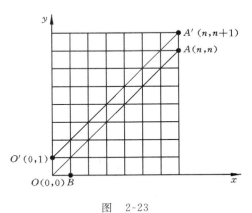

图 2-23

所以,从 O 点出发经过 OA 及 OA 以上的点最后到达 A 点的路径数,等于从 O' 点出发到达 A' 点的所有路径数,减去从 O' 点出发路经 OA 上的点到达 A' 点的路径数.即

$$p_{2n} = \binom{2n}{n} - \binom{2n}{n+1} = (2n)! \left[\frac{1}{n!n!} - \frac{1}{(n+1)!(n-1)!} \right]$$

$$= \frac{1}{n+1}\binom{2n}{n} = C_{n+2}$$

[**例 2-62**]　由 n 个 1，n 个 0 组成的 $2n$ 位二进制数，要求从左向右扫描前 $2n-1$ 位时 1 的累计数大于 0 的累计数，求满足这样条件的数的个数。此问题可归结为从 O 点出发只经过对角线 OA 上方的点抵达 A 点，求这样的路径数的问题，相当于求从 $O'(0,1)$ 点不经过对角线 OA，抵达 $A'(n-1,n)$ 点的路径数，于是便转换为上例的问题。

根据上例的结果，从 $O'(0,1)$ 点通过 $O'A'$ 的点，以及 $O'A'$ 上方的点到达 $A'(n-1,n)$ 点的路径数为

$$\binom{2n-2}{n-1} - \binom{2n-2}{n} = (2n-2)!\left[\frac{1}{(n-1)!\,(n-1)!} - \frac{1}{n!\,(n-2)!}\right]$$

$$= (2n-2)!\,\frac{n-n+1}{n!\,(n-1)!}$$

$$= \frac{1}{n}\binom{2n-2}{n-1} = C_{n+1}$$

2.15　递推关系解法的补充

在前面几节，特别是 2.14 节中，对递推关系的求解办法涉及的较多，基本上用的是母函数法。这一节是对解递推关系的总结，也是一个补充。

1. 母函数法

[**例 2-63**]　$a_n - 3a_{n-1} - 10a_{n-2} = 28 \cdot 5^n$

$$a_0 = 25, \quad a_1 = 120$$

令　　　　　　$G(x) = a_0 + a_1 x + a_2 x^2 + \cdots$

$$D(x) \triangleq 1 - 3x - 10x^2$$

$$D(x)G(x) = (1 - 3x - 10x^2)(a_0 + a_1 x + a_2 x^2 + \cdots)$$

$$= a_0 + (a_1 - 3a_0)x + (a_2 - 3a_1 - 10a_0)x^2$$

$$+ (a_3 - 3a_2 - 10a_1)x^2 + \cdots$$

$$= 25 + (120 - 75)x + 28 \cdot 5^2 x^2 + 28 \cdot 5^3 x^3 + \cdots$$

$$= 25 + 45x + \frac{28 \cdot 5^2 x^2}{1 - 5x} = \frac{25 - 80x + 475x^2}{1 - 5x}$$

$$G(x) = \frac{25 - 80x + 475x^2}{(1 - 5x)^2(1 + 2x)}$$

$$= \frac{A}{(1 - 5x)^2} + \frac{B}{1 - 5x} + \frac{C}{1 + 2x}$$

等式两端同乘以 $1 + 2x$ 得

$$\frac{25 - 80x + 475x^2}{(1 - 5x)^5} = \left[\frac{A}{(1 - 5x)^2} + \frac{B}{1 - 5x}\right](1 + 2x) + C$$

则有　　　　　　$C = \left.\frac{25 - 80x + 475x^2}{(1 - 5x)^2}\right|_{x = -\frac{1}{2}} = 15$

类似办法可得 $A = 20, B = -10$。

即
$$G(x) = \frac{20}{(1-5x)^2} - \frac{10}{1-5x} + \frac{15}{1+2x}$$

$$= \sum_{n=0}^{\infty} \left[20(n+1) \cdot 5^n - 10(5)^n + 15(-2)^n \right] x^n$$

故
$$a_n = \left[20(n+1) - 10 \right] 5^n + 15 \cdot (-2)^n$$

$$= (20n + 10) \cdot 5^n + 15(-2)^n$$

2. 迭代法

$$a_n - 2a_{n-1} = 1$$
$$a_1 = 1$$
$$a_2 = 2a_1 + 1 = 2 + 1$$
$$a_3 = 2a_2 + 1 = 2(2+1) + 1 = 2^2 + 2 + 1$$
$$\vdots$$

若 $a_{n-1} = 2a_{n-2} + 1 = 2^{n-2} + 2^{n-3} + \cdots + 2 + 1$，则

$$a_n = 2a_{n-1} + 1 = 2(2^{n-2} + 2^{n-3} + \cdots + 2 + 1) + 1$$
$$= 2^{n-1} + 2^{n-2} + \cdots + 2^2 + 2 + 1 = 2^n - 1$$

上面这一例子是著名的河内塔问题的递推关系,现在采用迭代法得出相同的结果.

又如
$$a_n - 2a_{n-1} = 2^n - 1, a_0 \text{ 已知}$$

$$a_1 = 2a_0 + 2 - 1$$
$$a_2 = 2a_1 + 2^2 - 1 = 2^2 a_0 + 2^2 - 2 + 2^2 - 1$$
$$= 2^2 a_0 + 2 \cdot 2^2 - 2 - 1$$
$$a_3 = 2a_2 + 2^3 - 1 = 2^3 a_0 + 2 \cdot 2^3 - 2^2 - 2 + 2^3 - 1$$
$$= 2^3 a_0 + 3 \cdot 2^3 - 2^2 - 2 - 1$$
$$= 2^3 a_0 + 3 \cdot 2^3 - 2^3 + 1$$

若
$$a_{n-1} = 2^{n-1} a_0 + (n-1) 2^{n-1} - 2^{n-1} + 1$$

则
$$a_n = 2a_{n-1} + 2^n - 1$$
$$= 2(2^{n-1} a_0 + (n-1) 2^{n-1} - 2^{n-1} + 1) + 2^n - 1$$
$$= 2^n a_0 + (n-1) 2^n - 2^n + 2 + 2^n - 1$$
$$= 2^n a_0 + n 2^n - 2^n + 1$$

3. 归纳法

实际上前面两个例子已经用到数学归纳法,下面再举一个例子.

$$a_n = a_{n-1} + n \cdot n!, a_0 \text{ 已知}$$
$$a_1 = a_0 + 1$$
$$a_2 = a_2 + 2 \cdot 2! = a_0 + 2 \cdot 2! + 1$$
$$a_3 = a_2 + 3 \cdot 3! = a_0 + 3 \cdot 3! + 2 \cdot 2! + 1$$
$$\vdots$$

设
$$a_{n-1} = a_0 + (n-1) \cdot (n-1)! + (n-2)(n-2)! + \cdots$$
$$+ 3 \cdot 3! + 2 \cdot 2! + 1$$

$$a_n = a_{n-1} + n \cdot n! = a_0 + n \cdot n! + (n-1)(n-1)!$$
$$+ (n-2)(n-2)! + \cdots + 2 \cdot 2! + 1$$

在第 1 章中,我们已经讨论到下列结果:

$$(n-1) \cdot (n-1)! + (n-2) \cdot (n-2)! + \cdots + 2 \cdot 2! + 1 = n! - 1$$

故有
$$a_n = a_0 + (n+1)! - 1$$

4. 置换法

前一节在讨论 Catalan 数的递推关系时用到过作适当的置换,使问题得到简化. 下面举一个例子.

$$a_n - \frac{1}{n} a_{n-1} = \frac{1}{n!}$$

令

$$a_n = b_n / n!$$

则

$$\frac{b_n}{n!} - \frac{b_{n-1}}{n!} = \frac{1}{n!}$$

$$b_n - b_{n-1} = 1$$

于是问题化成线性常系数的递推关系问题.

5. 相加消去法

令

$$a_n - a_{n-1} = F_{n+2} - F_n, \quad a_0 = 6$$

其中 F_n 为第 n 个 Fibonacci 数.

$$a_n - a_{n-1} = F_{n+2} - F_n$$
$$a_{n-1} - a_{n-2} = F_{n+1} - F_{n-1}$$
$$a_{n-2} - a_{n-3} = F_n - F_{n-2}$$
$$a_2 - a_1 = F_4 - F_2$$
$$a_1 - a_0 = F_3 - F_1$$

则有
$$a_n - a_0 = F_{n+2} + F_{n+1} - F_2 - F_1$$
$$= F_{n+3} - 2$$

故
$$a_n = F_{n+3} + 4$$

习　题

2.1 求序列 $\{0, 1, 8, 27, \cdots, n^3, \cdots\}$ 的母函数.

2.2 已知序列 $\left\{ \binom{3}{3}, \binom{4}{3}, \cdots, \binom{n+3}{3}, \cdots \right\}$,求母函数.

2.3 已知母函数 $G(x) = \dfrac{3 + 78x}{1 - 3x - 54x^2}$,求序列 $\{a_n\}$.

2.4 已知母函数 $\dfrac{3 - 9x}{1 - x - 56x^2}$,求对应的序列 $\{a_n\}$.

2.5 设 $G_n = F_{2n}$,其中 F_n 是第 n 个 Fibonacci 数. 证明:$G_n - 3G_{n-1} + G_{n-2} = 0, n = 2, 3, 4, \cdots$. 求 $\{G_0, G_1, G_2, \cdots\}$ 的母函数.

2.6 求序列$\{1,0,2,0,3,0,4,0,\cdots\}$的母函数.

2.7 设$G=1+2x^2+3x^4+4x^6+\cdots+(n+1)x^{2n}+\cdots$

求$(1-x^2)G,(1-x^2)^2G$.

2.8 求下列序列的母函数：

(1) $1,0,1,0,1,0\cdots$

(2) $0,-1,0,-1,0,-1,\cdots$

(3) $1,-1,1,-1,1,-1,\cdots$

2.9 设$G=1+3x+6x^2+10x^3+\cdots+\binom{n+2}{2}x^n+\cdots$,

证明：(1) $(1-x)G=1+2x+3x^2+4x^3+\cdots+(n+1)x^n+\cdots$

(2) $(1-x^2)G=1+x+x^2+\cdots+x^n+\cdots$

(3) 因为$(1-x)^3G=1$,所以有$G=\dfrac{1}{(1-x)^3}$

2.10 $H=1+4x+10x^2+20x^3+\cdots+\binom{n+3}{3}x^n+\cdots$

证明：(1) $(1-x)H=G=\displaystyle\sum_{n=0}^{\infty}\binom{n+2}{2}x^n$

(2) 求H的表达式.

2.11 $a_n=(n+1)^2,G=\displaystyle\sum_{n=0}^{\infty}a_nx^n=1+4x+\cdots+(n+1)^2x^n+\cdots$,证明$(1-3x+3x^2-x^3)G$是一个多

项式,并求母函数G.

2.12 已知$a_n=\displaystyle\sum_{k=1}^{n+1}k^2,\dfrac{1+x}{(1-x)^3}=\displaystyle\sum_{n=0}^{\infty}(n+1)^2x^n$,求序列$\{a_n\}$的母函数.

2.13 已知$a_n=\displaystyle\sum_{k=1}^{n+1}k^3,\dfrac{1+4x+x^2}{(1-x)^4}=\displaystyle\sum_{n=0}^{\infty}(n+1)^3x^n$,求序列$\{a_n\}$的母函数.

2.14 已知$\{p_n\}$的母函数为$\dfrac{x}{1-2x-x^2}$,

(1) 求p_0和p_1；

(2) 求序列$\{p_n\}$的递推关系.

2.15 已知$\{a_n\}$的母函数为$\dfrac{1}{1-x+x^2}$,求序列$\{a_n\}$的递推关系,并求a_0,a_1.

2.16 用数学归纳法证明序列

$$\binom{m}{m},\binom{m+1}{m},\binom{m+2}{m},\cdots,\binom{m+n}{m},\cdots$$

的母函数为

$$(1-x)^{-m-1}$$

2.17 已知$G=1+2x+3x^2+\cdots+(n+1)x^n+\cdots$,

证明：(1) $G^2=(1-x)^{-4}\displaystyle\sum_{n=0}^{\infty}\binom{n+3}{3}x^n$

(2) $G^2=\displaystyle\sum_{n=0}^{\infty}a_nx^n$,其中$a_n=\displaystyle\sum_{k=0}^{n}(k+1)(n+1-k)$

(3) $a_n=\binom{n+3}{3},n\in\{0,1,2,\cdots\}$

2.18 用母函数法求下列递推关系的解：

(1) $a_n-6a_{n-1}+8a_{n-2}=0$

(2) $a_n + 14a_{n-1} + 49a_{n-2} = 0$

(3) $a_n - 9a_{n-2} = 0$

(4) $a_n - 6a_{n-1} - 7a_{n-2} = 0$

(5) $a_n - 12a_{n-1} + 36a_{n-2} = 0$

(6) $a_n - 25a_{n-2} = 0$

2.19 用特征值法求习题 2.18 的解.

2.20 已知 $a_n - 2a_{n-1} - a_{n-2} = 0$,

(1) 求一般解;

(2) 求满足 $a_0 = 0, a_1 = 1$ 的特解;

(3) 求满足 $a_0 = a_1 = 2$ 的特解.

2.21 已知 $a_n = c \cdot 5^n + d(-4)^n$, c 和 d 为常数, $n \in N$, 求 $a_0 = 5, a_1 = -2$ 时的 c 和 d 及序列的递推关系.

2.22 已知 $a_n = c \cdot 3^n + d(-1)^n$, $n \in N$, c, d 是常数, 求 $\{a_n\}$ 满足的递推关系.

2.23 $a_n = (k_1 + k_2 n)(-3)^n$, k_1 和 k_2 是常数, $n \in N$, 求 $\{a_n\}$ 满足的递推关系.

2.24 设 $a_n - 2a_{n-1} + a_{n-2} = 5, a_0 = 1, a_1 = 2$, 求解这个递推关系.

2.25 设 $\{a_n\}$ 序列的母函数为:

$$\frac{4 - 3x}{(1-x)(1+x-x^3)}$$

但 $b_0 = a_0, b_1 = a_1 - a_0, \cdots, b_n = a_n - a_{n-1}, \cdots$, 求序列 $\{b_n\}$ 的母函数.

2.26 设 $G = a_0 + a_1 x + a_2 x^2 + \cdots$, 且 $a_0 = 1, a_n = a_0 a_{n-1} + a_1 a_{n-2} + \cdots + a_{n-1} a_0$, 试证 $1 + xG^2 = G$.

2.27 求下列递推关系的一般解:

(1) $a_n - 4a_{n-1} = 5^n$

(2) $a_n + 6a_{n-1} = 5 \cdot 3^n$

(3) $a_n - 4a_{n-1} = 4^n$

(4) $a_n + 6a_{n-1} = 4(-6)^n$

(5) $a_n - 4a_{n-1} = 2 \cdot 5^n - 3 \cdot 4^n$

(6) $a_n - 4a_{n-1} = 7 \cdot 4^n - 6 \cdot 5^n$

(7) $a_n + 6a_{n-1} = (-6)^n(2n + 3n^2)$

(8) $a_n - 4a_{n-1} = (n - n^2)4^n$

(9) $a_n - a_{n-1} = 4n^3 - 6n^2 + 4n - 1$

(10) $a_n - 7a_{n-1} + 12a_{n-2} = 5 \cdot 2^n - 4 \cdot 3^n$

(11) $a_n + 2a_{n-1} - 8a_{n-2} = 3(-4)^n - 14 \cdot (3)^n$

(12) $a_n - 6a_{n-1} + 9a_{n-2} = 3^n$

(13) $a_n - 7a_{n-1} + 16a_{n-2} - 12a_{n-3} = 2^n + 3^n$

(14) $a_n - 2a_{n-1} = 2^n + 3^n + 4^n$

2.28 $a_n = a_{n-1}^3 a_{n-2}^{10}$, 利用置换 $b_n = \log_2(a_n)$ 求解.

2.29 $a_n = a_{n-1}a_{n-2}$, 求这个递推关系的解.

2.30 $a_n = a_{n-1}^2 a_{n-2}^3, a_0 = 1, a_1 = 2$, 解这个递推关系.

2.31 $a_n = a_{n-1}^7 / a_{n-2}^{12}, a_0 = 1, a_1 = 2$, 解这个递推关系.

2.32 解下列递推关系:

(1) $a_n = na_{n-1}, a_0 = 1, a_n = ?$

(2) $a_n - a_{n-1} = \dfrac{1}{2^n}, a_0 = 7$

(3) $a_n - a_{n-1} = \dfrac{1}{3^n}$

2.33 F_0, F_1, F_2 是 Fibonacci 序列,求解: $a_n - a_{n-1} = F_{n+2}F_{n-1}$.

（提示: $F_{n+2}F_{n-1} = (F_{n+1}+F_n)(F_{n+1}-F_n) = F_{n+1}^2 - F_n^2$）

2.34 $a_n = a_{n-1} + \binom{n+2}{3}$, $a_0 = 0$, 求 a_n.

2.35 $a_n = a_{n-1} + \binom{n+3}{4}$, $a_0 = 0$, 求 a_n.

2.36 利用迭代法解:

(1) $a_n = 3a_{n-1} + 3^n - 1$, $a_0 = 0$

(2) $a_n - 4a_{n-1} = 4^n$, $a_0 = 0$

2.37 利用置换 $a_n = b_n^2$, 解:
$$a_n = (2\sqrt{a_{n-1}} + 3\sqrt{a_{n-2}})^2, a_0 = 1, a_1 = 4$$

2.38 利用置换 $a_n = n!\, b_n$, 解:
$$a_n = 2na_{n-1} + 7n!, a_0 = 1$$

2.39 利用置换 $a_n = b_n/n$, 解:
$$a_n = \frac{n-1}{n}a_{n-1} + \frac{1}{n}, a_0 = 5$$

2.40 解下列递推关系:

(1) $a_n = 4n(n-1)a_{n-2} + \frac{5}{9}n! \cdot 3^n$, $a_0 = 1, a_1 = -1$

(2) $a_n = 9n(n-1)a_{n-2} + 14n! \cdot 2^n$, $a_0 = 42, a_1 = 28$

(3) $a_n - 3a_{n-1} = 5 \cdot 3^n$, $a_0 = 0$

2.41 设 a_n 满足:
$$a_n + b_1 a_{n-1} + b_2 a_{n-2} = 5r^n$$

其中 b_1, b_2 和 r 都是常数, 试证该序列可满足三阶齐次线性常系数递推关系, 且有特征多项式
$$(x-r)(x^2 + b_1 x + b_2)$$

2.42 设 $\{a_n\}$ 满足 $a_n - a_{n-1} - a_{n-2} = 0$, $\{b_n\}$ 满足 $b_n - 2b_{n-1} - b_{n-2} = 0$, $c_n = a_n + b_n$, $n = 0, 1, 2, \cdots$, 试证序列 $\{c_n\}$ 满足一个四阶线性常系数齐次递推关系.

2.43 在习题 2.42 中, 若 $c_n = a_n b_n$, 试讨论之.

2.44 设 $\{a_n\}$ 和 $\{b_n\}$ 均满足递推关系 $x_n + b_1 x_{n-1} + b_2 x_{n-2} = 0$, 试证

(1) $\{a_n b_n\}$ 满足一个三阶齐次线性常系数递推关系;

(2) $a_0, a_2, a_4, \cdots$ 满足一个二阶线性常系数齐次递推关系.

2.45 设 $F_0, F_1, F_2, \cdots$ 是 Fibonacci 序列, 试找出常数 a, b, c, d, 使
$$F_{3n} = aF_n F_{n+1} F_{n+2} + bF_{n+1}F_{n+2}F_{n+3} + cF_{n+2}F_{n+3}F_{n+4} + dF_{n+3}F_{n+4}F_{n+5}$$

2.46 对所有的正整数 a, b, c, 恒有
$$F_{a+b+c+3} = F_{a+2}(F_{b+2}F_{c+1} + F_{b+1}F_c) + F_{a+1}(F_{b+1}F_{c+1} + F_b F_c)$$

2.47 证明等式 $\binom{n}{0}^2 + \binom{n}{1}^2 + \binom{n}{2}^2 + \cdots + \binom{n}{n}^2 = \binom{2n}{n}$.

求 $(1 + x^4 + x^8)^{100}$ 中 x^{20} 项的系数.

2.48 有红、黄、蓝、白球各两个, 绿、紫、黑球各 3 个, 从中取出 10 个球, 试问有多少种不同的取法?

2.49 求由 A, B, C, D 组成的允许重复的 n 位排列中 AB 至少出现一次的排列数目.

2.50 求 n 位四进制数中 2 和 3 必须出现偶数次的数目.

2.51 试求由 a, b, c 这 3 个字符组成的 n 位符号串中不出现 aa 图像的符号串的数目.

2.52 证明: $C(n,n) + C(n+1,n) + \cdots + C(n+m,n) = C(n+m+1,m)$.

2.53 利用 $\frac{1}{1^2}+\frac{1}{2^2}+\frac{1}{3^2}+\cdots=\frac{\pi^2}{6}$，改善 p_n 估计式.

2.54 8 台计算机分给 3 个单位，第 1 个单位的分配量不超过 3 台，第 2 个单位的分配量不超过 4 台，第 3 个单位的分配量不超过 5 台，问共有几种分配方案？

2.55 证明任一个正整数 n 都可以写成不同的 Fibonacci 数的和.

2.56 空间有 n 个平面，任意 3 个平面交于一点，无四平面共点. 问这样的 n 个平面将空间分割成多少个不重叠的域？

2.57 相邻位不同为 0 的 n 位二进制数，总共有多少个 0？

2.58 在河内塔中 A 柱上共有从 1 到 n 编号的 n 个盘，现在要将偶数编号与奇数编号的盘分别套在 B 柱和 C 柱上，试问共要作多少盘次的转移，规则不变.

2.59 设一矩形 $ABCD$，其中 $AB：AD=\frac{1}{2}(1+\sqrt{5})$，作 C_1B_1 使 AB_1C_1D 是一正方形. 试证 B_1C_1CB 和 $ABCD$ 相似，试证继续这一过程可得一个与原矩形相似的矩形序列.

2.60 试证：

$$\begin{pmatrix} 1 & 1 \\ 1 & 0 \end{pmatrix}^n = \begin{pmatrix} F_{n+1} & F_n \\ F_n & F_{n-1} \end{pmatrix}$$

2.61 求长度为 n 的 0,1 符号串，只在最后两位才出现 00 的符号串总数.

2.62 在一圆周上取 n 个点，过一对顶点可作一弦，不存在三弦共点的现象，求弦把圆分割成几部分？

2.63 求 n 位二进制数中相邻两位不出现 11 的数的个数.

2.64 从 n 个文字中取 k 个文字作允许重复的排列，但不允许一个文字连续出现 3 次，求这样的排列的数目.

2.65 求 $1^4+2^4+3^4+\cdots+n^4$ 的和.

2.66 求矩阵 $\begin{pmatrix} 3 & -1 \\ 0 & 2 \end{pmatrix}^{100}$.

2.67 求 $S_n = \sum\limits_{k=0}^{n} k(k-1)$，$S_n = \sum\limits_{k=0}^{n} k(k+2)$，

$$S_n = \sum_{k=0}^{n} k(k+1)(k+2)$$

2.68 在一个平面上画一个圆，然后一条一条地画 n 条与圆相交的直线. 当 r 是大于 1 的奇数时，第 r 条直线只与前 $r-1$ 条直线之一在圆内相交. 当 r 是偶数时，第 r 条直线与前 $r-1$ 条在圆内都相交，如果无 3 条直线在圆内共点，这 n 条直线把圆分割成多少个不重叠的部分？

2.69 用 a_n 记具有整数边长、周长为 n 的三角形的个数.

(1) 证明：

$$a_n = \begin{cases} a_{n-3}, & \text{当 } n \text{ 是偶数} \\ a_{n-3}+\dfrac{n+(-1)^{\frac{n+1}{2}}}{4}, & \text{当 } n \text{ 是奇数} \end{cases}$$

(2) 求序列 $\{a_n\}$ 的普通型母函数.

2.70 (1) 证明边长为整数、最大边长为 l 的三角形的个数是

$$\begin{cases} \dfrac{1}{4}(l+1)^2, & \text{当 } l \text{ 是奇数} \\ \dfrac{1}{4}(l+2), & \text{当 } l \text{ 是偶数} \end{cases}$$

(2) 设 f_n 记边长不超过 $2n$ 的三角形的个数，而 g_n 记边长不超过 $2n+1$ 的三角形的个数，求 f_n 和 g_n 的表达式.

2.71 第一类 Stirling 数 $[x]^n = x(x+1)\cdots(x+n-1)$，

试证 $[x+y]^n = \sum_{r=0}^{n} c(n,r)[x]^{n-r}[y]^r$.

2.72 试证 $x_1 + x_2 + \cdots + x_m = n$，有 $[m]^n/n = c(n+m-1, m-1)$ 个非负整数解，其中 m 和 n 都是正整数.

2.73 已知非负整数 $S_1, S_2, \cdots, S_m$，求满足 $x_1 + x_2 + \cdots + x_m = n, x_i \geq S_i, i = 1, 2, \cdots, m$ 的整数解的数目.

2.74 设 $n \geq 0$，$a_n = \sum_{k=0}^{n} \binom{n+k}{2k}$，$b_n = \sum_{k=0}^{n-1} \binom{n+k}{2k+1}$.

(1) 证明：$a_{n+1} = a_n + b_{n+1}, b_{n+1} = a_n + b_n$.

(2) 求序列 $\{a_n\}$ 与 $\{b_n\}$ 的母函数.

(3) 用 Fibonacci 数来表示 a_n 与 b_n.

2.75 设 $F_1 = F_2 = 1, F_n = F_{n-1} + F_{n-2}$.

(1) 证明：$F_n = F_k F_{n-k+1} + F_{k-1} F_{n-k}, n > k > 1$.

(2) 证明：$F_n | F_m$ 的充要条件是 $n | m$.

(3) 证明：$F_m F_n = F_{m+n-2} + F_{m+n-6} + F_{m+n-10} + \cdots + \begin{cases} F_{m-n+1}, & \text{当 } n \text{ 是奇数} \\ F_{m-n+2}, & \text{当 } n \text{ 是偶数} \end{cases}$

$$m \geq n \geq 2$$

(4) 证明：$(F_m, F_n) = F_{(m,n)}$，(m,n) 为 m, n 的最大公约数.

2.76 在从 1 到 n 的自然数中选取 k 个不同且不相邻的数，设此选取的方案数为 $f(n,k)$.

(1) 求 $f(n,k)$ 的递推关系.

(2) 用归纳法求 $f(n,k)$.

(3) 若设 1 与 n 是相邻的数，并设在此假定下从 1 到 n 的自然数中选取 k 个不同且不相邻的 k 个数的方案数为 $g(n,k)$，利用 $f(n,k)$ 求 $g(n,k)$.

2.77 设 $S_2(n,k)$ 是第二类 Stirling 数. 证明：

$$S_2(n+1, m) = \sum_{k=m-1}^{n} \binom{n}{k} S_2(k, m-1)$$

2.78 求下图中从 A 点出发到 n 点的路径数.

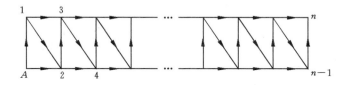

2.79 从 $1, 2, \cdots, n$ 中取 r 个数，要求两两不相邻，试问有多少种可能？

2.80 上题中若附加条件：不包含 1 和 n 两个数，求相同问题.

2.81 证明：$\sum_k S(n,k)S(k,m) = \delta_{nm} = \begin{cases} 0, & n \neq m \\ 1, & n = m \end{cases}$

2.82 试讨论 $\sum_k S(n,k)S(k,m) = ?$

2.83 $l, m, n \geq 0$，试就等式

$$\binom{l+m+n+1}{l} = \binom{l+m}{m}\binom{n}{n} + \binom{l+m-1}{m}\binom{n+1}{n} + \binom{l+m-2}{m}\binom{n+2}{n} + \cdots + \binom{m}{m}\binom{l+n}{n}$$

作出组合意义的解释.

第 3 章　容斥原理与鸽巢原理

3.1　De Morgan 定理

容斥原理是计数中常用的一种方法. 先举一例说明如下.

[例 3-1]　求不超过 20 的正整数中为 2 或 3 的倍数的数.

不超过 20 的数中 2 的倍数有 10 个：
$$2,4,6,8,10,12,14,16,18,20$$

不超过 20 的数中 3 的倍数有 6 个：
$$3,6,9,12,15,18$$

但其中为 2 或 3 的倍数的数只有 13 个,而不是 $10+6=16$ 个. 即
$$2,3,4,6,8,9,10,12,14,15,16,18,20$$

其中 6,12,18 同时为 2 和 3 的倍数. 若计算 $10+6=16$,则重复计算了一次 6,12,18.

在讨论容斥原理的过程中,要用到以下集合论的基本性质.

德摩根(De Morgan)定理　若 A 和 B 是集合 U 的子集,则

(1) $\overline{A\cup B}=\overline{A}\cap\overline{B}$

(2) $\overline{A\cap B}=\overline{A}\cup\overline{B}$

证明　(1)的证明：

设 $x\in\overline{A\cup B}$,则 $x\notin A\cup B$.

$x\notin A\cup B$ 等价于 $x\notin A$ 和 $x\notin B$ 同时成立. 所以有,

$$x\notin A\cup B\Rightarrow x\in\overline{A}\cap\overline{B} \qquad\qquad (3\text{-}1)$$

反之,$x\in\overline{A}\cap\overline{B}$,即 $x\in\overline{A}$ 同时 $x\in\overline{B}$,也就是 $x\notin A$,同时 $x\notin B$,即 $x\notin A\cup B$. 所以有 $x\in\overline{A}\cap\overline{B}$ 的必要条件是 $x\in\overline{A\cup B}$.

故　$x\in\overline{A}\cap\overline{B}$ 的充要条件是 $x\in\overline{A\cup B}$.

这个结论可以从图 3-1 直观地看出来影线部分即 $\overline{A\cup B}$,也是 $\overline{A}\cap\overline{B}$.

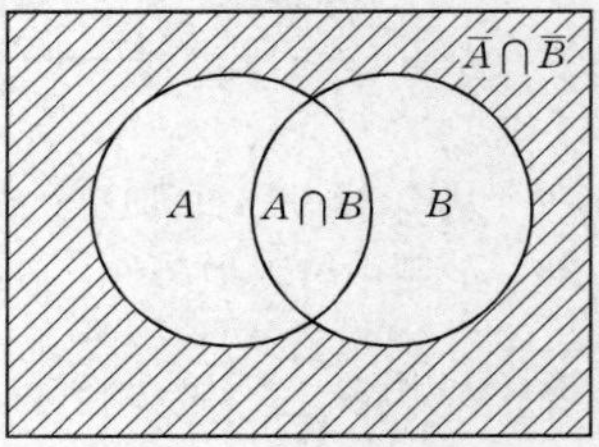

图　3-1

所以
$$\overline{A\cup B}=\overline{A}\cap\overline{B}$$

(2) $\overline{A\cap B}=\overline{A}\cup\overline{B}$.

直观上也可以从图 3-1 看出,证明与(1)类似. 其实 $\overline{A},\overline{B}$ 也是集合,$\overline{\overline{A}}=A$ 从(1) $\overline{\overline{A}\cap\overline{B}}=\overline{\overline{A}}\cup\overline{\overline{B}}=A\cup B$

故
$$\overline{A\cup B}=\overline{\overline{\overline{A}\cap\overline{B}}}=\overline{A}\cap\overline{B}$$

上述的 De Morgan 定理还可以推广到一般.

(1) $\overline{A_1\cup A_2\cup\cdots\cup A_n}=\overline{A_1}\cap\overline{A_2}\cap\cdots\cap\overline{A_n}$.

(2) $\overline{A_1 \cap A_2 \cap \cdots \cap A_n} = \overline{A}_1 \cup \overline{A}_2 \cup \cdots \cup \overline{A}_n$.

证明采用了数学归纳法.

(1) $n=2$ 时定理成立. 假定 n 时成立. 即假定

$$\overline{A_1 \cup A_2 \cup \cdots \cup A_n} = \overline{A}_1 \cap \overline{A}_2 \cap \cdots \cap \overline{A}_n$$

成立. 有

$$\begin{aligned}
\overline{A_1 \cup A_2 \cup \cdots \cup A_n \cup A_{n+1}} &= \overline{(A_1 \cup A_2 \cup \cdots \cup A_n) \cup A_{n+1}} \\
&= \overline{A_1 \cup A_2 \cup \cdots \cup A_n} \cap \overline{A_{n+1}} \\
&= (\overline{A}_1 \cap \overline{A}_2 \cap \cdots \cap \overline{A}_n) \cap \overline{A}_{n+1} \\
&= \overline{A}_1 \cap \overline{A}_2 \cap \cdots \cap \overline{A}_{n+1}
\end{aligned}$$

故定理对 $n+1$ 时为真.

(2) 证明从略.

3.2 容斥定理

假定 $|A|$ 表示集合 A 的元素个数, 根据加法法则若 $A \cap B = \varnothing$, 则 $|A \cup B| = |A| + |B|$.
若 $A \cap B \neq \varnothing$ 时, 这时将 $|A \cap B|$ 多计算一次. 所以从图 3-2 可
见直观有

$$|A \cup B| = |A| + |B| - |A \cap B|$$

定理 3-1

$$\begin{aligned}
|A \cup B \cup C| = |A| + |B| + |C| - |A \cap B| \\
-|A \cap C| - |B \cap C| + |A \cap B \cap C|
\end{aligned}$$

证明

$$\begin{aligned}
|A \cup B \cup C| &= |(A \cup B) \cup C| \\
&= |A \cup B| + |C| - |(A \cup B) \cap C|
\end{aligned}$$

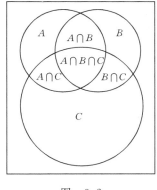

图 3-2

但

$$(A \cup B) \cap C = (A \cap C) \cup (B \cap C)$$
$$|A \cup B| = |A| + |B| - |A \cap B|$$
$$|(A \cap C) \cup (B \cap C)| = |A \cap C| + |B \cap C|$$
$$-|(A \cap B) \cap (B \cap C)|$$

所以

$$\begin{aligned}
|A \cup B \cup C| &= |A| + |B| - |A \cap B| \\
&\quad -|(A \cap C) \cup (B \cap C)| + |C| \\
&= |A| + |B| + |C| - |A \cap B| \\
&\quad -|A \cap C| - |B \cap C| + |A \cap B \cap C|
\end{aligned}$$

这个公式可从图 3-2 直观看出它的意思, 求 $|A \cup B \cup C|$ 由于 $|A| + |B| + |C|$ 有重复的
部分, 故减去 $|A \cap B|, |A \cap C|, |B \cap C|$, 又减得太多, 加上 $|A \cap B \cap C|$ 这块减了太多的
部分.

［**例 3-2**］ 一个学校只开 3 门课：数学、物理、化学，已知修这 3 门课的学生人数依次为 170,130,120. 兼修数学和物理两门课的学生为 45 人；兼修数学与化学的有 20 人；同时修物理与化学的 22 人；又同时修 3 门课的学生有 3 人. 试计算在校的学生有几人.

令 M 为修数学的学生集合，F 为修物理的学生集合，C 为修化学的学生集合，已知：

$$|M|=170, \quad |F|=130, \quad |C|=120, \quad |M \cap F|=45,$$
$$|M \cap C|=20, \quad |F \cap C|=22, \quad |M \cap F \cap C|=3.$$

在校学生数为

$$|M \cup F \cup C| = |M| + |F| + |C| - |M \cap F|$$
$$- |M \cap C| - |F \cap C| + |M \cap F \cap C|$$
$$= 170 + 130 + 120 - 45 - 20 - 22 + 3 = 336$$

［**例 3-3**］ $S = \{1, 2, 3, \cdots, 600\}$，求其中被 2,3,5 除尽的数的数目.

令 A, B, C 分别表示 S 中被 2,3,5 除数的数.

$$|A| = \left\lfloor \frac{600}{2} \right\rfloor = 300, \quad |B| = \left\lfloor \frac{600}{3} \right\rfloor = 200,$$

$$|C| = \left\lfloor \frac{600}{5} \right\rfloor = 120, \quad |A \cap B| = \left\lfloor \frac{600}{2 \times 3} \right\rfloor = 100,$$

$$|A \cap C| = \left\lfloor \frac{600}{10} \right\rfloor = 60, \quad |B \cap C| = \left\lfloor \frac{600}{15} \right\rfloor = 40$$

$$|A \cap B \cap C| = \left\lfloor \frac{600}{30} \right\rfloor = 20$$

$$|A \cup B \cup C| = |A| + |B| + |C|$$
$$- (|A \cap B| + |A \cap C| + |B \cap C|) + |A \cap B \cap C|$$
$$= 300 + 200 + 120 - (100 + 60 + 40) + 20 = 440$$

同理可推出

$$|A \cup B \cup C \cup D| = |A| + |B| + |C| + |D|$$
$$- |A \cap B| - |A \cap C| - |A \cap D| - |B \cap C| - |B \cap D| - |C \cap D|$$
$$+ |A \cap B \cap C| + |A \cap B \cap D| + |A \cap C \cap D| + |B \cap C \cap D|$$
$$- |A \cap B \cap C \cap D|$$

一般有

定理 3-2 设 $A_1, A_2, \cdots, A_n$ 是 n 个有限集合，则

$$|A_1 \cup A_2 \cup \cdots \cup A_n| = (|A_1| + |A_2| + \cdots + |A_n|)$$
$$- (|A_1 \cap A_2| + |A_1 \cap A_3| + \cdots$$
$$+ |A_1 \cap A_n| + |A_2 \cap A_3| + \cdots$$
$$+ |A_{n-1} \cap A_n|)$$
$$+ (|A_1 \cap A_2 \cap A_3| + \cdots$$
$$+ |A_{n-2} \cap A_{n-1} \cap A_n|)$$
$$+ (-1)^{n-1} |A_1 \cap A_2 \cap \cdots \cap A_n|$$
$$= \sum_{i=1}^{n} |A_i| - \sum_{i=1}^{n} \sum_{j>i} |A_i \cap A_j|$$

$$+ \sum_{i=1}^{n} \sum_{j>i} \sum_{k>j} |A_i \cap A_j \cap A_k| + \cdots$$
$$+ (-1)^{n-1} |A_1 \cap A_2 \cap \cdots \cap A_n|$$

证明 用数学归纳法证明.

$n = 2$ 时

$$|A_1 \cup A_2| = |A_1| + |A_2| - |A_1 \cap A_2|,$$

定理正确.

假定 $n-1$ 时正确,即

$$|A_1 \cup A_2 \cup \cdots \cup A_{n-1}| = \sum_{i=1}^{n-1} |A_i| - \sum_{i=1}^{n-1} \sum_{j>i} |A_i \cap A_j| + \cdots$$
$$+ (-1)^{n-2} |A_1 \cap A_2 \cap \cdots \cap A_{n-1}|$$

$$|A_1 \cup A_2 \cup \cdots \cup A_{n-1} \cup A_n| = |(A_1 \cup A_2 \cup \cdots \cup A_{n-1}) \cup A_n|$$
$$= |A_1 \cup A_2 \cup \cdots \cup A_{n-1}| + |A_n|$$
$$- |(A_1 \cup A_2 \cup \cdots \cup A_{n-1}) \cap A_n|$$
$$= |A_n| + \sum_{i=1}^{n-1} |A_i| - \sum_{i=1}^{n-1} \sum_{j>i} |A_i \cap A_j| + \cdots$$
$$+ (-1)^{n-2} |A_1 \cap A_2 \cap \cdots \cap A_{n-1}|$$
$$- |(A_1 \cup A_2 \cup \cdots \cup A_{n-1}) \cap A_n|$$

但

$$(A_1 \cup A_2 \cup A_3 \cup \cdots \cup A_{n-1}) \cap A_n = (A_1 \cap A_n) \cup (A_2 \cap A_n)$$
$$\cup \cdots \cup (A_{n-1} \cap A_n)$$

根据假定 $n-1$ 时正确,故

$$|(A_1 \cup A_2 \cup \cdots \cup A_{n-1}) \cap A_n|$$
$$= |(A_1 \cap A_n) \cup (A_2 \cap A_n) \cup \cdots \cup (A_{n-1} \cap A_n)|$$
$$= |A_1 \cap A_n| + |A_2 \cap A_n| + \cdots + |A_{n-1} \cap A_n|$$
$$- |A_1 \cap A_2 \cap A_n| - |A_1 \cap A_3 \cap A_n| - \cdots$$
$$- |A_{n-2} \cap A_{n-1} \cap A_n| + \cdots$$
$$+ (-1)^{n-2} |A_1 \cap A_2 \cap \cdots \cap A_{n-1} \cap A_n|$$
$$= \sum_{i=1}^{n-1} |A_i \cap A_n| - \sum_{i=1}^{n-1} \sum_{j>i} |A_i \cap A_j \cap A_n| + \cdots$$
$$+ (-1)^{n-2} |A_1 \cap A_2 \cap \cdots \cap A_n|$$

故

$$|A_1 \cup A_2 \cup \cdots \cup A_n| = \sum_{i=1}^{n} |A_i| - \sum_{i=1}^{n} \sum_{j>i} |A_i \cap A_j|$$
$$+ \sum_{i=1}^{n} \sum_{j>i} \sum_{k>j} |A_i \cap A_j \cap A_k| + \cdots$$
$$+ (-1)^{n-1} |A_1 \cap A_2 \cap \cdots \cap A_n| \tag{3-2}$$

由于

$$\overline{(A_1 \bigcup A_2 \bigcup \cdots \bigcup A_n)} = \overline{A}_1 \bigcap \overline{A}_2 \bigcap \cdots \bigcap \overline{A}_n$$

$$|\overline{A}_1 \bigcap \overline{A}_2 \bigcap \cdots \bigcap \overline{A}_n| = |\overline{(A_1 \bigcup A_2 \bigcup \cdots \bigcup A_n)}|$$

假定在集合 S 上讨论 $A_1, A_2, \cdots, A_n$，$|S| = N$，

故

$$|\overline{A}_1 \bigcap \overline{A}_2 \bigcap \cdots \bigcap \overline{A}_n| = N - |A_1 \bigcup A_2 \bigcup \cdots \bigcup A_n|$$

$$= N - \sum_{i=1}^{n} A_i + \sum_{i=1}^{n} \sum_{j>i} |A_i \bigcap A_j|$$

$$- \sum_{i=1}^{n} \sum_{j>i} \sum_{k>j} |A_i \bigcap A_j \bigcap A_k| + \cdots$$

$$+ (-1)^n |A_1 \bigcap A_2 \bigcap \cdots \bigcap A_n| \qquad (3\text{-}3)$$

3.3 容斥原理举例

所谓容斥原理指的就是(3-2)和(3-3)两个公式. 一个是求 $\left|\bigcup_{i=1}^{n} A_i\right|$，一个是求 $\left|\bigcap_{i=1}^{n} \overline{A}_i\right|$. 但它和实际相联系时将是十分丰富多彩.

[**例 3-4**] 求由 a,b,c,d,e,f 这 6 个字符构成的全排列中不允许出现 ace 和 df 图像的排列数.

S 是由这 6 个字符组成的全排列，$|S| = 6!$. 问题是利用式(3-3)的模式，A_1 是出现 ace 图像的排列，即 ace 作为一个单元参加全排列，$|A_1| = 4!$，A_2 是 df 作为一个单元参加的排列 $|A_2| = 5!$. 不允许 ace 与 df 图像的排列即为 $\overline{A}_1 \bigcap \overline{A}_2$，根据式(3-3)

$$|\overline{A}_1 \bigcap \overline{A}_2| = 6! - (5! + 4!) + 3! = 720 - (120 + 24) + 6 = 582$$

[**例 3-5**] 求由 a,b,c,d 这 4 个字符构成 n 位符号串，其中 a,b,c 至少出现一次的数目.

a,b,c 至少出现一次的事件的反面就是 a,b,c 都不出现. 令 A_1, A_2, A_3 分别为 n 位符号串中不出现 a,b,c 的事件. S 是 a,b,c,d 组成的 n 位符号串的全体.

$$|A_1| = |A_2| = |A_3| = 3^n$$

$$|S| = 4^n \quad |A_i \bigcap A_j| = 2^n, \quad i \neq j, i,j = 1,2,3$$

$$|A_i \bigcap A_j \bigcap A_k| = 1$$

$$|\overline{A}_1 \bigcap \overline{A}_2 \bigcap \overline{A}_3| = 4^n - 3 \cdot 3^n + 3 \cdot 2^n - 1$$

[**例 3-6**] 求不超过 120 的素数个数.

$11^2 = 121$，不超过 120 的合数必然是 2,3,5,7 的倍数，而且不超过 120 的合数的因数只能是 2,3,5,7，也就是被 2,3,5 或 7 除尽. 因为它们是小于 11 的素数，令 A_1 为不超过 120，被 2 除尽的数，A_2 为不超过 120 被 3 除尽的数，A_3, A_4 分别是不超过 120 被 5,7 除尽的数，$S = \{1,2,3,\cdots,120\}$，$|S| = 120$，所求的小于 120 的素数，先求 $\overline{A}_1 \bigcap \overline{A}_2 \bigcap \overline{A}_3 \bigcap \overline{A}_4$. 根据容斥原理

$$|\overline{A}_1 \cap \overline{A}_2 \cap \overline{A}_3 \cap \overline{A}_4| = 120 - (|A_1| + |A_2| + |A_3| + |A_4|)$$
$$+ (|A_1 \cap A_2| + |A_1 \cap A_3|)$$
$$+ |A_1 \cap A_4| + |A_2 \cap A_3|$$
$$+ |A_2 \cap A_4| + |A_3 \cap A_4|)$$
$$- (|A_1 \cap A_2 \cap A_3| + |A_1 \cap A_2 \cap A_4|$$
$$+ |A_1 \cap A_3 \cap A_4| + |A_2 \cap A_3 \cap A_4|)$$
$$+ |A_1 \cap A_2 \cap A_3 \cap A_4|$$

$$|A_1| = \left\lfloor \frac{120}{2} \right\rfloor = 60, \quad |A_2| = \left\lfloor \frac{120}{3} \right\rfloor = 40$$

$$|A_3| = \left\lfloor \frac{120}{5} \right\rfloor = 24, \quad |A_4| = \left\lfloor \frac{120}{7} \right\rfloor = 17$$

$$|A_1 \cap A_2| = \left\lfloor \frac{120}{2 \times 3} \right\rfloor = 20, \quad |A_1 \cap A_3| = \left\lfloor \frac{120}{2 \times 5} \right\rfloor = 12$$

$$|A_1 \cap A_4| = \left\lfloor \frac{120}{2 \times 7} \right\rfloor = 8, \quad |A_2 \cap A_3| = \left\lfloor \frac{120}{3 \times 5} \right\rfloor = 8$$

$$|A_2 \cap A_4| = \left\lfloor \frac{120}{3 \times 7} \right\rfloor = 5, \quad |A_3 \cap A_4| = \left\lfloor \frac{120}{5 \times 7} \right\rfloor = 3$$

$$|A_1 \cap A_2 \cap A_3| = \left\lfloor \frac{120}{2 \times 3 \times 5} \right\rfloor = 4$$

$$|A_1 \cap A_2 \cap A_4| = \left\lfloor \frac{120}{2 \times 3 \times 7} \right\rfloor = \left\lfloor \frac{120}{42} \right\rfloor = 2$$

$$|A_1 \cap A_3 \cap A_4| = \left\lfloor \frac{120}{2 \times 5 \times 7} \right\rfloor = \left\lfloor \frac{120}{70} \right\rfloor = 1$$

$$|A_2 \cap A_3 \cap A_4| = \left\lfloor \frac{120}{3 \times 5 \times 7} \right\rfloor = \left\lfloor \frac{120}{105} \right\rfloor = 1$$

$$|A_1 \cap A_2 \cap A_3 \cap A_4| = \left\lfloor \frac{120}{2 \times 3 \times 5 \times 7} \right\rfloor = \left\lfloor \frac{120}{210} \right\rfloor = 0$$

所以
$$|\overline{A}_1 \cap \overline{A}_2 \cap \overline{A}_3 \cap \overline{A}_4| = 120 - (60 + 40 + 24 + 17) + (20 + 12 + 8 + 8 + 5 + 3)$$
$$- (4 + 2 + 1 + 1) = 27$$

考虑到 $2,3,5,7$ 本身是素数,1 不是素数,故不超过 120 的素数应该为 $27 - 1 + 4 = 30$.

[**例 3-7**]　用 26 个英文字母作不允许重复的全排列,要求排除 dog,god,gum,depth,thing 字样出现,求满足这些条件的排列数.

令

A_1 为出现 dog 的排列,

A_2 为出现 god 的排列,

A_3 为出现 gum 的排列,

A_4 为出现 depth 的排列,

A_5 为出现 thing 的排列.

出现 dog 字样的排列相当于将 dog 作为一个单元参加排列,故 $|A_1| = 24!$,类似地,出现 gum 和 god 的 $|A_2| = |A_3| = 24!$.

类似有
$$|A_4|=|A_5|=22!$$

由于 god 和 dog 不同时在一个排列出现,故 $|A_1\cap A_2|=0$,类似有 $|A_2\cap A_3|=|A_1\cap A_4|=0$.

而 dog 和 gum 可以以 dogum 出现,故 $|A_1\cap A_3|=22!$

类似地 god,depth,thing 可以 godepth,thingod 形式出现.

所以
$$|A_2\cap A_4|=|A_2\cap A_5|=20!$$

又
$$|A_1\cap A_5|=0,\quad |A_3\cap A_4|=20!$$
$$|A_3\cap A_5|=20!,\quad |A_4\cap A_5|=19!$$
$$|A_1\cap A_2\cap A_3|=|A_1\cap A_2\cap A_4|$$
$$=|A_1\cap A_2\cap A_5|=|A_1\cap A_3\cap A_4|$$
$$=|A_1\cap A_3\cap A_5|=|A_1\cap A_4\cap A_5|$$
$$=|A_2\cap A_3\cap A_4|=|A_2\cap A_3\cap A_5|=0$$

由于 god,depth,thing 不可能同时出现,故
$$|A_2\cap A_4\cap A_5|=0$$

但 gum,depth 和 thing 可以在 depthingum 中同时出现,故
$$|A_3\cap A_4\cap A_5|=17!$$

故所求的数为
$$|\overline{A_1}\cap\overline{A_2}\cap\overline{A_3}\cap\overline{A_4}\cap\overline{A_5}|=26!-(3\times24!+22!)+(22!$$
$$+4\times20!+1\times19!)-17!$$
$$=26!-3\times24!+3\times20!+1\times19!-17!$$

[例 3-8] 求完全由 n 个布尔变量构成的布尔函数的个数.

讨论 n 个布尔变量的布尔函数之前,先从 $n=2$ 入手,两个布尔自变量 x_1,x_2 取值从 00,01,10,到 11 共 $2^2=4$ 种状态,对这 4 种状态对应的布尔函数值可能有 $2^4=16$ 种,见表 3-1.

表 3-1

$x_1\ x_2$ f_i	0 0	0 1	1 0	1 1	$f_i(x_1,x_2)$
f_1	0	0	0	0	0
f_2	0	0	0	1	$x_1\wedge x_2$
f_3	0	0	1	0	$x_1\wedge\overline{x_2}$
f_4	0	0	1	1	x_3
f_5	0	1	0	0	$\overline{x_1}\wedge x_2$
f_6	0	1	0	1	x_2

f_i \ $x_1\,x_2$	0 0	0 1	1 0	1 1	$f_i(x_1,x_2)$
f_7	0	1	1	0	$(\overline{x_1}\vee\overline{x_2})\wedge(x_1\vee x_2)$
f_8	0	1	1	1	$x_1\vee x_2$
f_9	1	0	0	0	$\overline{x_1}\wedge\overline{x_2}$
f_{10}	1	0	0	1	$(\overline{x_1}\vee x_2)\wedge(x_1\vee\overline{x_2})$
f_{11}	1	0	1	0	$\overline{x_2}$
f_{12}	1	0	1	1	$x_1\vee\overline{x_2}$
f_{13}	1	1	0	0	$\overline{x_1}$
f_{14}	1	1	0	1	$\overline{x_1}\vee x_2$
f_{15}	1	1	1	0	$\overline{x_1}\vee\overline{x_2}$
f_{16}	1	1	1	1	1

以 f_7 和 f_{10} 为例演算如下：其中 $f_7=(\overline{x_1}\vee\overline{x_2})\wedge(x_1\vee x_2)$，$f_{10}=(\overline{x_1}\vee x_2)\wedge(x_1\vee\overline{x_2})$

x_1	x_2	$\overline{x_1}$	$\overline{x_2}$	$\overline{x_1}\vee\overline{x_2}$	$x_1\vee x_2$	$\overline{x_1}\vee x_2$	$x_1\vee\overline{x_2}$	f_7	f_{10}
0	0	1	1	1	0	1	1	0	1
0	1	1	0	1	1	1	0	1	0
1	0	0	1	1	1	0	1	1	0
1	1	0	0	0	1	1	1	0	1

其中 ∨ 和 ∧ 运算规则为

∨	0	1
0	0	1
1	1	1

∧	0	1
0	0	0
1	0	1

其中，$x_1\vee x_2=f_8$，　$\overline{x_1}\vee\overline{x_2}=f_{15}$，　$\overline{x_1}\vee x_2=f_{14}$，　$x_1\vee\overline{x_2}=f_{12}$.

从表 3-1 中可以得 $f(x_1,x_2)$ 和 $2^2=4$ 位 0,1 符号串相对应,而且包含一元布尔函数和布尔常数,将它看作是二元布尔函数的特殊情形,真正二元的布尔函数有 10 个.

n 元布尔函数 $f(x_1,x_2,\cdots,x_n)$,自变量 $x_1,x_2,\cdots,x_n$ 的状态从 $\underbrace{(0,0,\cdots,0)}_{n\text{个}}$ 到 $\underbrace{(1,1,\cdots,1)}_{n\text{个}}$ 共

2^n 个,2^n 维的 0,1 符号串有 2^{2^n} 个,即 n 元布尔函数的个数为 2^{2^n},其中 x_i 不出现的一类令之为 $A_i,i=1,2,\cdots,n$.根据容斥原理,所求的完全由布尔变量确定的布尔函数的数目为

$$|\overline{A_1}\cap\overline{A_2}\cap\cdots\cap\overline{A_n}|=2^{2^n}-C(n,1)2^{2^{n-1}}+C(n,2)2^{2^{n-2}}-\cdots$$
$$+(-1)^kC(n,k)2^{2^{n-k}}+\cdots+(-1)^nC(n,n)2$$

$n=2$ 得

$$| \overline{A_1} \cap \overline{A_2} | = 2^{2^2} - C(2,1)2^2 + C(2,2)2 = 16 - 8 + 2 = 10$$

这 10 个完全二元的布尔函数是：

$x_1 \wedge x_2$，　$x_1 \wedge \overline{x_2}$，　$\overline{x_1} \wedge x_2$，　$\overline{x_1} \wedge \overline{x_2}$，　$x_1 \vee x_2$，

$\overline{x_1} \vee \overline{x_2}$，　$x_1 \vee \overline{x_2}$，　$\overline{x_1} \vee x_2$，　$(x_1 \vee x_2) \wedge (\overline{x_1} \vee \overline{x_2})$，

$(x_1 \vee \overline{x_2}) \wedge (\overline{x_1} \vee x_2)$

[**例 3-9**]　欧拉函数 $\varphi(n)$ 等于比 n 小且与 n 互素的数的个数.

假定将 n 因数分解为 $p_1^{a_1}, p_2^{a_2}, \cdots, p_k^{a_k}$ 之积，即

$$n = p_1^{a_1} p_2^{a_2} \cdots p_k^{a_k}$$

令 A_i 为 $N = \{1, 2, \cdots, n\}$ 中 p_i 倍数的数的全体，$i = 1, 2, \cdots, k$

$$| A_i | = \frac{n}{p_i}, \quad i = 1, 2, \cdots, k$$

若 $p_i \neq p_j, i, j = 1, 2, \cdots, k, A_i \cap A_j$ 表示 N 中既是 p_i 倍数，又是 p_j 倍数的数的全体，则

$$| A_i \cap A_j | = \frac{n}{p_i p_j} \quad i, j = 1, 2, \cdots, k, \ j > i$$

类似地，有

$$| A_i \cap A_j \cap A_k | = \frac{n}{p_i p_j p_k}, \quad i, j, k = 1, 2, \cdots, k, \ k > j > i$$

根据定义

$$\varphi(n) = n - \left(\frac{n}{p_1} + \frac{n}{p_2} + \cdots + \frac{n}{p_k} \right) + \left(\frac{n}{p_1 p_2} + \frac{n}{p_1 p_3} + \cdots + \frac{n}{p_{k-1} p_k} \right) - \cdots$$

$$\pm \frac{n}{p_1 p_2 \cdots p_k} = n \left(1 - \frac{1}{p_1} \right) \left(1 - \frac{1}{p_2} \right) \cdots \left(1 - \frac{1}{p_k} \right)$$

[**例 3-10**]　错排问题.

前面已通过递推关系讨论过错排问题即 $1, 2, \cdots, n$ 的全排列中每个元素都不在各自位置上的排列数.

设 A_i 表示数 i 仍在第 i 位的全排列，$i = 1, 2, \cdots, n$，由于 i 不动，故

$$| A_i | = (n-1)!, \quad i = 1, 2, \cdots, n$$

同理

$$| A_i \cap A_j | = (n-2)!, \quad i, j = 1, 2, \cdots, n, \ i \neq j$$

$$\vdots$$

$$| A_1 \cap A_2 \cap A_3 \cap \cdots \cap A_n | = 1$$

每个元素都不在各自的位置上的排列数为 D_n：

$$D_n = | \overline{A_1} \cap \overline{A_2} \cap \cdots \cap \overline{A_n} | = n! - C(n,1)(n-1)!$$

$$+ C(n,2)(n-2)! + \cdots \pm C(n,n)1!$$

$$= n! \left(1 - \frac{1}{1!} + \frac{1}{2!} - \frac{1}{3!} + \cdots \pm \frac{1}{n!} \right)$$

错排问题通过容斥原理计算较递推关系要简单明了得多了.

[**例 3-11**]　6 个人参加一会议，入场时将帽子随意挂在衣架上，走时匆匆忙忙顺手戴一顶走了，试问没一人拿对的概率是多少？

$$概率 \ p = \frac{D_6}{6!} = 1 - \frac{1}{1!} + \frac{1}{2!} - \frac{1}{3!} + \frac{1}{4!} - \frac{1}{5!} + \frac{1}{6!}$$

$$= (720 - C(6,1)5! + C(6,2)4!$$
$$- C(6,3)3! + C(6,4)2! - C(6,5)1! + 1)/760$$
$$= (720 - 6 \times 120 + 15 \times 24 - 20 \times 6 + 15 \times 2 - 6 + 1)/720$$
$$= (720 - 720 + 360 - 120 + 30 - 6 + 1)/720 = 265/720$$
$$\approx 0.368$$

可以证明,当 n 比较大时, $\dfrac{D_n}{n!} \approx \dfrac{1}{e} \approx 0.36788$.

3.4 棋盘多项式与有限制条件的排列

1. 有限制排列

[例 3-12] 在 4 个 x,3 个 y,2 个 z 的全排列中求不出现 $x\,x\,x\,x$, $y\,y\,y$, $z\,z$ 图像的排列数.

令 A_1 是在 9 个字符的全排列出现 $x\,x\,x\,x$ 图像的一类, A_2 为出现 $y\,y\,y$ 图像的一类; A_3 为出现 $z\,z$ 图像的一类.

4 个 x 同时出现的排列,实际上将 $x\,x\,x\,x$ 作为一个单元参加排列,考虑 y 出现 3 次, z 出现 2 次,故

$$|A_1| = \frac{6!}{3!2!} = 60$$

同理

$$|A_2| = \frac{7!}{4!2!} = 105, \quad |A_3| = \frac{8!}{4!3!} = 280$$

$$|A_1 \cap A_2| = \frac{4!}{2!} = 12, \quad |A_1 \cap A_3| = \frac{5!}{3!} = 20$$

$$|A_2 \cap A_3| = \frac{6!}{4!} = 30, \quad |A_1 \cap A_2 \cap A_3| = 3! = 6$$

4 个 x,3 个 y,2 个 z 的全排列中不同的排列数为 $\dfrac{9!}{4!\,3!\,2!} = 1260$,问题的解为

$$|\overline{A}_1 \cap \overline{A}_2 \cap \overline{A}_3| = \frac{9!}{4!3!2!} - (|A_1| + |A_2| + |A_3|)$$
$$+ (|A_1 \cap A_2| + |A_1 \cap A_3| + |A_2 \cap A_3|) - |A_1 \cap A_2 \cap A_3|$$
$$= 1260 - (60 + 105 + 280) + (12 + 20 + 30) - 6$$
$$= 1260 - 445 + 62 - 6 = 871$$

2. 棋盘多项式

n 个元素的一个排列可以看作是 n 个棋子在 $n \times n$ 棋盘上的一种布局. 当一个棋子置于棋盘的某一格子时,则这个棋子所在的行和列都不允许布上任何棋子,如图 3-3 所示,结果棋盘上每一行都有且仅有一个棋子,每列也有且仅有一个棋子. 例如图 3-3 对应一排列 4 1 3 5 2.

可将棋盘推广到任意情况,比如对于棋盘 C,令 $r_k(C)$ 表示用 k 个棋子布到 C 上的不同方案数.

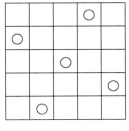

图 3-3

例如,对于棋盘

一个棋子有两种布局方案,但不存在两个棋子的布局方案,故

$$r_1(\square)=1, \quad r_1\left(\begin{array}{c}\square\\\square\end{array}\right)=r_1(\square\square)=2,$$

$$r_2\left(\begin{array}{c}\square\\\square\end{array}\right)=r_2(\square\square)=0, \quad r_1\left(\begin{array}{c}\square\square\\\square\end{array}\right)=2,$$

$$r_2\left(\begin{array}{c}\square\square\\\square\end{array}\right)=1,$$

$$R(C) = \sum_{k=0}^{n} r_k(C)x^k$$

称之为棋盘 C 的棋盘多项式,假定棋盘 C 可布 n 个棋子,但不能布超过 n 的棋子.

令 $C_{(i)}$ 为棋盘 C 中某一格子所在的行和列被排除掉以后的剩余部分,$C_{(e)}$ 为从 C 中去掉该格子后的棋盘,例如

关于有 * 号的格子有

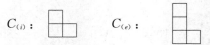

对于棋盘 C 上某一格子无非两种可能:一种是该格子被布上棋子;另一种可能是该点被排除布上棋子,故

$$r_k(C) = r_{k-1}(C_{(i)}) + r_k(C_{(e)})$$

$r_{k-1}(C_{(i)})$ 是该格子布上一个棋子,剩下的 $k-1$ 个棋子布到 $C_{(i)}$ 棋盘上的方案数;$r_k(C_{(e)})$ 是该格子被排除,全部 k 个棋子全部布到 $C_{(e)}$ 棋盘上的方案数,即无非"容"或"斥"两种可能.

与之相应的有

$$R(C) = xR(C_{(i)}) + R(C_{(e)})$$

这两个公式都是计算 $r_k(C)$ 和 $R(C)$ 的可递归应用的公式.

[例 3-13]

$R(\square)=1+x$

$R(\boxed{*}\,\square)=xR(\quad)+R(\square)=x+(1+x)=1+2x$

$R\left(\begin{array}{c}\boxed{*}\\\square\end{array}\right)=xR(\square)+R(\square)=x(1+x)+1+x=1+2x+x^2$

$R\left(\begin{array}{c}\boxed{*}\square\\\square\end{array}\right)=xR(\square)+R(\square\square)=x(1+x)+1+2x=1+3x+x^2$

$R\left(\begin{array}{c}\square\square\\\boxed{*}\end{array}\right)=xR(\quad)+R\left(\begin{array}{c}\square\square\end{array}\right)=x+(1+2x+x^2)=1+3x+x^2$

$$R\left[\;\square^{*}\;\right]=xR\left(\;\square\;\right)+R\left[\;\square\;\right]=x(1+2x)+(1+3x+x^2)=1+4x+3x^2$$

$$R\left[\;\square^{*}\;\right]=xR\left[\;\square\;\right]+R\left[\;\square\;\right]$$

已知

$$R\left[\;\square\;\right]=1+4x+3x^2$$

$$R\left[\;\square^{*}\;\right]=xR\left[\;\square\;\right]+R\left[\;\square\;\right]$$

$$=x(1+3x+x^2)+(1+4x+3x^2)=1+5x+6x^2+x^3$$

所以

$$R\left[\;\square\;\right]=x(1+4x+3x^2)+(1+5x+6x^2+x^3)$$

$$=1+6x+10x^2+4x^3$$

特别应指出若 C 是由互相隔离的两个棋盘 C_1 和 C_2 组合成的(这里所谓互相隔离指的是 C_1 和 C_2 不存在格子同行或同列,例如 $\square$ 便是由互相隔两棋盘 $\square$ 组合成的),则

$$r_k(C)=\sum_{i=0}^{k}r_i(C_1)r_{k-i}(C_2)$$

$$R(C)=\sum_{h=0}^{n}r_h(C)x^h=\sum_{h=0}^{n}\left(\sum_{i=0}^{h}r_i(C_1)r_{h-i}(C_2)\right)x^h$$

$$=\left(\sum_{i=0}^{n}r_i(C_1)x^i\right)\cdot\left(\sum_{j=0}^{n}r_j(C_2)x^j\right)$$

$$=R(C_1)R(C_2)$$

利用这个公式来处理如下形式的棋盘多项式比较简单.

$$R\left[\;\square^{*}\;\right]=xR\left[\;\square\;\right]+R\left[\;\square\;\right]$$

不论 $R\left[\;\square\;\right]$ 和 $R\left[\;\square\;\right]$ 都是可互相隔离的两个棋盘组成的.

$$R\left(\begin{array}{c}\square\\\square\end{array}\right)=R(\square)R\left(\boxminus\right)=(1+x)(1+2x)$$

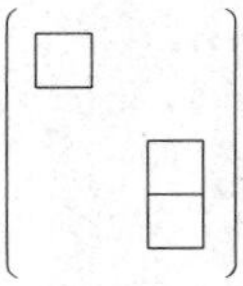

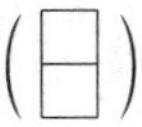

$$=1+3x+2x^2$$

$$R\left(\boxplus\right)=R\left(\boxminus\right)R\left(\boxplus\right)=(1+2x)(1+3x+x^2)$$

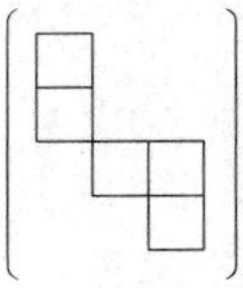

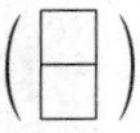

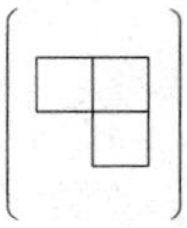

$$=1+5x+7x^2+2x^3$$

故
$$R(C)=x(1+3x+2x^2)+(1+5x+7x^2+2x^3)$$
$$=1+6x+10x^2+4x^3$$

3.5 有禁区的排列

以图 3-4 为例,对 $1,2,3,4$ 的排列 $P_1P_2P_3P_4$,P_1 不允许取 3,P_2 不允许取 4,P_3 不允许取 1 和 4,P_4 不允许取 2,即在 $1,2,3,4$ 的全排列,排除以上限制,剩下的排列,影线是禁区的表示.

定理 3-3　有禁区的排列数为
$$n!-r_1(n-1)!+r_2(n-2)!-\cdots\pm r_n$$
其中 r_i 是有 r_i 个棋子布置到禁区的方案数.

证明　令 $P_1P_2\cdots P_n$ 是 n 个棋子布入 $n\times n$ 棋盘的排列,即 P_i 是第 i 个棋子在第 i 行的位置,A_i 是 P_i 落入禁区的事件,一个棋子落入禁区,其余的 $n-1$ 个棋子假定为无条件排列,故至少有一个棋子落入禁区的方案数应为 $r_1(n-1)!$. 两个棋子落入禁区的方案数为 r_2,而其余 $(n-2)$ 个棋子为无条件排列的排列数为 $r_2(n-2)!$,故为至少有两个棋子落入禁区的排列数. $n=3,4,\cdots,n$,依此类推,根据容斥原理布 n 个棋子无一落入禁区的排列数为

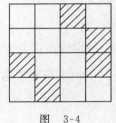

图　3-4

$$|\overline{A}_1\cap\overline{A}_2\cap\cdots\cap\overline{A}_n|$$
$$=n!-r_1(n-1)!+r_2(n-2)!-\cdots\pm r_n$$

[**例 3-14**]　有 P,Q,R,S 4 位工作人员,要完成 A,B,C,D 4 项任务,但 P 不适宜于任务 B,Q 不适宜于 B,C 两项工作,R 不能做 C,D 两项工作,S 不会做任务 D. 若要求每人从事他所能做的一项任务,试问有多少种分配方案?

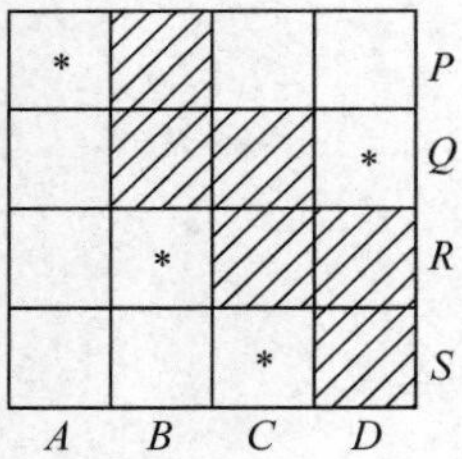

每一种任务分配相当于图 3-5 的有禁区的排列,例如其中 $*$ 号的格子对应于排列 $ADBC$,即 P 做 A,Q 做 D,R 做 B,S 做 C 的安排.

图 3-5 的禁区(影线部分)的棋盘多项式在前面已导出,即
$$R(C)=1+6x+10x^2+4x^3$$
根据定理所求的有禁区的排列数为

图　3-5

$$N = 4! - 6 \times 3! + 10 \times 2! - 4$$
$$= 24 - 36 + 20 - 4 = 4$$

[**例 3-15**] 错排问题.

错排问题前面已两次讨论到,一次是利用递推关系导出错排公式,第二次是通过容斥原理,现在利用有禁区的排列求解,实际上还是容斥原理的另一种表述. $n \times n$ 棋盘的错排的禁区如图 3-6 所示,他的特点是集中在对角线上,彼此互相分离的,其棋盘多项式为

$$R(C) = (1+x)^n$$
$$= 1 + C(n,1)x + C(n,2)x^2 + \cdots + C(n,n)$$

即

$$r_i = C(n,i), \quad i = 1,2,\cdots,n$$

所错排的方案数

$$N = n! - C(n,1)(n-1)! + C(n,2)(n-2)! - \cdots \pm C(n,n)$$

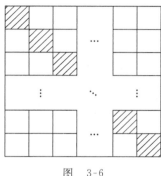

图 3-6

[**例 3-16**] 设 A,B,C,D 4 位工作人员被安排参加 P,Q,R,S 4 项任务,但他们不适宜的工作如图 3-7 的影线所示.

关键在于求出禁区的棋盘多项式,现将对于有 $*$ 格的 $C_{(i)}$ 和 $C_{(e)}$ 分别列于图 3-8(a)和(b).

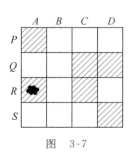

图 3-7

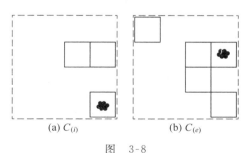

(a) $C_{(i)}$ (b) $C_{(e)}$

图 3-8

$$R(C_{(i)}) = xR(\square) + R(\square\square) = x(1+x) + 1 + 2x = 1 + 3x + x^2$$

$$R(C_{(e)}) = xR\left[\begin{array}{c}\square\\\square\end{array}\right] + R\left[\begin{array}{c}\square\\\square\square\end{array}\right] = x(1+x)^2 + (1+x)^2(1+2x)$$

$$= x + 2x^2 + x^3 + 1 + 4x + 5x^2 + 2x^3 = 1 + 5x + 7x^2 + 3x^3$$

$$R(C)=x(1+3x+x^2)+(1+5x+7x^2+3x^3)=1+6x+10x^3+4x^3$$

不同的安排方案 $=4!-6\cdot3!+10\cdot2!-4$

$$=24-36+20-4=4$$

这四种安排由读者来给出.

3.6 广义的容斥原理

前面讨论的容斥原理指的是(3-2)与(3-3)两个公式.下面介绍它的变形或推广.

3.6.1 容斥原理的推广

[**例 3-17**] 3.2 节求出在校学生数目的问题,问只修一门课的学生数,只修两门课的学生数,只修一门数学的学生数,或只修一门物理或化学的学生数等于多少? 如何计算.

所谓只修一门数学,即只修数学不修物理和化学,即

$$|M\cap\bar{P}\cap\bar{C}|=|M|-(|M\cap P|+|M\cap C|)+|M\cap P\cap C|$$
$$=170-(45+20)+3=108$$

即在集合 M 上讨论 $\bar{P}\cap\bar{C}$,利用容斥原理可得上面结果.

同理只修物理和只修化学分别有

$$|P\cap\bar{M}\cap\bar{C}|=|P|-(|M\cap P|+|P\cap C|)+(M\cap P\cap C)$$
$$=130-(45+22)+3=66$$
$$|C\cap\bar{M}\cap\bar{P}|=|C|-(|M\cap C|+|P\cap C|)+|M\cap P\cap C|$$
$$=120-(22+20)+3=81$$

只修一门课的学生数为

$$|M\cap\bar{P}\cap\bar{C}|+|\bar{M}\cap P\cap\bar{C}|+|\bar{M}\cap\bar{P}\cap C|=(|M|+|P|+|C|)$$
$$-2(|M\cap P|+|M\cap C|$$
$$+|P\cap C|)+3|M\cap P\cap C|$$
$$=108+66+81=255$$

同理只修数学和物理两门课的学生数也可计算如下

$$|M\cap P\cap\bar{C}|=|M\cap P|-|M\cap P\cap C|=45-3=42$$

即考虑在 $M\cap P$ 集合中求 $\bar{C}$.

类似地

$$|M\cap\bar{P}\cap C|=|M\cap C|-|M\cap P\cap C|=20-3=17$$
$$|\bar{M}\cap P\cap C|=|P\cap C|-|M\cap P\cap C|=22-3=19$$

一般还可推得

$|A\cap\bar{B}\cap\bar{C}\cap\bar{D}|$ 考虑在 A 集合上讨论 $\bar{B}\cap\bar{C}\cap\bar{D}$,故

$$|A\cap\bar{B}\cap\bar{C}\cap\bar{D}|=|A|-(|A\cap B|+|A\cap C|+|A\cap D|)$$
$$+(|A\cap B\cap C|+|A\cap B\cap D|$$
$$+|A\cap C\cap D|)-|A\cap B\cap C\cap D|$$
$$|\bar{A}\cap B\cap\bar{C}\cap\bar{D}|=|B|-(|A\cap B|+|B\cap C|+|B\cap D|)$$
$$+(|A\cap B\cap C|+|A\cap B\cap D|$$
$$+|B\cap C\cap D|)-|A\cap B\cap C\cap D|$$

$$|\bar{A} \cap \bar{C} \cap C \cap \bar{D}| = |C| - (|A \cap C| + |B \cap C| + |C \cap D|)$$
$$- (|A \cap B \cap C| + |A \cap C \cap D|$$
$$+ |B \cap C \cap D|) - |A \cap B \cap C \cap D|$$
$$|\bar{A} \cap \bar{B} \cap \bar{C} \cap D| = |D| - (|A \cap D| + |B \cap D| + |C \cap D|)$$
$$- (|A \cap B \cap D| + |A \cap C \cap D|$$
$$+ |B \cap C \cap D|) - |A \cap B \cap C \cap D|$$

同时可得
$$|A \cap \bar{B} \cap \bar{C} \cap \bar{D}| + |\bar{A} \cap B \cap \bar{C} \cap \bar{D}| + |A \cap \bar{B} \cap C \cap \bar{D}|$$
$$+ |\bar{A} \cap \bar{B} \cap \bar{C} \cap D|$$
$$= |A| + |B| + |C| + |D| - 2(|A \cap B| + |A \cap C|$$
$$+ |A \cap D| + |B \cap C| + |B \cap D| + |C \cap D|)$$
$$+ 3(|A \cap B \cap C| + |A \cap B \cap D| + |A \cap C \cap D|$$
$$+ |B \cap C \cap D|) - 4|A \cap B \cap C \cap D|$$

还可以推得
$$|A \cap B \cap \bar{C} \cap \bar{D}| = |A \cap B| - (|A \cap B \cap C|$$
$$+ |A \cap B \cap D|) + |A \cap B \cap C \cap D|$$
$$|A \cap \bar{B} \cap C \cap \bar{D}| = |A \cap C| - (|A \cap B \cap C|$$
$$+ |A \cap C \cap D|) + |A \cap B \cap C \cap D|$$
$$|A \cap \bar{B} \cap \bar{C} \cap D| = |A \cap D| - (|A \cap B \cap D|$$
$$+ |A \cap C \cap D|) + |A \cap B \cap C \cap D|$$
$$|\bar{A} \cap B \cap C \cap \bar{D}| = |B \cap C| - (|A \cap B \cap C|$$
$$+ |B \cap C \cap D|) + |A \cap B \cap C \cap D|$$
$$|\bar{A} \cap B \cap \bar{C} \cap D| = |B \cap D| - (|A \cap B \cap D|$$
$$+ |B \cap C \cap D|) + |A \cap B \cap C \cap D|$$
$$|\bar{A} \cap \bar{B} \cap C \cap D| = |C \cap D| - (|A \cap C \cap D|$$
$$+ |B \cap C \cap D|) + |A \cap B \cap C \cap D|$$

故有
$$|A \cap B \cap \bar{C} \cap \bar{D}| + |A \cap \bar{B} \cap C \cap \bar{D}| + |A \cap \bar{B} \cap \bar{C} \cap D|$$
$$+ |\bar{A} \cap B \cap C \cap \bar{D}| + |\bar{A} \cap B \cap \bar{C} \cap D| + |\bar{A} \cap \bar{B} \cap C \cap D|$$
$$= |A \cap B| + |A \cap C| + |A \cap D| + |B \cap C| + |B \cap D|$$
$$+ |C \cap D| - 3(|A \cap B \cap C| + |A \cap B \cap D|$$
$$+ |A \cap C \cap D| + |B \cap C \cap D|) + 6|A \cap B \cap C \cap D|$$

3.6.2 一般公式

从前面讨论还可以得出更一般的公式,前提是在集合 S 上讨论不同性质形成的子集 $A_1, A_2, \cdots, A_n$,假定 $0 \leqslant m \leqslant n$,

$$\alpha(m) \triangleq \sum |A_{i_1} \cap A_{i_2} \cap A_{i_3} \cap \cdots \cap A_{i_m}|$$

$\sum$ 是对所有的组合 $(i_1, i_2, \cdots, i_m)$ 求和.

令 $\beta(m)$ 为正好有 m 个性质的总和.

以 $m=2, n=4$ 为例

$$\alpha(2) = |A_1 \cap A_2| + |A_1 \cap A_3| + |A_1 \cap A_4| + |A_2 \cap A_3|$$
$$+ |A_2 \cap A_4| + |A_3 \cap A_4|$$

$$\beta(2) = |A_1 \cap A_2 \cap \overline{A_3} \cap \overline{A_4}| + |A_1 \cap \overline{A_2} \cap A_3 \cap \overline{A_4}|$$
$$+ |A_1 \cap \overline{A_2} \cap \overline{A_3} \cap A_4| + |\overline{A_1} \cap A_2 \cap A_3 \cap \overline{A_4}|$$
$$+ |\overline{A_1} \cap A_2 \cap \overline{A_3} \cap A_4| + |\overline{A_1} \cap \overline{A_2} \cap A_3 \cap A_4|$$

又 $m=3, n=4$, 则

$$\alpha(3) = |A_1 \cap A_2 \cap A_3| + |A_1 \cap A_2 \cap A_4| + |A_1 \cap A_3 \cap A_4|$$
$$+ |A_2 \cap A_3 \cap A_4|$$

$$\beta(3) = |A_1 \cap A_2 \cap A_3 \cap \overline{A_4}| + |A_1 \cap A_2 \cap \overline{A_3} \cap A_4|$$
$$+ |A_1 + \overline{A_2} \cap A_3 \cap A_4| + |\overline{A_1} \cap A_2 \cap A_3 \cap A_4|$$

定理 3-4

$$\beta(m) = \alpha(m) - \binom{m+1}{m}\alpha(m+1) + \binom{m+2}{m}\alpha(m+2) - \cdots + (-1)^{n-m}\binom{n}{m}\alpha(n)$$

$$= \sum_{k=m}^{n} (-1)^{k-m} \binom{k}{m} \alpha(k) \qquad m = 1, 2, \cdots, n$$

证明之前先看一个实例, 一个研究生班主要开 4 门课, 即数学、计算机、英语和物理, 教师 13 人, 列表如表 3-2.

表 3-2

	1	2	3	4	5	6	7	8	9	10	11	12	13
F: 物理	1		1		1	1				1			
C: 计算机	1	1	1	1	1	1		1	1		1		
M: 数学	1		1			1			1			1	
E: 英语	1		1			1		1	1			1	

$$|F| = 5, \quad |C| = 9, \quad |M| = 6, \quad |E| = 6$$
$$|F \cap C| = 3, \quad |F \cap M| = 3, \quad |F \cap E| = 2$$
$$|C \cap M| = 4, \quad |C \cap E| = 5, \quad |M \cap E| = 5$$
$$|F \cap C \cap M| = 2, \quad |F \cap C \cap E| = 2,$$
$$|F \cap M \cap E| = 2, \quad |C \cap M \cap E| = 4,$$
$$|F \cap C \cap M \cap E| = 2, \quad N = 12$$
$$\alpha(1) = |F| + |C| + |M| + |E|$$
$$= 5 + 9 + 6 + 6 = 26$$
$$\alpha(2) = |F \cap C| + |F \cap M| + |F \cap E|$$
$$+ |C \cap M| + |C \cap E| + |M \cap E|$$
$$= 3 + 3 + 2 + 4 + 5 + 5 = 22$$
$$\alpha(3) = |F \cap C \cap M| + |F \cap C \cap E|$$
$$+ |F \cap M \cap E| + |C \cap M \cap E|$$

$$=2+2+2+4=10$$
$$\alpha(4)=\mid F\cap C\cap M\cap E\mid=2$$

另一方面从表中还可看到
$$\beta(1)=\mid F\cap \bar{C}\cap \bar{M}\cap \bar{E}\mid+\mid \bar{F}\cap C\cap \bar{M}\cap \bar{E}\mid$$
$$+\mid \bar{F}\cap \bar{C}\cap M\cap \bar{E}\mid+\mid \bar{F}\cap \bar{C}\cap \bar{M}\cap E\mid=4$$
$$\beta(2)=\mid F\cap C\cap \bar{M}\cap \bar{E}\mid+\mid F\cap \bar{C}\cap M\cap \bar{E}\mid$$
$$+\mid F\cap \bar{C}\cap \bar{M}\cap \bar{E}\mid+\mid \bar{F}\cap C\cap M\cap \bar{E}\mid$$
$$+\mid \bar{F}\cap C\cap \bar{M}\cap E\mid+\mid \bar{F}\cap \bar{C}\cap M\cap E\mid=4$$
$$\beta(3)=\mid F\cap C\cap M\cap \bar{E}\mid+\mid F\cap C\cap \bar{M}\cap E\mid$$
$$+\mid F\cap \bar{C}\cap M\cap E\mid+\mid \bar{F}\cap C\cap M\cap E\mid=2$$
$$\beta(4)=\mid F\cap M\cap C\cap E\mid=2$$

可以验证：

$m=0$
$$\alpha(0)=13$$
$$\beta(0)=\alpha(0)-\binom{1}{0}\alpha(1)+\binom{2}{0}\alpha(2)-\binom{3}{0}\alpha(3)+\binom{4}{0}\alpha(4)$$
$$=13-26+22-10+2=1$$

即第 13 位教师,不教 F,C,M,E.

$m=1,$
$$\beta(1)=\alpha(1)-\binom{2}{1}\alpha(2)+\binom{3}{1}\alpha(3)-\binom{4}{1}\alpha(4)$$
$$=26-2\times22+3\times10-4\times2$$
$$=26-44+30-8=4$$

即第 $1,2,5,10,11$ 位教师.

$m=2,$
$$\beta(2)=\alpha(2)-\binom{3}{2}\alpha(3)+\binom{4}{2}\alpha(4)$$
$$=22-3\times10+6\times2$$
$$=22-30+12=4$$

只教两门课的教师只有第 $4,7,8,12$ 位教师.

证明　即在 S 集合讨论 n 种性质的子集 $A_1,A_2,\cdots,A_n,0\leqslant m\leqslant n,\beta(m)$ 表示刚好只具有其中 m 个性质的元素个数.

假定 $s\in S$,可证明它在等式:
$$\beta(m)=\alpha(m)-\binom{m+1}{m}\alpha(m+1)+\binom{m+2}{m}\alpha(m+2)+\cdots+(-1)^{n-m}\binom{n}{m}\alpha(n)$$

两端被计算的次数一样,s 或 0 或 1.

若 s 正好具有 l 种性质,即在 $A_1,A_2,\cdots,A_n$ 中正好有其中 l 个性质:

第一种情况 $l<m$,则 s 在上面等式两端都没有贡献.

第二种情况 $l=m,x$ 在 $\beta(m)$ 计算一次,s 也只能在 $\alpha(m)$ 中被计算一次.

第三种情况 $l > m$，则 s 在

$$\alpha(m) \text{被计算} \binom{l}{m} \text{次}$$

$$\alpha(m+1) \text{被计算} \binom{l}{m+1} \text{次}$$

$$\vdots$$

$$\alpha(l) \text{被计算} \binom{l}{l} = 1 \text{次}$$

$$\alpha(r) \text{被计算} 0 \text{次}$$

s 在等号右端出现次数为

$$\binom{l}{m} - \binom{m+1}{m}\binom{l}{m+1} + \binom{m+2}{m}\binom{l}{m+2} + \cdots + (-1)^{l-m}\binom{l}{m}\binom{l}{l}$$

但

$$\binom{n}{k}\binom{k}{l} = \binom{n}{l}\binom{n-l}{k-l}$$

所以 s 在等式右端被计算的次数：

$$\binom{l}{m} - \binom{l}{m}\binom{l-m}{1} + \binom{l}{m}\binom{l-m}{2} - \cdots + (-1)^{l-m}\binom{l}{m}\binom{l-m}{l-m}$$

$$= \binom{l}{m}\left\{1 - \binom{l-m}{1} + \binom{l-m}{2} - \cdots + (-1)^{l-m}\binom{l-m}{l-m}\right\}$$

$$= (1-1)^{l-m}\binom{l}{m} = 0$$

推论 1 $\beta(0) = \alpha(0) - \alpha(1) + \alpha(2) - \cdots + (-1)^n\alpha(n)$

推论 2 $A_1, A_2, \cdots, A_n$ 是 S 的 n 个子集

$$|\overline{A}_1 \cap \overline{A}_2 \cap \cdots \cap \overline{A}_n| = |S| - \sum_{i=1}^{n}|A_i| + \sum_{i<j}|A_i \cap A_j|$$

$$- \sum_{i<j<k}|A_i \cap A_j \cap A_k|$$

$$+ \cdots + (-1)^n|A_1 \cap A_2 \cap \cdots \cap A_n|$$

证明

$$\alpha(0) = |S|, \quad \alpha(1) = \sum_{i=1}^{n}|A_i|, \quad \alpha(2) = \sum_{i=1}^{n}\sum_{i<j}|A_i \cap A_j|, \cdots,$$

$$\alpha(n) = |A_1 \cap A_2 \cap \cdots \cap A_n|.$$

根据推论 1，推论 2 得证.

3.7 广义容斥原理的应用

现在讨论一个富有趣味的问题：求满足

$$x_1 + x_2 + \cdots + x_n = r$$

的非负整数解的数目.

这个问题可以看作求取 r 个无区别的球放到 n 个有标志的盒子并允许重复的方案数,故非负整数解的数目应为

$$\binom{n+r-1}{r} \qquad\qquad (3\text{-}4)$$

即 n 取 r 作允许重复组合的组合数.

[例 3-18] 对于问题

$$x_1 + x_2 + x_3 = 15$$
$$0 \leqslant x_1 \leqslant 5, \quad 0 \leqslant x_2 \leqslant 6, \quad 0 \leqslant x_3 \leqslant 7$$

求整数解数目.

若不附加上界条件的解根据公式($*$)应为

$$\binom{15+3-1}{15} = \binom{17}{15} = \binom{17}{2} = 272/2 = 136$$

对于有上界的问题只要作一变换

$$\xi_1 = 5 - x_1, \quad \xi_2 = 6 - x_2, \quad \xi_3 = 7 - x_3$$
$$\xi_1 + \xi_2 + \xi_3 = 5 - x_1 + 6 - x_2 + 7 - x_3$$
$$= 18 - (x_1 + x_2 + x_3) = 3, \quad 0 \leqslant x_1 \leqslant 5$$

导致 $\xi_1 = 5 - x_1 \geqslant 0$,同理 $\xi_2 \geqslant 0, \xi_3 \geqslant 0$

于是问题变成

$$\xi_1 + \xi_2 + \xi_3 = 3,$$
$$\xi_1 \geqslant 0, \quad \xi_2 \geqslant 0, \quad \xi_3 \geqslant 0$$

整数解的数目

$$\binom{2+3}{2} = \binom{5}{2} = \frac{5 \times 4}{2} = 10$$

或从原问题的非负整数解 $S,|S|=136$,令 S 中具有 $x_1 \geqslant 6$ 的子集为 A_1,$x_2 \geqslant 7$ 的子集为 A_2,$x_3 \geqslant 8$ 的子集为 A_3.问题转化为求 $|\overline{A_1} \cap \overline{A_2} \cap \overline{A_3}|$.

对于 A_1,相当于

$$(x_1 + 6) + x_2 + x_3 = 15 \quad 或 \quad x_1 + x_2 + x_3 = 9$$

具有性质 A_1 的非负整数解的数目为

$$|A_1| = \binom{9+3-1}{9} = \binom{11}{2} = 55$$

具有性质 A_2 的非负整数解,导致

$$\eta_1 + \eta_2 + \eta_3 = 8$$
$$\eta_1 \geqslant 0, \quad \eta_2 \geqslant 0, \quad \eta_3 \geqslant 0$$
$$|A_2| = \binom{10}{2} = 45$$

同理

$$|A_3| = \binom{9}{2} = 36$$

$$| A_1 \bigcap A_2 | = \binom{(15-6-7)+3-1}{2} = \binom{4}{2} = 6$$

$$| A_1 \bigcap A_3 | = \binom{3}{2} = 3, \quad | A_2 \bigcap A_3 | = \binom{2}{2} = 1$$

$$| A_1 \bigcap A_2 \bigcap A_3 | = 0$$

$$| \overline{A_1} \bigcap \overline{A_2} \bigcap \overline{A_3} | = 136 - (55+45+36) + (6+3+1) = 10$$

[**例 3-19**] 如图 3-9 所示,从(0,0)点到(10,5)点的路径中,求不能过 AB,CD,EF,GH 的路径数,已知 $A(2,2),B(3,2),C(4,2),D(5,2),E(6,2),F(6,3),G(7,2),H(7,3)$,从 (0,0)点到(10,5)点路径的全体 $S,|S| = \binom{15}{5} = 3003$.

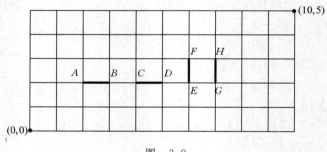

图　3-9

设

A_1: 从(0,0)点到(10,5)点的路径经 AB,

A_2: 从(0,0)点到(10,5)点的路径经 CD,

A_3: 从(0,0)点到(10,5)点的路径经 EF,

A_4: 从(0,0)点到(10,5)点的路径经 GH.

从(0,0)点到(10,5)点经 AB 的路径数,根据乘法法则有:从(0,0)点到(2,2)点的路径数乘以从(3,2)点到(10,5)点的路径数,所以有

$$| A_1 | = \binom{4}{2}\binom{(10-3)+(5-2)}{5-2}$$

$$= \binom{4}{2}\binom{10}{3} = 6 \times 120 = 720$$

同理

$$| A_2 | = \binom{6}{2}\binom{8}{3} = 15 \times 56 = 840$$

$$| A_3 | = \binom{8}{2}\binom{6}{2} = 28 \times 15 = 420$$

$$| A_4 | = \binom{9}{2}\binom{5}{2} = 36 \times 10 = 360$$

$$| A_1 \bigcap A_2 | = \binom{4}{2}\binom{8}{3} = 6 \times 56 = 336$$

$$|A_1 \bigcap A_3| = \binom{4}{2}\binom{6}{2} = 6 \times 15 = 90$$

$$|A_1 \bigcap A_4| = \binom{4}{2}\binom{5}{2} = 6 \times 10 = 60$$

$$|A_2 \bigcap A_3| = \binom{6}{2}\binom{6}{2} = 60 \times 15 = 900$$

$$|A_2 \bigcap A_4| = \binom{6}{2}\binom{5}{2} = 15 \times 10 = 150$$

$$|A_3 \bigcap A_4| = 0$$

$$|A_1 \bigcap A_2 \bigcap A_3| = \binom{4}{2}\binom{6}{2} = 6 \times 15 = 90$$

$$|A_1 \bigcap A_2 \bigcap A_4| = \binom{4}{2}\binom{5}{2} = 6 \times 10 = 60$$

$$|A_2 \bigcap A_3 \bigcap A_4| = 0$$

$$|A_1 \bigcap A_2 \bigcap A_3 \bigcap A_4| = 0$$

所以
$$\begin{aligned}|\overline{A}_1 \bigcap \overline{A}_2 \bigcap \overline{A}_3 \bigcap \overline{A}_4| &= 3003 - (720 + 840 + 420 + 360) + (336 + 90 \\ &\quad + 60 + 900 + 150) - (90 + 60) \\ &= 3003 - 2340 + 1536 - 150 = 2049\end{aligned}$$

3.8　第 2 类司特林数的展开式

在第 2 章已介绍过第 2 类 Stirling 数 $S(n,m)$，指将 n 个有标志的球放进 m 个无区别的盒而无一空盒的方案数，$S(n,m)$ 实际上也是将数 n 拆分成正好 m 个数的和的方案数．

先考虑 n 个有标志的球放进 m 个有区别的盒子，无一空盒的方案数，令
A_i 表示第 i 盒为空盒的子集，$i=1,2,\cdots,m$．

n 个有标志的球，m 个有区别的盒，事件全体为 S．

$$|S| = m^n$$

$$|A_c| = (m-1)^n$$

$$|A_1| + |A_2| + \cdots + |A_m| = m(m-1)^n = \binom{m}{1}(m-1)^n$$

$$\sum_{i=1}^{m}\sum_{j>i}|A_i \bigcap A_j| = \binom{m}{2}(m-2)^n$$

$$\sum_{i_1=1}^{n}\sum_{i_2>i_1}\cdots\sum_{i_k>i_{k-1}}|A_{i_1} \bigcap A_{i_2} \bigcap \cdots \bigcap A_{i_k}| = \binom{m}{k}(m-k)^n$$

n 个有标志的球放进 m 个有区别的盒子，无一空盒的方案数

$$N = |\overline{A}_1 \bigcap \overline{A}_2 \bigcap \cdots \bigcap \overline{A}_m|$$

$$= m^n - \sum_{i=1}^{m}|A_i| + \sum_{i=1}^{m}\sum_{j>i}|A_i \bigcap A_j| - \cdots + \cdots + (-1)^m|A_1 \bigcap A_2 \bigcap \cdots \bigcap A_m|$$

$$= m^n - \binom{m}{1}(m-1)^n + \binom{m}{2}(m-2)^n - \cdots + (-1)^m\binom{m}{m}(m-m)^n$$

$$= \sum_{k=0}^{m} (-1)^k \binom{m}{k} (m-k)^n$$

第二类 Stirling 数要求盒子是无区别的，所以

$$S(n,m) = \frac{1}{m!} N = \frac{1}{m!} \sum_{k=0}^{m} (-1)^k \binom{m}{k} (m-k)^n$$

推论 1

$$\sum_{k=0}^{m} (-1)^k \binom{m}{k} (m-k)^n = 0, \quad 若\ n < m$$

推论 2

因 $S(m,m)=1$，有

$$\sum_{k=0}^{m} (-1)^k \binom{m}{k} (m-k)^m = m!$$

3.9 欧拉函数 $\phi(n)$

$\phi(n)=$ 比 n 小并且与 n 互素的正整数数目.

先举一个例子.

[**例 3-20**] $n=48$，求比 48 小且与 48 互素的正整数的数目.

因 $\sqrt{48} \leqslant 7$，故比 48 小的合数必有 2，3，5 的因子.

令 A_1：比 48 小含有 2 的因数的子集

       A_2：比 48 小含有 3 的因数的子集

       A_3：比 48 小含有 5 的因数的子集

先求

$$|\overline{A_1} \cap \overline{A_2} \cap \overline{A_3}|$$
$$= N - [|A_1| + |A_2| + |A_3|]$$
$$+ [|A_1 \cap A_2| + |A_1 \cap A_3| + |A_2 \cap A_3|] + |A_1 \cap A_2 \cap A_3|$$

$$|A_1| = \left\lfloor \frac{48}{2} \right\rfloor = 24, \quad |A_2| = \left\lfloor \frac{48}{3} \right\rfloor = 16,$$

$$|A_3| = \left\lfloor \frac{48}{5} \right\rfloor = 9, \quad |A_1 \cap A_2| = \left\lfloor \frac{48}{6} \right\rfloor = 8,$$

$$|A_1 \cap A_3| = \left\lfloor \frac{48}{10} \right\rfloor = 4, \quad |A_2 \cap A_3| = 3,$$

$$|A_1 \cap A_2 \cap A_3| = \left\lfloor \frac{48}{30} \right\rfloor = 1$$

故

$$|\overline{A_1} \cap \overline{A_2} \cap \overline{A_3}| = 48 - (24 + 16 + 9) + (8 + 4 + 3) - 1$$
$$= 48 - 49 + 15 - 1 = 13$$

即有 13 个数满足题意：1，7，11，13，17，19，23，29，31，37，41，43，47。为求比 48 小，与 48 互素的数，此外还应加上 5，25，35 这 3 个数.

定理 3-5 已知 $n = p_1^{a_1} p_2^{a_2} \cdots p_k^{a_k}$，则

$$\phi(n) = n \left(1 - \frac{1}{p_1}\right) \left(1 - \frac{1}{p_2}\right) \cdots \left(1 - \frac{1}{p_k}\right)$$

证明 令 A_i 为比 n 小，含有 p_i 因数的正整数集合

$$\phi(n) = n - \sum_{i=1}^{k} |A_i| + \sum_{i=1}^{k} \sum_{j>i} |A_i \cap A_j|$$

$$- \sum_{i=1}^{k} \sum_{j>i} \sum_{h>j} |A_i \cap A_j \cap A_h| + \cdots + (-1)^k |A_1 \cap A_2 \cap \cdots \cap A_k|$$

$$= n - \sum_{i=1}^{k} \frac{h}{p_i} + \sum_{i=1}^{k} \sum_{j>i} \frac{n}{p_i p_j} - \sum_{i=1}^{k} \sum_{j>i} \sum_{h>j} \frac{n}{p_i p_j p_h} + \cdots + (-1)^k \frac{n}{p_1 p_2 \cdots p_k}$$

$$= n \left(1 - \frac{1}{p_1}\right) \left(1 - \frac{1}{p_2}\right) \cdots \left(1 - \frac{1}{p_k}\right)$$

3.10 n 对夫妻问题

n 对夫妻围圆桌而坐，求夫妻不相邻的方案数.

(1) n 个人围圆桌而坐的方案数应为 $(n-1)!$

n 对夫妻围圆桌而坐夫妻相邻的方案数：

$$(n-1)! 2^n$$

令 $A_i =$ 第 i 对夫妻相邻而坐的集合，$i = 1, 2, \cdots, n$，所问的问题为求

$$|\overline{A}_1 \cap \overline{A}_2 \cap \cdots \cap \overline{A}_n| = N - \sum_{i=1}^{n} |A_i| + \sum_{i=1}^{n} \sum_{j>i} |A_i \cap A_j| - \cdots$$

$$+ (-1)^n |A_1 \cap A_2 \cap \cdots \cap A_n|$$

(2) $2n$ 个人围圆桌而坐的方案数为 $(2n-1)!$

$|A_i|$ 相当于将第 i 对夫妻作为一个对象围圆桌而坐然后换位，故

$$|A_i| = 2(2n-2)!$$

$$|A_i \cap A_j| = 2^2 (2n-3)!$$

$$|A_i \cap A_j \cap A_k| = 2^3 (2n-4)!$$

$$\vdots$$

$$|A_1 \cap A_2 \cap \cdots \cap A_n| = 2^n (n-1)!$$

故夫妻不相邻的方案数为

$$N = (2n-1)! - 2 \binom{n}{1} (2n-2)! + 2^2 \binom{n}{2} (2n-3)! - \cdots + (-1)^n 2^n \binom{n}{n} (n-1)!$$

$$= \sum_{h=0}^{n} (-1)^h 2^h \binom{n}{h} (2n-h-1)!$$

3.11 Möbius 反演定理

定理 3-6 $f(n)$ 和 $g(n)$ 是定义在正整数集合上的两个函数，若

$$f(n) = \sum_{d|n} g(d)$$

则

$$g(n)=\sum_{d|n}\mu(d)f\left(\frac{n}{d}\right)$$

反之亦然.

其中

$$\mu(d)=\begin{cases}1, & 若 d=偶数个不同素数之积\\(-1)^r, & 若 d=奇数个不同素数之积\\0, & 其他\end{cases}$$

例如 $\mu(1)=1,\mu(2)=-1,\mu(3)=-1,\mu(4)=0,\mu(8)=0$

先证一个辅助定理.

辅助定理 对于任意正整数 n,恒有

$$\sum_{d|n}\mu(d)=\begin{cases}1, & 若 n=1\\0, & 若 n>1\end{cases}$$

证明 $n=1$ 时辅助定理显然成立.

若 $n=p_1^{\alpha_1}p_2^{\alpha_2}\cdots p_k^{\alpha_k}$,

$$\alpha_0\geqslant 1,\quad i=1,2,\cdots,k$$

其中 p_i 是互不相同的素数,$i=1,2,\cdots,k$.

一切 $d|n$ 都可写成

$$d=p_1^{\delta_1}p_2^{\delta_2}\cdots p_k^{\delta_k},\quad \delta_i\geqslant 0,\quad i=1,2,\cdots,k$$

令 $n_1=p_1p_2\cdots p_k$,由于对 p^α 有 $\mu(p^\alpha)=0$,若 $\alpha>1$,故

$$\sum_{d|n}\mu(d)=\sum_{d|n_1}\mu(d)$$

$d|n_1$ 的 d 有 $1,p_1,p_2,\cdots,p_k,p_1p_2,p_1p_3,\cdots,p_1p_k,p_2p_3,\cdots,p_{k-1}p_k,\cdots,p_1p_2\cdots p_k$,即 d 取 $p_1,p_2,\cdots,p_k$ 的所有的组合,若是偶数的组合,$\mu(d)$无贡献.

故

$$\sum_{d|n_1}\mu(d)=\mu(1)+\sum_{j=1}^{k}\binom{k}{j}(-1)^j=(1-1)^k=0$$

Möbius 反演定理的证明:

根据 $f(n)$的公式可得

$$f\left(\frac{n}{d}\right)=\sum_{d'|n/d}g(d')$$

所以

$$\sum_{d|n}\mu(d)f\left(\frac{n}{d}\right)=\sum_{d|n}\mu(d)\cdot\sum_{d'|n/d}\cdot\sum_{d'|n/d}g(d')$$

令 $n=dd'n_1$,因 $\sum\limits_{d|n/d'}\mu(d)=0$,故

$$\sum_{d|n}\mu(d)\sum_{d'|n/d}g(d')=\sum_{d'|n}g(d')\sum_{d|n/d'}\mu(d)=g(n)$$

反过来类似可证,若

$$g(n) = \sum_{d|n} \mu(d) f\left(\frac{n}{d}\right)$$

则

$$f(n) = \sum_{d|n} g(d)$$

[例 3-21]

$$f(n) = \sum_{d|n} d, \quad f(1) = 1, \quad f(2) = 1 + 2 = 3,$$

$$f(4) = 1 + 2 + 4 = 7, \quad f(6) = 1 + 2 + 3 + 6 = 12,$$

根据反演定理, $g(n) = n$ 可得

$$n = \sum_{d|n} \mu(d) f\left(\frac{n}{d}\right).$$

[例 3-22]

$$f(n) = \sum_{d|n} 1, \quad f(1) = 1, f(2) = 1 + 1 = 2, \quad f(4) = 3, \quad f(8) = 4, \cdots,$$

故 $1 = \sum_{d|n} \mu(d) f\left(\frac{n}{d}\right)$.

[例 3-23] 圆周排列问题, 说得具体些就是从 $a_1, a_2, \cdots, a_r$ 中, 取 n 个作周期为 n 且允许重复的圆周排列.

$$
\begin{array}{cccc}
a_1 & a_2 & \cdots & a_{n-1} & a_n \\
a_2 & a_3 & \cdots & a_n & a_1 \\
& & \vdots & & \\
a_n & a_1 & \cdots & a_{n-2} & a_{n-1}
\end{array}
$$

与圆周排列看作一回事, 即圆周排列 $a_1 a_2 \cdots a_n$ 看作 a_1 与 a_n 相邻、只要相对关系相同的排列作为同一个圆周排列, 绝对关系从线排列角度来看是不同.

从 r 个中取 n 个作不允许重复排列比较容易.

但从字符 $A = \{a_1, a_2, \cdots, a_r\}$ 中取 n 个作周期为 n 的允许重复的排列则不那么容易, 记其排列数记为 M_n.

当 $d|n$ 时, 每一个周期为 d 的允许重复的排列

$$\underbrace{\underbrace{a_1 a_2 \cdots a_d}\ \underbrace{a_1 a_2 \cdots a_d}\ \cdots\ \underbrace{a_1 a_2 \cdots a_d}}_{\text{重复} \frac{n}{d} \text{次}}$$

这种排列的每一个正好对应 d 个不同的线排列

$$
\underbrace{
\begin{array}{cccc}
a_1 a_2 \cdots a_d & a_1 a_2 \cdots a_d & \cdots & a_1 a_2 \cdots a_d \\
a_2 a_3 \cdots a_1 & a_2 a_3 \cdots a_1 & \cdots & a_2 a_3 \cdots a_1 \\
& \vdots & & \\
a_d a_1 \cdots a_{d-1} & a_d a_1 \cdots a_{d-1} & \cdots & a_d a_1 \cdots a_{d-1}
\end{array}
}_{\frac{n}{d} \text{组}}
$$

而且是一一对应的, 所以周期为 d 的允许重复长度为 n 的线排列的总数是 dM_d, 对所有周

期求和得

$$\sum_{d \mid n} dM_d = r^n$$

令 $f(n) = r^n$，$g(d) = dM_d$

根据 Möbius 反演定理，得

$$nM_n = \sum_{d \mid n} \mu(d) r^{\frac{n}{d}}$$

[例 3-24] 令 $r=5$，$n=12$，长度为 12 的圆周排列的周期 p 有 $1,2,3,4,6,12$，

$$\mu(1) = 1, \quad \mu(2) = -1, \quad \mu(3) = -1,$$
$$\mu(4) = 0, \quad \mu(6) = 1, \quad \mu(12) = 0$$

所以

$$M_1 = (1) \cdot 5^1 = 5$$

$$M_2 = \frac{1}{2} \left[1 \cdot 5^{2/1} + (-1) \cdot 5^{2/2} \right] = \frac{1}{2} [25 - 5] = 10$$

$$M_3 = \frac{1}{3} \left[(1) \cdot 5^{3/1} + (-1) \cdot 5^{3/3} \right] = \frac{1}{3} [125 - 5] = 40$$

$$M_4 = \frac{1}{4} \left[1 \cdot 5^{4/1} + (-1) \cdot 5^{4/2} + (0) 5^{4/4} \right] = \frac{1}{4} [625 - 25] = 150$$

$$M_6 = \frac{1}{6} \left[(1) \cdot 5^{6/1} + (-1) \cdot 5^{6/2} + (-1) \cdot 5^{6/3} + (1) \cdot 5^{6/6} \right]$$

$$= \frac{1}{6} [15\,625 - 125 - 25 + 5] = \frac{1}{6} \cdot 15\,480 = 2\,580$$

$$M_{12} = \frac{1}{12} \left[(1) \cdot 5^{12/1} + (-1) \cdot 5^{12/2} + (-1) \cdot 5^{12/3} + (0) \cdot 5^{12/4} \right.$$

$$\left. + (1) \cdot 5^{12/6} + (0) \cdot 5^{12/12} \right] = \frac{1}{12} [244\,140\,625 - 15\,625 - 625 + 25]$$

$$= \frac{1}{12} \times 24397.837 = 203.3153$$

3.12　鸽巢原理

所谓鸽巢原理即 $n+1$ 只鸽子，只有 n 个巢，则至少有一鸽巢有两只鸽子. 又如：

(1) 366 个人中必然至少存在两人有相同的生日.

(2) 抽屉里有 10 双手套散开放着，从中任取出 11 只，其中至少有一对是成双的.

(3) 某次会议有 n 位代表列席，每位代表认识其中某些人，则至少有两人认识的人数相等.

(4) 给定 5 个不同的正整数，其中至少有 3 个数的和被 3 除尽.

其中道理很简单，一年 365 天，366 个人中至少有一天是其中某两人的生日. 抽屉里原 10 双手套，任取 11 只当然至少有两只是配套的. 第 3 题，有 n 个代表，去掉自己之外只有 $n-1$ 个，若每人认识的人都不等，例如有 $1,2,\cdots,n-1$ 个，可是有 n 个人，故至少有两人认识的人数相等.

最后一题,比较起来要多一些思索,5个数至少有 3 个同为奇数或同为偶数,不论是哪一种,其和都将被 3 除尽.设 5 个数为 A_1,A_2,A_3,A_4,A_5,除以 3 的余数只有 3 种情形:0,1,2.而且其中至少有两个数余数相同.

若有 3 个数的余数同为 0,或 1,2,这 3 个数便是所求.不然,只能有两对数余数相同.不论哪两对,比如有两对余数为 0 和 1,一个数的余数 2,则从中各取一个,其和的余数被 3 除尽.若有两对数的余数为 1,2,则一个为 0,从中各取一个,其和被 3 除尽;有两对余数为 0,2 也一样.

3.13 鸽巢原理举例

[**例 3-25**] 从 $1\sim2n$ 的 $2n$ 个正整数中任取 $n+1$ 个,则这 $n+1$ 个数中至少有一对数,其中一个数是另一个数的倍数.

证明 设所取 $n+1$ 个数是

$$a_1,a_2,\cdots,a_n,a_{n+1}$$

对 $a_1,a_2,\cdots,a_n,a_{n+1}$ 序列中的每一个数去掉所有 2 的因子,直至剩下一个奇数为止.例如,$68=2\times34=2^2\times17$,去掉 2 的因子 2^2,留下奇数 17,结果得到由奇数组成的序列

$$r_1,r_2,\cdots,r_{n+1} \qquad (*)$$

$1\sim2n$ 中只有 n 个奇数,故序列($*$)中至少有两个是相同的.设为 $r_i=r_j=r$,对应地有

$$a_i=2^{a_i}r, \quad a_j=2^{a_j}r$$

若 $a_i>a_j$,则 a_i 是 a_j 的倍数.

[**例 3-26**] 设 $a_1,a_2,\cdots,a_m$ 是正整数的序列,则至少存在整数 k 和 l,$1\leqslant k<l\leqslant m$,使得和

$$a_k+a_{k+1}+\cdots+a_l$$

是 m 的倍数.

证明 构造一个序列 $s_1=a_1,s_2=a_1+a_2,s_3=a_1+a_2+a_3,\cdots,s_m=a_1+a_2+\cdots+a_m$,则

$$s_1<s_2<\cdots<s_m$$

有两种可能:

(1) 若有一个 s_h 是 m 的倍数,则定理已得证.

(2) 设在上面的序列中没有任何一个元素是 m 的倍数.令

$$s_h\equiv r_h \bmod m$$

其中,$h=1,2,\cdots,m$.假定上面的序列中所有的项都非 m 的倍数,故其中 $r_1,r_2,\cdots,r_m$ 无一为 0,而且所有的 r_h 均小于 m.不超过 $m-1$ 的正整数只有 $m-1$ 个.根据鸽巢原理,其中至少存在一对 r_h,r_k,满足 $r_h=r_k$.即 s_h 和 s_k 满足

$$s_k\equiv s_h \quad \bmod m$$

不妨设 $h>k$.

$$s_h=a_1+a_2+\cdots+a_k+a_{k+1}+\cdots+a_h$$
$$-)s_k=a_1+a_2+\cdots+a_k$$
$$\overline{\rule{0pt}{0pt}\hspace{8cm}}$$
$$s_h-s_k=a_{k+1}+a_{k+2}+\cdots+a_h\equiv 0 \bmod m$$

[例 3-27] 已知 $X=\{1,2,\cdots,9\}$，任意将 X 剖分成两个部分 P 和 Q，其中至少有一个集合含有 3 个等差的数.

证明 用反证法，最后导致矛盾.

不妨设 $5\in P$. 由于 $1,5,9$ 构成等差序列，所以，1 和 9 不能同时和 5 属于 P.

(1) 若 $\{1,5\}\subseteq P,9\in Q$.

由于 $1,3,5$ 是等差序列，所以假定 $3\in Q$，即 $\{1,5\}\subseteq P,\{3,9\}\subseteq Q$.

由于 $3,6,9$ 构成等差序列，所以假定 $6\in P$，即 $\{1,5,6\}\subseteq P$.

由于 $5,6,7$ 是等差序列，假定 $7\in Q$，即 $\{3,7,9\}\subseteq Q$.

由于 $7,8,9$ 构成等差序列，故假定 $8\in P$. 即 $\{1,5,6,8\}\subseteq P,\{3,7,9\}\subseteq Q$.

余下 2 和 4，若 $2\in P$，则 $\{1,2,5,6,8\}\subseteq P$，其中 $2,5,8$ 是等差序列，故假定 $\{2\}\subseteq Q$. 即 $\{2,3,7,9\}\subseteq Q$.

最后，若 $4\in Q$，则 $2,3,4$ 是等差序列，故假定 $\{4\}\subseteq P$，即 $\{1,4,5,6,8\}\subseteq P$.

但 $4,6,8$ 是等差序列，导出矛盾.

(2) 假定 $\{5,9\}\subseteq P,1\in Q$.

由于 $5,7,9$ 是等差序列，故 $1,7\in Q$.

又因 $1,4,7$ 是等差的，故假定 $4,5,9\in P,1,7\in Q$.

$4,5,6$ 构成等差，故假定 $1,6,7\in Q,4,5,9\in P$.

但 $3,4,5$ 构成等差，故假定 $1,3,6,7\in Q,4,5,9\in P$.

又因 $1,2,3$ 是等差，故假定 $1,3,6,7\in Q,2,4,5,9\in P$.

又因 $2,5,8$ 是等差，故 $1,3,6,7,8\in Q,2,4,5,9\in P$.

但 $6,7,8$ 又构成等差，故导致矛盾.

(3) 若 $5\in P,\{1,9\}\subseteq Q$.

7 可以属于 P 或 Q. 假定 $7\in P$，即 $\{5,7\}\subseteq P$，则 $3\in Q$. 否则 P 中 $3,5,7$ 构成等差序列. 若假定

$$\{5,7\}\subseteq P,\quad \{1,3,9\}\subseteq Q,$$

将导致 6 不论属于 P 还是属于 Q 都将出现等差序列

$$5,6,7\quad \text{和}\quad 3,6,9$$

导致矛盾. 故假定 $7\in Q$，即

$$5\in P,\{1,7,9\}\subseteq Q$$

则 8 只好属于 P，即 $\{5,8\}\subseteq P,\{1,7,9\}\subseteq Q$，$4$ 只好属于 P，否则 Q 中 $1,4,7$ 构成等差序列. 由于 $\{4,5,8\}\subseteq P$，故 6 只好属于 Q，即

$$\{1,6,7,9\}\subseteq Q$$

最后是 $2,3$ 两个数. 3 不论属于 P 还是属于 Q 都出现等差序列；若 3 属于 P，则出现

$$3,4,5$$

等差序列；若属于 Q，则出现 $3,6,9$ 等差序列，导致矛盾. $1,5,9$ 只能有以上 3 种分配，故得.

最后的结论只能是 P 和 Q 中至少出现一个等差序列 $a,a+d,a+2d$.

类似的办法可证

$$X=\{1,2,3,\cdots,2^8\}$$

任意剖分成两个集合 P 和 Q，其中至少存在一个集合包含有等比序列

$$a, ar, ar^2$$

这个问题留做习题.

[**例 3-28**] 设 a_1, a_2, a_3 是 3 个任意整数;b_1, b_2, b_3 是 a_1, a_2, a_3 的任一排列,则 $a_1 - b_1$,$a_2 - b_2, a_3 - b_3$ 至少有一个是偶数.

证明 根据鸽巢原理,a_1, a_2, a_3 这 3 个数中至少有两个数同为偶数,或同为奇数,不妨设这两个数为 a_1 和 a_2,且同为奇数,则 a_1, a_2, a_3 中至多有一个偶数.故再根据鸽巢原理,b_1 和 b_2 中至少有一个是奇数.而且有一个和 a_1, a_2 中某一个相等.奇数与奇数之差为偶数.故 $a_1 - b_1, a_2 - b_2$ 中至少有一个为偶数.若 a_1, a_2 两个数同是偶数,结果也是对的,因偶数与偶数之差仍然是偶数.

[**例 3-29**] 设 $a_1, a_2, \cdots, a_{100}$ 是由 1 和 2 组成的序列,已知从其中任意一个数开始的顺序中 10 个数的和不超过 16. 即对于 $1 \leqslant i \leqslant 91$,恒有

$$a_i + a_{i+1} + \cdots + a_{i+9} \leqslant 16$$

则至少存在 h 和 k,$k > h$,使得

$$a_h + a_{h+1} + \cdots + a_k = 39$$

证明 作序列 $s_1 = a_1, s_2 = a_1 + a_2, \cdots, s_{100} = a_1 + a_2 + \cdots + a_{100}$. 由于每个 a_i 都是正的整数,故

$$s_1 < s_2 < \cdots < s_{100}$$

而且

$$s_{100} = (a_1 + a_2 + \cdots + a_{10}) + (a_{11} + a_{12} + \cdots + a_{20})$$
$$+ \cdots + (a_{91} + a_{92} + \cdots + a_{100})$$

故根据假定有

$$s_{100} \leqslant 10 \times 16 = 160$$

作序列

$$\underbrace{s_1, s_2, \cdots, s_{100}, s_1 + 39, s_2 + 39, \cdots, s_{100} + 39}$$
$$\text{共 200 项}$$

最后的项 $s_{100} + 39 \leqslant 160 + 39 = 199$. 但序列共 200 项,为 1~199 的整数.根据鸽巢原理,其中必有两项相等.但序列中前 100 项为单调增,后 100 项也是单调增,故存在 h 和 k,使

$$s_h = s_k + 39, \quad 1 \leqslant h, k \leqslant 100$$

则

$$s_h - s_k = 39$$

即

$$a_1 + a_2 + \cdots + a_h - (a_1 + a_2 + \cdots + a_k) = 39$$

或

$$a_{k+1} + a_{k+2} + \cdots + a_h = 39$$

[**例 3-30**] X 是 9 个正整数的集合,$E \subseteq X$,$S(E)$ 是集合 E 的元素的和. n 是 X 的元素的最大值.求 n 的值,使 X 至少存在两个集合 A 和 B,使 $S(A) = S(B)$.

E 是 X 的任意子集,

$$S(E) \leqslant n + (n-1) + (n-2) + \cdots + (n-8) = 9n - 36$$

这说明不同的 $S(E)$ 值最多为 $9n - 36$ 个.

X 的非空子集的数目为 $2^9-1=511$. 根据鸽巢原理,

$$511 \geqslant 9n-36 \tag{$*$}$$

是至少存在两个子集的和相等的充分条件. 这里, $2^9-1=511$ 看作鸽子数, $9n-36$ 是鸽巢的数目的界. $9 \leqslant n \leqslant 60$ 使不等式 (*) 成立.

3.14 鸽巢原理的推广

鸽巢原理, 也叫抽屉原理, 原理本身非常直观, 上面讨论可见从中推演出的结论却很有意思, 下面介绍它的推广形式.

3.14.1 推广形式之一

设 k 和 n 都是任意的正整数. 若至少有 $kn+1$ 只鸽子分配在 n 个鸽巢里, 则至少存在一个鸽巢中有至少 $k+1$ 只鸽子.

推论 1 m 只鸽子, n 个鸽巢, 则至少有一个鸽巢里有不少于 $\left\lfloor \dfrac{m-1}{n} \right\rfloor+1$ 只鸽子.

如若不然, 鸽巢里的鸽子不超过 $\left\lfloor \dfrac{m-1}{n} \right\rfloor$ 只, 则 n 个鸽巢的鸽子数不超过

$$n \left\lfloor \frac{m-1}{n} \right\rfloor \leqslant m-1$$

与假定矛盾.

推论 2 若取 $n(m-1)+1$ 个球放进 n 个盒子, 则至少有 1 个盒子有 m 个球.

推论 3 若 $m_1, m_2, \cdots, m_n$ 是 n 个正整数, 而且

$$\frac{m_1+m_2+\cdots+m_n}{n} > r-1$$

则 $m_1, m_2, \cdots, m_n$ 中至少有 1 个数不小于 r.

3.14.2 应用举例

[**例 3-31**] 设 $A=a_1a_2\cdots a_{20}$ 是由 10 个 0 和 10 个 1 组成的某个 20 位的二进制数; $B=b_1b_2\cdots b_{20}$ 是任意的 20 位二进制数. 现把 A, B 分别记入图 3-10 中的 (A), (B) 两个 20 个格子, 分别得 (A), (B) 两种图像, 并把两个 B 连接得 40 位的二进制数 $C=\underbrace{b_1b_2\cdots b_{20}}_{B}\underbrace{b_1b_2\cdots b_{20}}_{B}$ 主体, 它的图像为 (C).

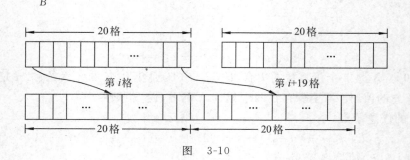

图 3-10

存在某一配合可以使得图像(C)上某相连的 20 格正好和图像(A)的 20 格中至少 10 位的对应数字相同.

例如图中(A)的第 1 格对应于(C)中的第 i 格.令 $i=1,2,\cdots,20$. 在这个过程中图像(B)中每一格和(A)的每一格比较相同了 10 次.相同的数字的数目之和应是 $20\times10=200$,平均每次有相同数字的格数应是 $\dfrac{200}{20}=10$.

根据鸽巢原理,至少有一次,其中相同数字的格数不少于 10.

定理 3-7 若序列

$$a_1,a_2,a_3,\cdots,a_{n^2+1} \tag{S}$$

的 n^2+1 个元素是不相等的实数,则从(S)中至少可选出一组由 $n+1$ 个元素组成的或为单调增或为单调减的子序列.

在证明定理以前,先举一个例子以说明定理的意思.对于序列

$$5,3,16,10,15,14,9,11,6,7$$

从中可以选出不相同的单调增子序列,例如,

$$\{5,16\};\{5,10,15\};\{3,9,11\};\{3,6,7\};\cdots$$

也可以从中选出单调减子序列,如

$$\{5,3\};\{16,10,9,6\};\{16,15,14,11,7\};\cdots$$

证明 1 从序列(S)中的每一个元素 a_i 向后可选出若干个单调增子序列,其中有一个元素最多的单调增子序列,设其元素个数为 l_i,$i=1,2,\cdots,n^2+1$. 于是得一序列

$$l_1,l_2,\cdots,l_{n^2+1} \tag{L}$$

若序列(L)中有一个元素 $l_k\geqslant n+1$,则已符合定理要求.若不然,设不存在元素个数超过 n 的单调增子序列,即

$$0<l_i\leqslant n,\quad i=1,2,\cdots,n^2+1$$

这相当于把 n^2+1 个球放到 n 个盒子里.由于 $m=n^2+1$,

$$\left\lfloor\dfrac{m-1}{n}\right\rfloor+1=\left\lfloor\dfrac{n^2+1-1}{n}\right\rfloor+1=n+1$$

根据鸽巢原理,存在 $n+1$ 个 $l_{k_1},l_{k_2},\cdots,l_{k_{n+1}}$ 和 l,$0<l\leqslant n$,使得 $l_{k_1}=l_{k_2}=\cdots=l_{k_{n+1}}=l$. 不失一般性,不妨令 $k_1<k_2<\cdots<k_{n+1}$,由于所有的 a_i 是不同的实数,故对应的 $a_{k_1},a_{k_2},\cdots,a_{k_{n+1}}$ 必须满足

$$a_{k_1}>a_{k_2}>\cdots>a_{k_{n+1}} \tag{A}$$

因为如若不然,设 $k_i<k_j$,有 $a_{k_i}<a_{k_j}$,则可把元素 a_{k_i} 加到从 a_{k_j} 开始的长度为 l 的单调增序列的前面,构成从 a_{k_i} 开始的长度为 $l+1$ 的单调增序列,这和 l 是 a_{k_i} 的最长增序列的假设矛盾.

但序列(A)本身是一个单调减子序列.这就证明了若不存在 $n+1$ 个元素的单调增子序列,便存在一个有 $n+1$ 个元素的单调减子序列(A).同样的办法可证,若(S)不存在元素个数为 $n+1$ 的单调减子序列,则必然存在一个元素个数为 $n+1$ 的单调增子序列.

证明 2 对于序列(S)中的每一个元素 a_i 对应有一个数偶 (l_i,m_i),l_i 是从 a_i 开始

向后选出的单调增子序列中元素个数最多的子序列长度，m_i 为从 a_i 开始向后选出的单调减子序列中元素个数最多的子序列长度. 于是对应于序列（S）有

$$(l_1,m_1),(l_2,m_2),\cdots,(l_{n^2+1},m_{n^2+1}) \tag{A_1}$$

其中

$$1\leqslant l_i\leqslant n,\quad 1\leqslant m_i\leqslant n,\quad i=1,2,\cdots,n^2+1 \tag{B_1}$$

满足条件（B_1）的数偶最多只有 n^2 个，根据鸽巢原理，（A_1）中至少有一对数偶 (l_i,m_i)，(l_j,m_j) 完全相同.

即

$$(l_i,m_i)=(l_j,m_j)\ \text{或}\ l_i=l_j,m_i=m_j$$

由于序列（S）的元素为不相等的实数，不妨设 $i<j$. 若 $a_i<a_j$，则将导出 $l_i>l_j$，与 $l_i=l_j$ 相矛盾；若 $a_i>a_j$，则 $m_i>m_j$，与 $m_i=m_j$ 相矛盾.

［**例 3-32**］ 将 $1\sim67$ 的正整数任意分成 4 部分，其中必有一部分至少有一个元素是某两个元素之差.

设将 $1\sim67$ 的整数任意分成 4 部分，分别为 p_1,p_2,p_3,p_4. 若这 4 部分中无一具有问题所指的性质，即其中至少有一个元素是其中两个元素之差，结果导出矛盾，从而证明了问题的结论是正确的.

（1）设 $1\sim67$ 的整数中至少有

$$\left\lfloor\frac{67-1}{4}\right\rfloor+1=17$$

个元素属于 p_1，并设这 17 个元素为

$$a_1<a_2<\cdots<a_{17}$$

令 $A=\{a_1,a_2,\cdots,a_{17}\}$，若 A 中存在一个元素是某两个元素之差，则满足问题的要求. 否则令

$$b_1=a_2-a_1,b_2=a_3-a_1,\cdots,b_{16}=a_{17}-a_1$$

令 $B=\{b_1,b_2,\cdots,b_{16}\}$. 显然 $1\leqslant b_i<67$，即 B 的元素仍然是从 1 到 67 之间的数. 根据假定 $b_1,b_2,\cdots,b_{16}$ 中无一属于 p_1，否则与假定 A 中不存在一个元素等于某两个元素之差相矛盾. 所以 B 的元素属于 p_2,p_3 或 p_4.

（2）与（1）的讨论相类似，设 B 中至少存在属于 p_2 的

$$\left\lfloor\frac{16-1}{3}\right\rfloor+1=6$$

个元素，设为 $c_1<c_2<c_3<c_4<c_5<c_6$. 令 $C=\{c_1,c_2,c_3,c_4,c_5,c_6\}$. 根据假定，$C$ 中没有一个元素为某两个元素之差. 令

$$d_1=c_2-c_1,d_2=c_3-c_1,d_3=c_4-c_1$$
$$d_4=c_5-c_1,d_5=c_6-c_1$$

$D=\{d_1,d_2,d_3,d_4,d_5\}$，所有的 $d_i<67,i=1,2,3,4,5$. 存在整数 l,m 使得

$$d_k=c_{k+1}-c_1=(a_l-a_1)-(a_m-a_1)=a_l-a_m$$

故 D 的元素不属于 p_1，同时也不属于 p_2，只能属于 p_3,p_4.

（3）综上所述，D 中 5 个元素只能属于 p_3,p_4，故根据鸽巢原理，设至少存在

$$\left\lfloor\frac{5-1}{2}\right\rfloor+1=3$$

个元素属于 p_3，设为 $f_1<f_2<f_3<67$. 令 $F=\{f_1,f_2,f_3\}$. 根据假定，F 中不存在一个

元素为某两个元素之差,令

$$g_1 = f_2 - f_1, \qquad g_2 = f_3 - f_1,$$
$$G = \{g_1, g_2\}$$

显然,G 的元素不属于 p_3,而且 $1 \leqslant g_1 < g_2 < 67$. 还可以证明对 G 的元素 g_i,存在 p 和 q 及 l 和 m,使得

$$g_i = (c_p - c_1) - (c_q - c_1) = c_p - c_q$$
$$= (a_l - a_1) - (a_m - a_1) = a_l - a_m$$
$$i = 1, 2$$

这就证明了 g_1 和 g_2 既不属于 p_1 也不属于 p_2,即 G 的元素不属于 p_1, p_2, p_3. 故 G 的元素属于 p_4.

(4) 但根据假定 $g_1 \neq g_2 - g_1$,令

$$h = g_1 - g_2$$

则 h 不属于 p_4,但 $1 \leqslant h \leqslant 67$,还可以证明 h 不属于 p_1, p_2, p_3,即存在一个整数 $1 \leqslant h < 67$,不属于 p_1, p_2, p_3, p_4 中任何一个. 这又和 $1 \sim 67$ 之间整数任意分成 4 部分的假定相矛盾.

[例 3-33] 设 A 是 m 个正整数的集合,$m \geqslant 1$,可以证明存在非空的子集 $B \subseteq A$,使得 B 的元素之和被 m 除尽. 设 $A = \{a_1, a_2, \cdots, a_m\}$.

证明 设 $A_1 = \{a_1\}, A_2 = \{a_1, a_2\}, \cdots, A_m = \{a_1, a_2, \cdots, a_m\} = A$,令

$$a_1 \equiv r_1 \bmod m,$$
$$a_1 + a_2 \equiv r_2 \bmod m,$$
$$\vdots$$
$$a_1 + a_2 + \cdots + a_m \equiv r_m \bmod m.$$
$$0 \leqslant r_2 < m \qquad i = 1, 2, \cdots, m.$$

若存在 $r_h = 0$,则 $a_1 + a_2 + \cdots + a_h \equiv 0 \bmod m$. 否则,$r_1, r_2, \cdots, r_m$ 为小于 m 的正整数,根据鸽巢原理,$m-1$ 个鸽巢,m 只鸽子,必存在 r_i 和 r_j 相等,不妨设 $i < j$,

$$a_1 + a_2 + a_3 + \cdots + a_j \equiv a_1 + a_2 + \cdots + a_i \bmod m$$

故

$$a_{i+1} + a_{i+2} + \cdots + a_j \equiv 0 \bmod m$$

即

$$m \mid (a_{i+1} + a_{i+2} + \cdots + a_j)$$

[例 3-34] $A = \{1, 2, \cdots, 99\}$,X 是 A 的子集,且 $|X| = 10$,可以找到 X 的两个非空真子集 Y 和 Z,使得 Y 的元素之和与 Z 的元素之和相等.

解 由于 $|X| = 10$,所以 X 的非空子集的数目为

$$2^{10} - 1 = 1023$$

另一方面,X 的元素之和有

$$\sum_{a_i \in X} a_i \geqslant 1 + 2 + 3 + \cdots + 10 = 55$$

$$55 \leqslant \sum_{a_i \in X} a_i < 90 + 91 + 92 + \cdots + 99 = 975$$

这说明 A 中 10 个元素的和不超过 975，也就是 10 元素之和不同的数充其量也就是 975 个.

现在有 1023 只鸽子，975 个鸽巢，故存在一个鸽巢中两只鸽子相同. 设这个子集为 A_1 和 B，使得

$$\sum(a \mid a \in A_1) = \sum(b \mid b \in B)$$

若 A_1 和 B 无共同元素，即 $A_1 \bigcap B = \varnothing$，则

$$Y = A_1, \quad Z = B$$

若 $A_1 \bigcap B \neq \varnothing$，则

$$Y = A_1 \backslash (A_1 \bigcap B), \quad Z = B \backslash (A_1 \bigcap B)$$

便是所求.

[**例 3-35**] 令 ABC 是等边三角形，将边 AB, BC, AC 上的点，包括顶点 A, B 和 C，任意剖分为两个不相交的子集，则两个子集中至少有一个包含一个直角三角形的顶点.

例如，图 3-11 中等边三角形 ABC 的边剖分成属于 S_1 和 S_2 的两部分. S_1 的边：——，S_2 的边：——

图 3-11 中虚线三角形便是顶点在 S_1 的直角三角形. 用反证法，假定在 S_1 和 S_2 中，都不存在直角三角形.

假定图 3-12 中 X, Y, Z 分别是边 AB, BC, AC 上的 3 个点，使得

$$\frac{AX}{XB} = \frac{BY}{YC} = \frac{CZ}{ZA} = 2$$

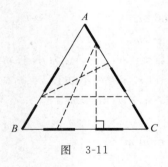

图 3-11

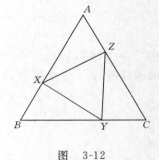

图 3-12

在 $\triangle AZX$ 中，

$$(XZ)^2 = (AX)^2 + (AZ)^2 - 2(AX)(AZ)\cos(\angle XAZ)$$

$$= \left(\frac{2}{3}AB\right)^2 + \left(\frac{1}{3}AC\right)^2 - 2\left(\frac{1}{3}AC\right)\left(\frac{2}{3}AB\right)\cos60°$$

$$= \left(\frac{4}{9} + \frac{1}{9} - 2 \cdot \frac{2}{9} \cdot \frac{1}{2}\right)(AB)^2 = \frac{1}{3}(AB)^2$$

$$(XZ)^2 + (AZ)^2 = \frac{1}{3}(AB)^2 + \frac{1}{9}(AC)^2 = \frac{4}{9}(AB)^2 = (AX)^2$$

这就证明了 $\angle AZX = 90°$.

类似地，可证 $\angle BXY = \angle CYZ = 90°$.

X,Y,Z 中至少有两点在 S_1（或 S_2），不妨设 $\{X,Y\}\subseteq S_1$. 由于 XY 和 AB 垂直，由于假定不存在直角三角形 3 个顶点同属于 S_1 或 S_2. 故 AB 上除 X 点外没有属于 S_1 的点.

如若不然，假定有一点 $W\in S_1$ 在 AB 上，则 $\{X,Y,W\}$3 点构成了 3 个顶点同属 S_1 的直角三角形，与假定矛盾.

这就证明了 AB 上除 X 点外同属于 S_2.

这将导致 C 点和 Z 点都不属于 S_2，否则从 C 点和 Z 点引 AB 的垂线，可分别构成一个直角三角形，3 个顶点都在 S_2，导致矛盾. 即 C 和 Z 都属于 S_1.

所以 CYZ 是一个直角三角形，3 个顶点都在 S_1. 出现矛盾，推翻了不存在 3 个顶点属于同一集合 S_1 或 S_2 的假定.

即
$$\{C,Z,Y\}\subseteq S_1.$$
而 C,Z,Y 构成一个直角三角形. 与假定矛盾.

［例 3-36］ 一个抽屉里有 20 件衬衫，其中 4 件是蓝的，7 件是灰的，9 件是红的. 试问应从中随意取多少件能保证有 4 件是同色的？又应再抽取多少件保证为 $5,6,7,8,9$ 件是同颜色的？

根据鸽巢原理，n 个鸽巢，$kn+1$ 只鸽子，则至少有一个鸽巢有 $k+1$ 只鸽子.

（1）现在有 3 个鸽巢，即 $n=3$，$k+1=4$，所以，$k=3$，
$$kn+1=3\times 3+1=10$$
即随意抽取 10 件可保证有 4 件是同颜色的.

（2）若依据（1），$k=4$，$n=3$，则应抽取
$$3\times 4+1=13$$
件能保证有 5 件同色. 其实不然. 问题的模型与鸽巢原理不尽相同.

我们考虑一种最坏的情况：第 1 次取 10 件正好有 4 件都是蓝的即 4 件蓝色，取走后，问题变成由灰的和红的构成同颜色的情况. 这时，$n=2$，$k+1=5$，$k=4$. 故应取 $4+4\times 2+1=13$ 件.

（3）$k+1=6$，$k=5$，$n=2$，
故需要取出
$$4+(5\times 2+1)=15（件）$$

（4）$k+1=7$，$k=6$，应取
$$4+(6\times 2+1)=17（件）$$

（5）考虑到蓝的和灰的已分别取尽，这时只剩下红的，$k+1=8$，$k=7$，$n=1$，故应取
$$4+7+(kn+1)=4+7+(7+1)=19（件）$$

（6）$k+1=9$，$k=8$，$n=1$，
$$4+7+(kn+1)=4+7+(8+1)=20（件）$$

3.14.3 推广形式之二

下面给出的定理是鸽巢原理的又一种推广.

定理 3-8 设有 $p_1 + p_2 + \cdots + p_n - n + 1$ 只鸽子,有标号分别为 $1, 2, \cdots, n$ 的鸽巢,则存在至少一个标号为 j 的鸽巢至少有 p_j 只鸽子,$j = 1, 2, \cdots, n$.

证明 如若不然,第 1 个鸽巢最多只有 $p_1 - 1$ 只鸽子,第 2 个鸽巢最多只有 $p_2 - 1$ 只鸽子,$\cdots$,第 n 个鸽巢最多不超过 $p_n - 1$ 只鸽子,则鸽子的总数最多不过

$$(p_1 - 1) + (p_2 - 1) + \cdots + (p_n - 1) = p_1 + p_2 + \cdots + p_n - n$$

与假定的鸽子数为 $p_1 + p_2 + \cdots + p_n - n + 1$ 相矛盾.

3.15   Ramsey 数

3.15.1   Ramsey 问题

〔例 3-37〕 6 个人在一起,其中至少存在 3 个人或互相认识,或互不相识. 6 个人设为 A, B, C, D, E, F,分别用 6 个顶点 A, B, C, D, E, F 表示. 过此 6 个顶点作完全图,见图 3-13,互相认识的两个人,对应顶点的连线着红色,比如 A 与 B 互相认识,则 (A, B) 边着红色. 不相认识的两个人对应的顶点连线着蓝色.

Ramsey 问题等价于证明这 6 个顶点的完全图的边,用红、蓝二色任意着色,必然至少存在一个红色边三角形,或蓝色边三角形.

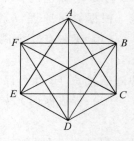

图   3-13

A 点和其他 5 个顶点相连有 5 条边,每条边或着以红色,或着以蓝色. 依据鸽巢原理,其中至少有 $\left\lfloor \dfrac{5-1}{2} \right\rfloor + 1 = 3$ 条边同色,不妨假定有 3 条边着以红色. 3 条边的另外 3 个端点设为 L, M, N. 这 3 个端点间的连线或同色或不同色. 若是前者,则已存在一个同色三角形,或是红色或是蓝色,均满足 Ramsey 问题的结论. 若是后者,依据鸽巢原理,至少有一条边是红色,设为 (L, M),则 ALM 构成一个红色边三角形. Ramsey 问题证毕.

上面只不过是利用图的形象而直观的特点,对 Ramsey 问题进行了讨论,若不用图也一样可以论证如下:

对于 A 以外的 5 个人可分为 Friend 和 Strange 两个集合.

Friend = 其余 5 人中与 A 互相认识的集合;

Strange = 其余 5 人中与 A 互相不认识的集合.

依据鸽巢原理,Friend 和 Strange 中有一个集合至少有 3 个人,不妨假设是集合 Friend.

Friend 中 3 个人 P, Q, R 若是彼此互相不认识,则问题已得到证明. 否则有两个人互相认识,不妨设这两个人是 P 和 Q,则 A, P, Q 这 3 个人彼此认识.

若是集合 Strange 至少有 3 个人,可以同样讨论如下:若 Strange 有 3 人 L, M, N 彼此互相认识,则问题的条件已得到满足. 否则设 L 和 M 互不相识,则 A, L, M 互不相识.

现在把推理过程形象地表示,如图 3-14 所示.

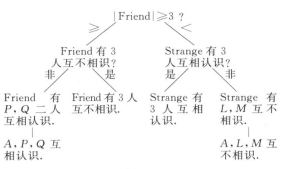

图 3-14

若干推论

(1) 对 6 个顶点的完全图的边用红、蓝二色任意着色,结果至少有两个同色的三角形.

6 个顶点令之为 A, B, C, D, E, F. 对 6 个顶点的完全图用红、蓝二色进行着色,至少有一个同色三角形,设 ABC 是红色边的三角形.

依据鸽巢原理,从 A 引出的 5 条边 AB, AC, AD, AE, AF 中至少有 3 条边同色,其中 AB, AC 先假定着红色.

首先讨论与 A 关联的边中有 3 条是蓝色边的情况. 这 3 条蓝色边只能是 AD, AE, AF.

这时,若 DE, DF, EF 中有一条是蓝色边,则将出现另一个同色(蓝色)三角形,或 ADE, 或 AEF, 或 ADF.

否则 DE, DF, EF 都是红色边,则也出现另一个红色边三角形 DEF(图 3-15(a)).

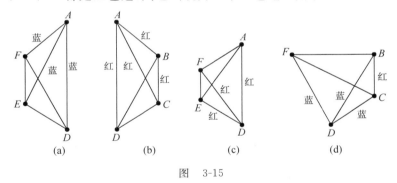

图 3-15

若从 A 出发的边中至少有 3 条边是红色边,由于 AB, AC 已是红色边,故余下的 AD, AE, AF 中至少有一条是红色边,不妨假定 AD 是红色边,只要 DB 或 DC 是红色边,则出现另一个同色的(红色)三角形 ABD 或 ACD(图 3-15(b)).

在过 A 点的 3 条边 AB, AC, AD 都是红色边的前提下,若从 D 出发的 DC 和 DB 都是蓝色边,则余下的 3 条边 DA, DE, DF 中又分如下几种情况:

若 DA, DE, DF 是红色边,即过 D 至少有 3 条红色边. 可见只要 EA, EF, FA 中至少有一条是红色边,则三角形 ADF 或 ADE, 或 EDF 中至少有一个是红色三角形. 若不然,AE, AF, EF 都是蓝色边,则 AEF 是蓝色三角形(图 3-15(c)).

若 D 点的 5 条边中至少有 3 条边着以蓝色,则 DF, DE 中至少有一条边是蓝色边,例如 DF 是蓝色边. 只要 BF, CF 中有一条着以蓝色,便得到另一个蓝色三角形 BDF 或 CDF(图 3-15(d)).

如果 BF 和 EF 无一是蓝色边,都是红色边,已知 BC 是红色边,故 BCF 是一红色三角形.

证明方法实际上是对各种情况进行推理,推理过程,见于图 3-16. 其中 ABC 假定是红色三角形(见图 3-15(b)).

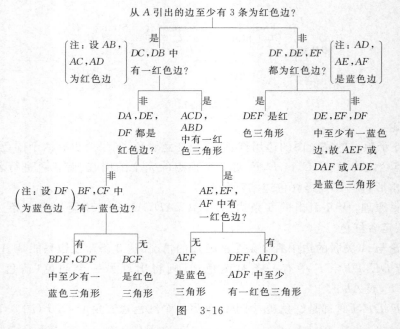

图　3-16

（2）[例 3-38]　证明 10 个人中若不是 3 个人互不相识,则必有 4 个人互相认识,同样,10 个人中若不是 3 个人互相认识,则必有 4 个人互不相识.

证明　10 个人中有一个 A,余下的 9 个人分成与 A 互相认识的集合 Friend,以及与 A 互不相识的集合 Strange.

若 $|\text{Strange}| \geqslant 4$,即 Strange 集合中元素的数目大于等于 4,则若 Strange 中有 4 个人互相认识,问题已得证,否则 Strange 有两人互不相识,这两人与 A 构成互不相识的 3 个人.

若 $|\text{Strange}| < 4$,即 $|\text{Friend}| \geqslant 6$. 根据 6 人中必有 3 人互不相识或存在 3 人互相认识,若为前者定理已证;若 3 个人互相认识,这 3 个人与 A 构成互相认识的 4 个人. 推理过程如图 3-17 所示。

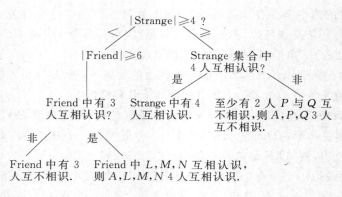

图　3-17

（3）［**例 3-39**］　其实上面问题的结论只要有 9 个人就够了．问题相当于 9 个顶点的完全图用红、蓝二色任意着色，红色三角形和蓝色的完全四边形两者必有其一．类似地，红色完全四边形和蓝色三角形两者必有其一．

证明　设 9 个顶点为 $(v_1, v_2, \cdots, v_9)$．对 9 个顶点的完全图的边用红、蓝两色任意着色，其结果必然不可能使与所有的顶点关联的边中都正好有 3 条边着以红色或着以蓝色．这是因为如若不然，每个顶点正好 3 条边着以红色（或蓝色），$3 \times 9 = 27$，是个奇数，这是不可能的．因为每条红色的边都在两端点各计算一次，所得到的结果应是偶数．这就证明了，9 个顶点中至少存在一个顶点设为 I，该点的 8 条边中着以红色的边数多于 3 或少于 3．分别讨论如下：

① 若在从 9 点引出的 8 条边中，着以红色的边数多于 3，至少有 4 条，设为 $v_1 v_9$，$v_2 v_9$，$v_3 v_9$，$v_4 v_9$．

只要在 v_1, v_2, v_3, v_4 中任意两点的连线着以红色，设 $v_i v_j$ 为红色边，则 $v_i v_j v_9$ 为红色边的三角形，其中 $i \neq j$．否则 $v_1 v_2 v_3 v_4$ 是蓝色边的完全四边形（见图 3-18）．

② 若在从 v_9 点引出的 8 条边中着以红色的边数少于 3，最多不超过 2，则 I 的蓝色边至少有 6 条，设为 $v_1 v_9$，$v_2 v_9$，$v_3 v_9$，$v_4 v_9$，$v_5 v_9$，$v_6 v_9$．由 $v_1, v_2, v_3, v_4, v_5, v_6$ 这 6 点构成的完全图必有两个同色的三角形．若一个同色三角形是红色三角形，则满足问题的结论．如若是蓝色三角形 $v_i v_j v_k$，则 $v_9 v_i v_j v_k$ 便是蓝色边的完全四边形（见图 3-19）．

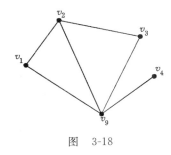

图　3-18

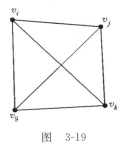

图　3-19

在上面证明中，令"红"与"蓝"互换，便可以得到结论的另一部分．

9 个点再也不能减少了，只要举一个 8 个点的完全图的一种着色方案不满足上面结论就可以了．

（4）18 个人中至少有 4 个人或互相认识或互相不认识．

这个问题相当于对 18 个顶点的完全图的边用红、蓝二色任意着色，则至少存在一个同色完全四边形．

设 18 个顶点分别为 $v_1, v_2, \cdots, v_{18}$，从 v_{18} 引出的 17 条边至少有 9 条是同色，不妨假定是红色．这 9 条红色边的另 9 个端点构成的 9 个顶点的完全图中至少出现一个红色三角形，或一个蓝色的完全四边形．如果是存在一个红色三角形，设为 $v_i v_j v_k$，则 $v_{18} v_i v_j v_k$ 构成一个 4 个顶点的红色边的完全图．若是存在蓝色边完全四边形图，则满足问题的结论．

3.15.2　Ramsey 数

前面关于 Ramsey 问题的讨论，提出一个一般的问题：一对常数 a 和 b，对应于一个整数 r，使得 r 个人中或有 a 个人互相认识，或有 b 个人互不相识；或有 a 个人互不相识，或有 b

个人互相认识.这个数 r 的最小值用 $R(a,b)$ 来表示.也就是 $R(a,b)$ 个顶点的完全图,用红、蓝两种颜色进行着色,无论何种情况必至少存在:(1)一个 a 个顶点着红颜色的完全子图,或一个 b 个顶点着蓝颜色的完全子图;(2)至少存在一个 a 个顶点着蓝色的完全图,或着 b 个顶点红色的完全图.两者必有一个成立.

比如 $R(3,3)=6$, $R(3,4)=9$, $R(4,4)=18$.

定理 3-9 $R(a,b)=R(b,a),R(a,2)=a$.

证明 第 1 个等式来自对称性,即红与蓝互换结论不变.

第 2 个等式说明 a 个顶点的完全图的边,用红、蓝两色染色,或存在一个 a 个顶点着红(蓝)色的完全图,或至少存在一条着蓝(红)色的边.

定理 3-10 对任意整数 $a,b\geqslant 2,R(a,b)$ 存在.

证明从略.

定理 3-11 对所有的整数 a,b,
$$R(a,b)\leqslant R(a-1,b)+R(a,b-1)$$

证明 在 $R(a-1,b)+R(a,b-1)$ 个人中有一个 A,余下的$R(a-1,b)+R(a,b-1)-1$ 个人分成两个集合:

Friend= 与 A 互相认识的人的集合;

Strange= 与 A 互不相识的人的集合,

则 $|\text{Friend}|\geqslant R(a-1,b)$,或 $|\text{Strange}|\geqslant R(a,b-1)$,二者必有一个成立.如若不然,
$$|\text{Friend}|\leqslant R(a-1,b)-1$$
$$|\text{Strange}|\leqslant R(a,b-1)-1$$

则 $|\text{Friend}|+|\text{Strange}|\leqslant R(a-1,b)+R(a,b-1)-2<R(a-1,b)+R(a,b-1)-1$ 与假定相矛盾.

若 $|\text{Friend}|\geqslant R(a-1,b)$,则 Friend 集合中有 $a-1$ 个人互相认识,加上 A 共 a 个人互相认识,或 b 个人互不相识.

若 $|\text{Strange}|\geqslant R(a,b-1)$,则集合 Strange 中有 a 个是朋友,或 Strange 集合中有 $b-1$ 个互不相识,加上 A 共 b 个人互不相识.

但 $R(a,b)$ 是使得有 a 个互相认识,或有 b 个互不相识的最少的人数,故
$$R(a,b)\leqslant R(a-1,b)+R(a,b-1)$$

定理 3-12 对所有整数 a 和 $b,a,b\geqslant 2$,若 $R(a,b-1)$ 和$R(a-1,b)$ 是偶数,则
$$R(a,b)\leqslant R(a-1,b)+R(a,b-1)-1$$

证明 令 $m=R(a-1,b)+R(a,b-1)-1,K_m$ 是一个 m 个顶点的完全子图,它的边着红、蓝两种颜色.固定 K_m 的某一个顶点 w,则 w 和 $m-1$ 条边关联.其中,若存在 $R(a-1,b)$ 条边或更多条边为蓝色,则面对 w 的 $R(a-1,b)$ 个顶点必然存在 $a-1$ 个顶点的蓝色完全图,或 b 个顶点的红色完全图.所以这样的 m 个顶点的完全图必存在 a 个顶点蓝色完全图,或 b 个顶点的红色完全图.同样,讨论与 w 关联的 $m-1$ 条边有 $R(a,b-1)$ 条边着红色,结果正确.即存在 a 个顶点的蓝色完全图,或 b 个顶点的红色完全图.

若与 w 点关联的边正好有 $R(a-1,b)-1$ 条蓝色边,$R(a,b-1)-1$条红色边,w 点是 K_m 的任意的点.则 K_m 的蓝色边数为

160

$$\frac{m}{2}\{R(a-1,b)-1\}$$

由于 $R(a-1,b)$ 和 $R(a,b-1)$ 都是偶数，m 和 $R(a-1,b)-1$ 都是奇数，这是不可能的. 定理得证.

定理 3-13 对于 $a,b \geqslant 2$,有

$$R(a,b) \leqslant \binom{a+b-2}{a-1}$$

证明 因为 $R(a,2)=R(2,a)=a$,所以定理对 $a=2,b=2$ 时是成立的.

假定定理对于 (a',b'),使得 $2 \leqslant a'+b' < a+b$ 时成立. 其中 $a>2,b>2$.

$$R(a,b) \leqslant R(a-1,b)+R(a,b-1) \leqslant \binom{a+b-3}{a-2}+\binom{a+b-3}{a-1}$$

$$= (a+b-3)!\left[\frac{1}{(a-2)!(b-1)!}+\frac{1}{(a-1)!(b-2)!}\right]$$

$$= (a+b-3)!\frac{a-1+b-1}{(a-1)!(b-1)!}$$

$$= (a+b-3)!\frac{(a+b-2)}{(a-1)!(b-1)!} = \binom{a+b-2}{a-1}$$

我们已证明 $R(4,3) \leqslant 9$,即 9 个顶点的完全图任意用两种颜色着色,必存在 3 个顶点的同色完全图,或 4 个顶点的同色完全图. 要证明 $R(4,3)=9$,只要举一个 8 个顶点的完全图用红、蓝两种颜色对顶点进行着色,结果出现反例,即既不存在同色三角形,也没有 4 个顶点的同色完全图. 这个例子留给读者去思考.

已经探明的 Ramsey 数或它的界列如表 3-3 所示.

表 3-3

b \ a	3	4	5	6	7	8	9	10	11	12	13	14	15
3	6	9	14	18	23	28	36	40 43	46 51	51 60	59 69	66 78	73 89
4		18	25	35 41	49 61	53 84	69 115	80 149	96 191	106 238	118 291	129 349	134 417
5			43 49	58 87	80 143	95 216	114 316	442					
6				102 165	298	495	780	1171					
7					205 540	1031	1713	2826					
8						282 1870	3583	6090					
9							565 6625	12715					
10								23854	798				

Ramsey 数的推广

若把以上讨论中红、蓝两种颜色改为 k 种颜色 $c_1, c_2, \cdots, c_k$,把存在 a 条边的同色完全图,或 b 条边的同色完全图,改为或 a_1,或 $a_2, \cdots$,或 a_k 条边的同色完全图,即得到 Ramsey 数 $R(a_1, a_2, \cdots, a_k)$. 即对 r 个顶点的完全图,用 k 种颜色 $c_1, c_2, \cdots, c_k$ 任意着色,必然是或出现着以 c_1 颜色的 a_1 个顶点的完全图,或出现着以 c_2 颜色的 a_2 个顶点的完全图,$\cdots$,或出现着以 c_k 颜色的 a_k 个顶点的完全图,这样的整数 r 的最小值用 $R(a_1, a_2, \cdots, a_k)$ 表示.

以 $k=3$ 为例,若 a_1, a_2, a_3 都大于 1,令 $R(a_2, a_3) = p$,用任意二色对 p 个顶点的完全图进行着色,则或出现 a_2 个顶点的同色完全图,或出现 a_3 个顶点的同色完全图. 所以有

$$R(a_1, a_2, a_3) \leqslant R(a_1, p) = q$$

比如用红、蓝两种颜色对 $r(3, 6)$ 个顶点的完全图任意着色,结果或出现红色边三角形,或出现蓝色边的 6 个顶点的完全图.

若以黄与绿两种颜色代替蓝颜色,对蓝色边的 6 个顶点完全图进行着色,则或出现黄色边的三角形,或出现绿色边的三角形,有

$$R(3, 6) \geqslant R(3, 3, 3)$$

依此类推,可得

$$R(a_1, a_2, \cdots, a_n) \leqslant R(a_1, R(a_2, \cdots, a_n))$$

习　题

3.1 某甲参加一种会议,会上有 6 位朋友,某甲和其中每一个人在会上各相遇 12 次,每两个人各相遇 6 次,每 3 人各相遇 4 次,每 4 人各相遇 3 次,每 5 人各相遇 2 次,每 6 人各相遇 1 次,1 人也没遇见的有 5 次,问某甲共参加几次会议?

3.2 求从 1～500 的整数中被 3 和 5 整除但不被 7 整除的数的个数.

3.3 n 个代表参加会议,试证其中至少有 2 人各自的朋友数相等.

3.4 试给下列等式以组合意义

(1) $\dbinom{n-m}{n-k} = \sum_{l=0}^{m} (-1)^l \dbinom{m}{l} \dbinom{n-l}{k}$, $\qquad n \geqslant k \geqslant m$

(2) $\dbinom{l-1}{n-m-1} = \sum_{j=0}^{n-m} (-1)^j \dbinom{n-m}{j} \dbinom{n-m-j+l-1}{l}$

(3) $\dbinom{m+l-1}{m-1} = \dbinom{m+l}{m} - \dbinom{m+l}{m+1} + \dbinom{m+l}{m+2} - \cdots + (-1)^l \dbinom{m+l}{m+l}$

提示:(1) 从 n 个不同元素中取出 k,使得其中必含有 m 个特定元素的方案数为 $\dbinom{n-m}{n-k}$.

(2) 把 l 个无区别的球放到 n 个不同的盒子,但有 m 个空盒子的方案数为 $\dbinom{n}{m} \dbinom{l-1}{n-m-1}$.

3.5 设有 3 个 7 位的二进制数

$$a_1 \quad a_2 \quad a_3 \quad a_4 \quad a_5 \quad a_6 \quad a_7,$$
$$b_1 \quad b_2 \quad b_3 \quad b_4 \quad b_5 \quad b_6 \quad b_7,$$
$$c_1 \quad c_2 \quad c_3 \quad c_4 \quad c_5 \quad c_6 \quad c_7.$$

试证存在整数 i 和 j,$1 \leqslant i < j \leqslant 7$,使得下列之一必然成立:

$$a_i = a_j = b_i = b_j, \quad a_i = a_j = c_i = c_j, \quad b_i = b_j = c_i = c_j$$

3.6 在边长为 1 的正方形内任取 5 点,试证其中至少有两点,其间距离小于 $\frac{1}{2}\sqrt{2}$.

3.7 在边长为 1 的等边三角形内任取 5 点,试证至少有两点距离小于 $\frac{1}{2}$.

3.8 任取 11 个整数. 求证其中至少有两个数它们的差是 10 的倍数.

3.9 把从 1~326 的 326 个整数任意分为 5 个部分,试证其中有一部分至少有一个数是某两个数之和,或是另一个数的两倍.

3.10 A,B,C 三种材料用作产品 Ⅰ,Ⅱ,Ⅲ 的原料,但要求 Ⅰ 禁止用 B 和 C 作原料,Ⅱ 不能用 B 作原料,Ⅲ 不允许用 A 作原料,问有多少种安排方案(假定每种材料只作一种产品的原料)?

3.11 n 个球放到 m 个盒子中去,$n<\frac{m}{2}(m-1)$,试证其中必有两个盒子有相同的球数.

3.12 一年级有 100 名学生参加中文、英语和数学的考试,其中 92 人通过中文考试,75 人通过英语考试,65 人通过数学考试;其中 65 人通过中、英文考试,54 人通过中文和数学考试,45 人通过英语和数学考试,求通过 3 门学科考试的学生数.

3.13 试证
(1) $|\bar{A}\cap B|=|B|-|A\cap B|$
(2) $|\bar{A}\cap\bar{B}\cap C|=|C|-|A\cap C|-|B\cap C|+|A\cap B\cap C|$

3.14 $N=\{1,2,\cdots,1000\}$,求其中不被 5 和 7 除尽,但被 3 除尽的数的数目.

3.15 $N=\{1,2,\cdots,120\}$,求其中被 2,3,5,7 中 m 个数除尽的数的数目,$m=0,1,2,3,4$. 求不超过 120 的素数的数目.

3.16 求正整数 n 的数目,n 除尽 $10^{40},20^{30}$ 中的至少一个数.

3.17 n 除尽 $10^{60},20^{50},30^{40}$ 中至少一个数的除数,求 n 的数目.

3.18 求下列集合中不是 n^2,n^3 形式的数的数目,$n\in N$.
(1) $\{1,2,\cdots,10^4\}$
(2) $\{10^3,10^3+1,\cdots,10^4\}$

3.19 $\{1000,1001,\cdots,3000\}$,求其中是 4 的倍数但不是 100 的倍数的数的数目.

3.20 在由 a,a,a,b,b,b,c,c,c 组成的排列中,求满足下列条件的排列数,
(1) 不存在相邻 3 元素相同;
(2) 相邻两元素不相同.

3.21 求从 $O(0,0)$ 点到 $(8,4)$ 点的路径数. 已知 $(2,1)$ 到 $(4,1)$ 的线段,$(3,1)$ 到 $(3,2)$ 的线段被封锁.

3.22 求满足条件
$$x_1+x_2+x_3=20,$$
$$3\leqslant x_1\leqslant 9, 0\leqslant x_2\leqslant 8, 7\leqslant x_3\leqslant 17$$
的整数解数目.

3.23 求满足条件
$$x_1+x_2+x_3=40,$$
$$6\leqslant x_1\leqslant 15, 5\leqslant x_2\leqslant 20, 10\leqslant x_3\leqslant 25$$
的整数解数目.

3.24 求满足条件
$$x_1+x_2+x_3+x_4=20,$$
$$1\leqslant x_1\leqslant 5, 0\leqslant x_2\leqslant 7, 4\leqslant x_3\leqslant 8, 2\leqslant x_4\leqslant 6.$$
的整数解数目.

3.25 试证满足下列条件:
$$x_1+x_2+\cdots+x_n=r,$$

$$0 \leqslant x_i \leqslant k, \quad i=1,2,\cdots,n$$

的整数解数目为

$$\sum_{i=0}^{n}(-1)^i \binom{n}{i}\binom{r-(k+1)i+n-1}{n-1}$$

3.26 试证满足下条件：

$$x_1+x_2+\cdots+x_n=r,$$
$$1\leqslant x_i \leqslant k, \quad i=1,2,\cdots,n$$

的整数解数目为

$$\sum_{i=0}^{n}(-1)^i \binom{n}{i}\binom{r-ki-1}{n-1}$$

3.27 求 n 对夫妻排成一行,夫妻不相邻的排列数.

3.28 设 $p,q \in N, p$ 是奇数,现有 pq 个珠子,着 q 种颜色,每种颜色有 p 个珠子.假定相同颜色的珠子无区别.试分别求满足以下条件的珠子的排列数.

(1) 同颜色的珠子在一起；

(2) 同颜色的珠子处于不同的块；

(3) 同颜色的珠子最多在两个块.

3.29 将 r 个相同的球放进 n 个有标志的盒子,无一空盒,求方案数.

3.30 试证

$$\sum_{i=0}^{n-1}(-1)^i \binom{n}{i}\binom{n+r-i-1}{r}=\binom{r-1}{n-1}, \quad r,n \in N, r>n$$

3.31 设 B 是 A 的子集, $|A|=n, |B|=m$,求 A 的子集包含 B 的子集的数目,设子集的元素数目为 $r, m \leqslant r \leqslant n$.

3.32 $m,r,n \in N$,满足 $m \leqslant r \leqslant n$,试证

$$\binom{n-m}{n-r}=\sum_{i=0}^{m}(-1)^i \binom{m}{i}\binom{n-i}{r}$$

3.33 试证

(1) $D(n,r,k)=\binom{r}{k}D(n-k,r-k,0)$

(2) $D(n,r,k)=D(n-1,r-1,k-1)+(n-1)D(n-1,r-1,k)$
$$+(r-1)\{D(n-2,r-2,k)-D(n-2,r-2,k-1)\}$$

其中 $D(n,r,-1)$ 定义为 0.

(3) $D(n,n,k)=nD(n-1,n-1,k)+(-1)^{n-k}\binom{n}{k}$

(4) $\binom{k}{t}D(n,r,k)=\binom{r}{t}D(n-t,r-t,k-t), \quad t \geqslant 0$

(5) $D(n,r,k)=rD(n-1,r-1,k)+D(n-1,r,k)$,其中 $r<n$.

(6) $D(n,n-r,0)=\sum_{i=0}^{r}\binom{r}{i}D(n-i,n-i,0)$,其中 $D(n,n,0)=D_n$,

$D(n,r,k)$ 是 3.6 节中的推广了的错排.

3.34 $n \in N$,设 P_n 表示在 $\{1,2,\cdots,n\}$ 的全排列中,排除了 k ,紧随以 $k+1, k=1,2,\cdots,k+1$,试证

$$P_n=D_n+D_{n-1}, \quad n \in N.$$

3.35 令 $D_n(k)=D(n,n,k)$,试证

(1) $D_n(k) = \binom{n}{k} D_{n-k}$

(2) $\binom{n}{1} D_1 + \binom{n}{2} D_2 + \cdots + \binom{n}{n} D_n = n!$

(3) $(k+1)D_{n+1}(k+1) = (n+1)D_n(k)$

3.36 设 $D_n(k) = D(n,n,k)$,试证

(1) $\sum_{k=0}^{n} kD_n(k) = n!$

(2) $D_n(0) - D_n(1) = (-1)^n$

(3) $\sum_{k=0}^{n} (k-1)^2 D_n(k) = n!$

(4) $\sum_{k=r}^{n} k(k-1)\cdots(k-r+1)D_n(k) = n!$,其中 $r \leqslant n$.

3.37 试证

对于素数 $p_1, i \geqslant 1, \phi(p^i) = p^i - p^{i-1}$.

3.38 试证

(1) $\sum_{d \mid n} \phi(d) = n$.

(2) $\phi(m,n)\phi(h) = \phi(m)\phi(n)h$,其中 $m,n \in N$, $h = (m,n)$.

(3) $n \in N, n \geqslant 3, \phi(n)$ 通常是偶数.

3.39 $n \geqslant 2$,试证若 n 有 k 个不同的奇偶数因子,则

(1) $\phi(n) \geqslant n \cdot 2^{-k}$

(2) $2^k \mid \phi(n)$

(3) $\phi(2n) = \begin{cases} \phi(n), & n \text{ 是奇数} \\ 2\phi(n), & n \text{ 是偶数} \end{cases}$

3.40 从集合 $\phi = \{1,2,3,4,5,6,7,8,9,\text{A,B,C,D,J,K,L,U,X,Y,Z}\}$ 中随机抽取 28 次,求出现块 CUBAJULY 1987 的几率.

3.41 从 26 个英文字母中抽 35 次,求出现 MERRYCHRISTMAS 的几率.

3.42 一组有 1990 个人,每人至少有 1327 位朋友,试证其中 4 位,使得彼此都是朋友.

3.43 边长为 1 的等边三角形内任意 5 个点,至少有两点,其间距离最多为 1/2.

3.44 单位圆圆周上任意 $n+1$ 个不相同的点至少存在两点,其间距离不超过 $2\sin\frac{\pi}{n}$.

3.45 边长为 1 的正方形内任取 9 点,试证存在 3 个不同的点,由此构成的三角形面积不超过 $\frac{1}{8}$.

3.46 任给 5 个整数,试证必存在 3 个数的和被 3 除尽.

3.47 A 是 $n+1$ 个数的集合,试证其中必存在两个数,它们的差被 n 除尽.

3.48 $A = \{a_1, a_2, \cdots, a_{2k+1}\}$,$k \geqslant 1$,$a_i$ 是正整数,$k = 1, 2, \cdots, 2k+1$,试证 A 的任意排列:

$$a_{i_1}, a_{i_2}, \cdots, a_{i_{2k+1}}$$

恒有

$$\prod_{j=1}^{2k+1} (a_{i_j} - a_j)$$

为偶数.

3.49 A 是 $\{1,2,\cdots,2n\}$ 中任意 $n+1$ 个数,试证至少存在一对 $a,b \in A$,使下面结果成立:

$$a \mid b$$

3.50 A 是 $\{1,2,\cdots,2n\}$ 中任意 $n+1$ 个数,试证至少存在一对 a 和 $b\in A$.使 a 与 b 互素.

3.51 A 是由 13 个互不相等的实数组成的集合,则至少存在一对 $x,y\in A$,使

$$0<\frac{x-y}{1+xy}\leqslant 2-\sqrt{3}$$

3.52 空间 $2n$ 个点,$n>1$,试证用 n^2+1 条线段任意连接这 $2n$ 个点,必然出现一个三角形.并证明用 n^2 条线连接,则可能不出现三角形.

3.53 三维空间中 9 个坐标为整数的点,试证在两两相连的线段内,至少有一个坐标为整数的内点.

3.54 二维空间的 (x,y) 点的坐标 x 和 y 都是整数的点称为格点.任意 5 个格点的集合 A,试证 A 中至少存在两点,它们的中点也是格点.

3.55 令 A 为从等差数列

$$1,4,7,10,\cdots,100$$

中任选 20 个不同的数,试证其中至少存在两个数,它们的和为 104.

3.56 平面上 6 个点,不存在 3 点共一条直线,其中必存在 3 点构成一个三角形,有一内角小于等于 30°.

3.57 n 是大于等于 3 的整数,则下列数的集合:

$$\{2-1,2^2-1,2^3-1,\cdots,2^{n-1}-1\}$$

中存在一数被 n 除尽.

3.58 n 个人的集体,试证存在两个人,在余下的 $n-2$ 个人中,至少有 $\left\lfloor\dfrac{n}{2}\right\rfloor-1$ 个要么与二人互相认识,要么与这两人均不相识.

3.59 $S\subseteq\{1,2,\cdots,14,15\}$,$A$ 和 B 是 S 的不相交子集.若 A 和 B 的元素之和不等,即属于 A 的元素之和不等于属于 B 的元素之和,试证

$$|S|\leqslant 5$$

3.60 下列 $m\times n$ 矩阵的元素是实数

$$\begin{matrix} a_{11} & a_{12} & \cdots & a_{1n} \\ a_{21} & a_{22} & \cdots & a_{2n} \\ & & \vdots & \\ a_{m1} & a_{m2} & \cdots & a_{mn} \end{matrix}$$

每行的最大元素与最小元素之差不超过 $d>0$.对每列元素进行重新排列成递减序列,即最大元素在第 1 行,最小元素在第 m 行.试证经过重排后的矩阵,每行最大元素与最小元素之差仍然不超过 d.

3.61 n 个单位各派两名代表出席一个会议.$2n$ 位代表围一圆桌坐下.试问:

(1) 各单位的代表并排坐着的方案有多少?

(2) 各单位的两人互不相邻的方案数又等于多少?

3.62 一书架有 m 层,分别放置 m 类不同种类的书,每层 n 册,现将书架上的图书全部取出清理.清理过程要求不打乱所在的类别.试问:

(1) m 类书全不在各自原来层次上的方案数有多少?

(2) 每层的 n 本书都不在原来位置上的方案数等于多少?

(3) m 层书都不在原来层次,每层 n 本书也不在原来位置上的方案数又为多少?

3.63 $(m+1)$ 行 $\left[m\binom{m+1}{2}+1\right]$ 列的格子用 m 种颜色着色,每格着一色,其中必有四角相同颜色的格子.

3.64 两名教师分别对 6 名学生进行面试(每位教师各负责一门课),每名学生面试时间固定,试问共有多少种面试的顺序.

3.65 $X=\{0,1,2,\cdots,9,10\}$,从 X 中任取 7 个元素,则其中必有两个元素之和等于 10.

3.66 每边长为 3 的等边三角形内径取 10 个点,试证至少有一对点距离小于 1.

3.67 任取 7 个不同的正整数，其中至少存在两个整数 a 和 b 使得 $a-b$ 或 $a+b$ 被 10 除尽.

3.68 n 项任务分给 r 个人，若 $n < \dfrac{r}{2}(r-1)$，则至少有两人任务数相同.

3.69 试证 $(mn)!$ 被 $(m!)^m$ 整除.

3.70 从 $(0,0)$ 点出发，每走一步任意到达左、右、上、下相邻格子点. 试问 10 步后返回到原点，共有多少种不同回路？

3.71 $1,2,\cdots,n$ 的全排列中不出现相邻两数相邻的排列数等于多少？

3.72 $0,1,2,\cdots,n-1$ 的圆排列，求不出现相邻数相邻的排列数，包括 $n-1$ 和 0 作为相邻两个数.

3.73 4 位十进制数 $abcd$，试求满足

$$a+b+c+d = 31$$

的数的数目.

3.74 4 位十进制数 $abcd$，满足 $a+b+c+d=17$，$1 \leqslant a \leqslant 3$，$2 \leqslant b \leqslant 4$，$3 \leqslant c \leqslant 5$，$4 \leqslant d \leqslant 6$，试求这样的数的数目.

3.75 已知 n 是正整数，$d_1=1,d_2,\cdots,d_r=n$ 是 n 的除数，即 $d_i \mid n$，$i=1,2,\cdots,r$，试证：

$$\sum_{d_i} \phi(d_i) = n$$

3.76 试证欧拉函数有

$$\phi(n) = n \sum_{d \mid n} \frac{\mu(d)}{d}$$

其中求和是对 n 的所有除数，包括 1 和 n 进行的.

3.77 设 f 满足 $f(mn)=f(m)f(n)$，

$$g(n) = \sum_{d \mid n} f(d)$$

试证：

$$g(mn) = g(m)g(n)$$

3.78 n 是正整数，n 的正除数的数目用 $\tau(n)$ 来表示，试证：

$$\sum_{d \mid n} \mu(d) \tau\left(\frac{n}{d}\right) = 1$$

第 4 章　Burnside 引理与 Pólya 定理

这一章讨论的内容是另一类的计数问题,它用到有限群理论,是组合数学中很精彩的一个篇章.

4.1　群的概念

对于群的概念比较熟悉的读者,前面部分可适当复习以便后面的讨论.

4.1.1　定义

给定一个集合 $G=\{a,b,c,\cdots\}$ 和集合 G 上的二元运算"·",并满足下列 4 个条件:

(1) 封闭性:若 $a,b\in G$,则存在 $c\in G$,使得

$$a\cdot b=c$$

(2) 结合律成立:对于任意的 $a,b,c\in G$,恒有

$$(a\cdot b)\cdot c=a\cdot(b\cdot c)$$

(3) 存在单位元素:G 中存在一个元素 e,使得对于 G 的任意元素 a,恒有

$$a\cdot e=e\cdot a=a$$

元素 e 称为单位元素.

(4) 存在逆元素:对 G 的任意元素 a,恒有一个 $b\in G$,使得

$$a\cdot b=b\cdot a=e$$

元素 b 称为元素 a 的逆元素,记作 a^{-1},即

$$b=a^{-1}$$

则称集合 G 在运算 · 之下是一个群,有时也称 G 是一个群.G 中元素 a 对 b 的运算 $a\cdot b$,可简记为 ab.

由于结合律成立,$(a\cdot b)\cdot c=a\cdot(b\cdot c)$ 记为 $a\cdot b\cdot c$,或记为 abc. 还可以推广到 n 个元素乘积 $a_1\cdot a_2\cdot\cdots\cdot a_n$ 等于任意一种结合,比如

$$a_1a_2a_3\cdots a_n=(\cdots((a_1a_2)a_3)\cdots a_n)=(a_1a_2)(a_3\cdots a_n)=\cdots$$

特别地,当 $a_1=a_2=\cdots=a_n=a$ 时,可简记为

$$\underbrace{a\cdot a\cdot\cdots\cdot a}_{n\text{个}}=a^n$$

[例 4-1]　$G=\{1,-1\}$ 在乘法运算下是一个群.

(1) 封闭性:$(1)(-1)=-1$,　$(1)(1)=1$,

　　　　　　$(-1)(1)=-1$,　$(-1)(-1)=1$.

(2) 结合性:显然.

(3) 单位元素:$e=1$.

(4) 逆元素:由于 $(1)(1)=1,(-1)(-1)=1$,故

$$(1)^{-1}=1,(-1)^{-1}=-1.$$

[**例 4-2**]　对于任意两个整数,当除以 n 的余数相等时,说它们是同余的,或 mod n 相等.

可证集合 $G=\{0,1,2,\cdots,n-1\}$ 对于 mod n 在加法下是一个群.

(1) 封闭性:除以 n 的余数只能是 $0,1,2,\cdots,n-1$,故封闭性成立.

(2) 结合律显然成立.

(3) $e=0$ 是单位元素,即存在单位元.

(4) 逆元素存在.因对于任意元素 $a\in G, a^{-1}=n-a\in G. a+(n-a)=n\equiv 0 \bmod n.$

[**例 4-3**]　二维欧几里德空间的刚体旋转变换集合 $T=\{T_a\}$ 构成群,其中

$$T_\alpha:\begin{pmatrix}x_1\\y_1\end{pmatrix}=\begin{pmatrix}\cos\alpha & \sin\alpha\\-\sin\alpha & \cos\alpha\end{pmatrix}\begin{pmatrix}x\\y\end{pmatrix}$$

证明

$$T_\beta \cdot T_\alpha = T_{\alpha+\beta}$$

其中,$T_\beta \cdot T_\alpha$ 表示先对 (x,y) 点作 T_α 变换,再对它的结果作 T_β 变换.

$$T_\alpha:\begin{pmatrix}x_1\\y_1\end{pmatrix}=\begin{pmatrix}\cos\alpha & \sin\alpha\\-\sin\alpha & \cos\alpha\end{pmatrix}\begin{pmatrix}x\\y\end{pmatrix}$$

$$T_\beta:\begin{pmatrix}x'\\y'\end{pmatrix}=\begin{pmatrix}\cos\beta & \sin\beta\\-\sin\beta & \cos\beta\end{pmatrix}\begin{pmatrix}x_1\\y_1\end{pmatrix}$$

所以有

$$
\begin{aligned}
T_\beta \cdot T_\alpha:\begin{pmatrix}x'\\y'\end{pmatrix}&=\begin{pmatrix}\cos\beta & \sin\beta\\-\sin\beta & \cos\beta\end{pmatrix}\begin{pmatrix}\cos\alpha & \sin\alpha\\-\sin\alpha & \cos\alpha\end{pmatrix}\begin{pmatrix}x\\y\end{pmatrix}\\
&=\begin{pmatrix}\cos\alpha\cos\beta-\sin\alpha\sin\beta & \cos\alpha\sin\beta+\sin\alpha\cos\beta\\-\cos\alpha\sin\beta-\sin\alpha\cos\beta & \cos\alpha\cos\beta-\sin\alpha\sin\beta\end{pmatrix}\begin{pmatrix}x\\y\end{pmatrix}\\
&=\begin{pmatrix}\cos(\alpha+\beta) & \sin(\alpha+\beta)\\-\sin(\alpha+\beta) & \cos(\alpha+\beta)\end{pmatrix}\begin{pmatrix}x\\y\end{pmatrix}\\
T_\beta \cdot T_\alpha &= T_{\alpha+\beta}
\end{aligned}
$$

(1) 封闭性:由 $T_\alpha \cdot T_\beta = T_{\alpha+\beta}$ 可得封闭性成立.

(2) 结合律:$(T_\alpha T_\beta)T_\gamma = T_\alpha(T_\beta T_\gamma)=T_{\alpha+\beta+\gamma}.$

(3) 单位元素:$e=T_0$,即 $\alpha=0$ 的旋转为单位元素.

(4) 逆元素:T_α 的逆元素为 $T_{-\alpha}.$

若固定一个坐标系,任意旋转变换都可对应一个矩阵

$$A_\alpha=\begin{pmatrix}\cos\alpha & \sin\alpha\\-\sin\alpha & \cos\alpha\end{pmatrix}$$

旋转变换之积正好对应于矩阵的乘法,故集合 $\{A_\alpha\}$ 在矩阵乘法下是一个群.

例 4-1 和例 4-2 中群的元素个数是有限的,称为有限群.有限群 G 的元素个数叫做群的阶,记以 $|G|$.当群的元素为无限时,称为无限群,例 4-3 便非有限.

若群 G 的任意二元素 a,b 恒满足 $ab=ba$ 时,称 G 为交换群,或 Abel 群.

4.1.2　群的基本性质

下面的定理都是对群 G 而言的.

定理 4-1　群的单位元是唯一的.

证明　设有两个单位元 e_1 和 e_2.

根据单位元的定义，e_1 作为单位元有

$$e_1 e_2 = e_2$$

同理，e_2 作为单位元有

$$e_1 e_2 = e_1$$

故

$$e_1 = e_2$$

定理 4-2　$ab = ac \Rightarrow b = c, ba = ca \Rightarrow b = c$.

证明　因 $ab = ac$，用元素 a 的逆元素 a^{-1} 左乘等号两端得

$$a^{-1}(ab) = a^{-1}(ac)$$

根据结合律有

$$a^{-1}(ab) = (a^{-1}a)b = b$$

同理

$$a^{-1}(ac) = (a^{-1}a)c = c$$

故

$$b = c$$

定理 4-3　G 中每一个元素的逆元素是唯一的.

证明　设元素 a 的逆元素不唯一，有 a^{-1} 和 b，根据定义

$$aa^{-1} = a^{-1}a = e, \quad ab = ba = e,$$

即

$$aa^{-1} = ab$$

用 a^{-1} 左乘等式两端得 $b = a^{-1}$.

定理 4-4　$(abc \cdots lmn)^{-1} = n^{-1}m^{-1}l^{-1} \cdots c^{-1}b^{-1}a^{-1}$.

证明　根据结合律得

$$(abc \cdots lmn)(n^{-1}m^{-1}l^{-1} \cdots c^{-1}b^{-1}a^{-1}) = (abc \cdots lm)(nn^{-1})(m^{-1}l^{-1} \cdots c^{-1}b^{-1}a^{-1})$$
$$= (abc \cdots lm)(m^{-1}l^{-1} \cdots c^{-1}b^{-1}a^{-1})$$
$$= \cdots = (ab)(b^{-1}a^{-1}) = (a)(a^{-1}) = e$$

定理 4-5　G 是有限群，$g = |G|$，设

$$G = \{a_1, a_2, \cdots, a_g\}$$

设 a 是 G 的任意元素，则必存在一个最小常数 $r(a)$，使得

$$a_{r(a)} = e$$

而且

$$a^{-1} = a^{r(a)-1}$$

证明　设 g 是群 G 的阶 $|G|$，$a \in G$. 构造

$$\underbrace{a, a^2, \cdots, a^g, a^{g+1}}_{g+1 \text{个}}$$

这 $g+1$ 项同属于 G. 然而 G 只有 g 个不同元素，故根据鸽巢原理，其中至少有两项相等，设

$$a^l = a^m, l \neq m$$

不妨设 $l > m$，则得 $a^{l-m} = e$. 令 $l - m = r$，

故

$$aa^{r-1} = e$$

即
$$a^{-1} = a^{r-1}$$
这就证明了对于任意元素 $a \in G$，存在一最小的正整数 r，使得
$$a^r = e$$
便称 r 为元素 a 的阶，即
$$r = \min_{j}\{j \mid a^j = e, j \in N\}$$
不难证明，对于元素 a，集合
$$H = \{a, a^2, \cdots, a^{r-1}, a^r = e\}$$
在原来群的运算下成群.

定义 4-1 设 G 是群，H 是 G 的子集，若 H 在 G 的原来定义的运算下也成群，则称 H 为群 G 的子群.

4.2 置换群

置换群是十分重要的群，特别是所有的有限群都可以用它来表示.

不失一般性，假定 n 个元素为 $1, 2, \cdots, n$. 若元素 1 被 1 到 n 中某一整数 a_1 所取代，2 被其中的 a_2 元素所取代，$\cdots$，n 被 a_n 所取代，且
$$a_i \neq a_j, \quad 若 i \neq j, \quad i, j = 1, 2, \cdots, n$$
用
$$p = \begin{pmatrix} 1 & 2 & 3 & \cdots & n \\ a_1 & a_2 & a_3 & \cdots & a_n \end{pmatrix}$$
来表示.

置换的运算定义为：设
$$p_1 = \begin{pmatrix} 1 & 2 & 3 & 4 \\ 3 & 1 & 2 & 4 \end{pmatrix}, \quad p_2 = \begin{pmatrix} 1 & 2 & 3 & 4 \\ 4 & 3 & 2 & 1 \end{pmatrix}$$
$$p_1 p_2 = \begin{pmatrix} 1 & 2 & 3 & 4 \\ 3 & 1 & 2 & 4 \end{pmatrix} \begin{pmatrix} 1 & 2 & 3 & 4 \\ 4 & 3 & 2 & 1 \end{pmatrix}$$
$$= \begin{pmatrix} 1 & 2 & 3 & 4 \\ 3 & 1 & 2 & 4 \end{pmatrix} \begin{pmatrix} 3 & 1 & 2 & 4 \\ 2 & 4 & 3 & 1 \end{pmatrix} = \begin{pmatrix} 1 & 2 & 3 & 4 \\ 2 & 4 & 3 & 1 \end{pmatrix}$$
这表示先作 p_1 的置换，再作 p_2 的置换：
$$1 \xrightarrow{p_1} 3 \xrightarrow{p_2} 2, \quad 2 \xrightarrow{p_1} 1 \xrightarrow{p_2} 4,$$
$$3 \xrightarrow{p_1} 2 \xrightarrow{p_2} 3, \quad 4 \xrightarrow{p_1} 4 \xrightarrow{p_2} 1,$$
故
$$p_1 p_2 = \begin{pmatrix} 1 & 2 & 3 & 4 \\ 2 & 4 & 3 & 1 \end{pmatrix}$$
类似地，有
$$p_2 p_1 = \begin{pmatrix} 1 & 2 & 3 & 4 \\ 4 & 3 & 2 & 1 \end{pmatrix} \begin{pmatrix} 1 & 2 & 3 & 4 \\ 3 & 1 & 2 & 4 \end{pmatrix}$$

$$= \begin{pmatrix} 1 & 2 & 3 & 4 \\ 4 & 3 & 2 & 1 \end{pmatrix} \begin{pmatrix} 4 & 3 & 2 & 1 \\ 4 & 2 & 1 & 3 \end{pmatrix} = \begin{pmatrix} 1 & 2 & 3 & 4 \\ 4 & 2 & 1 & 3 \end{pmatrix}$$

可见

$$p_1 p_2 \neq p_2 p_1$$

n 个元素 $1,2,\cdots,n$ 的置换也有类似的结果,这里不再赘述.

可以证明 $1,2,\cdots,n$ 间的置换集合,在上面定义的运算下是一个群.

(1) 封闭性

$$\begin{bmatrix} 1 & 2 & \cdots & n \\ a_1 & a_2 & \cdots & a_n \end{bmatrix} \begin{bmatrix} a_1 & a_2 & \cdots & a_n \\ b_1 & b_2 & \cdots & b_n \end{bmatrix} = \begin{bmatrix} 1 & 2 & \cdots & n \\ b_1 & b_2 & \cdots & b_n \end{bmatrix}$$

(2) 结合性

$$\begin{bmatrix} \begin{bmatrix} 1 & 2 & \cdots & n \\ a_1 & a_2 & \cdots & a_n \end{bmatrix} \begin{bmatrix} a_1 & a_2 & \cdots & a_n \\ b_1 & b_2 & \cdots & b_n \end{bmatrix} \end{bmatrix} \begin{bmatrix} b_1 & b_2 & \cdots & b_n \\ c_1 & c_2 & \cdots & c_n \end{bmatrix}$$

$$= \begin{bmatrix} 1 & 2 & \cdots & n \\ b_1 & b_2 & \cdots & b_n \end{bmatrix} \begin{bmatrix} b_1 & b_2 & \cdots & b_n \\ c_1 & c_2 & \cdots & c_n \end{bmatrix} = \begin{bmatrix} 1 & 2 & \cdots & n \\ c_1 & c_2 & \cdots & c_n \end{bmatrix}$$

$$\begin{bmatrix} 1 & 2 & \cdots & n \\ a_1 & a_2 & \cdots & a_n \end{bmatrix} \begin{bmatrix} \begin{bmatrix} a_1 & a_2 & \cdots & a_n \\ b_1 & b_2 & \cdots & b_n \end{bmatrix} \begin{bmatrix} b_1 & b_2 & \cdots & b_n \\ c_1 & c_2 & \cdots & c_n \end{bmatrix} \end{bmatrix}$$

$$= \begin{bmatrix} 1 & 2 & \cdots & n \\ a_1 & a_2 & \cdots & a_n \end{bmatrix} \begin{bmatrix} a_1 & a_2 & \cdots & a_n \\ c_1 & c_2 & \cdots & c_n \end{bmatrix} = \begin{bmatrix} 1 & 2 & \cdots & n \\ c_1 & c_2 & \cdots & c_n \end{bmatrix}$$

故结合律成立,即

$$\begin{bmatrix} \begin{bmatrix} 1 & 2 & \cdots & n \\ a_1 & a_2 & \cdots & a_n \end{bmatrix} \begin{bmatrix} a_1 & a_2 & \cdots & a_n \\ b_1 & b_2 & \cdots & b_n \end{bmatrix} \end{bmatrix} \begin{bmatrix} b_1 & b_2 & \cdots & b_n \\ c_1 & c_2 & \cdots & c_n \end{bmatrix}$$

$$= \begin{bmatrix} 1 & 2 & \cdots & n \\ a_1 & a_2 & \cdots & a_n \end{bmatrix} \begin{bmatrix} \begin{bmatrix} a_1 & a_2 & \cdots & a_n \\ b_1 & b_2 & \cdots & b_n \end{bmatrix} \begin{bmatrix} b_1 & b_2 & \cdots & b_n \\ c_1 & c_2 & \cdots & c_n \end{bmatrix} \end{bmatrix}$$

(3) 单位元 e 为

$$\begin{bmatrix} 1 & 2 & \cdots & n \\ 1 & 2 & \cdots & n \end{bmatrix}$$

(4) 逆元素

$$\begin{bmatrix} 1 & 2 & \cdots & n \\ a_1 & a_2 & \cdots & a_n \end{bmatrix}^{-1} = \begin{bmatrix} a_1 & a_2 & \cdots & a_n \\ 1 & 2 & \cdots & n \end{bmatrix}$$

$$\begin{bmatrix} 1 & 2 & \cdots & n \\ a_1 & a_2 & \cdots & a_n \end{bmatrix} \begin{bmatrix} a_1 & a_2 & \cdots & a_n \\ 1 & 2 & \cdots & n \end{bmatrix}$$

$$= \begin{bmatrix} a_1 & a_2 & \cdots & a_n \\ 1 & 2 & \cdots & n \end{bmatrix} \begin{bmatrix} 1 & 2 & \cdots & n \\ a_1 & a_2 & \cdots & a_n \end{bmatrix} = \begin{bmatrix} 1 & 2 & \cdots & n \\ 1 & 2 & \cdots & n \end{bmatrix}$$

[**例 4-4**] 圆圈上装有 A,B,C 3 颗珠子,正好构成圆内接等边三角形 ABC,(1)绕过圆心 O 垂直于圆平面的轴,沿反时针方向旋转 $0°,120°,240°$;(2)沿过圆心 O 及 A 点的轴线翻转 $180°$. A 点不动,B 和 C 换位,经过(1),(2)变换 A,B,C 3 颗珠子两两重合,但顶点交换了位置,如图 4-1 所示.

设 A 代以 1,B 代以 2,C 代以 3,可得

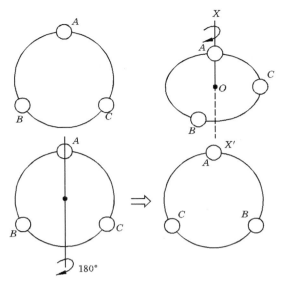

图 4-1

$$p_1 = \begin{pmatrix} 1 & 2 & 3 \\ 1 & 2 & 3 \end{pmatrix}, \quad p_2 = \begin{pmatrix} 1 & 2 & 3 \\ 2 & 3 & 1 \end{pmatrix}, \quad p_3 = \begin{pmatrix} 1 & 2 & 3 \\ 3 & 1 & 2 \end{pmatrix},$$

$$p_4 = \begin{pmatrix} 1 & 2 & 3 \\ 1 & 3 & 2 \end{pmatrix}, \quad p_5 = \begin{pmatrix} 1 & 2 & 3 \\ 3 & 2 & 1 \end{pmatrix}, \quad p_6 = \begin{pmatrix} 1 & 2 & 3 \\ 2 & 1 & 3 \end{pmatrix}.$$

如图 4-2 所示. 可以证明这 6 个置换是一个群.

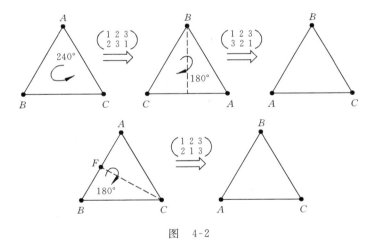

图 4-2

从表 4-1 可以看出封闭性、结合性、单位元素、逆元素 4 个条件均满足. 故成为一个群.

表 4-1

p_2 p_1	$\begin{pmatrix} 1 & 2 & 3 \\ 1 & 2 & 3 \end{pmatrix}$	$\begin{pmatrix} 1 & 2 & 3 \\ 2 & 3 & 1 \end{pmatrix}$	$\begin{pmatrix} 1 & 2 & 3 \\ 3 & 1 & 2 \end{pmatrix}$	$\begin{pmatrix} 1 & 2 & 3 \\ 1 & 3 & 2 \end{pmatrix}$	$\begin{pmatrix} 1 & 2 & 3 \\ 3 & 2 & 1 \end{pmatrix}$	$\begin{pmatrix} 1 & 2 & 3 \\ 2 & 1 & 3 \end{pmatrix}$
$\begin{pmatrix} 1 & 2 & 3 \\ 1 & 2 & 3 \end{pmatrix}$	$\begin{pmatrix} 1 & 2 & 3 \\ 1 & 2 & 3 \end{pmatrix}$	$\begin{pmatrix} 1 & 2 & 3 \\ 2 & 3 & 1 \end{pmatrix}$	$\begin{pmatrix} 1 & 2 & 3 \\ 3 & 1 & 2 \end{pmatrix}$	$\begin{pmatrix} 1 & 2 & 3 \\ 1 & 3 & 2 \end{pmatrix}$	$\begin{pmatrix} 1 & 2 & 3 \\ 3 & 2 & 1 \end{pmatrix}$	$\begin{pmatrix} 1 & 2 & 3 \\ 2 & 1 & 3 \end{pmatrix}$

$p_1 \diagdown p_2$	$\begin{pmatrix}1&2&3\\1&2&3\end{pmatrix}$	$\begin{pmatrix}1&2&3\\2&3&1\end{pmatrix}$	$\begin{pmatrix}1&2&3\\3&1&2\end{pmatrix}$	$\begin{pmatrix}1&2&3\\1&3&2\end{pmatrix}$	$\begin{pmatrix}1&2&3\\3&2&1\end{pmatrix}$	$\begin{pmatrix}1&2&3\\2&1&3\end{pmatrix}$
$\begin{pmatrix}1&2&3\\2&3&1\end{pmatrix}$	$\begin{pmatrix}1&2&3\\2&3&1\end{pmatrix}$	$\begin{pmatrix}1&2&3\\3&1&2\end{pmatrix}$	$\begin{pmatrix}1&2&3\\1&2&3\end{pmatrix}$	$\begin{pmatrix}1&2&3\\3&2&1\end{pmatrix}$	$\begin{pmatrix}1&2&3\\2&1&3\end{pmatrix}$	$\begin{pmatrix}1&2&3\\1&3&2\end{pmatrix}$
$\begin{pmatrix}1&2&3\\3&1&2\end{pmatrix}$	$\begin{pmatrix}1&2&3\\3&1&2\end{pmatrix}$	$\begin{pmatrix}1&2&3\\1&2&3\end{pmatrix}$	$\begin{pmatrix}1&2&3\\2&3&1\end{pmatrix}$	$\begin{pmatrix}1&2&3\\2&1&3\end{pmatrix}$	$\begin{pmatrix}1&2&3\\1&3&2\end{pmatrix}$	$\begin{pmatrix}1&2&3\\3&2&1\end{pmatrix}$
$\begin{pmatrix}1&2&3\\1&3&2\end{pmatrix}$	$\begin{pmatrix}1&2&3\\1&3&2\end{pmatrix}$	$\begin{pmatrix}1&2&3\\2&1&3\end{pmatrix}$	$\begin{pmatrix}1&2&3\\3&2&1\end{pmatrix}$	$\begin{pmatrix}1&2&3\\1&2&3\end{pmatrix}$	$\begin{pmatrix}1&2&3\\2&3&1\end{pmatrix}$	$\begin{pmatrix}1&2&3\\3&1&2\end{pmatrix}$
$\begin{pmatrix}1&2&3\\3&2&1\end{pmatrix}$	$\begin{pmatrix}1&2&3\\3&2&1\end{pmatrix}$	$\begin{pmatrix}1&2&3\\1&3&2\end{pmatrix}$	$\begin{pmatrix}1&2&3\\2&1&3\end{pmatrix}$	$\begin{pmatrix}1&2&3\\3&1&2\end{pmatrix}$	$\begin{pmatrix}1&2&3\\1&2&3\end{pmatrix}$	$\begin{pmatrix}1&2&3\\2&3&1\end{pmatrix}$
$\begin{pmatrix}1&2&3\\2&1&3\end{pmatrix}$	$\begin{pmatrix}1&2&3\\2&1&3\end{pmatrix}$	$\begin{pmatrix}1&2&3\\3&2&1\end{pmatrix}$	$\begin{pmatrix}1&2&3\\1&3&2\end{pmatrix}$	$\begin{pmatrix}1&2&3\\2&3&1\end{pmatrix}$	$\begin{pmatrix}1&2&3\\3&1&2\end{pmatrix}$	$\begin{pmatrix}1&2&3\\1&2&3\end{pmatrix}$

而且从

$$\begin{pmatrix}1&2&3\\2&3&1\end{pmatrix}\begin{pmatrix}1&2&3\\3&2&1\end{pmatrix}=\begin{pmatrix}1&2&3\\2&1&3\end{pmatrix}$$

可知三角形 ABC 绕中心轴 XX' 旋转 $240°$，接着绕中线 BE 翻转 $180°$ 的结果相当于绕 CF 中线翻转 $180°$（见图 4-2）．

即

n 个元素的置换

$$\begin{pmatrix}1&2&\cdots&n\\a_1&a_2&\cdots&a_n\end{pmatrix}$$

和 $1,2,\cdots,n$ 的一个排列 $a_1a_2\cdots a_n$ 一一对应．故由 $n!$ 个排列 $a_1a_2\cdots a_n$ 构成的 $n!$ 个置换

$$\begin{pmatrix}1&2&\cdots&n\\a_1&a_2&\cdots&a_n\end{pmatrix}$$

是一个群，记以 S_n，称为 n 个文字的对称群．

置换群之所以重要在于任一 n 阶有限群都和一个 n 个文字的置换群同构，即可以用一个置换群表示．

证明的方法是建立起有限群 $G=\{a_1,a_2,\cdots,a_n\}$ 的元素 a_i 和某一置换群的某一置换一一对应，并且同构．例如，对于 G 的某一元素 a_i，对应有序列

$$a_1a_i,a_2a_i,\cdots,a_na_i$$

其中所有元素都不相同，如若不然，

$$a_la_i=a_ma_i$$

则用 a_i^{-1} 右乘上式两端，可得

$$a_l=a_m$$

令

$$a_la_i=a_{i_l},\quad l=1,2,\cdots,n$$

故元素 $a_i\in G$，对应于 $a_1,a_2,\cdots,a_n$ 的某一排列 $a_{i_1}a_{i_2}\cdots a_{i_n}$．

令 a_i 和置换

$$p_i = \begin{pmatrix} a_1 & a_2 & \cdots & a_n \\ a_1 a_i & a_2 a_i & \cdots & a_n a_i \end{pmatrix}$$

对应,即

$$a_i \leftrightarrow p_i$$

进而可证:若 $a_i \leftrightarrow p_i$, $a_j \leftrightarrow p_j$,则

$$a_i a_j \leftrightarrow p_i p_j$$

证明 根据假定有

$$a_i a_j \leftrightarrow \begin{pmatrix} a_1 & a_2 & \cdots & a_n \\ a_1 a_i a_j & a_2 a_i a_j & \cdots & a_n a_i a_j \end{pmatrix}$$

另一方面,

$$\begin{aligned} p_i p_j &= \begin{pmatrix} a_1 & a_2 & \cdots & a_n \\ a_1 a_i & a_2 a_i & \cdots & a_n a_i \end{pmatrix} \begin{pmatrix} a_1 & a_2 & \cdots & a_n \\ a_1 a_j & a_2 a_j & \cdots & a_n a_j \end{pmatrix} \\ &= \begin{pmatrix} a_1 & a_2 & \cdots & a_n \\ a_1 a_i & a_2 a_i & \cdots & a_n a_i \end{pmatrix} \begin{pmatrix} a_1 a_i & a_2 a_i & \cdots & a_n a_i \\ a_1 a_i a_j & a_2 a_i a_j & \cdots & a_n a_i a_j \end{pmatrix} \\ &= \begin{pmatrix} a_1 & a_2 & \cdots & a_n \\ a_1 a_i a_j & a_2 a_i a_j & \cdots & a_n a_i a_j \end{pmatrix} \end{aligned}$$

故

$$a_i a_j \leftrightarrow p_i p_j$$

4.3 循环、奇循环与偶循环

下面介绍一种比较简单的表示置换的方法. 先约定一个记号

$$(a_1 a_2 \cdots a_m) = \begin{pmatrix} a_1 & a_2 & \cdots & a_{m-1} & a_m \\ a_2 & a_3 & \cdots & a_m & a_1 \end{pmatrix}$$

叫做 m 阶循环. 例如 5 个文字 1,2,3,4,5 的置换

$$\begin{pmatrix} 1 & 2 & 3 & 4 & 5 \\ 4 & 3 & 1 & 5 & 2 \end{pmatrix} = (1 \ 4 \ 5 \ 2 \ 3)$$

$$\begin{pmatrix} 1 & 4 & 5 \\ 5 & 1 & 4 \end{pmatrix} = (1 \ 5 \ 4)$$

$$\begin{pmatrix} 1 & 2 & 3 & 4 & 5 \\ 3 & 1 & 2 & 5 & 4 \end{pmatrix} = (1 \ 3 \ 2)(4 \ 5)$$

循环(１５４)中,2,3 不出现,表示 2 和 3 保持不变,即(１５４)=(１５４)(2)(3).

置换 $(a_1 \ a_2 \cdots a_k)$ 实际上只与元素的相邻状况有关,而与哪个元素为首无关,比如 (１２３)=(２３１).如若两个循环 $(a_1 \ a_2 \cdots a_l)$ 和 $(b_1 \ b_2 \cdots b_m)$ 没有相同的文字,则称为是不相交的,不相交的两循环的乘积可交换.

例如,(１３２)(４５)=(４５)(１３２).

若 $p = (a_1 \ a_2 \cdots a_n)$,则 $p^n = (1)(2)\cdots(n) = e$. 例如,

$$p = \begin{pmatrix} 1 & 2 & 3 \\ 2 & 3 & 1 \end{pmatrix} = (1 \ 2 \ 3)$$

$$p^2 = \begin{pmatrix} 1 & 2 & 3 \\ 2 & 3 & 1 \end{pmatrix}\begin{pmatrix} 1 & 2 & 3 \\ 2 & 3 & 1 \end{pmatrix} = \begin{pmatrix} 1 & 2 & 3 \\ 2 & 3 & 1 \end{pmatrix}\begin{pmatrix} 2 & 3 & 1 \\ 3 & 1 & 2 \end{pmatrix} = \begin{pmatrix} 1 & 2 & 3 \\ 3 & 1 & 2 \end{pmatrix}$$

$$p^3 = \begin{pmatrix} 1 & 2 & 3 \\ 3 & 1 & 2 \end{pmatrix}\begin{pmatrix} 1 & 2 & 3 \\ 2 & 3 & 1 \end{pmatrix} = \begin{pmatrix} 1 & 2 & 3 \\ 3 & 1 & 2 \end{pmatrix}\begin{pmatrix} 3 & 1 & 2 \\ 1 & 2 & 3 \end{pmatrix} = \begin{pmatrix} 1 & 2 & 3 \\ 1 & 2 & 3 \end{pmatrix} = (1)(2)(3)$$

定理 4-6 任何一个置换都可以表示成若干循环的乘积.

证明 对已知置换

$$p = \begin{pmatrix} 1 & 2 & 3 & \cdots & n \\ a_1 & a_2 & a_3 & \cdots & a_n \end{pmatrix}$$

从 1 开始搜索,如 $1 \to a_1 \to a_2 \to \cdots \to a_k \to 1$,则得一循环

$$(1 \quad a_1 \quad a_2 \quad \cdots \quad a_k)$$

如若 $(1 \quad a_1 \quad a_2 \quad \cdots \quad a_k)$ 包含了 $(1,2,\cdots,n)$ 的所有文字,则搜索停止. 否则从余下的文字中的任意一文字开始,如法进行,再得一循环. 如此反复直到所有文字都取完为止. 这样便得到一组互不相交的循环之积. 循环的顺序是可以交换的. 但是,用 p 表示若干循环之积是唯一的.

[**例 4-5**] 编号为 1~52 的扑克牌,分成 1~26,27~52 两部分,互相交错插入,这样的一次操作相当于作一次置换,即第 27 张插入为第 2 张,第 1 张不动,第 2 张退为第 3 张,等等,即

$$p = \begin{pmatrix} 1 & 2 & 3 & 4 & 5 & 6 & 7 & 8 & 9 & 10 & 11 & 12 & 13 & 14 \\ 1 & 27 & 2 & 28 & 3 & 29 & 4 & 30 & 5 & 31 & 6 & 32 & 7 & 33 \\ 15 & 16 & 17 & 18 & 19 & 20 & 21 & 22 & 23 & 24 & 25 & 26 & 27 \\ 8 & 34 & 9 & 35 & 10 & 36 & 11 & 37 & 12 & 38 & 13 & 39 & 14 \\ 28 & 29 & 30 & 31 & 32 & 33 & 34 & 35 & 36 & 37 & 38 & 39 & 40 \\ 40 & 15 & 41 & 16 & 42 & 17 & 43 & 18 & 44 & 19 & 45 & 20 & 46 \\ 41 & 42 & 43 & 44 & 45 & 46 & 47 & 48 & 49 & 50 & 51 & 52 \\ 21 & 47 & 22 & 48 & 23 & 49 & 24 & 50 & 25 & 51 & 26 & 52 \end{pmatrix}$$

$$= (1)(2\ 27\ 14\ 33\ 17\ 9\ 5\ 3)(4\ 28\ 40\ 46\ 49\ 25\ 13\ 7)$$
$$(6\ 29\ 15\ 8\ 30\ 41\ 21\ 11)(10\ 31\ 16\ 34\ 43\ 22\ 37\ 19)$$
$$(12\ 32\ 42\ 47\ 24\ 38\ 45\ 23)(18\ 35)$$
$$(20\ 36\ 44\ 48\ 50\ 51\ 26\ 39)(52)$$

可见 p 分解成 1 阶循环 2 个,2 阶循环 1 个,8 阶循环 6 个. 由此可见这样的操作重复 8 次又恢复到原来的模样. 故

$$p^8 = \begin{pmatrix} 1 & 2 & 3 & 4 & \cdots & 52 \\ 1 & 2 & 3 & 4 & \cdots & 52 \end{pmatrix} = e$$

定义 4-2 2 阶循环 (ij) 叫做 i 和 j 的对换或换位.

定理 4-7 任意一个循环都可以表达成若干换位之积.

这只要给出一个分解的方法就可以了. 例如

$$(1\ 2\ 3\ \cdots\ n) = (1\ 2)(1\ 3)\cdots(1\ n)$$

$$(1\ 2)(1\ 3)=\begin{pmatrix}1&2&3\\2&1&3\end{pmatrix}\begin{pmatrix}1&2&3\\3&2&1\end{pmatrix}$$

$$=\begin{pmatrix}1&2&3\\2&1&3\end{pmatrix}\begin{pmatrix}2&1&3\\2&3&1\end{pmatrix}=\begin{pmatrix}1&2&3\\2&3&1\end{pmatrix}=(1\ 2\ 3)$$

设 $(1\ 2\ 3\ \cdots\ \overline{n-1})=(1\ 2)(1\ 3)\cdots(1\ \overline{n-1})$,则

$$(1\ 2\ 3\ \cdots\ \overline{n-1})(1\ n)$$

$$=\begin{pmatrix}1&2&3&\cdots&n-1\\2&3&4&\cdots&1\end{pmatrix}\begin{pmatrix}1&2&\cdots&n-1&n\\n&2&\cdots&n-1&1\end{pmatrix}$$

$$=\begin{pmatrix}1&2&3&\cdots&n-1&n\\2&3&4&\cdots&n&1\end{pmatrix}\begin{pmatrix}2&3&\cdots&n-1&1&n\\2&3&\cdots&n-1&n&1\end{pmatrix}=\begin{pmatrix}1&2&3&\cdots&n-1&n\\2&3&4&\cdots&1&n\end{pmatrix}$$

$$=(1\ 2\ \cdots\ n-1\ \ n)$$

自然,任一循环分解成若干个换位之积不是唯一的,甚至于连换位的数目都不相同,例如,

$$(1\ 2\ 3)=(1\ 2)(1\ 3)=(1\ 2)(1\ 3)(3\ 1)(1\ 3)$$

但有一个性质却是不变的,即换位数目的奇偶性不变.即一个置换分解成若干个数目的换位之积,可分解成奇数个换位之积的置换,不可能表示为偶数个换位之积.同样,分解成偶数个换位的置换不可能表示为另一个奇数个换位之积.其理由如下:

设表达式

$$F=\prod_{\substack{i<j\\i=1}}^{n}(x_i-x_j)$$

$$\begin{aligned}=&(x_1-x_2)\quad(x_1-x_3)\quad(x_1-x_4)\quad\cdots\quad(x_1-x_{n-1})\quad(x_1-x_n)\\&(x_2-x_3)\quad(x_2-x_4)\quad\cdots\quad(x_2-x_{n-1})\quad(x_2-x_n)\\&(x_3-x_4)\quad\cdots\quad(x_3-x_{n-1})\quad(x_3-x_n)\\&\qquad\qquad\ddots\\&\qquad\qquad\qquad(x_{n-2}-x_{n-1})\quad(x_{n-2}-x_n)\\&\qquad\qquad\qquad\qquad(x_{n-1}-x_n)\end{aligned}$$

设 $k>l,1\leqslant l,k\leqslant n$,

$$F=(x_k-x_l)\prod_{i\neq k,l}(x_i-x_k)(x_i-x_l)f$$

其中 f 是由不含 x_k 和 x_l 的项组成的部分.

若 x_k 和 x_l 互换,我们来看看对 F 的各项的影响.$(x_i-x_l)(x_i-x_k)$ 实际上不变.f 由于不含 x_k 和 x_l,故不受影响.

故 x_k 和 x_l 互换的结果使 F 改变符号,或用

$$(x_k\ x_l)F=-F\quad\text{或}\quad(k\ l)F=-F$$

来表示.

p 是某一置换,p 分解成换位之积,若 p 分解成奇数个换位之积,则 p 作用于 f 的结果使 f 变号;若 p 分解成偶数个换位之积,则 p 作用于 f 的结果不变.p 作用于 f 的结果是固有的,它取决于 p 本身,故 p 分解成奇数个或偶数个换位之积也取决于 p 本身,而不是依赖于分解过程.

定义 4-3　若一个置换可分解成奇数个换位之积，叫做奇置换；若可分解成偶数个换位之积，叫做偶置换.

例如，图 4-3 是一个有 4×4 格的棋盘，除了右下角的一个格子空着以外，其余 15 个格子布着如图 4-3 所标明的棋子. 若空着的格子标以(0)，则图 4-3 可以看成是棋子(1)，(2)，…，(15)的一种布局. 与空格相邻的棋子可以与空格互换位置得到另一种布局. 这样的一次交换位置可以看作是图 4-3 所给定的布局的棋子间的一次置换.

有些布局是由初始布局图 4-3 经过偶数次换位而获得的；有些则是经过奇数次换位而得到的. 由奇数次换位得到的布局不可能通过偶数次换位得到.

证明图 4-3 的状态无论如何不可能通过标志为"0"的棋子与其相邻的棋子换位而达到图 4-4 的状态.

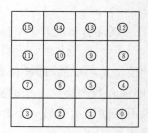

①	②	③	④
⑤	⑥	⑦	⑧
⑨	⑩	⑪	⑫
⑬	⑭	⑮	⓪

图　4-3

⑮	⑭	⑬	⑫
⑪	⑩	⑨	⑧
⑦	⑥	⑤	④
③	②	①	⓪

图　4-4

图 4-3 的状态到图 4-4 的状态相当于作如下置换：

$$p=\begin{pmatrix}0 & 1 & 2 & 3 & 5 & 6 & 7 & 8 & 9 & 10 & 11 & 12 & 13 & 14 & 15\\ 0 & 15 & 14 & 13 & 11 & 10 & 9 & 8 & 7 & 6 & 5 & 4 & 3 & 2 & 1\end{pmatrix}$$
$$=(0)(1\ 15)(2\ 14)(3\ 13)(4\ 12)(5\ 11)(6\ 10)(7\ 9)(8)$$

p 是个奇置换. 但标志为"0"的棋子从右下角出发返回右下角，必须通过偶数次换位才能实现，即向左、向右换位的次数必须相同；向上、向下换位的次数也必须相同. 于是产生矛盾，问题得到证明.

定理 4-8　S_n 中偶置换的全体构成一个$\frac{1}{2}(n!)$阶的子群，记作 A_n，称为交代群.

证明　先证 A_n 是 S_n 的子群. 首先单位元$\begin{pmatrix}1 & 2 & \cdots & n\\ 1 & 2 & \cdots & n\end{pmatrix}=(1)(2)\cdots(n)$是偶置换，故 A_n 非空.

(1) 封闭性：若 p_1，p_2 是偶置换，则 $p_3=p_2p_1$ 也是偶置换，故封闭性成立.

(2) 结合律：置换群的结合律成立.

(3) 单位元素：置换群的单位元素本身就是偶置换.

(4) 逆元素：$(i\ k)$的逆元素为$(i\ k)$，$p=(i_1\ j_1)(i_2\ j_2)\cdots(i_k\ j_k)$的逆元素为

$$p^{-1}=(i_k\ j_k)(i_{k-1}\ j_{k-1})\cdots(i_2\ j_2)(i_1\ j_1)$$
$$pp^{-1}=(i_1j_1)(i_2j_2)\cdots(i_kj_k)(i_kj_k)(i_{k-1}j_{k-1})\cdots(i_2j_2)(i_1j_1)$$

由于$(i_kj_k)(i_kj_k)=e$，所以有

$$pp^{-1}=(i_1j_1)(i_2j_2)\cdots(i_{k-1}j_{k-1})(i_{k-1}j_{k-1})\cdots(i_2j_2)(i_1j_1)$$

$$= \cdots = (i_1 j_1)(i_2 j_2)(i_2 j_2)(i_1 j_1)$$
$$= (i_1 j_1)(i_1 j_1) = (1)(2)\cdots(n)$$

同理证

$$p^{-1}p = (1)(2)\cdots(n)$$

这就证明了偶置换的全体成群,记为 A_n. 令

$$B_n = S_n \setminus A_n$$

即 B_n 为 S_n 中奇置换的全体,任取其中一个换位 $(i\ j)$,对于 A_n 的任一置换 p,则 $(i\ j)p$ 是奇置换,即 $(i\ j)p \in B_n$. 所以,

$$|A_n| \leqslant |B_n| \tag{4-1}$$

类似的理由,对于集合 B_n 的任一置换 q,显然有 $(i\ j)q \in A_n$,即 $(i\ j)q$ 是偶置换. 所以,

$$|B_n| \leqslant |A_n| \tag{4-2}$$

由式(4-1)和式(4-2)可得,$|A_n| = |B_n|$. 但 $|A_n| + |B_n| = n!$,所以,

$$|A_n| = \frac{1}{2}n!$$

4.4 Burnside 引理

上面对群的理论作了必要的准备,现在进入本章实质性的内容.

4.4.1 若干概念

1. 共轭类

下面先给出群 S_3, A_3, S_4, A_4. 希望读者对置换群的结构有感性的认识.

$S_3: \{(1)(2)(3), (2\ 3), (1\ 2), (1\ 3), (1\ 2\ 3), (1\ 3\ 2)\}.$

$A_3: \{(1)(2)(3), (1\ 2\ 3), (1\ 3\ 2)\}.$

$S_4: \{(1)(2)(3)(4), (1\ 2), (1\ 3), (1\ 4), (2\ 3), (2\ 4),$
$\quad (3\ 4), (1\ 2\ 3), (1\ 2\ 4), (1\ 3\ 2), (1\ 3\ 4), (1\ 4\ 2), (1\ 4\ 3),$
$\quad (2\ 3\ 4), (2\ 4\ 3), (1\ 2\ 3\ 4), (1\ 2\ 4\ 3), (1\ 3\ 2\ 4), (1\ 3\ 4\ 2),$
$\quad (1\ 4\ 2\ 3), (1\ 4\ 3\ 2), (1\ 2)(3\ 4), (1\ 3)(2\ 4), (1\ 4)(2\ 3)\}.$

$A_4: \{(1)(2)(3)(4), (1\ 2\ 3), (1\ 2\ 4), (1\ 3\ 2), (1\ 3\ 4),$
$\quad (1\ 4\ 2), (1\ 4\ 3), (2\ 3\ 4), (2\ 4\ 3), (1\ 2)(3\ 4),$
$\quad (1\ 3)(2\ 4), (1\ 4)(2\ 3)\}.$

一般可把 S_n 中任一个置换 p 分解成若干互不相交的循环乘积.

$$p = \underbrace{(a_1\ a_2\ \cdots\ a_{k_1})(b_1\ b_2\ \cdots\ b_{k_2})\cdots(h_1\ h_2\ \cdots\ h_{k_l})}_{l\text{项}}$$

其中 $k_1 + k_2 + \cdots + k_l = n$. 设其中 k 阶循环出现的次数为 c_k,$k = 1, 2, \cdots, n$. k 阶循环出现 c_k 次,用 $(k)^{c_k}$ 表示.

S_n 中的置换可按分解成的格式

$$(1)^{c_1}(2)^{c_2}\cdots(n)^{c_n}$$

的不同而分类. 例如 $(1)(2\ 3)(4\ 5\ 6\ 7)$ 属于格式 $(1)^1(2)^1(3)^0(4)^1(5)^0(6)^0(7)^0$；$(1\ 2\ 3\ 4)$ $(5)(6\ 7)$ 也是属于 $(1)^1(2)^1(3)^0(4)^1(5)^0(6)^0(7)^0$ 类. 或省去指标为 0 的项写为 $(1)^1(2)^1(4)^1$. 显然有

$$\sum_{k=1}^{n} kc_k = n \qquad\qquad (4\text{-}3)$$

在 S_n 中具有相同格式的置换全体, 叫做与该格式相应的共轭类.

定理 4-9 S_n 中属于 $(1)^{c_1}(2)^{c_2}\cdots(n)^{c_n}$ 共轭类的元素个数为

$$\frac{n!}{c_1!c_2!\cdots c_n!1^{c_1}2^{c_2}\cdots n^{c_n}} \qquad\qquad (4\text{-}4)$$

证明 $(1)^{c_1}(2)^{c_2}\cdots(n)^{c_n}$ 格式为

$$\underbrace{\overbrace{(\cdot)(\cdot)\cdots(\cdot)}^{c_1\text{个}}}_{c_1} \quad \underbrace{\overbrace{(\cdot\cdot)(\cdot\cdot)\cdots(\cdot\cdot)}^{2c_2\text{个}}}_{c_2} \cdots \overbrace{(\cdot\cdot\cdot)}^{nc_n\text{个}} \qquad (4\text{-}5)$$

$1,2,3,\cdots,n$ 的全排列共 $n!$ 个, 每个排列依顺序填入格式 (4-5), 可得属于该共轭类的一个置换. 反过来, 该共轭类的每个置换都可以通过这样而得到. 然而由此所得的 $n!$ 个置换中有重复出现的. 重复来自：(1) 由循环 $(a_1a_2a_3\cdots a_k)=(a_2a_3\cdots a_ka_1)=\cdots=(a_ka_1a_2\cdots a_{k-1})$ 引起的, 一个 k 阶循环可重复 k 次, c_k 个 k 阶循环共重复了 k^{c_k} 次；(2) 由互不相交的 c_k 个 k 阶循环乘积的可交换性引起的. 例如 $(a_1a_2)(a_3a_4)(a_5a_6)=(a_1a_2)(a_5a_6)(a_3a_4)=(a_3a_4)$ $(a_1a_2)(a_5a_6)=(a_3a_4)(a_5a_6)(a_1a_2)=(a_5a_6)(a_1a_2)(a_3a_4)=(a_5a_6)(a_3a_4)(a_1a_2)$, 共重复了 $3!=6$ 次, c_k 个 k 阶循环重复了 $c_k!$ 次. 故属于共轭类 $(1)^{c_1}(2)^{c_2}\cdots(n)^{c_n}$ 的元素个数为

$$\frac{n!}{c_1!c_2!\cdots c_n!1^{c_1}2^{c_2}\cdots n^{c_n}}$$

[例 4-6] S_4 中 $(2)^2$ 共轭类有 $\dfrac{4!}{2!\ 2^2}=3$ 个置换, 即

$$(1\ 2)(3\ 4),\quad (1\ 3)(2\ 4),\quad (1\ 4)(2\ 3)$$

S_4 中 $(1)^1(3)^1$ 共轭类有 $\dfrac{4!}{1!\ 3}=8$ 个置换, 即

$$(1\ 2\ 3),(1\ 2\ 4),(1\ 3\ 2),(1\ 3\ 4),$$
$$(1\ 4\ 2),(1\ 4\ 3),(2\ 3\ 4),(2\ 4\ 3)$$

S_4 中 $(1)^2(2)^1$ 的共轭类有 $\dfrac{4!}{2!\ 2}=6$ 个置换, 即

$$(1\ 2),(1\ 3),(1\ 4),(2\ 3),(2\ 4),(3\ 4)$$

S_4 中 $(4)^1$ 的共轭类有 $4!\ /4=6$ 个置换, 即

$$(1\ 2\ 3\ 4),(1\ 2\ 4\ 3),(1\ 3\ 2\ 4),(1\ 3\ 4\ 2),(1\ 4\ 2\ 3),(1\ 4\ 3\ 2)$$

2. k 不动置换类

设 G 是 $1,2,\cdots,n$ 的置换群, 当然 G 是 S_n 的一个子群. 若 k 是 $1\sim n$ 中的某个整数, G 中使 k 保持不变的置换全体, 记以 Z_k, 叫做 G 中使 k 保持不动的置换类, 或简称 k 不动置换类. 如 $G=\{e,(1\ 2),(3\ 4),(1\ 2)(3\ 4)\}$. 只要注意 $(1\ 2)$ 实为 $(1\ 2)(3)(4)$ 的缩写. 故其中使 1 不动的置换类 $Z_1=\{e,(3\ 4)\}$, e 是单位元.

$$Z_2=\{e,(3\ 4)\};Z_3=Z_4=\{e,(1\ 2)\}$$

可见 Z_k 是 G 中有"因子"(k)的置换的全体.

又如 $A_4=\{e,(1\ 2\ 3),(1\ 2\ 4),(1\ 3\ 2),(1\ 3\ 4),(1\ 4\ 2),(1\ 4\ 3),(2\ 3\ 4),(2\ 4\ 3),(1\ 2)$ $(3\ 4),(1\ 3)(2\ 4),(1\ 4)(2\ 3)\}$. 其中

$$Z_1=\{e,(2\ 3\ 4),(2\ 4\ 3)\}$$
$$Z_2=\{e,(1\ 3\ 4),(1\ 4\ 3)\}$$
$$Z_3=\{e,(1\ 2\ 4),(1\ 4\ 2)\}$$
$$Z_4=\{e,(1\ 2\ 3),(1\ 3\ 2)\}$$

定理 4-10 群 G 中关于 k 的不动置换类 Z_k 是 G 的一个子群.

证明 封闭性：p_1,p_2 分别是使 k 不动的两个置换,即 $p_1,p_2\in Z_k$,则 $p_1p_2\in Z_k$.

结合律：对于群 G 结合律成立,$Z_k\in G$,故 Z_k 元素的结合律成立.

单位元：群 G 的单位元属于 Z_k,也是 Z_k 的单位元.

逆元素：$p\in Z_k$ 使 k 保持不变,$p^{-1}\in G$ 也使 k 不变,故 $p^{-1}\in Z_k$.

故 Z_k 本身也是一个群,是群 G 的一个子群.

3. 等价类

在引进等价类的概念之前先举一个例子,$G=\{e,(1\ 2),(3\ 4),(1\ 2)(3\ 4)\}$,在群 G 作用下数 1 变为 2,2 变为 1;3 变为 4,4 变为 3.故 1 与 2 属于同一类,而 3 和 4 则属于另一类. 1 或 2 不能在群 G 作用下变为 3 或 4,同样,3 或 4 也不能变为 1 或 2.k 所属的等价类,可以看作是 k 在 G 作用下的"轨迹".

(1) 对于给定的关于 $1,2,\cdots,n$ 的置换群 G,若存在置换 $p\in G$ 使 k 变为 l,则存在 $p_2=p_1^{-1}$ 使 l 变为 k,$p_2\in G$. 单位元素使 k 变为 k.

(2) 若存在 $p_1\in G$ 使 k 变为 l,又存在 p_2 使 l 变为 m,则存在置换 $p_3\in p_1p_2$ 使 k 变为 m,$p_3\in G$. 即

$$k\xrightarrow{\ p_1\in G\ }l\xrightarrow{\ p_2\in G\ }m$$

则

$$k\xrightarrow{\ p_3=p_1p_2\in G\ }m$$

由(1),(2)可知,k 在 G 作用下的"轨迹"形成一个封闭的类.故 $\{1,2,\cdots,n\}$ 中的数 k,若存在置换 p_1 使之变成 l,则称 k 和 l 属于同一个等价类.因而 1 到 n 的整数可按群 G 的置换分成若干个等价类,数 k 所属的等价类记以 E_k.

例如,$G=\{e,(1\ 2),(3\ 4),(1\ 2)(3\ 4)\}$.1 和 2 属于一个等价类,3 和 4 属于另一个等价类. 即

$$E_1=E_2=\{1,2\},E_3=E_4=\{3,4\}$$

对于数 $k(1\leqslant k\leqslant n)$,关于 n 个文字的置换群 G 有对应的等价类 E_k 和不动置换类 Z_k.

4.4.2 重要定理

定理 4-11 $|E_k||Z_k|=|G|$, $k=1,2,\cdots,n$.

证明 若 $|E_k|=l$,不失一般性,设 $E_k=\{a_1(=k),a_2,\cdots,a_l\}$,$a_1,a_2,\cdots,a_l$ 是 l 个不超过 n 的正整数,而且各不相等. 既然 $a_1,a_2,\cdots,a_l$ 属于同一等价类,故存在属于 G 的置换 p_i 使得

$$k\xrightarrow{\quad p_i\quad}a_i,\qquad i=1,2,\cdots,l$$

即置换 p_i 使数 k 变为等价类中的 a_i.

$P=\{p_1,p_2,\cdots,p_l\}$ 是属于群 G 的置换的集合,但不是一个群. $G_j=Z_k p_i, j=1,2,\cdots,l$. 由于

$$k \xrightarrow{\;p\in Z_k\;} k \xrightarrow{\;p_j\;} a_j$$

故

$$k \xrightarrow{\;pp_j=p_j'\in Z_k p_j\;} a_j, \qquad j=1,2,\cdots,l$$

即数 k 在 $p'\in Z_k p_j$ 的作用下变为 a_j.

$G_j=Z_k p_j$ 的元素属于 G,而且当 $i\neq j$ 时,$G_i\bigcap G_j=\varnothing$,即 G_i 和 G_j 没有相同的元素. 故

$$G_1 \dot{+} G_2 \dot{+} \cdots \dot{+} G_l \subseteq G \tag{4-6}$$

或

$$Z_k p_1 \dot{+} Z_k p_2 \dot{+} \cdots \dot{+} Z_k p_l \subseteq G$$

符号 $\dot{+}$ 表示不相交集合的并.

另一方面,凡属于 G 的任一置换 p,有

$$k \xrightarrow{\;p\;} a_j$$

即在 p 的作用下变为某一元素 a_j,依据元素 k 的等价类,存在 $p_j\in G$,使得 $k \xrightarrow{\;p_j\;} a_j$. 所以有:

$$k \xrightarrow{\;p\in G\;} a_j \xrightarrow{\;p_j^{-1}\;} k$$

即

$$k \xrightarrow{\;pp_j^{-1}\;} k$$

依据 Z_k 的定义,则有

$$pp_j^{-1} \in Z_k$$
$$p \in Z_k p_j$$

p 是 G 的任意元素,故有

$$G \subseteq Z_k p_1 + Z_k p_2 + \cdots + Z_k p_l \tag{4-7}$$

由式(4-6)及式(4-7)可得

$$G = Z_k p_1 \dot{+} Z_k p_2 \dot{+} \cdots \dot{+} Z_k p_l$$

所以有
$$|G| = |Z_k p_1| + |Z_k p_2| + \cdots + |Z_k p_l|$$
$$= \underbrace{|Z_k| + |Z_k| + \cdots + |Z_k|}_{l\text{项}} = l|Z_k|$$
$$= |E_k||Z_k|$$

例如,$G=A_4$,$E_1=\{1,2,3,4\}$,

$$Z_1 = \{e,(2\ 3\ 4),(2\ 4\ 3)\}$$

A_4 中存在单位元素 $p_1=e$ 使得 $1 \xrightarrow{\;e\;} 1$;存在置换 $p_2=(1\ 2)(3\ 4)$,使得 $1 \xrightarrow{\;p_2\;} 2$;存在置换 $p_3=(1\ 3)(2\ 4)$,使得 $1 \xrightarrow{\;p_3\;} 3$;存在置换 $p_4=(1\ 4)(2\ 3)$,使得 $1 \xrightarrow{\;p_4\;} 4$.

$$Z_1 p_1 = \{e, (2\ 3\ 4), (2\ 4\ 3)\}$$
$$Z_1 p_2 = \{(1\ 2)(3\ 4), (1\ 2\ 4), (1\ 2\ 3)\}$$
$$Z_1 p_3 = \{(1\ 3)(2\ 4), (1\ 3\ 2), (1\ 3\ 4)\}$$
$$+)\quad Z_1 p_4 = \{(1\ 4)(2\ 3), (1\ 4\ 3), (1\ 4\ 2)\}$$
$$\dot{Z_1 p_1} + \dot{Z_1 p_2} + \dot{Z_1 p_3} + \dot{Z_1 p_4} = A_4$$

设 $G = \{a_1, a_2, \cdots, a_g\}$，其中 $a_1 = e$，若把 a_k 分解成不相交的循环的乘积，$k = 1, 2, \cdots, g$. 记 $c_1(a_k)$ 为置换 a_k 中 1 阶循环的个数，即在 a_k 作用下保持不变的元素的个数，例如，

$$G = \{e, (1\ 2), (3\ 4), (1\ 2)(3\ 4)\};$$
$$a_1 = e = (1)(2)(3)(4), \quad c_1(a_1) = 4;$$
$$a_2 = (1\ 2) = (1\ 2)(3)(4), \quad c_1(a_2) = 2;$$
$$a_3 = (3\ 4) = (1)(2)(3\ 4), \quad c_1(a_3) = 2;$$
$$a_4 = (1\ 2)(3\ 4), \quad c_1(a_4) = 0.$$

Burnside 引理　设 G 是 $N = \{1, 2, \cdots, n\}$ 上的置换群，G 在 N 上可引出不同的等价类，其不同的等价类的个数为

$$l = \frac{1}{|G|}\left[c_1(a_1) + c_1(a_2) + \cdots + c_1(a_g)\right]$$

在证明以前，以 $G = \{e, (1\ 2), (3\ 4), (1\ 2)(3\ 4)\}$ 为例进行分析，有了感性认识，再进行证明就不难了.

表 4-2 中的

$$s_{jk} = \begin{cases} 1, & \text{若数 } k \text{ 在置换 } a_j \text{ 作用下不改变即 } k \xrightarrow{\ a_j\ } k \\ 0, & k \xrightarrow{\ a_j\ } l \neq k \end{cases}$$

故第 j 行求和等于 $c_1(a_j)$；第 k 列求和等于 $|Z_k|$.

表中元素的总和 $= \sum\limits_{j=1}^{g} \sum\limits_{k=1}^{n} s_{jk} = \sum\limits_{k=1}^{n} |Z_k| = \sum\limits_{j=1}^{g} c_1(a_j)$.

表　4-2

s_{jk} 下 k ／ a_j	1	2	3	4	$c_1(a_j)$	格　式
$(1)(2)(3)(4)$	1	1	1	1	4	$(1)^4(2)^0(3)^0(4)^0$
$(1\ 2)(3)(4)$	0	0	1	1	2	$(1)^2(2)^1(3)^0(4)^0$
$(1)(2)(3\ 4)$	1	1	0	0	2	$(1)^2(2)^1(3)^0(4)^0$
$(1\ 2)(3\ 4)$	0	0	0	0	0	$(1)^0(2)^2(3)^0(4)^0$
$|Z_k|$	2	2	2	2	8	

引理的证明　仿上例，作表 4-3，其中

$$s_{jk} = \begin{cases} 0, & \text{若 } a_j \notin Z_k，\text{即 } k \xrightarrow{a_j \notin Z_k} l(\neq k) \\ 1, & \text{若 } a_j \in Z_k，\text{即 } k \xrightarrow{a_j \in Z_k} k \end{cases}$$

故第 j 行求和等于 $c_1(a_j)$；第 k 列求和等于 $|Z_k|$.

表中元素的总和 $= \sum_{j=1}^{g} \sum_{k=1}^{n} s_{jk} = \sum_{k=1}^{n} |Z_k| = \sum_{j=1}^{g} c_1(a_j)$

表 4-3

$\diagdown$ $\overset{k}{\underset{a_j}{s_{jk}}}$	1 2 3 $\cdots$ n	$c_1(a_j)$
a_1	s_{11} s_{12} s_{13} $\cdots$ s_{1n}	$c_1(a_1)$
a_2	s_{21} s_{22} s_{23} $\cdots$ s_{2n}	$c_1(a_2)$
$\vdots$	$\vdots$	$\vdots$
a_g	s_{g1} s_{g2} s_{g3} $\cdots$ s_{gn}	$c_1(a_g)$
$\lvert Z'_k \rvert$	$\lvert Z'_1 \rvert \lvert Z'_2 \rvert \lvert Z'_3 \rvert \cdots \lvert Z'_n \rvert$	$\sum_{j=1}^{g} c_1(a_j) = \sum_{k=1}^{n} \lvert Z'_k \rvert$

因为 $\quad \sum_{k=1}^{n} s_{jk} = c_1(a_j)；\qquad \sum_{j=1}^{g} s_{jk} = |Z_k|$

所以 $\quad \sum_{j=1}^{g} \sum_{k=1}^{n} s_{jk} = \sum_{j=1}^{g} c_1(a_j) = \sum_{k=1}^{n} |Z_k|$

若 $N = \{1, 2, \cdots, n\}$ 分解成 l 个等价类：

$$N = E_1 \dotplus E_2 \dotplus \cdots \dotplus E_l$$

而且当 j 和 k 属于同一等价类时，则 $|Z_j| = |Z_k|$. 所以，

$$\sum_{k=1}^{n} |Z_k| = \sum_{i=1}^{l} \sum_{k \in E_i} |Z_k| = \sum_{i=1}^{l} |E_i| |Z_i|$$

由于

$$|E_i| |Z_i| = |G|, \quad i = 1, 2, \cdots, l$$

所以

$$\sum_{k=1}^{n} |Z_k| = l |G|$$

$$l = \frac{1}{|G|} \sum_{k=1}^{n} |Z_k|$$

4.4.3 举例说明

一个正方形均分成 4 个格子，如图 4-5 所示. 用两种颜色对 4 个格子着色，问能得到多少种不同的图像？经过旋转使之吻合的两种方案，算是同一方案.

每格有两种颜色可供选择. 故有如图 4-6 所示的 16 种可能方案. 图 4-6 中，当每个图都绕过中心点的轴按反时针方向旋转 90°，180°，270°时，得到 16 种图像的又一种排列，可以看作是图 4-6 的 16

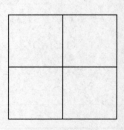

图 4-5

种图像的一种置换.分别讨论如下:

(1) 旋转 $0°$ 为不动置换

$$p_1 = (c_1)(c_2)(c_3)(c_4)(c_5)(c_6)(c_7)(c_8)(c_9)(c_{10})$$
$$(c_{11})(c_{12})(c_{13})(c_{14})(c_{15})(c_{16})$$

(2) 旋转 $90°$,这时,c_3 被 c_4 取代,c_4 被 c_5 取代,$\cdots$,c_{16} 被 c_{13} 取代.

$$p_2 = (c_1)(c_2)(c_3\ c_4\ c_5\ c_6)(c_7\ c_8\ c_9\ c_{10})$$
$$(c_{11}\ c_{12})(c_{13}\ c_{14}\ c_{15}\ c_{16})$$

(3) 旋转 $180°$,这时,c_3 和 c_5 互换,c_4 和 c_6 互换,$\cdots$,故有

$$p_3 = (c_1)(c_2)(c_3\ c_5)(c_4\ c_6)(c_7\ c_9)(c_8\ c_{10})$$
$$(c_{11})(c_{12})(c_{13}\ c_{15})(c_{14}\ c_{16})$$

(4) 旋转 $270°$,

$$p_4 = (c_1)(c_2)(c_6\ c_5\ c_4\ c_3)(c_{10}\ c_9\ c_8\ c_7)$$
$$(c_{11}\ c_{12})(c_{16}\ c_{15}\ c_{14}\ c_{13})$$

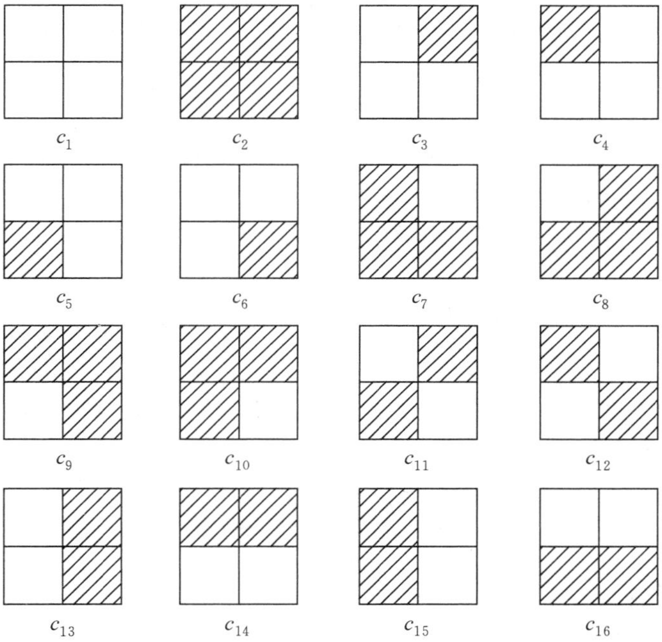

图 4-6

不同等价类的个数为

$$l = \frac{1}{4} \times (16 + 2 + 4 + 2) = 6$$

其中 $c_1(p_1) = 16$,$c_1(p_2) = 2$,$c_1(p_3) = 4$,$c_1(p_4) = 2$,6 个不相同的图像如图 4-7 所示.

[例 4-7] 一个圆环,按顺时针方向 $0°,90°,180°,270°$ 位置上装一红或蓝的珠子,问有多少种不同的等价类.即有多少种不同的方案?刚体运动使之吻合的算一种方案.

此问题也可以看作前面正方形的四方格的情况,如图 4-8 所示,但四方形是透明的玻璃板,用红、蓝两种颜色着色,问有多少种着色方案?

对应的置换群除了和前例一样的 p_1,p_2,p_3,p_4 之外,还包含:

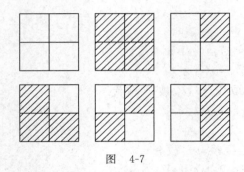

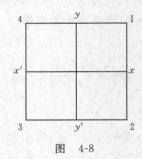

图 4-7   图 4-8

(5) 沿 $x'x$ 轴翻转 $180°$，对应有置换：

$$p_5 = (c_1)(c_2)(c_3\ c_6)(\ c_4\ c_5)(c_7\ c_{10})(\ c_8\ c_9)(c_{11}\ c_{12})(c_{13})(c_{15})(\ c_{14}\ c_{16})$$

$$c_1(p_5) = 4$$

(6) 沿 $y'y$ 轴翻转 $180°$，对应有置换：

$$p_6 = (c_1)(c_2)(c_3\ c_4)(\ c_5\ c_6)(\ c_7\ c_8)(\ c_9\ c_{10})(c_{11}\ c_{12})(c_{13}\ c_{15})(\ c_{14})(\ c_{16})$$

$$c_1(p_6) = 4$$

(7) 沿对角线 13 翻转 $180°$，对应有置换：

$$p_7 = (c_1)(c_2)(c_3)(\ c_4\ c_6)(c_5)(c_7)(c_8\ c_{10})(c_9)(\ c_{11})(c_{12})(c_{13}\ c_{14})(\ c_{15})(\ c_{16}),$$

$$c_1(p_7) = 8$$

(8) 沿对角线 24 翻转 $180°$，对应有置换：

$$p_8 = (c_1)(c_2)(c_3\ c_5)(\ c_4)(\ c_6)(c_7\ c_9)(\ c_8)(\ c_{10})(c_{11})(\ c_{12})(c_{13}\ c_{16})(\ c_{14}\ c_{15})$$

$$c_1(p_8) = 8$$

根据 Burnside 公式，不同的等价类为

$$l = \frac{1}{8} \times [16 + 2 + 4 + 2 + 4 + 4 + 8 + 8] = \frac{1}{8} \times [48] = 6$$

6 种不同的方案和图 4-7 一致，不过，它的含义却不尽相同，包括各种类型的翻转，请读者自己去理解.

4.5   Pólya 定理

4.4 节的 Burnside 引理理论上也可以用来研究 $m(>2)$ 种颜色的不同着色方案的计数问题，然而问题会变得复杂得多. 本节将介绍 Pólya 计数定理.

设有 n 个对象，$\overline{G}$ 是这 n 个对象上的置换群. 今用 m 种颜色涂染这 n 个对象，每个对象涂一种颜色，问有多少种染色方案？一种染色方案在群 $\overline{G}$ 的作用下变为另一种方案，则这两种方案当作同一种方案.

Pólya 定理   设 $\overline{G}$ 是 n 个对象的一个置换群，用 m 种颜色涂染这 n 个对象，则不同染色的方案数为

$$l = \frac{1}{|\overline{G}|}[m^{c(\overline{a}_1)} + m^{c(\overline{a}_2)} + \cdots + m^{c(\overline{a}_g)}]$$

其中，$\overline{G} = \{\overline{a}_1, \overline{a}_2, \cdots, \overline{a}_g\}$，$c(\overline{a}_k)$ 为置换 $\overline{a}_k$ 的循环节数.

n 个对象可用 $1,2,\cdots,n$ 编序号,故 $\overline{G}$ 可当作 $(1,2,\cdots,n)$ 的一个置换群.

Pólya 定理中的群 $\overline{G}$ 是作用在 n 个对象上的置换群,相应地,Burnside 定理中的群 G 是在这 n 个对象上用 m 种颜色进行染色后的方案集合上的置换群. 群 G 与群 $\overline{G}$ 之间的联系是这样的:对应于群 $\overline{G}$ 的元素 $\overline{p}\in\overline{G}$,相应地在染色方案集上也诱导出一个属于 G 的置换 p. 只要证明 $c_1(p)=m^{c(\overline{p})}$ 即可.

在证明之前先就前面的例子进行分析,然后推广到一般.

图 4-9 的涂色方案见图 4-6,图 4-9 的置换群为

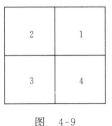

$$\overline{p}_1=(1)(2)(3)(4)$$
$$\overline{p}_2=(4\ 3\ 2\ 1)$$
$$\overline{p}_3=(1\ 3)(2\ 4)$$
$$\overline{p}_4=(1\ 2\ 3\ 4)$$

图 4-9

分别对应于图 4-6 中方案集的置换:

$$p_1=(c_1)(c_2)(c_3)(c_4)(c_5)(c_6)(c_7)(c_8)(c_9)(c_{10})$$
$$(c_{11})(c_{12})(c_{13})(c_{14})(c_{15})(c_{16})$$
$$p_2=(c_1)(c_2)(c_3 c_4 c_5 c_6)(c_7 c_8 c_9 c_{10})(c_{11} c_{12})(c_{13} c_{14} c_{15} c_{16})$$
$$p_3=(c_1)(c_2)(c_3 c_5)(c_4 c_6)(c_7 c_9)(c_8 c_{10})(c_{11})(c_{12})(c_{13} c_{15})(c_{14} c_{16})$$
$$p_4=(c_1)(c_2)(c_6 c_5 c_4 c_3)(c_{10} c_9 c_8 c_7)(c_{11} c_{12})(c_{16} c_{15} c_{14} c_{13})$$

仔细观察其中的关系,首先,不难发现

$$c(\overline{p}_1)=4,\quad \text{对应} \ c_1(p_1)=2^{c(\overline{p}_1)}=2^4=16;$$
$$c(\overline{p}_2)=1,\quad \text{对应} \ c_1(p_2)=2^{c(\overline{p}_2)}=2^1=2;$$
$$c(\overline{p}_3)=2,\quad \text{对应} \ c_1(p_3)=2^{c(\overline{p}_3)}=2^2=4;$$
$$c(\overline{p}_4)=1,\quad \text{对应} \ c_1(p_4)=2^{c(\overline{p}_4)}=2^1=2.$$

其次,还可以发现,在 p_i 作用下不变的图像正好是对应的 $\overline{p}_i$ 的循环节中的对象染以相同的颜色所得到的图像.举个例子,$\overline{p}_2=(4\ 3\ 2\ 1)$,对应的 p_2 中一阶循环节为 (c_1) 和 (c_2).见图 4-10,图像 c_1,c_2 正好是 $1,2,3,4$ 着以同一种颜色所得的结果.

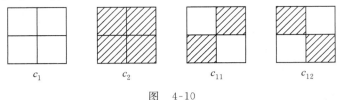

c_1 $\qquad$ c_2 $\qquad$ c_{11} $\qquad$ c_{12}

图 4-10

又如,$\overline{p}_3=(1\ 3)(2\ 4)$,对应的 p_3 中一阶循环节为 $(c_1)(c_2)(c_{11})(c_{12})$,正好是 1 和 3,2 和 4 分别着相同颜色的结果(如图 4-10 所示).

定理的证明

假定 n 个对象用 m 种颜色进行涂色所得的方案集合为 S,显然,$|S|=m^n$.

$\overline{G}$ 的每一个元素 $\overline{a}_j$ 对应于 n 个对象的一个排列,也对应了 S 中的 m^n 个涂色方案的一个排列,记作 a_j.

这样，n 个对象上的群 $\overline{G}$，对应于作用在 S 上的群 G. 所以

$$|G| = |\overline{G}|$$

而且有 $c_1(a_j) = m^{c(\overline{a}_j)}$. 与前面讨论一样，可得 S 按 G 分成不同的等价类的个数为

$$l = \frac{1}{|G|}[c_1(a_1) + c_1(a_2) + \cdots + c_1(a_g)]$$

$$= \frac{1}{|\overline{G}|}[m^{c(\overline{a}_1)} + m^{c(\overline{a}_2)} + \cdots + m^{c(\overline{a}_g)}]$$

4.6　举例

[**例 4-8**]　长为 6 的透明的方格，用红、蓝、黄、绿 4 种颜色进行染色，试问有多少种不同的方案？

问题相当于用 r, b, y, g 构成长为 n 的字符串，将从左向右的字符顺序和从右向左的字符顺序看作相同的，例如，$y\,g\,g\,r\,b\,r$ 和 $r\,b\,r\,g\,g\,y$ 看作相同的. 其中 y, g, r, b 分别代表黄、绿、红和蓝色。

群 G：

$$\overline{P}_1 = \begin{pmatrix} 1 & 2 & \cdots & 6 \\ 1 & 2 & \cdots & 6 \end{pmatrix}, \quad \overline{P}_2 = \begin{pmatrix} 1 & 2 & 3 & 4 & 5 & 6 \\ 6 & 5 & 4 & 3 & 2 & 1 \end{pmatrix} = (1\ 6)(2\ 5)(3\ 4)$$

根据 Pólya 定理，不同的方案数应为

$$N = \frac{1}{2}(4^6 + 4^3)$$

[**例 4-9**]　用 3 个红珠子和 2 个蓝珠子镶嵌在圆环上（如图 4-11 所示），试问有多少种不同的方案.

$$G：(1)(2)(3)(4)(5),(1\ 2\ 3\ 4\ 5),(1\ 3\ 5\ 2\ 4)$$
$$(1\ 4\ 2\ 5\ 3),(1\ 5\ 4\ 3\ 2)$$
$$(1)(2\ 5)(3\ 4),(2)(1\ 3)(4\ 5)$$
$$(3)(1\ 5)(3\ 4),(4)(1\ 2)(3\ 5)$$
$$(5)(1\ 4)(2\ 3).$$

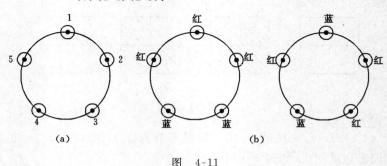

图　4-11

对应于 $g_0 = (1)(2)(3)(4)(5)$，用 3 红 2 蓝镶嵌可有 $C(5,3)=10$ 种方案，在 g_0 作用下变为自身.

对应于 $(1\ 2\ 3\ 4\ 5)$ 等 4 个 $(5)^1$ 格式的方案数为 0. 对应于 $(1)^1(2)^2$ 格式的方案数为 2，故

$$N = \frac{1}{10} \times [10 + 5 \times 2] = 2$$

[**例 4-10**] 图 4-12(a)中 v_1 v_2 v_3 是圆圈上 3 等分点,用红、蓝、绿 3 种颜色的珠子镶上,试问有几种不同的方案?

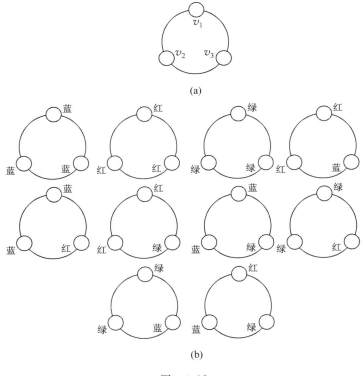

(a)

(b)

图　4-12

解 图 4-12(a)可以分别绕圆圈的中心旋转 $0°, 120°, 240°$,以及以过顶点 1 的垂直于其他两顶点的连线的垂直线为轴翻转,得群:

$$G = \{(v_1)(v_2)(v_3),(v_1v_2v_3),(v_3v_2v_1),(v_1)(v_2v_3),(v_2)(v_1v_3),(v_3)(v_1v_2)\}$$

故不同的方案数为

$$m = \frac{1}{6} \times [3^3 + 2 \cdot 3 + 3 \cdot 3^2] = \frac{1}{6} \times [27 + 6 + 27] = 10$$

这 10 种方案见图 4-12(b).

[**例 4-11**] 甲烷 CH_4 的支链是 H—C—H ,若 4 个 H 键用 H, Cl, CH_3, C_2H_5 之一取代,问有几种不同的化学结构?

解 问题相当于对正四面体的 4 个顶点用 4 种颜色着色,求不同的方案数. 使正四面体 $v_1 v_2 v_3 v_4$ 重合的刚体运动有两类,一类是绕过顶点的中心线 xx' 旋转 $120°, 240°$;另一类是绕过 $v_1 v_2, v_3 v_4$ 中点的有线 yy' 旋转 $180°$,图 4-13 的旋转群 G 的元素为

$$(v_1)(v_2)(v_3)(v_4),\ (v_1)(v_2v_3v_4),$$
$$(v_1)(v_4v_3v_2),\ (v_2)(v_1v_3v_4),$$
$$(v_2)(v_4v_3v_1),\ (v_3)(v_1v_2v_4),$$

$$(v_3)(v_4v_2v_1),\ (v_4)(v_1v_2v_3),$$
$$(v_4)(v_3v_2v_1),\ (v_1v_2)(v_3v_4),$$
$$(v_1v_3)(v_2v_4),\ (v_1v_4)(v_2v_3).$$

故不同的化学结构数目为

$$\frac{1}{12}\times[4^4+8\cdot4^2+3\cdot4^2]=\frac{1}{12}\times[256+128+48]=36$$

[**例 4-12**]　求 3 个布尔变量 x_1,x_2,x_3 的布尔函数装置(如图 4-14 所示)有多少种不同结构?

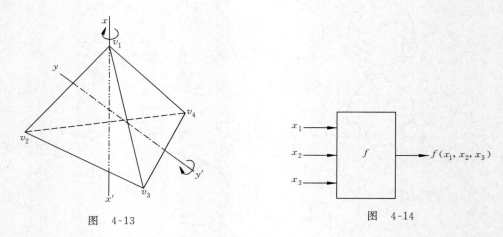

图　4-13　　　　　　　　　　　图　4-14

3 个变量的布尔函数有 $2^8=256$ 个.但布尔函数 $f(x_1,x_2,x_3)$ 的装置可以通过改变输入端的顺序而得到,不必改变装置本身的内容.

解　图 4-14 中 3 个输入端的变换群 H 为

$$h_1=(x_1)(x_2)(x_3),h_2=(x_1x_2x_3),$$
$$h_3=(x_3x_2x_1),\qquad h_4=(x_1)(x_2x_3),$$
$$h_5=(x_2)(x_1x_3),\quad h_6=(x_3)(x_1x_2).$$

3 个布尔变量 x_1,x_2,x_3 构成的 3 位二进制数 $x_1x_2x_3$ 的状态有

$$a_0=000,\quad a_1=001,\quad a_2=010,\quad a_3=011,$$
$$a_4=100,\quad a_5=101,\quad a_6=110,\quad a_7=111.$$

以在 $h_2=(x_1x_2x_3)$ 的作用下为例:

$$a_0=000\xrightarrow{\ h_2\ }000=a_0$$
$$a_1=001\xrightarrow{\ h_2\ }010=a_2$$
$$a_2=010\xrightarrow{\ h_2\ }100=a_4$$
$$a_3=011\xrightarrow{\ h_2\ }110=a_6$$
$$a_4=100\xrightarrow{\ h_2\ }001=a_1$$
$$a_5=101\xrightarrow{\ h_2\ }011=a_3$$
$$a_6=110\xrightarrow{\ h_2\ }101=a_5$$

$$a_7 = 1\ 1\ 1 \xrightarrow{\quad h_2 \quad} 1\ 1\ 1 = a_7$$

即 $h_2 = (x_1 x_2 x_3)$ 对应于置换：

$$p_2 = \begin{pmatrix} 000 & 001 & 010 & 011 & 100 & 101 & 110 & 111 \\ 000 & 010 & 100 & 110 & 001 & 011 & 101 & 111 \end{pmatrix}$$

或

$$p_2 = \begin{bmatrix} a_0 & a_1 & a_2 & a_3 & a_4 & a_5 & a_6 & a_7 \\ a_0 & a_2 & a_4 & a_6 & a_1 & a_3 & a_5 & a_7 \end{bmatrix}$$

$$= (a_0)(a_1 a_2 a_4)(a_3 a_6 a_5)(a_7)$$

若 $h_i \longrightarrow p_i$, $i = 1, 2, \cdots, 6$, 则有

$$p_1 = (a_0)(a_1)(a_2)(a_3)(a_4)(a_5)(a_6)(a_7)$$
$$p_2 = (a_0)(a_1 a_2 a_4)(a_3 a_6 a_5)(a_7)$$
$$p_3 = (a_0)(a_1 a_4 a_2)(a_3 a_5 a_6)(a_7)$$
$$p_4 = (a_0)(a_1 a_2)(a_3)(a_4)(a_5 a_6)(a_7)$$
$$p_5 = (a_0)(a_1 a_4)(a_2)(a_3 a_6)(a_5)(a_7)$$
$$p_6 = (a_0)(a_1)(a_2 a_4)(a_3 a_5)(a_6)(a_7)$$

求不同布尔函数装置的问题, 相当于求服从群 G 的变换的 8 个顶点 $a_0, a_1, a_2, a_3, a_4,$ a_5, a_6, a_7 用两种不同颜色(相当于布尔函数的 $0, 1$ 状态)对之着色的方案数. 根据 Pólya 定理应有

$$m = \frac{1}{6} \times (2^8 + 3 \cdot 2^6 + 2 \cdot 2^4) = \frac{480}{6} = 80 \text{ 种}$$

这个结果告诉我们, 实质上不同的结构不是 256 种, 而是 80 种, 其他可通过改变输入端的顺序而得到.

[**例 4-13**] 正六面体的 6 个面分别用红、蓝两种颜色着色, 问有多少种不同方案?

使正六面体重合的刚体运动群, 有如下几种情况.

(1) 不动置换, 即单位元素 (1)(2)(3)(4)(5)(6), 格式为 $(1)^6$.

(2) 绕过 (1) 面、(6) 面中心的 AB 轴(如图 4-15(a)所示), 旋转 $\pm 90°$. 对应有

$$(1)(2\ 3\ 4\ 5)(6), \quad (1)(5\ 4\ 3\ 2)(6)$$

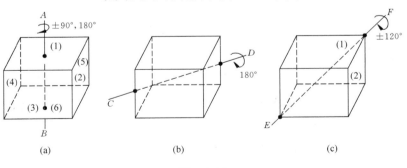

图　4-15

格式为 $(1)^2(4)^1$. 正六面体有 3 个对面, 故同类的置换有 6 个.

(3) 绕 AB 轴旋转 $180°$ 的有 (1)(2 4)(3 5)(6), 格式为 $(1)^2(2)^2$, 同类的置换有 3 个.

(4) 绕 CD 轴旋转 $180°$(如图 4-15(b)所示)的置换为 (1 6)(2 5)(3 4), 格式为 $(2)^3$.

正六面体中对角线位置的平行的棱有 6 对,故同类的置换有 6 个.

(5) 绕正六面体的对角线 EF 旋转 $\pm120°$(如图 4-15(c)所示),绕 EF 旋转 $120°$ 的置换为$(3\ 4\ 6)(1\ 5\ 2)$.绕 EF 旋转 $-120°$ 的置换为$(6\ 4\ 3)(2\ 5\ 1)$,格式为$(3)^2$.

正六面体的对角线有 4 条,故同类的置换 8 个.

于是不同的染色方案数为

$$M=\frac{1}{24}\times[2^6+6\cdot2^3+3\cdot2^4+6\cdot2^3+8\cdot2^2]$$

$$=\frac{1}{24}\times[64+48+48+48+32]=10$$

[例 4-14] 用两种颜色给正六面体的 8 个顶点着色,试问有多少种不同的方案?

和例 4-13 相似,不过是把 6 个面的着色改为 8 个点的着色,如图 4-16 所示。使正六面体重合的关于顶点的运动群是

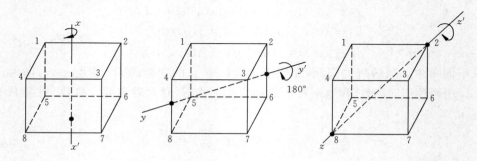

图 4-16

(1) 单位元素$(1)(2)(3)(4)(5)(6)(7)(8)$,格式为$(1)^8$.

(2) 绕 xx' 轴旋转 $\pm90°$ 的置换分别为$(1\ 2\ 3\ 4)(5\ 6\ 7\ 8)$,$(4\ 3\ 2\ 1)(8\ 7\ 6\ 5)$,格式为$(4)^2$,同格式的共轭类共 6 个.

(3) 绕 xx' 轴旋转 $180°$ 的置换为$(1\ 3)(2\ 4)(5\ 7)(6\ 8)$,格式为$(2)^4$,同类的置换有 3 个.

(4) 绕 yy' 轴旋转 $180°$ 的置换$(1\ 7)(2\ 6)(3\ 5)(4\ 8)$,格式为$(2)^4$,同类的置换有 6 个.

(5) 绕 zz' 轴旋转 $\pm120°$ 的置换分别为$(1\ 3\ 6)(4\ 7\ 5)(8)(2)$,$(6\ 3\ 1)(5\ 7\ 4)(2)(8)$,格式为$(3)^2(1)^2$,同类的置换有 8 个.

依据 Pólya 定理,不同的方案数为

$$m=\frac{1}{24}\times(2^8+6\cdot2^2+3\cdot2^4+6\cdot2^4+8\cdot2^4)=\frac{552}{24}=23$$

[例 4-15] 骰子的 6 个面分别有 $1,2,3,4,5,6$ 个点,问有多少种不同的方案?

解法 1:

问题相当于对正六面体的 6 个面,用 6 种颜色对之染色,要求各面的颜色都不一样,求不同的方案数.

6 个面用 6 种颜色涂染,各面颜色各异,应有 6! 种方案,但其中经过刚体运动使之重合的作为相同的一种,从例 4-13 知运动变换群共 24 个元素.下面我们观察群元素对 6! 种方案的影响.

设 6! 种方案为 $S_1,S_2,\cdots,S_{6!}$.

在单位元素作用下有置换

$$(S_1)(S_2)\cdots(S_{6!})$$

由于 6 个面颜色均不相同,故对其他 23 个置换没有一种方案能保持不变的.设在 24 个置换中 p_0 为单位元素,即不动置换,其余为 $p_1,p_2,\cdots,p_{23}$.因此有

$$c_1(p_0)=6!,$$
$$c_1(p_1)=c_1(p_2)=c_1(p_3)=\cdots=c_1(p_{23})=0$$

根据 Burnside 引理,不同方案数应为

$$m=\frac{1}{24}\times[6!+0+\cdots+0]=30$$

解法 2:

下面用的是 Pólya 定理和容斥原理.

使正六面体重合的置换群见例 4-13.用 m 种颜色对正六面体的 6 个面进行涂染可得不同方案数为 n_m,有

$$n_m=\frac{1}{24}\times[m^6+3m^4+12m^3+8m^2]$$

则有

$$n_1=\frac{1}{24}\times[1+3+12+8]=\frac{24}{24}=1$$

$$n_2=\frac{1}{24}\times[2^6+3\cdot2^4+12\cdot2^3+8\cdot2^2]=\frac{1}{24}\times[240]=10$$

$$n_3=\frac{1}{24}\times[3^6+3\cdot3^4+12\cdot3^3+8\cdot3^2]=\frac{1}{24}\times[1368]=57$$

$$n_4=\frac{1}{24}\times[4^6+3\cdot4^4+12\cdot4^3+8\cdot4^2]=\frac{1}{24}\times[5760]=240$$

$$n_5=\frac{1}{24}\times[5^6+3\cdot5^4+12\cdot5^3+8\cdot5^2]=\frac{1}{24}\times[19200]=800$$

$$n_6=\frac{1}{24}\times[6^6+3\cdot6^4+12\cdot6^3+8\cdot6^2]=\frac{1}{24}\times[53424]=2226$$

令 l_i＝用 i 种颜色对正六面体的 6 个面进行涂染所得的不少于 i 种颜色的方案数,则有

$$l_1=n_1=1$$

$$l_2=n_2-\binom{2}{1}l_1=n_2-2l_1=10-2=8$$

$$l_3=n_3-\binom{3}{2}l_2-\binom{3}{1}l_1=n_3-3l_2-3l_1=57-3\times8-3=30$$

$$l_4=n_4-\binom{4}{3}l_3-\binom{4}{2}l_2-\binom{4}{1}l_1=240-120-48-4=68$$

$$l_5=n_5-\binom{5}{4}l_4-\binom{5}{3}l_3-\binom{5}{2}l_2-5l_1=800-340-300-80-5=75$$

$$l_6=n_6-\binom{6}{5}n_5-\binom{6}{4}n_4-\binom{6}{3}l_3-\binom{6}{2}l_2-6l_1$$

$$=2226-6\times75-15\times68-20\times30-15\times8-6=30$$

4.7　母函数形式的 Pólya 定理

前面介绍的Pólya定理主要用于计数,在这一节里我们将把Pólya定理推广到母函数形式,它不仅可用于计数,还可以用其对状态进行列举.

设有对象集合(a_1,a_2,a_3,a_4),用(c_1,c_2,c_3)3 种颜色来涂染,每个对象着一色,比如a_1着 c_1 色,a_2 着 c_3 色,a_3 着 c_2 色,a_4 着 c_1 色.规定对象顺序是 $a_1a_2a_3a_4$,上述着色方案用$c_1c_3c_2c_1$ 表示.

如果我们并不关心具体的对象涂染了什么颜色,只关心这方案用了哪些颜色,还可以把$c_1c_3c_2c_1$ 写成 $c_1^2c_2c_3$.

例如用 b,g,r,y 这 4 种颜色涂染 3 个同样的球,所有方案可写为$(b+g+r+y)^3$,由于 3 个球无区别,故乘法是可交换的.

$$
\begin{aligned}
(b+g+r+y)^3 =& b^3 + g^3 + r^3 + y^3 + 3b^2g + 3b^2r + 3b^2y + 3g^2b + 3g^2r \\
&+ 3g^2y + 3r^2b + 3r^2g + 3r^2y + 3y^2g + 3y^2r \\
&+ 3y^2b + 6bgr + 6bgy + 6brg + 6gry
\end{aligned}
$$

展开式中的文字项表示方案,系数为方案的数目.

可把上面这种方法用于Pólya定理.

设对 n 个对象用 m 种颜色$b_1,b_2,\cdots,b_m$ 进行着色,对应于置换 a_i 的 k 阶循环因子,其中 k 个对象,同一颜色用了 k 次,故在

$$
M = \frac{1}{|G|}\left[m^{c(a_1)} + m^{c(a_2)} + \cdots + m^{c(a_g)}\right]
$$

中 $m^{c(a_i)}$ 项用

$$
(b_1 + b_2 + \cdots + b_m)^{c_1(a_i)}(b_1^2 + b_2^2 + \cdots + b_m^2)^{c_2(a_i)}\cdots(b_1^n + b_2^n + \cdots + b_m^n)^{c_n(a_i)}
$$

引进循环指数多项式

$$
P(G) = \frac{1}{G}\sum_{i=1}^{g}\prod_{k=1}^{n} s_k^{c_k(g_i)}
$$

得

$$
\begin{aligned}
P(G) = \frac{1}{|G|} =& \left[s_1^{c_1(a_1)} s_2^{c_2(a_1)}\cdots s_n^{c_n(a_1)} + s_1^{c_1(a_2)} s_2^{c_2(a_2)}\cdots s_n^{c_n(a_2)}\right. \\
&\left. + \cdots + s_1^{c_1(a_g)} s_2^{c_2(a_g)}\cdots s_n^{c_n(a_g)}\right]
\end{aligned}
$$

其中

$$
s_k = (c_1^k + c_2^k + \cdots + c_m^k),\qquad k = 1,2,\cdots,n
$$

[例 4-16]　有 3 种不同颜色的珠子,用它们装成 4 个珠子的项链,问有哪些方案?

如图 4-17 所示,使之重合的运动有关于圆环中心旋转$\pm 90°$和 $180°$;有关于 xx' 和 yy' 轴翻转 $180°$.故有置换群 G 为

$$
\begin{aligned}
&(v_1)(v_2)(v_3)(v_4),\ (v_2)(v_4)(v_1v_3), \\
&(v_1v_2v_3v_4),\ (v_1)(v_3)(v_2)(v_4), \\
&(v_1v_3)(v_2v_4),\ (v_1v_4)(v_2v_3), \\
&(v_4v_3v_2v_1),\ (v_1v_2)(v_3v_4)
\end{aligned}
$$

其中格式为 $(1)^4$ 的一个，$(4)^1$ 的两个，$(2)^2$ 的 3 个，$(1)^2(2)$ 的两个. 根据 Pólya 定理，不同方案数为

$$m = \frac{1}{8} \times (3^4 + 2 \cdot 3 + 3 \cdot 3^2 + 2 \cdot 3^3) = 21$$

具体的方案是

$$P = \frac{1}{8} \times \left[(b+g+r)^4 + 2(b^4+g^4+r^4) + 3(b^2+g^2+r^2)^2 \right.$$
$$\left. + 2(b^2+g^2+r^2)(b+g+r)^2 \right]$$
$$= b^4 + r^4 + g^4 + b^3r + b^3g + br^3 + r^3g + bg^3$$
$$+ rg^3 + 2b^2r^2 + 2b^2g^2 + 2r^2g^2 + 2b^2rg + 2br^2g + 2brg^2$$

其中 b^2rg 的系数为 2，即由两颗蓝色珠子、红和绿各一颗组成的方案有两种，如图 4-18 所示.

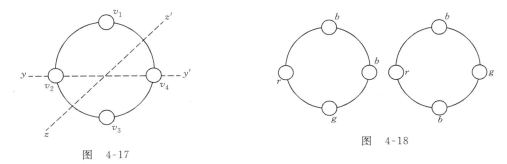

图 4-17　　　　　　　　　　　图　4-18

[例 4-17]　用 5 个 $*$ 和 4 个 $\bigcirc$ 对 3×3 的格子进行布子，试问有多少种不同的布局，旋转翻转使之一致作为相同处理.

1	2	3
4	5	6
7	8	9

置换群：

格式：$(1)^9$，1 个

　　　　$(1)^3(2)^3$，4 个

　　　　$(1)^1(4)^2$，2 个

　　　　$(1)(2)^4$，1 个

$$P(x) = \frac{1}{8} \times \left[(1+x)^9 + 4(1+x)^3(1+x^2)^3 \right.$$
$$\left. + 2(1+x)(1+x^4)^2 + (1+x)(1+x^2)^4 \right]$$

(1) 对应于 $(1)^9$，$(1+x)^9$ 中 x^5 项系数为：$C(9,5) = 126$；

(2) 对应于 $(1)^3(2)^3$，$4(1+x)^3(1+x^2)^3$ 中 x^5 项系数为

$$4[C(3,1)C(3,2) + C(3,3)C(3,1)] = 48；$$

(3) 对应于 $(1)^1(4)^2$, $2(1+x)(1+x^4)^2$ 中 x^5 项系数为
$$2C(2,1)=4;$$
(4) 对应于 $(1)(2)^4$, $(1+x)(1+x^2)^4$ 中 x^5 项系数为
$$C(4,2)=6$$
故 x^5 项系数为
$$\frac{1}{8}\times[126+48+4+6]=\frac{1}{8}\times184=23$$

相应的布局如图 4-19 所示.

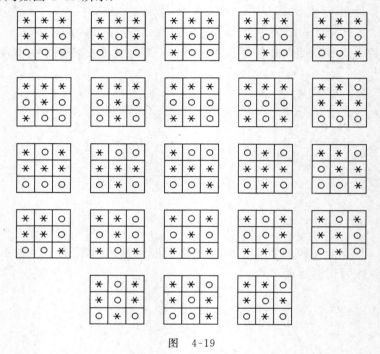

图　4-19

[**例 4-18**] 　将 4 颗红色的珠子嵌在正六面体的 4 个角,试求有多少种方案?

问题相当于用两种颜色对正六面体的顶点着色,求两种颜色相等的方案数. 从 4.6 节的例 4-14 可知,置换群的阶数=24,其中格式为 $(1)^8$ 的 1 个,$(4)^2$ 的 6 个,$(2)^4$ 的 9 个,$(1)^2(3)^2$ 的 8 个.

$$P=\frac{1}{24}\times[(b+r)^8+6(b^4+r^4)^2+9(b^2+r^2)^4+8(b+r)^2(b^3+r^3)^2]$$

其中 b^4r^4 的系数为

$$\frac{1}{24}\times[C(8,4)+12+9C(4,2)+8C(2,1)C(2,1)]$$

$$=\frac{1}{24}\left[\frac{8\times7\times6\times5}{4!}+12+9\frac{4\times3}{2!}+32\right]=7$$

相应的方案如图 4-20 所示.

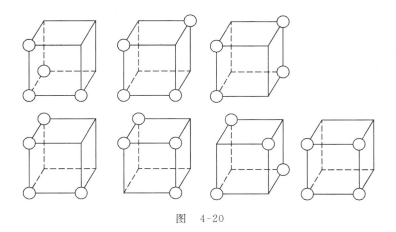

图 4-20

[**例 4-19**] 4.6 节例 4-15 的求骰子的不同方案数，还可以用母函数型 Pólya 定理解之如下：

$$P = \frac{1}{24} \times \Big[(x_1 + x_2 + x_3 + x_4 + x_5 + x_6)^6$$

$$+ 6(x_1 + x_2 + x_3 + x_4 + x_5 + x_6)^2(x_1^4 + x_2^4 + x_3^4 + x_4^4 + x_5^4 + x_6^4)$$

$$+ 3(x_1 + x_2 + x_3 + x_4 + x_5 + x_6)^2(x_1^2 + x_2^2 + x_3^2 + x_4^2 + x_5^2 + x_6^2)^2$$

$$+ 6(x_1^2 + x_2^2 + x_3^2 + x_4^2 + x_5^2 + x_6^2)^3 + 8(x_1^3 + x_2^3 + x_3^3 + x_4^3 + x_5^3 + x_6^3)^2 \Big],$$

其中，x_i 表示第 i 种颜色，$i = 1, 2, \cdots, 6$.

问题是要求 6 种颜色各用一次，即求

$$x_1 x_2 x_3 x_4 x_5 x_6$$

项的系数. 它只能在

$$(x_1 + x_2 + x_3 + x_4 + x_5 + x_6)^6$$

展开式中出现，根据多项式展开公式，可得不同的骰子方案数为

$$6! / 24 = 30$$

4.8 图的计数

Pólya 计数定理可以用来对图进行计数.

同形的两个图形算是一个图形，问 n 个顶点的简单图有多少个不同形的图形？这是本节要讨论的内容.

简单图指的是过两个顶点没有多于一条的边，而且不存在圈的图形. 问题相当于对 n 个无标志顶点的完全图的 $\frac{n}{2}(n-1)$ 条边，用两种颜色进行着色，求不同方案数的问题. 比如两种颜色 x, y，令着上色 y 的边从图中消去，得到一个 n 个顶点的简单图，从母函数形式的 Pólya 定理可以得知不同形的简单图形的数目，举例如下.

[**例 4-20**] 3 个顶点的无向图，有

$$G = \{(v_1)(v_2)(v_3), (v_1 v_2 v_3), (v_3 v_2 v_1), (v_1)(v_2 v_3), (v_2)(v_1 v_3), (v_3)(v_1 v_2)\}$$

$$P(x, y) = \frac{1}{6} \big[(x + y)^3 + 3(x + y) \times (x^2 + y^2) + 2(x^3 + y^3) \big]$$

$$= x^3 + y^3 + xy^2 + x^2y$$

从 $P(x,y)$ 可知,对图 4-21 的边着色,其中 3 条边都着以色 x 的有一种;同样两条边,或一条边,或无一边着色 x 的方案各一种.图 4-21 把着以色 y 的边消除得到如图 4-22 所示图形.

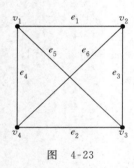

图 4-21

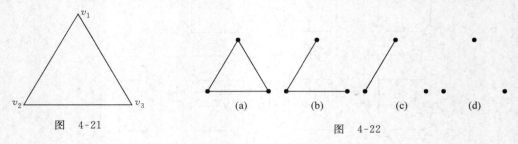

(a)　　　(b)　　　(c)　　　(d)

图 4-22

[**例 4-21**]　图 4-23 的关于顶点的置换群为对称群 S_4. 因为,

$$e_1 = (v_1, v_2), \quad e_2 = (v_3, v_4)$$
$$e_3 = (v_2, v_3), \quad e_4 = (v_1, v_4)$$
$$e_5 = (v_1, v_3), \quad e_6 = (v_2, v_4)$$

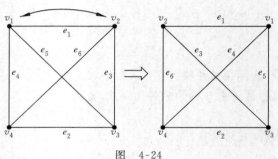

图 4-23　　　　　　　　　　　　　　　　图 4-24

下面观察在 S_4 作用下,$e_1, e_2, e_3, e_4, e_5, e_6$ 的变换. 例如,对应于置换 (v_1, v_2),即对应于置换 $(v_1 v_2)(v_3)(v_4)$,$e_1 = (v_1, v_2)$ 不变,$e_2 = (v_3, v_4)$ 不变. 且 $e_3 = (v_2, v_3)$ 变为 $e_5 = (v_1, v_3)$;$e_4 = (v_1, v_4)$ 被 $e_6 = (v_2, v_4)$ 所取代. 故有 $(v_1 v_2)$ 对应于边的置换(如图 4-24 所示):

$$\begin{bmatrix} e_1 & e_2 & e_3 & e_4 & e_5 & e_6 \\ e_1 & e_2 & e_5 & e_6 & e_3 & e_4 \end{bmatrix} = (e_1)(e_2)(e_3 e_5)(e_4 e_6)$$

下面把群 S_4 所对应的置换列于表 4-4 中.

表　4-4

	S_4	G_6
1	$(v_1)(v_2)(v_3)(v_4)$	$(e_1)(e_2)(e_3)(e_4)(e_5)(e_6)$
2	$(v_1 v_2)$	$\begin{pmatrix} e_1 & e_2 & e_3 & e_4 & e_5 & e_6 \\ e_1 & e_2 & e_5 & e_6 & e_3 & e_4 \end{pmatrix} = (e_3 e_5)(e_4 e_6)(e_1)(e_2)$
3	$(v_1 v_3)$	$\begin{pmatrix} e_1 & e_2 & e_3 & e_4 & e_5 & e_6 \\ e_3 & e_4 & e_1 & e_2 & e_5 & e_6 \end{pmatrix} = (e_1 e_3)(e_2 e_4)(e_5)(e_6)$

	S_4	G_6
4	$(v_1 v_4)$	$\begin{pmatrix} e_1 & e_2 & e_3 & e_4 & e_5 & e_6 \\ e_6 & e_5 & e_3 & e_4 & e_2 & e_1 \end{pmatrix} = (e_1 e_6)(e_2 e_5)(e_3)(e_4)$
5	$(v_2 v_3)$	$\begin{pmatrix} e_1 & e_2 & e_3 & e_4 & e_5 & e_6 \\ e_5 & e_6 & e_3 & e_4 & e_1 & e_2 \end{pmatrix} = (e_1 e_5)(e_2 e_6)(e_3)(e_4)$
6	$(v_2 v_4)$	$\begin{pmatrix} e_1 & e_2 & e_3 & e_4 & e_5 & e_6 \\ e_4 & e_3 & e_2 & e_1 & e_5 & e_6 \end{pmatrix} = (e_1 e_4)(e_2 e_3)(e_5)(e_6)$
7	$(v_3 v_4)$	$\begin{pmatrix} e_1 & e_2 & e_3 & e_4 & e_5 & e_6 \\ e_1 & e_2 & e_6 & e_5 & e_4 & e_3 \end{pmatrix} = (e_1)(e_2)(e_3 e_6)(e_4 e_5)$
8	$(v_1 v_2 v_3)$	$\begin{pmatrix} e_1 & e_2 & e_3 & e_4 & e_5 & e_6 \\ e_3 & e_4 & e_5 & e_6 & e_1 & e_2 \end{pmatrix} = (e_1 e_3 e_5)(e_2 e_4 e_6)$
9	$(v_1 v_2 v_4)$	$\begin{pmatrix} e_1 & e_2 & e_3 & e_4 & e_5 & e_6 \\ e_6 & e_5 & e_2 & e_1 & e_3 & e_4 \end{pmatrix} = (e_1 e_6 e_4)(e_2 e_5 e_3)$
10	$(v_1 v_3 v_2)$	$\begin{pmatrix} e_1 & e_2 & e_3 & e_4 & e_5 & e_6 \\ e_5 & e_6 & e_1 & e_2 & e_3 & e_4 \end{pmatrix} = (e_1 e_5 e_3)(e_2 e_6 e_4)$
11	$(v_1 v_3 v_4)$	$\begin{pmatrix} e_1 & e_2 & e_3 & e_4 & e_5 & e_6 \\ e_3 & e_4 & e_6 & e_5 & e_1 & e_2 \end{pmatrix} = (e_1 e_3 e_6)(e_2 e_4 e_5)$
12	$(v_1 v_4 v_2)$	$\begin{pmatrix} e_1 & e_2 & e_3 & e_4 & e_5 & e_6 \\ e_4 & e_3 & e_5 & e_6 & e_2 & e_1 \end{pmatrix} = (e_1 e_4 e_6)(e_2 e_3 e_5)$
13	$(v_1 v_4 v_3)$	$\begin{pmatrix} e_1 & e_2 & e_3 & e_4 & e_5 & e_6 \\ e_6 & e_5 & e_1 & e_2 & e_4 & e_3 \end{pmatrix} = (e_1 e_6 e_3)(e_2 e_5 e_4)$
14	$(v_2 v_3 v_4)$	$\begin{pmatrix} e_1 & e_2 & e_3 & e_4 & e_5 & e_6 \\ e_5 & e_6 & e_2 & e_1 & e_4 & e_3 \end{pmatrix} = (e_1 e_5 e_4)(e_2 e_6 e_3)$
15	$(v_2 v_4 v_3)$	$\begin{pmatrix} e_1 & e_2 & e_3 & e_4 & e_5 & e_6 \\ e_4 & e_3 & e_6 & e_5 & e_1 & e_2 \end{pmatrix} = (e_1 e_4 e_5)(e_2 e_3 e_6)$
16	$(v_1 v_2 v_3 v_4)$	$\begin{pmatrix} e_1 & e_2 & e_3 & e_4 & e_5 & e_6 \\ e_3 & e_4 & e_2 & e_1 & e_6 & e_5 \end{pmatrix} = (e_1 e_3 e_2 e_4)(e_5 e_6)$
17	$(v_1 v_2 v_4 v_3)$	$\begin{pmatrix} e_1 & e_2 & e_3 & e_4 & e_5 & e_6 \\ e_6 & e_5 & e_4 & e_3 & e_1 & e_2 \end{pmatrix} = (e_1 e_6 e_2 e_5)(e_3 e_4)$
18	$(v_1 v_3 v_2 v_4)$	$\begin{pmatrix} e_1 & e_2 & e_3 & e_4 & e_5 & e_6 \\ e_2 & e_1 & e_6 & e_5 & e_3 & e_4 \end{pmatrix} = (e_1 e_2)(e_3 e_6 e_4 e_5)$
19	$(v_1 v_3 v_4 v_2)$	$\begin{pmatrix} e_1 & e_2 & e_3 & e_4 & e_5 & e_6 \\ e_5 & e_6 & e_4 & e_3 & e_2 & e_1 \end{pmatrix} = (e_1 e_5 e_2 e_6)(e_3 e_4)$

	S_4	G_6
20	$(v_1 v_4 v_2 v_3)$	$\begin{pmatrix} e_1 & e_2 & e_3 & e_4 & e_5 & e_6 \\ e_2 & e_1 & e_5 & e_6 & e_4 & e_3 \end{pmatrix} = (e_1 e_2)(e_3 e_5 e_4 e_6)$
21	$(v_1 v_4 v_3 v_2)$	$\begin{pmatrix} e_1 & e_2 & e_3 & e_4 & e_5 & e_6 \\ e_4 & e_3 & e_1 & e_2 & e_6 & e_5 \end{pmatrix} = (e_1 e_4 e_2 e_3)(e_5 e_6)$
22	$(v_1 v_2)(v_3 v_4)$	$\begin{pmatrix} e_1 & e_2 & e_3 & e_4 & e_5 & e_6 \\ e_1 & e_2 & e_4 & e_3 & e_6 & e_5 \end{pmatrix} = (e_1)(e_2)(e_3 e_4)(e_5 e_6)$
23	$(v_1 v_3)(v_2 v_4)$	$\begin{pmatrix} e_1 & e_2 & e_3 & e_4 & e_5 & e_6 \\ e_2 & e_1 & e_3 & e_4 & e_5 & e_6 \end{pmatrix} = (e_1 e_2)(e_3 e_4)(e_5)(e_6)$
24	$(v_1 v_4)(v_2 v_3)$	$\begin{pmatrix} e_1 & e_2 & e_3 & e_4 & e_5 & e_6 \\ e_2 & e_1 & e_3 & e_4 & e_6 & e_5 \end{pmatrix} = (e_1 e_2)(e_3)(e_4)(e_5 e_6)$

从表 4-4 可知，G_6 群格式为 $(1)^6$ 的一个，$(1)^2(2)^2$ 的 9 个，$(2)(4)$ 的 6 个，$(3)^2$ 的 8 个. 故依据母函数形式的 Pólya 定理得

$$P(x,y) = \frac{1}{24}\Big[(x+y)^6 + 9(x+y)^2(x^2+y^2)^2$$
$$+ 8(x^3+y^3)^2 + 6(x^2+y^2)(x^4+y^4)\Big]$$
$$= x^6 + x^5 y + 2x^4 y^2 + 3x^3 y^3 + 2x^2 y^4 + xy^5 + y^6$$

对应的图像如图 4-25 所示.

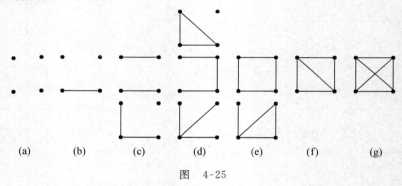

| (a) | (b) | (c) | (d) | (e) | (f) | (g) |

图　4-25

[**例 4-22**] 求 4 个顶点的有向图的不同图像有多少种？

与上例不同的是 4 个顶点的有向图的边不是 6 条，而是 12 条，如图 4-26 所示.

与上例类似，可以从 S_4 导出关于 $e_1, e_2, \cdots, e_{12}$ 的 24 阶置换群，其格式为 $(1)^{12}$ 的 1 个，$(1)^2(2)^5$ 的 6 个，$(3)^4$ 的 8 个，$(2)^6$ 的 3 个，$(4)^3$ 的 6 个.

根据 Pólya 定理可得：

$$P(x,y) = \frac{1}{24} \times \Big[(x+y)^{12} + 6(x+y)^2(x^2+y^2)^5$$
$$+ 8(x^3+y^3)^4 + 3(x^2+y^2)^6 + 6(x^4+y^4)^3\Big]$$

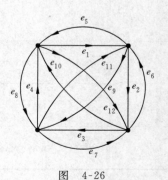

图　4-26

$$= x^{12} + x^{11}y + 5x^{10}y^2 + 13x^9y^3 + 27x^8y^4 + 38x^7y^5$$
$$+ 48x^6y^6 + 38x^5y^7 + 27x^4y^8 + 13x^3y^9 + 5x^2y^{10} + xy^{11} + y^{12}$$

其中 $x^2 y^{10}$ 的系数为 5,即有两条边的 4 个顶点的有向图有 5 种,如图 4-27 所示.

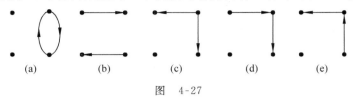

| (a) | (b) | (c) | (d) | (e) |

图 4-27

习 题

4.1 若群 G 的元素 a 均可表示为某一元素 x 的幂,即 $a = x^m$,则称这个群为循环群. 若群的元素交换律成立,即 $a, b \in G$ 满足

$$a \cdot b = b \cdot a$$

则称这个群为阿贝尔(Abel)群,试证明所有的循环群是阿贝尔群.

4.2 若 x 是群 G 的一个元素,存在一最小的正整数 m,使 $x^m = e$,则称 m 为 x 的阶,试证:

$$C = \{e, x, x^2, \cdots, x^{m-1}\}$$

是 a 的一个子群.

4.3 设 G 是阶为 n 的有限群,则 G 的所有元素的阶都不超过 n.

4.4 若 G 是阶为 n 的循环群,求群的母元素的数目,即 G 的元素可表示 a 的幂:

$$a, a^2, \cdots, a^n$$

的元素 a 的数目.

4.5 试证循环群 G 的子群也是循环群.

4.6 若 H 是 G 的子群,x 和 y 是 G 的元素,试证 $xH \bigcap yH$ 或为空,或 $xH = yH$.

4.7 若 H 是 G 的子群,$|H| = k$,试证:

$$|xH| = k$$

其中 $x \in G$.

4.8 有限群 G 的阶为 n,H 是 G 的子群,则 H 的阶必除尽 G 的阶.

4.9 G 是有限群,x 是 G 的元素,则 x 的阶必除尽 G 的阶.

4.10 若 x 和 y 在群 G 作用下属于同一等价类,则 x 所属的等价类 E_x,y 所属的等价类 E_y 有

$$|E_x| = |E_y|$$

4.11 有一个 3×3 的正方形棋盘,若用红、蓝色对这 9 个格进行染色,要求两个格着红色,其余染蓝色,问有多少种着色方案?

4.12 试用 Burnside 引理解决 n 个人围一圆桌坐下的方案问题.

4.13 对正六角形的 6 个顶点用 5 种颜色进行染色,试问有多少种不同的方案,旋转使之重合作为相同处理.

4.14 一个正方体的 6 个面用 g, r, b, y 四种颜色涂染,求其中两个面用色 g,两个面用色 y,其余一面用 b,一面用 r 的方案数.

4.15 对一个正六面体的 8 个顶点,用 y 和 r 两种颜色染色,使其中有 5 个顶点用色 y,其余 3 个顶点用色 r,求其方案数.

4.16 用 b, r, g 这 3 种颜色的 5 颗珠子镶成的圆环,共有几种不同的方案?

4.17 一个圆圈上有 n 个珠子,用 n 种颜色对这 n 个珠子着色,要求颜色数目不少于 n 的方案数是多少?

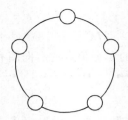

4.18 若已给两个 r 色的球,两个 b 色的球,用它装在正六面体的顶点,试问有多少种不同的方案?

4.19 试说明 S_5 群的不同格式及其个数.

4.20 图 4-5 用两种颜色着色的问题,若考虑互换颜色使之一致的方案属于同一类,问有多少种不同的图像?

4.21 在正四面体的每个面上都任意引一条高,有多少种方案?

4.22 一幅正方形的肖像与一个立方体的面一样大. 6 幅相同的肖像贴在立方体的 6 个面上,有多少种贴法?

4.23 凸多面体中与一个顶点相关的各面角之和与 2π 的差称为该顶点的欠角.证明凸多面体各顶点欠角之和为 4π.

4.24 足球由正五边形与正六边形相嵌而成.

(1) 一个足球由多少块正五边形与正六边形组成?

(2) 把一个足球所有的正六边形都着以黑色,正五边形则着以其他各色,每个五边形的着色都不同,有多少种方案?

4.25 若 G 和 G' 是两个群

$$G \times G' \triangleq \{(g,g') \mid g \in G, g' \in G'\},$$
$$(g_1, g'_1)(g_2, g'_2) \triangleq (g_1 g_2, g'_1 g'_2),$$

$G \times G'$ 的单位元素是 (e, e'). 试证 $G \times G'$ 成群.

4.26 若 G 是关于 $X = \{x_1, x_2, \cdots, x_n\}$ 的置换群,G' 是关于 $X' = \{x'_1, x'_2, \cdots, x'_m\}$ 的置换群,对于 $G \times G'$ 的每一对元素

$$(g, g')(v) \triangleq \begin{cases} g(v), & v \in X \\ g'(v), & v \in X \end{cases}$$

证 $G \times G'$ 是关于 $X \cup X'$ 的置换群.

4.27 一个项链由 7 颗珠子装饰成,其中两颗珠子是红的,3 颗是蓝的,其余两颗是绿的,问有多少种装饰方案? 试列举之.

4.28 一个正八面体,用红、蓝两色对 6 个顶点进行着色;用黄、绿两种颜色对 8 个面进行染色,试求其中 4 个顶点为红,两个顶点为蓝,黄和绿的面各四面的方案数.

注:正八面体可以看作正方体的对偶,每一面用中心代表一个顶点,相交于一个顶点的 3 个面对应过 3 个中心的三角形,由此构成的 6 个顶点,8 个面的几何图形.

第5章 区组设计

组合数学是研究离散对象的数学问题,是离散数学的重要部分,前面4章集中讨论了各种类型的计数问题,计数无疑是组合数学重要的组成部分,这一章转入讨论另一类,涉及实验设计的问题.即如何安排实验最合理,这是一门非常专门的学问.

5.1　问题的提出

科学地安排实验是很有学问的,组合数学在这里起到了重要的作用.

设有一块地用作某一作物 3 种不同品种 A,B,C 的试验田.若该地划分成如图 5-1 的 (a)和(b)所示,则可能由于自然条件差异,使试验不准确.较合理的试验方案如图 5-2 所示,其特点是每行、每列都有一个 A,B,C.

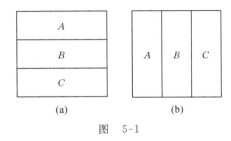

图　5-1

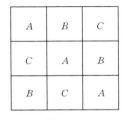

图　5-2

又如,治某种病的 6 种药 d_1,d_2,d_3,d_4,d_5,d_6 给 6 位病人进行试验,疗程为一个星期.若采用表 5-1 最简单的方案,其缺点是后服的药的疗效可能要好一些,因为前面服过的药已起作用.若改为每人在 6 天中只服一种药,同样也存在缺点.可能有的药对某些病人有效,而对另一些病人却无效.

理想的方案是在这 6 天中每人都对这 6 种药进行试验,每天都有这 6 种药对这 6 个人进行试验,而不是要么同一天里只作一种药的试验,要么一个人只对一种药作试验.自然导致构造一个6×6的矩阵.

表　5-1

药 ＼ 星期 人	一	二	三	四	五	六
m_1	d_1	d_2	d_3	d_4	d_5	d_6
m_2	d_1	d_2	d_3	d_4	d_5	d_6
m_3	d_1	d_2	d_3	d_4	d_5	d_6
m_4	d_1	d_2	d_3	d_4	d_5	d_6
m_5	d_1	d_2	d_3	d_4	d_5	d_6
m_6	d_1	d_2	d_3	d_4	d_5	d_6

$$\begin{bmatrix} 1 & 2 & 3 & 4 & 5 & 6 \\ 6 & 1 & 2 & 3 & 4 & 5 \\ 5 & 6 & 1 & 2 & 3 & 4 \\ 4 & 5 & 6 & 1 & 2 & 3 \\ 3 & 4 & 5 & 6 & 1 & 2 \\ 2 & 3 & 4 & 5 & 6 & 1 \end{bmatrix} \qquad (5\text{-}1)$$

可以把以上的讨论推广到由元素 $1,2,\cdots,n$ 构成的 $n \times n$ 方阵 $(a_{ij})_{n \times n}$,要求每行、每列中 $1,2,\cdots,n$ 各出现一次. 这样的方阵就叫做拉丁方.

下面来考虑一个更典型的例子. $1,2,3,4$ 这 4 种品牌的汽车轮胎磨损测试. 同一牌子的轮胎在不同部位磨损程度也有差别,所以不能仅试验一个轮胎,若动用 4 辆小汽车(A,B,C,D)参加试验,可以安排如下:

$$\begin{matrix} 左前轮 \\ 右前轮 \\ 左后轮 \\ 右后轮 \end{matrix} \begin{bmatrix} 1 & 2 & 3 & 4 \\ 2 & 3 & 4 & 1 \\ 3 & 4 & 1 & 2 \\ 4 & 1 & 2 & 3 \end{bmatrix}$$
$$\quad A \quad B \quad C \quad D$$

上面试验安排的特点在于每一种品牌的轮胎在不同的位置,不同的车上都均衡地作了安排. 每一种品牌的轮胎都用了 4 次. 试验的次数也均衡. 其中 A,B,C,D 是汽车代号,矩阵元素是轮胎的品牌代号.

5.2 拉丁方与正交的拉丁方

拉丁方是 Latin Square 的译名. 它本身就是一专门的学问,饶有趣味,这里先不讨论它在区组设计上的应用。

5.2.1 问题的引入

由 $1,2,\cdots,n$ 构成的 $n \times n$ 方阵

$$(a_{ij})_{n \times n}$$

要求每行及每列 $1,2,\cdots,n$ 各出现一次. 这样的方阵称为拉丁方. 前面提到的矩阵(5-1)便是 $n=6$ 的拉丁方的例子.

关于正交的拉丁方,先从著名的 36 名军官问题谈起. 有分别来自 6 个不同地区的 6 个不同军阶的军官各一名,共 36 名. 现要将这 36 名军官排成 6×6 的方阵,要求每行、每列都各有一名军官来自 6 个不同的地区,而且每行、每列都有 6 个军阶各一个.

每一名军官身上都有两个标志,一个是军阶,一个是来自的地区,即对应一对数偶 (i,j),其中 i 为他的军阶的标志,j 为他的所在地区的标志,$i,j=1,2,\cdots,6$.

如果只要求每行、每列都各有一名军官来自 6 个不同的地区,不问其军衔如何,则问题为求一个 6×6 的拉丁方. 如若只要求每行、每列都有 6 个军衔中的任何一个,而不管他来自什么地区,则问题又变成求另一个 6×6 的拉丁方. 36 名军官问题对应于一个由数偶 (i,j) 构成的 6×6 的方阵,其第 1 个数字构成了一个拉丁方,第 2 个数字构成另一个拉丁方,而且

36 对数偶 (i,j) 中每一对数偶都只出现一次.

定义 5-1 设 $A_1=(a_{ij}^{(1)})_{n\times n}, A_2=(a_{ij}^{(2)})_{n\times n}$ 是两个 $n\times n$ 的拉丁方. 若矩阵

$$((a_{ij}^{(1)}, a_{ij}^{(2)}))_{n\times n}$$

中的 n^2 个数偶 $(a_{ij}^{(1)}, a_{ij}^{(2)})$ 互不相同, $i,j=1,2,\cdots,n$, 则称 A_1 和 A_2 正交, 或称 A_1 和 A_2 是互相正交的拉丁方.

[例 5-1] 如

$$A_1=\begin{bmatrix}1&2&3\\2&3&1\\3&1&2\end{bmatrix}, \quad A_2=\begin{bmatrix}1&3&2\\2&1&3\\3&2&1\end{bmatrix}$$

都是 3×3 的拉丁方,

$$\begin{bmatrix}(1,1)&(2,3)&(3,2)\\(2,2)&(3,1)&(1,3)\\(3,3)&(1,2)&(2,1)\end{bmatrix}$$

中的 9 对数偶均不相同, 故 A_1 和 A_2 是互相正交的. 36 名军官问题实际上是求一对 6×6 的正交拉丁方. 并不是任意阶的正交拉丁方都是存在的, 36 名军官问题就是没有解的.

研究正交拉丁方问题有着实际的意义, 比如 3 种治发烧的药和 3 种治感冒的药配合, 给 3 位病人进行疗效试验, 要求在 3 天内每人都服过这几种药, 要试验哪一种感冒药和退烧药配合疗效最佳. 这里就用得着上面讨论过的两个 3 阶的正交拉丁方问题了. 对于 $((i,j))_{3\times 3}$, 假定第 h 行、第 k 列元素为 (i,j), 表示第 h 天, 第 k 个病人服用由第 i 种退烧药和第 j 种感冒药的配方, 其中 $h,k=1,2,3$.

5.2.2 正交拉丁方及其性质

记 $n\times n$ 的拉丁方的阶为 n, 记 n 阶拉丁方的项为 $1,2,\cdots,n$. n 阶拉丁方究竟有多少两两正交的拉丁方族? 1 阶的拉丁方只有 1 个. 2 阶的拉丁方不存在正交的拉丁方族. 因为 2 阶的拉丁方只有两个:

$$\begin{bmatrix}1&2\\2&1\end{bmatrix} \quad \begin{bmatrix}2&1\\1&2\end{bmatrix}$$

它们不正交. 我们知道, 3 阶的拉丁方至少有一对正交.

下面的定理给出 n 阶拉丁方的存在条件.

定理 5-1 若存在 r 个正交的拉丁方, 则

$$r\leqslant n-1$$

证明 设 $A_1,A_2,\cdots,A_r$ 为 n 阶正交拉丁方族. 令

$$A_k=(a_{ij}^{(k)})_{n\times n}$$

即 A_k 的第 i 行, 第 j 列元素为 $a_{ij}^{(k)}$.

重新对 A_1 各项记以新的标记, 令 $a_{11}^{(1)}=1$, 若 $a_{11}^{(1)}=k$, 则作置换 $(1,k)$. 即令 A_1 中的 1 和 k 互换, 这并不改变 A_1 作为拉丁方的性质, 也不改变它与其他拉丁方之间的正交性. 因为原先一对 (k,l) 换成 $(1,l)$, 而 $(1,l)$ 也换成 (k,l) 了.

类似地, 使各个拉丁方的 $a_{11}^{(h)}$ 都改为 1, 也不影响它们是一个正交拉丁方族. 依此类推, 一般可假定

$$a_{11}^{(1)} = a_{11}^{(2)} = \cdots = a_{11}^{(r)} = 1$$
$$a_{12}^{(1)} = a_{12}^{(2)} = \cdots = a_{12}^{(r)} = 2$$
$$\vdots$$
$$a_{1n}^{(1)} = a_{1n}^{(2)} = \cdots = a_{1n}^{(r)} = n$$

即 A_h 的第 1 行全部规范化为相同形式:

$$1\ 2\ 3\ \cdots\ n, \quad h = 1, 2, \cdots, r$$

下面,对 $a_{21}^{(h)}$ 进行考察,因为每列不可能出现两个 1,故 $a_{21}^{(h)} \neq 1, h = 1, 2, \cdots, r$. 而且当 $h \neq k$ 时,

$$a_{21}^{(h)} \neq a_{21}^{(k)}$$

如若不然,则存在 $1 \leqslant p \leqslant n$,使

$$(a_{21}^{(h)}, a_{21}^{(k)}) = (p, p)$$

则

$$(a_{21}^{(h)}, a_{21}^{(k)}) = (p, p) = (a_{1p}^{(h)}, a_{1p}^{(k)})$$

与 A_h 和 A_k 正交的假设相矛盾. 所以

$$a_{21}^{(1)}, a_{21}^{(2)}, \cdots, a_{21}^{(r)}$$

必定两两不相同,且都不等于 1. 这就证明了最多有 $n-1$ 个正交的拉丁方,即 $r \leqslant n-1$. 所以,3 阶的拉丁方也只有一对是正交的.

[例 5-2] 3 个 4 阶正交拉丁方规范化如下:

$$\begin{bmatrix} 4 & 3 & 2 & 1 \\ 3 & 4 & 1 & 2 \\ 2 & 1 & 4 & 3 \\ 1 & 2 & 3 & 4 \end{bmatrix} \xrightarrow{4 \leftrightarrow 1} \begin{bmatrix} 1 & 3 & 2 & 4 \\ 3 & 1 & 4 & 2 \\ 2 & 4 & 1 & 3 \\ 4 & 2 & 3 & 1 \end{bmatrix} \xrightarrow{2 \leftrightarrow 3} \begin{bmatrix} 1 & 2 & 3 & 4 \\ 2 & 1 & 4 & 3 \\ 3 & 4 & 1 & 2 \\ 4 & 3 & 2 & 1 \end{bmatrix}$$

$$\begin{bmatrix} 2 & 1 & 4 & 3 \\ 4 & 3 & 2 & 1 \\ 3 & 4 & 1 & 2 \\ 1 & 2 & 3 & 4 \end{bmatrix} \xrightarrow{2 \leftrightarrow 1} \begin{bmatrix} 1 & 2 & 4 & 3 \\ 4 & 3 & 1 & 2 \\ 3 & 4 & 2 & 1 \\ 2 & 1 & 3 & 4 \end{bmatrix} \xrightarrow{4 \leftrightarrow 3} \begin{bmatrix} 1 & 2 & 3 & 4 \\ 3 & 4 & 1 & 2 \\ 4 & 3 & 2 & 1 \\ 2 & 1 & 4 & 3 \end{bmatrix}$$

$$\begin{bmatrix} 3 & 4 & 1 & 2 \\ 2 & 1 & 4 & 3 \\ 4 & 3 & 2 & 1 \\ 1 & 2 & 3 & 4 \end{bmatrix} \xrightarrow{1 \leftrightarrow 3} \begin{bmatrix} 1 & 4 & 3 & 2 \\ 2 & 3 & 4 & 1 \\ 4 & 1 & 2 & 3 \\ 3 & 2 & 1 & 4 \end{bmatrix} \xrightarrow{2 \leftrightarrow 4} \begin{bmatrix} 1 & 2 & 3 & 4 \\ 4 & 3 & 2 & 1 \\ 2 & 1 & 4 & 3 \\ 3 & 4 & 1 & 2 \end{bmatrix}$$

4 阶拉丁方不会有超过 3 个的正交拉丁方,上面的例子给出了完全的 4 阶正交拉丁方族.

$n-1$ 个 n 阶正交拉丁方族称为完全的.

5.3 域的概念

为了讨论构造正交的拉丁方及以后的编码理论,有必要引进域,特别是有限域的概念.

定义 5-2 F 是至少含有两个元素的集合,对 F 的元素定义有"+"和"·"两种运算,并

满足以下 F_1, F_2, F_3 三个条件的代数系统 $\langle F, +, \cdot \rangle$ 称为域.

F_1：F 的元素关于"+"运算成交换群,设其单位元素为 0.

F_2：$F\backslash\{0\}$ 的元素关于"$\cdot$"运算成交换群.

F_3：分配律成立,即对于 $a, b, c \in F$ 有

$$a \cdot (b + c) = a \cdot b + a \cdot c$$

$$(b + c) \cdot a = b \cdot a + c \cdot a$$

[例 5-3] 实数的全体、复数的全体关于通常的加法、乘法都是域,分别称为实数域和复数域.

F 集合的元素除去元素 0 以外关于乘法成交换群,其单位元素用 1 表示. 在不引起混乱的情况下就用 0 和 1 分别表示 F 关于"+"和 $F\backslash\{0\}$ 关于"$\cdot$"运算构成的交换群的单位元素.

当集合 F 的元素个数为有限时,称为有限域.

若 p 是素数,则 $F = \{0, 1, 2, \cdots, p-1\}$ 在 mod p 的意义下关于加法"+"和乘法"$\cdot$"构成域.

所谓 mod p 意义下相等,是指 $a = b$ mod p,即 $a - b = sp$.

F 关于加法运算构成交换群,容易证明.要证明 $\{1, 2, \cdots, p-1\}$ 关于乘法在 mod p 意义下构成交换群,只要证明属于集合中的任一元素 a 存在逆元素就可以了. 由于 p 是素数,a 和 p 的最大公因数为 1,故根据数论定理,唯一地存在 b 和 c,使

$$ab + pc = 1$$

或

$$ab \equiv 1 \quad \text{mod } p$$

b 就是 x 的逆元素.以 $p = 37, a = 5$ 为例

$$37 = 7 \times 5 + 2, \quad 2 = 37 - 7 \times 5,$$

$$5 = 2 \times 2 + 1, \quad 1 = 5 - 2 \times 2,$$

则

$$1 = 5 - 2 \times (37 - 7 \times 5) = -2 \times 37 + 15 \times 5.$$

故存在 -2 和 15 使

$$-2 \times 37 + 15 \times 5 = 1 \quad \text{或} \quad 15 \times 5 \equiv 1 \text{ mod } 37$$

封闭性、可结合性、单位元的存在都是显而易见的.

设 $F = \{0, 1, 2, 3, 4\}, P = 5,$

+	0	1	2	3	4
0	0	1	2	3	4
1	1	2	3	4	0
2	2	3	4	0	1
3	3	4	0	1	2
4	4	0	1	2	3

·	1	2	3	4
1	1	2	3	4
2	2	4	1	3
3	3	1	4	2
4	4	3	2	1

可见，F 在 mod 5 意义下，关于加法成交换群，$F\backslash\{0\}$ 关于乘法成交换群.

若 p 不为素数时，则不然，从下面的例子中便可以看出. 当 $p=6$ 时，有

+	0	1	2	3	4	5
0	0	1	2	3	4	5
1	1	2	3	4	5	0
2	2	3	4	5	0	1
3	3	4	5	0	1	2
4	4	5	0	1	2	3
5	5	0	1	2	3	4

·	1	2	3	4	5
1	1	2	3	4	5
2	2	4	0	2	4
3	3	0	3	0	3
4	4	2	0	4	2
5	5	4	3	2	1

当 p 是素数时，由 $F=\{0,1,2,\cdots,p-1\}$ 在 mod p 的意义下，关于"$+$"，"$\cdot$"运算构成的域用 GF(p) 表示，称之为 p 阶的 Galois 域.

5.4 Galois 域 GF(p^n)

系统地讨论 GF(p^n) 域属于近世代数，下面仅作简略的介绍.

设多项式

$$p(x) = a_0 + a_1 x + \cdots + a_k x^k, \quad a_i \in F, \quad i=0,1,\cdots,k$$

如果 F 的元素个数为 p，则不同的多项式 $p(x)$ 个数为 p^{k+1}，即 $p(x)$ 和 $k+1$ 位 p 进制数 $a_k a_{k-1} \cdots a_2 a_1 a_0$ 一一对应.

例如，$F=$GF$(2)=\{0,1\}$，二次以下的多项式有

$$\left.\begin{array}{l} p_{000}(x) = 0 \\ p_{001}(x) = 1 \end{array}\right\} 0 \text{次}$$

$$p_{010}(x) = x$$
$$p_{011}(x) = 1 + x$$
$\left.\phantom{\begin{array}{c}a\\a\end{array}}\right\}$ 1 次

$$p_{100}(x) = x^2$$
$$p_{101}(x) = 1 + x^2$$
$$p_{110}(x) = x + x^2$$
$$p_{111}(x) = 1 + x + x^2$$
$\left.\phantom{\begin{array}{c}a\\a\\a\\a\end{array}}\right\}$ 2 次

若 p 是素数,系数在 GF(p) 中的多项式集合用 GF$[p,x]$ 表示. 若 $p(x)$ 和 $q(x)$ 都是属于 GF$[p,x]$ 的两个多项式,而且 $p(x)$ 的次方高于 $q(x)$ 的次方,则存在属于 GF$[p,x]$ 的多项式 $s(x)$ 和 $r(x)$,使得

$$p(x) = s(x)q(x) + r(x)$$

其中 $r(x)$ 的次方小于 $q(x)$ 的次方. 多项式 $r(x)$ 称为是多项式 $p(x)$ 除以 $q(x)$ 的余项.

如果 $p(x)$ 不能表示成属于 GF$[p,x]$ 的两个非常数多项式 $s(x)$ 和 $q(x)$ 之积,则称 $p(x)$ 在 GF$[p,x]$ 上是不可化约的.

可以证明在 GF(2) 域的首 1 多项式 $x^2 + x + 1$ 是二次不可化约多项式. 因由一次多项式, $x_1 x + 1$ 乘积形成的多项式有

$x \cdot x = x^2, x(x+1) = x^2 + x, (x+1)(x+1) = x^2 + 1, x^2 + ax + b, a,b \in$ GF(2) 中 $x^2 + x + 1$ 不能表示成两个一次多项式之积.

同理可证 $x^3 + x^2 + 1$ 和 $x^3 + x + 1$ 是在 GF(2) 域的三次不可化约多项式,还可证 $x^4 + x + 1$ 和 $x^4 + x^3 + x^2 + x + 1$ 是在 GF(2) 域的四次不可化约多项式,证明留作练习.

若 $p(x), s(x), q(x)$ 都是属于 GF$[p,x]$ 的多项式,而且等式

$$p(x) = s(x)q(x)$$

成立,则称 $s(x), q(x)$ 是多项式 $p(x)$ 的因子.

与整数相似可证:如若 $p(x)$ 和 $q(x)$ 互素,即不存在除了 1 以外的公因子,则存在多项式 $a(x), b(x)$,使得

$$a(x)p(x) + b(x)q(x) = 1$$

设 $m(x)$ 是系数在 GF(p) 的在 GF$[p,x]$ 上不可化约的 n 次多项式,则 GF$[p,x]$ 在 mod $m(x)$ 的意义下分成若干个同余类,这些同余类的全体用 GF$[p,m(x)]$ 表示. 系数在 GF(p) 上,在 mod $m(x)$ 的意义下,关于通常意义的多项式的"+"和"·"运算,GF$[p,m(x)]$ 构成一元素个数为 p^n 的域,用 GF(p^n) 表示.

证明留给读者作为练习.

[**例 5-4**] $m(x) = x^3 + x + 1$ 在 GF$[2,x]$ 上是不可化约的多项式. GF$[2,x]$ 的全体 mod $m(x)$ 的同余类为

$$\{0, 1, x, 1+x, x^2, 1+x^2, x+x^2, 1+x+x^2\}$$

对于 mod$(1 + x + x^3)$,有

$$x^3 \equiv 1 + x$$
$$x^4 \equiv x + x^2$$
$$x^5 \equiv 1 + x + x^2$$
$$x^6 \equiv x + x^2 + x^3 \equiv 1 + x^2$$

$$x^7 \equiv x + x^3 \equiv 1$$

可见，$\{1,x,1+x,x^2,1+x^2,x+x^2,1+x+x^2\}$ 构成有 2^3 个元素的 GF$[2,1+x+x^3]$ 域.

$F\backslash\{0\}$ 关于乘法成交换群，从下表可见. 而 F 关于加法成交换群显而易见，故从略.

·	1	x	$1+x$	x^2	$1+x^2$	$x+x^2$	$1+x+x^2$
1	1	x	$1+x$	x^2	$1+x^2$	$x+x^2$	$1+x+x^2$
x	x	x^2	$x+x^2$	$1+x$	1	$1+x+x^2$	$1+x$
$1+x$	$1+x$	$x+x^2$	$1+x^2$	$1+x+x^2$	x^2	1	x
x^2	x^2	$1+x$	$1+x+x^2$	$x+x^2$	x	$1+x^2$	1
$1+x^2$	$1+x^2$	1	x^2	x	$1+x+x^2$	$1+x$	$x+x^2$
$x+x^2$	$x+x^2$	$1+x+x^2$	1	$1+x^2$	$1+x$	x	x^2
$1+x+x^2$	$1+x+x^2$	$1+x^2$	x	1	$x+x^2$	x^2	$1+x$

故 $(x+x^2)(1+x) \equiv x^3+x$，但在 GF$(2,1+x+x^3)$ 上，

$$x^3 = 1+x,$$

故

$$x^3 + x \equiv 1+x+x \equiv 1$$

即 $(x+x^2)^{-1} = 1+x$. 这里，运算是在 GF$[2,m(x)]$ 域上进行的.

又
$$(1+x+x^2)(1+x^2) = 1+x^2+x+x^3+x^2+x^4$$
$$\equiv 1+x+x^3+x^4 \equiv 1+x+1+x+x^4$$
$$\equiv x^4 \equiv x+x^2$$

定理 5-2 若 α 是 GF$[p,m(x)]$ 的非 0 元素，则

$$\alpha^{p^n-1} = 1$$

证明 令 $p^n-1=k$，设属于 GF$[p,m(x)]$ 的 k 个非 0 元素为 $\alpha_1,\alpha_2,\cdots,\alpha_k$，$\alpha$ 为其中任一元素，则

$$\alpha\alpha_1,\alpha\alpha_2,\cdots,\alpha\alpha_k$$

互不相同，否则设

$$\alpha\alpha_i = \alpha\alpha_j,$$
$$\alpha(\alpha_i - \alpha_j) = 0, \quad \alpha_i = \alpha_j$$

故

$$\prod_{i=1}^{k}(\alpha\alpha_i) = \alpha^k\prod_{i=1}^{k}\alpha_i = \prod_{i=1}^{k}\alpha_i$$

即

$$(\alpha^k - 1)\prod_{i=1}^{k}\alpha_i = 0$$

故

$$\alpha^k = 1$$

定理 5-3 若 $0,\alpha_1,\alpha_2,\cdots,\alpha_k$ 是域 GF$[p,m(x)]$ 的全体元素，$k=p^n-1$，则有

$$x(x-\alpha_1)(x-\alpha_2)\cdots(x-\alpha_k) = x^{p^n} - x$$

证明见一般代数学，这里从略.

5.5 正交拉丁方的构造

定理 5-4 $n = p^\alpha$，且 $n \geq 3$，其中 p 是一个素数，α 是正整数，则存在 $n-1$ 个互相正交的 n 阶拉丁方.

证明   证明的过程实际上是提供构造这 $n-1$ 个正交的 n 阶拉丁方的方法. 设 α_0，$\alpha_1, \cdots, \alpha_{n-1}$ 是 $GF(p^\alpha)$ 的元素，其中 α_0 是 0，$\alpha_{n-1} = 1$.

构造 $n \times n$ 的矩阵 $A_1, A_2, \cdots, A_{n-1}$ 如下，设

$$A_k = (a_{ij}^{(k)})_{n \times n}, \quad k = 1, 2, \cdots, n-1.$$

$$a_{ij}^{(k)} = \alpha_k \cdot \alpha_i + \alpha_j, \quad i, j = 1, 2, \cdots, n; \ k = 1, 2, \cdots, n-1$$

其中"$+$"，"$\cdot$"分别是 $GF(p^\alpha)$ 域的"加"和"乘"法运算. 下面首先证明 $A_1, A_2, \cdots, A_{n-1}$ 是拉丁方. 如若不然，设 A_k 中第 i 行有两个元素相同，设

$$a_{ij}^{(k)} = a_{ih}^{(k)}$$

即

$$\alpha_k \cdot \alpha_i + \alpha_j = \alpha_k \cdot \alpha_i + \alpha_h$$

即

$$\alpha_j = \alpha_h$$

故

$$j = h$$

如若 A_k 中第 j 列有两个元素相同，设

$$a_{hj}^{(k)} = a_{ij}^{(k)}$$

则

$$\alpha_k \cdot \alpha_h + \alpha_j = \alpha_k \cdot \alpha_i + \alpha_j$$

$$\alpha_k \cdot (\alpha_h - \alpha_i) = 0$$

故

$$\alpha_h = \alpha_i, \quad h = i$$

下面证 $A_1, A_2, \cdots, A_{n-1}$ 互相正交. 设 A_g, A_h 是其中两个拉丁方，但 A_g 和 A_h 不相正交，存在

$$(a_{ij}^{(g)}, a_{ij}^{(h)}) = (a_{fk}^{(g)}, a_{fk}^{(h)})$$

则

$$\alpha_g \cdot \alpha_i + \alpha_j = \alpha_g \cdot \alpha_f + \alpha_k \tag{5-2}$$

$$\alpha_h \cdot \alpha_i + \alpha_j = \alpha_h \cdot \alpha_f + \alpha_k \tag{5-3}$$

式(5-2)与式(5-3)相减，得

$$(\alpha_g - \alpha_h) \cdot \alpha_i = (\alpha_g - \alpha_h) \cdot \alpha_f$$

由于 $\alpha_g \neq \alpha_h$，故 $\alpha_i = \alpha_f$，$i = f$.

代入式(5-2)，得

$$\alpha_j = \alpha_k, j = k$$

根据上面的定理可以推断存在两个 3 阶的正交拉丁方、3 个 4 阶的正交拉丁方. 还可以推断存在 4 个 5 阶的正交拉丁方.

但不能用来回答是否存在 6 阶的正交拉丁方的问题.

定理 5-5   设

$$n = p_1^{\alpha_1} p_2^{\alpha_2} \cdots p_s^{\alpha_s}$$

是 $n(>1)$ 的素数幂分解,

$$r = \min_j \{p_j^{a_j} - 1\}$$

则 n 阶拉丁方存在有 r 个正交拉丁方.

证明从略.

从该定理还不能判断是否存在 6 阶的正交拉丁方. 因为

$$6 = 2 \times 3$$

故

$$r = 2 - 1 = 1$$

欧拉猜想不存在 6 阶的正交拉丁方,历经 100 年既不能肯定,也不能否定,直到 1900 年才获得证明.

定理 5-6 设 $A_1, A_2, \cdots, A_k$ 是一组 n_1 阶的正交拉丁方,$B_1, B_2, \cdots, B_k$ 是另一组 n_2 阶的正交拉丁方. 构造一组 k 个 $n_1 n_2$ 阶的矩阵如下:

$$C_r = \begin{bmatrix} (a_{11}^{(r)}, B_r) & (a_{12}^{(r)}, B_r) & \cdots & (a_{1n_1}^{(r)}, B_r) \\ (a_{21}^{(r)}, B_r) & (a_{22}^{(r)}, B_r) & \cdots & (a_{2n_1}^{(r)}, B_r) \\ & & \vdots & \\ (a_{n_1 1}^{(r)}, B_r) & (a_{n_1 2}^{(r)}, B_r) & \cdots & (a_{n_1 n_1}^{(r)}, B_r) \end{bmatrix} \tag{5-4}$$

$$r = 1, 2, \cdots, k$$

其中 $A_r = (a_{ij}^{(r)})_{n_1 \times n_1}$,$(a_{ij}^{(r)}, B_r)$ 是 $n_2 \times n_2$ 的矩阵,第 k 行 l 列元素为

$$(a_{ij}^{(r)}, b_{kl}^{(r)}), \quad k = 1, 2, \cdots, n_2; \quad l = 1, 2, \cdots, n_2$$

[**例 5-5**]

$$A_1 = \begin{bmatrix} 3 & 2 & 1 \\ 2 & 1 & 3 \\ 1 & 3 & 2 \end{bmatrix}, \qquad A_2 = \begin{bmatrix} 3 & 1 & 2 \\ 2 & 3 & 1 \\ 1 & 2 & 3 \end{bmatrix},$$

$$B_1 = \begin{bmatrix} 4 & 3 & 2 & 1 \\ 3 & 4 & 1 & 2 \\ 2 & 1 & 4 & 3 \\ 1 & 2 & 3 & 4 \end{bmatrix}, \qquad B_2 = \begin{bmatrix} 4 & 2 & 1 & 3 \\ 3 & 1 & 2 & 4 \\ 2 & 4 & 3 & 1 \\ 1 & 3 & 4 & 2 \end{bmatrix},$$

即 A_1, A_2 是一对 3×3 的正交拉丁方;B_1, B_2 是另一对 4×4 的正交拉丁方. 从而可以构造一对 12×12 的正交拉丁方.

$$C_1 = \begin{bmatrix} (3, B_1) & (2, B_1) & (1, B_1) \\ (2, B_1) & (1, B_1) & (3, B_1) \\ (1, B_1) & (3, B_1) & (2, B_1) \end{bmatrix}$$

$$C_2 = \begin{bmatrix} (3, B_2) & (1, B_2) & (2, B_2) \\ (2, B_2) & (3, B_2) & (1, B_2) \\ (1, B_2) & (2, B_2) & (3, B_2) \end{bmatrix}$$

其中

$$(3,B_1) = \begin{bmatrix} (3,4) & (3,3) & (3,2) & (3,1) \\ (3,3) & (3,4) & (3,1) & (3,2) \\ (3,2) & (3,1) & (3,4) & (3,3) \\ (3,1) & (3,2) & (3,3) & (3,4) \end{bmatrix}$$

$$(3,B_2) = \begin{bmatrix} (3,4) & (3,2) & (3,1) & (3,3) \\ (3,3) & (3,1) & (3,2) & (3,4) \\ (3,2) & (3,4) & (3,3) & (3,1) \\ (3,1) & (3,3) & (3,4) & (3,2) \end{bmatrix}$$

其余依此类推.

若分别对此 12 个数偶给以从 1 到 12 的标号,便得到两个12×12的拉丁方.

定理 5-7 由式(5-4)给出的$C_1,C_2,\cdots,C_r$是一组$(n_1 n_2) \times (n_1 n_2)$的正交拉丁方.

证明 先证明$C_1,C_2,\cdots,C_k$是拉丁方,根据矩阵C_i的构造,它的每一行、每一列的数偶不是第 1 个分量不相同,就是其第 2 个分量不一样,因此每行、每列的元素都不相同.这就证明了所得矩阵$C_1,C_2,\cdots,C_k$是拉丁方.

下面证明$C_1,C_2,\cdots,C_k$两两互相正交.如其不然,设其中有C_g,C_h不是互相正交.则存在i,j,f,l,p,q,r,s,使得

$$((a_{ij}^{(g)},b_{fl}^{(g)}),(a_{ij}^{(h)},b_{fl}^{(h)})) = ((a_{pq}^{(g)},b_{rs}^{(g)}),(a_{pq}^{(h)},b_{rs}^{(h)}))$$

所以

$$(a_{ij}^{(g)},b_{fl}^{(g)}) = (a_{pq}^{(g)},b_{rs}^{(g)}) \tag{5-5}$$

$$(a_{ij}^{(h)},b_{fl}^{(h)}) = (a_{pq}^{(h)},b_{rs}^{(h)}) \tag{5-6}$$

然而A_g,A_h,B_g,B_h是拉丁方,故由式(5-5)和式(5-6)得

$$a_{ij}^{(g)} = a_{pq}^{(g)}, \quad a_{ij}^{(h)} = a_{pq}^{(h)}$$

故

$$i = p, j = q$$

5.6 正交拉丁方的应用举例

在 5.1 节,我们讨论了 4 种品牌的轮胎的试验问题,采用 4 辆汽车进行试验,从而引进了 4 阶的拉丁方:

$$\begin{array}{c} \quad\ A\ \ B\ \ C\ \ D \\ \begin{array}{c} 左前 \\ 左后 \\ 右前 \\ 右后 \end{array} \begin{bmatrix} 1 & 2 & 3 & 4 \\ 2 & 1 & 4 & 3 \\ 3 & 4 & 1 & 2 \\ 4 & 3 & 2 & 1 \end{bmatrix} \end{array}$$

若同时要考察 4 种不同牌子的刹车车闸对车胎的磨损,则除了每种牌子的轮胎在每辆车子出现一次,在 4 个不同的位置上各出现一次外,还要求不同牌子的轮胎和车闸恰好配合一次.当然还要求 4 种车闸在 4 辆车及 4 个不同位置都分别出现一次,例如,下面两个拉丁方,第 1 个是轮胎的试验安排,第 2 个是车闸的试验安排:

$$
\begin{array}{c}
\quad\quad A\ B\ C\ D \\
\begin{array}{r}
左前 \\ 左后 \\ 右前 \\ 右后
\end{array}
\begin{bmatrix}
1 & 2 & 3 & 4 \\
2 & 1 & 4 & 3 \\
3 & 4 & 1 & 2 \\
4 & 3 & 2 & 1
\end{bmatrix},
\quad\quad
\begin{array}{r}
左前 \\ 左后 \\ 右前 \\ 右后
\end{array}
\begin{bmatrix}
4 & 1 & 2 & 3 \\
3 & 2 & 1 & 4 \\
1 & 4 & 3 & 2 \\
2 & 3 & 4 & 1
\end{bmatrix}
\end{array}
$$

下面的方阵是车轮与车闸的配合试验:

$$
\begin{array}{r}
\quad\quad A\quad\quad B\quad\quad C\quad\quad D \\
左前 \\ 左后 \\ 右前 \\ 右后
\end{array}
\begin{bmatrix}
(1,4) & (2,1) & (3,2) & (4,3) \\
(2,3) & (1,2) & (4,1) & (3,4) \\
(3,1) & (4,4) & (1,3) & (2,2) \\
(4,2) & (3,3) & (2,4) & (1,1)
\end{bmatrix}
$$

这个方阵的元素 (i,j), $i,j=1,2,3,4$,没有重复出现,即 16 个元素各不相同,每种轮胎和每种车闸都恰好配合一次.

轮胎与车闸在 A,B,C,D 四辆车的试验需要一对正交拉丁方.

假定有 4 种感冒药、4 种退烧药和 4 种止咳药,试验它们的配合效果.找 4 位病人进行试验,试验在 4 天内完成,如 5.1 节所讨论的,若只考虑一种感冒药的试验,可用 4×4 的拉丁方:

$$
\begin{array}{r}
\quad\quad A\ B\ C\ D \\
\mathrm{I} \\ \mathrm{II} \\ \mathrm{III} \\ \mathrm{IV}
\end{array}
\begin{bmatrix}
1 & 2 & 3 & 4 \\
2 & 1 & 4 & 3 \\
3 & 4 & 1 & 2 \\
4 & 3 & 2 & 1
\end{bmatrix}
$$

其中 A,B,C,D 为病人;I,II,III,IV 为日期.若考虑到两种药的配合,则需要一对 4×4 的正交拉丁方.而讨论 3 种药的试验,则需要 3 个 4×4 的两两正交拉丁方.

5.7 均衡不完全的区组设计

BIBD 是 Balanced Incomplete Block Design 的缩写,即均衡不完全的区组设计.

5.7.1 基本概念

在 5.1 节讨论到 4 种品牌的轮胎,用 4 辆汽车进行试验,每一辆汽车装上多种轮胎各一.每辆汽车的试验轮胎称为一区组.若参加试验的轮胎有 5 个品牌,但一辆汽车(区组)只能装 4 个轮胎,则这样的试验称为不完全的区组设计.例如用 5 辆汽车对 5 种轮胎进行如下试验:

$$
\begin{array}{r}
\quad\quad A\quad B\quad C\quad D\quad E \\
左前 \\ 左后 \\ 右前 \\ 右后
\end{array}
\begin{bmatrix}
1 & 2 & 3 & 4 & 5 \\
2 & 3 & 4 & 5 & 1 \\
3 & 4 & 5 & 1 & 2 \\
4 & 5 & 1 & 2 & 3
\end{bmatrix}
$$

每一区组只含 4 种轮胎,所以是不完全的.在这一试验安排中,每一种品牌的轮胎都作了 4 次试验.

5.7.2 (b,v,r,k,λ)-设计

先对几个符号的含义说明如下:

设 $X=\{x_1,x_2,\cdots,x_v\}$ 为试验对象的集合,v 为试验对象的数目.

所谓均衡不完全的区组,指的是由 X 中的子集构成区组的集合.b 为区组的数目,即设为 $\{B_1,B_2,\cdots,B_b\}$.每组有 X 的 k 个元素,并满足以下的条件:

(1) X 中的每一元素在 b 组中正好出现 r 次;

(2) 任意一对属于 X 的元素在 b 组中正好同时出现 λ 次;

(3) $k<v$.

满足以上条件的 BIBD 记为 (b,v,r,k,λ)-设计.

[例 5-6] $X=\{x_1,x_2,x_3,\cdots,x_7\}$,

$$B_1:x_1,x_2,x_4; \quad B_2:x_2,x_3,x_5; \quad B_3:x_3,x_4,x_6;$$
$$B_4:x_4,x_5,x_7; \quad B_5:x_5,x_6,x_1; \quad B_6:x_6,x_7,x_2;$$
$$B_7:x_7,x_1,x_3$$

为 $(7,7,3,3,1)$-设计.

[例 5-7] $X=\{x_1,x_2,x_3,x_4,\cdots,x_9\}$,$b=12,k=3,r=4,\lambda=1,v=9$.即 $(12,9,4,3,1)$-设计:

$$B_1:x_1,x_2,x_3; \quad B_2:x_4,x_5,x_6; \quad B_3:x_7,x_8,x_9;$$
$$B_4:x_1,x_4,x_7; \quad B_5:x_2,x_5,x_8; \quad B_6:x_3,x_6,x_9;$$
$$B_7:x_1,x_5,x_9; \quad B_8:x_2,x_6,x_7; \quad B_9:x_3,x_4,x_8;$$
$$B_{10}:x_1,x_6,x_8; \quad B_{11}:x_2,x_4,x_9; \quad B_{12}:x_3,x_5,x_7.$$

[例 5-8] $X=\{x_1,x_2,x_3,x_4\}$,

$$B_1:x_1,x_2,x_3; \quad B_2:x_2,x_3,x_4;$$
$$B_3:x_3,x_4,x_1; \quad B_4:x_4,x_1,x_2,$$

为 $(4,4,3,3,2)$-设计.

[例 5-9] $v=b=15,r=k=7,\lambda=3$.

$$B_1:x_1,x_2,x_3,x_4,x_5,x_6,x_7;$$
$$B_2:x_1,x_2,x_3,x_8,x_9,x_{10},x_{11};$$
$$B_3:x_1,x_2,x_3,x_{12},x_{13},x_{14},x_{15};$$
$$B_4:x_1,x_4,x_5,x_8,x_9,x_{12},x_{13};$$
$$B_5:x_1,x_4,x_5,x_{10},x_{11},x_{14},x_{15};$$
$$B_6:x_1,x_6,x_7,x_8,x_9,x_{14},x_{15};$$
$$B_7:x_1,x_6,x_7,x_{10},x_{11},x_{12},x_{13};$$
$$B_8:x_2,x_4,x_6,x_8,x_{10},x_{12},x_{14};$$
$$B_9:x_2,x_4,x_7,x_8,x_{11},x_{13},x_{15};$$
$$B_{10}:x_2,x_5,x_6,x_9,x_{11},x_{12},x_{15};$$

$$B_{11} : x_2, x_5, x_7, x_9, x_{10}, x_{13}, x_{14};$$
$$B_{12} : x_3, x_4, x_6, x_9, x_{11}, x_{13}, x_{14};$$
$$B_{13} : x_3, x_4, x_7, x_9, x_{10}, x_{12}, x_{15};$$
$$B_{14} : x_3, x_5, x_6, x_8, x_{10}, x_{13}, x_{15};$$
$$B_{15} : x_3, x_5, x_7, x_8, x_{11}, x_{12}, x_{14}.$$

为了讨论方便且不引起混乱,x_i 有时就写为 i.例如 $(7,7,3,3,1)$-设计可记为:

$$B_1 : 1\ 2\ 4; \quad B_2 : 2\ 3\ 5; \quad B_3 : 3\ 4\ 6; \quad B_4 : 4\ 5\ 7;$$
$$B_5 : 5\ 6\ 1; \quad B_6 : 6\ 7\ 2; \quad B_7 : 7\ 1\ 3$$

依此类推.

定理 5-8 (b, v, r, k, λ)-设计必须满足

$$bk = vr, \quad r(k-1) = \lambda(v-1) \tag{5-7}$$

证明 (1) 每组 k 个元素,共 b 组,bk 是元素出现的总数;集合 X 的 v 个元素,每个元素在这 b 组中正好出现 r 次,vr 是出现次数的总和.故

$$bk = vr$$

(2) 集合 X 中某一元素 x_1 出现在 r 组中,$r(k-1)$ 是这 r 组中 x_1 以外的元素出现的次数.x_1 与其余的 $v-1$ 个元素成对出现在 r 组中,每对同时出现 λ 次.故 X 中 x_1 以外的 $v-1$ 个元素出现在这 r 组中的次数应为 $\lambda(v-1)$.故得

$$r(k-1) = \lambda(v-1)$$

区组矩阵

区组设计可用其区组矩阵 $A = (a_{ij})_{v \times b}$ 来描述,即

$$A = (a_{ij}), \quad i = 1, 2, \cdots, v; \ j = 1, 2, \cdots, b$$

其中

$$a_{ij} = \begin{cases} 1, & x_i \in B_j \\ 0, & x_i \notin B_j \end{cases}$$

如例 5-6 的区组矩阵为

$$A = \begin{array}{c} \\ x_1 \\ x_2 \\ x_3 \\ x_4 \\ x_5 \\ x_6 \\ x_7 \\ x_8 \\ x_9 \end{array}
\begin{array}{c}
\begin{array}{cccccccccccc} B_1 & B_2 & B_3 & B_4 & B_5 & B_6 & B_7 & B_8 & B_9 & B_{10} & B_{11} & B_{12} \end{array} \\
\left[\begin{array}{cccccccccccc}
1 & 0 & 0 & 1 & 0 & 0 & 1 & 0 & 0 & 1 & 0 & 0 \\
1 & 0 & 0 & 0 & 1 & 0 & 0 & 1 & 0 & 0 & 1 & 0 \\
1 & 0 & 0 & 0 & 0 & 1 & 0 & 0 & 1 & 0 & 0 & 1 \\
0 & 1 & 0 & 1 & 0 & 0 & 0 & 0 & 1 & 0 & 1 & 0 \\
0 & 1 & 0 & 0 & 1 & 0 & 1 & 0 & 0 & 0 & 0 & 1 \\
0 & 1 & 0 & 0 & 0 & 1 & 0 & 1 & 0 & 1 & 0 & 0 \\
0 & 0 & 1 & 1 & 0 & 0 & 0 & 1 & 0 & 0 & 0 & 1 \\
0 & 0 & 1 & 0 & 1 & 0 & 0 & 0 & 1 & 1 & 0 & 0 \\
0 & 0 & 1 & 0 & 0 & 1 & 1 & 0 & 0 & 0 & 1 & 0
\end{array} \right]
\end{array}$$

定理 5-9 对于 (b, v, r, k, λ)-设计,下列等式成立:

$$AA^{\mathrm{T}} = (r - \lambda)I + \lambda J \tag{5-8}$$

其中 I 是 $v \times v$ 的单位矩阵,J 是所有元素均为 1 的 $v \times v$ 矩阵.

证明 令 $B = AA^{\mathrm{T}} = (b_{ij})_{v \times v}$,则 b_{ij} 为矩阵 A 的第 i 行与第 j 行的内积,b_{ii} 为矩阵 A 的第 i 行中非 0 元素个数,故 $b_{ii} = r$. $i \neq j$ 时,$b_{ij} = \lambda$,即第 i 行与第 j 行中对应分量都等于 1 的个数等于 λ,说明 x_i 和 x_j 在 λ 组中同时出现.

故
$$AA^{\mathrm{T}} = \begin{bmatrix} r & \lambda & \lambda & \cdots & \lambda \\ \lambda & r & \lambda & \cdots & \lambda \\ \lambda & \lambda & r & \cdots & \lambda \\ & & & \vdots & \\ \lambda & \lambda & \lambda & \cdots & r \end{bmatrix}$$
$$= (r - \lambda)I + \lambda J$$

定理 5-10 在 (b, v, r, k, λ)-设计中,$b \geqslant v$ 恒成立.

证明 设 $b < v$,将 A 增加 $b - v$ 列全 0 的元素得 $v \times v$ 加边方阵 B. 而且
$$A A^{\mathrm{T}} = BB^{\mathrm{T}}$$
因为 A 中两行内积和 B 中对应两行内积相同,所以
$$\det(AA^{\mathrm{T}}) = \det(BB^{\mathrm{T}}) = (\det B)(\det B^{\mathrm{T}})$$
但 $\det B = 0$,所以 $\det(AA^{\mathrm{T}}) = 0$.

但
$$\det(AA^{\mathrm{T}}) = \begin{vmatrix} r & \lambda & \lambda & \lambda & \cdots & \lambda \\ \lambda & r & \lambda & \lambda & \cdots & \lambda \\ \lambda & \lambda & r & \lambda & \cdots & \lambda \\ & & & & \vdots & \\ \lambda & \lambda & \lambda & \lambda & \cdots & r \end{vmatrix}$$

行列式各列(第 1 列除外)减去第 1 列得
$$\det(AA^{\mathrm{T}}) = \begin{vmatrix} r & \lambda - r & \lambda - r & \lambda - r & \cdots & \lambda - r \\ \lambda & r - \lambda & 0 & 0 & \cdots & 0 \\ \lambda & 0 & r - \lambda & 0 & \cdots & 0 \\ \lambda & 0 & 0 & r - \lambda & \cdots & 0 \\ & & & & \vdots & \\ \lambda & 0 & 0 & 0 & \cdots & r - \lambda \end{vmatrix}$$

再将行列式各行加到第 1 行得
$$\det(AA^{\mathrm{T}}) = \begin{vmatrix} r + (v-1)\lambda & 0 & 0 & \cdots & 0 \\ \lambda & r - \lambda & 0 & \cdots & 0 \\ \lambda & 0 & r - \lambda & \cdots & 0 \\ & & & \vdots & \\ \lambda & 0 & 0 & \cdots & r - \lambda \end{vmatrix}$$
$$= [r + (v-1)\lambda](r - \lambda)^{v-1}$$

我们前面已推出 $\det(AA^{\mathrm{T}}) = 0$,所以
$$[r + (v-1)\lambda](r-v)^{v-1} = 0$$
由于 $r, v, \lambda > 0$,故 $r + (v-1)\lambda > 0$,又因为
$$k < v$$

$$bk = vr \text{ 及 } r(k-1) = \lambda(v-1)$$

所以，
$$k-1 < v-1, \quad r > \lambda$$
$$(r-v)^{v-1} > 0$$

与 $\det(AA^T) = 0$ 的结论相矛盾.

对称的 BIBD

当 $b=v$ 时的 BIBD 称为对称的 BIBD，由于 $bk=vr$，故此时有 $k=r$，例如，

$$B_1 : x_1, x_2, x_4; \quad B_2 : x_2, x_3, x_5; \quad B_3 : x_3, x_4, x_6;$$
$$B_4 : x_4, x_5, x_7; \quad B_5 : x_5, x_6, x_1; \quad B_6 : x_6, x_7, x_2;$$
$$B_7 : x_7, x_1, x_3$$

便是 $v=b=7, r=k=3, \lambda=1$.

例 5-9 也是对称的 BIBD.

对称的 BIBD 可记为 (v, k, λ)-设计.

定理 5-11 对称的 BIBD 的任意两组都正好有 λ 个共同的元素.

证明 由于 $b=v$，故区组矩阵 A 为 v 阶方阵，而且 $\det A \neq 0$，即 A 非奇异，A^{-1} 存在.

$$A^T A = (A^{-1}A)(A^T A) = A^{-1}(AA^T)A$$
$$= A^{-1}[(k-\lambda)I + \lambda J]A$$
$$= (k-\lambda)A^{-1}IA + \lambda A^{-1}JA$$
$$= (k-\lambda)I + \lambda A^{-1}JA$$

由于 $k=r$，矩阵 A 的每行有 k 个 1，故

$$AJ = kJ = JA$$

故
$$A^{-1}JA = J$$

代入上式得

$$A^T A = (k-\lambda)I + \lambda J$$
$$= \begin{bmatrix} k & \lambda & \lambda & \cdots & \lambda \\ \lambda & k & \lambda & \cdots & \lambda \\ & & \vdots & & \\ \lambda & \lambda & \lambda & \cdots & k \end{bmatrix}$$

这就证明了对称的任意两组都正好有 λ 个共同的元素.

5.8 区组设计的构成方法

定理 5-12 若 $B_1, B_2, \cdots, B_v$ 是关于集合 $X = \{x_1, x_1, \cdots, x_v\}$ 的对称的 BIBD，则对于其中任一 B_i，下列 $v-1$ 个区组

$$B_1 \backslash B_i, B_2 \backslash B_i, B_{i-1} \backslash B_i, B_{i+1} \backslash B_i, \cdots, B_v \backslash B_i$$

构成一个关于集合 $X \backslash B_i$ 的 BIBD.

证明 显然，$B_1 \backslash B_i, B_2 \backslash B_i, \cdots, B_v \backslash B_i$ 所包含的元素属于 $X \backslash B_i$. 而集合 $X \backslash B_i$ 中的每一元素仍然存在于 k 组中，$X \backslash B_i$ 中每一对元素仍然同时出现 λ 次. 根据前一定理可知 B_1，$B_2, \cdots, B_{i-1}, B_{i+1}, \cdots, B_v$ 中每一区组与 B_i 有 λ 个元素相同. 故 $B_1 \backslash B_i, B_2 \backslash B_i, \cdots, B_{i-1} \backslash B_i$，$B_{i+1} \backslash B_i, \cdots, B_v \backslash B_i$ 含有 $k-\lambda$ 个元素. 即 $B_1 \backslash B_i, B_2 \backslash B_i, \cdots, B_{i-1} \backslash B_i, B_{i+1} \backslash B_i, \cdots, B_v \backslash B_i$ 组成

$((v-1),(v-k),k,(k-\lambda),\lambda)$-设计.

定理 5-13 若 $B_1,B_2,\cdots,B_v$ 是关于集合 $X=\{x_1,x_2,\cdots,x_v\}$ 的对称的 BIBD，B_i 是其中任意一个，则
$$B_1\cap B_i,B_2\cap B_i,\cdots,B_{i-1}\cap B_i,B_{i+1}\cap B_i,\cdots,B_v\cap B_i$$
构成关于集合 B_i 的 BIBD.

证明 $B_1\cap B_i,B_2\cap B_i,\cdots,B_{i-1}\cap B_i,B_{i+1}\cap B_i,\cdots,B_v\cap B_i$ 包含有子集 B_i 中的元素；而且 B_i 中的元素只出现在其中的 $k-1$ 组中；B_i 中任意一对元素在这 $v-1$ 组中同时出现 $\lambda-1$ 次. 同时，$B_1\cap B_i,B_2\cap B_i,\cdots,B_v\cap B_i$ 都包含有 λ 个元素. 故 $B_1\cap B_i,B_2\cap B_i,\cdots,B_v\cap B_i$ 构成关于集合 B_i 的 $((v-1),k,(k-1),\lambda,(\lambda-1))$-设计.

本章 5.7.2 节中的例 5-9 是一对称的 BIBD 的例子，其区组矩阵设为 A. 从该区组矩阵 A 中去掉第 1 列以及第 1 列中元素不为 0 的所有的行，便得到关于集合 $\{x_8,x_9,x_{10},\cdots,x_{15}\}$ 的 BIBD，即 $(14,8,7,4,3)$-设计：
$$B_2\backslash B_1,B_3\backslash B_1,\cdots,B_{14}\backslash B_1,B_{15}\backslash B_1$$
其区组矩阵为 A_1.

$$
A=
\begin{array}{c}
\begin{array}{ccccccccccccccc}
B_1 & B_2 & B_3 & B_4 & B_5 & B_6 & B_7 & B_8 & B_9 & B_{10} & B_{11} & B_{12} & B_{13} & B_{14} & B_{15}
\end{array}\\
\begin{array}{c}
x_1\\x_2\\x_3\\x_4\\x_5\\x_6\\x_7\\x_8\\x_9\\x_{10}\\x_{11}\\x_{12}\\x_{13}\\x_{14}\\x_{15}
\end{array}
\left[
\begin{array}{ccccccccccccccc}
1&1&1&1&1&1&1&0&0&0&0&0&0&0&0\\
1&1&1&0&0&0&0&1&1&1&1&0&0&0&0\\
1&1&1&0&0&0&0&0&0&0&0&1&1&1&1\\
1&0&0&1&1&0&0&1&1&0&0&1&1&0&0\\
1&0&0&1&1&0&0&0&0&1&1&0&0&1&1\\
1&0&0&0&0&1&1&0&1&1&0&1&0&0&1\\
1&0&0&0&0&1&1&1&0&0&1&0&1&1&0\\
0&1&0&1&0&1&0&1&1&0&0&0&0&1&1\\
0&1&0&1&0&1&0&0&0&0&1&1&1&1&0\\
0&1&0&0&1&0&1&1&0&0&1&0&1&1&0\\
0&1&0&0&1&0&1&1&0&1&0&0&1&0&1\\
0&0&1&1&0&0&1&1&0&1&0&0&1&0&1\\
0&0&1&1&0&1&0&1&0&1&0&1&1&0&0\\
0&0&1&0&1&1&0&1&0&0&1&1&0&0&1\\
0&0&1&0&1&1&0&0&1&1&0&0&1&1&0
\end{array}
\right]
\end{array}
$$

类似地可从 A 中除掉 B_1 列，及 B_1 列元素为 0 的所有的行，得到关于 $\{x_1,x_2,\cdots,x_7\}$ 的一个 BIBD：
$$B_2\cap B_1,B_3\cap B_1,\cdots,B_{15}\cap B_1$$
其区组矩阵为 A_2.

$A_1 =$

	$B_2\setminus B_1$	$B_3\setminus B_1$	$B_4\setminus B_1$	$B_5\setminus B_1$	$B_6\setminus B_1$	$B_7\setminus B_1$	$B_8\setminus B_1$	$B_9\setminus B_1$	$B_{10}\setminus B_1$	$B_{11}\setminus B_1$	$B_{12}\setminus B_1$	$B_{13}\setminus B_1$	$B_{14}\setminus B_1$	$B_{15}\setminus B_1$
x_8	1	0	1	0	1	0	1	1	0	0	0	0	1	1
x_9	1	0	1	0	1	0	0	0	1	1	1	1	0	0
x_{10}	1	0	0	1	0	1	1	0	0	1	0	1	1	0
x_{11}	1	0	0	1	0	1	0	1	1	0	1	0	0	1
x_{12}	0	1	1	0	0	1	1	0	1	0	0	1	0	1
x_{13}	0	1	1	0	0	1	0	1	0	1	1	0	1	0
x_{14}	0	1	0	1	1	0	1	0	0	1	1	0	0	1
x_{15}	0	1	0	1	1	0	0	1	1	0	0	1	1	0

$A_2 =$

	$B_2\cap B_1$	$B_3\cap B_1$	$B_4\cap B_1$	$B_5\cap B_1$	$B_6\cap B_1$	$B_7\cap B_1$	$B_8\cap B_1$	$B_9\cap B_1$	$B_{10}\cap B_1$	$B_{11}\cap B_1$	$B_{12}\cap B_1$	$B_{13}\cap B_1$	$B_{14}\cap B_1$	$B_{15}\cap B_1$
x_1	1	1	1	1	1	1	0	0	0	0	0	0	0	0
x_2	1	1	0	0	0	0	1	1	1	1	0	0	0	0
x_3	1	1	0	0	0	0	0	0	0	0	1	1	1	1
x_4	0	0	1	1	0	0	1	1	0	0	1	1	0	0
x_5	0	0	1	1	0	0	0	0	1	1	0	0	1	1
x_6	0	0	0	0	1	1	1	0	1	0	1	0	1	0
x_7	0	0	0	0	1	1	0	1	0	1	0	1	0	1

5.9 Steiner 三元系

$k=3$ 的区组设计称为三元系,$(b,v,r,3,\lambda)$-设计存在的必要条件是

$$3b = rv, \quad 2r = \lambda(v-1)$$

或改写为

$$r = \frac{\lambda(v-1)}{2}$$

$$b = \frac{\lambda v(v-1)}{6}$$

r 和 b 是整数,故

$$\lambda v(v-1) \equiv 0 \bmod 6$$

$$\lambda(v-1) \equiv 0 \bmod 2$$

$\lambda=1$ 的三元系称为斯梯纳(Steiner)三元系.

科克曼(Kirkman)定理 v 个对象的斯梯纳三元系存在的必要条件是

$$v = 6n+1 \quad \text{或} \quad v = 6n+3$$

严格的证明从略.

因 $k=3$,故

$$r = \frac{v-1}{2}, \quad b = \frac{v(v-1)}{6}$$

由 $r=\dfrac{v-1}{2}$，说明 $v-1$ 是偶数，v 是奇数，而且 $v(v-1)$ 是 6 的倍数. 如表 5-2 所示.

表 5-2

v	$v(v-1)$	斯梯纳三元系
3	$6\equiv0\ \mathrm{mod}\ 6$	存在
5	$20=5\times2^2\not\equiv0\ \mathrm{mod}\ 6$	无
7	$42=6\times7\equiv0\ \mathrm{mod}\ 6$	存在
9	$72=6\times12\equiv0\ \mathrm{mod}\ 6$	存在
11	$110=11\times5\times2\not\equiv0\ \mathrm{mod}\ 6$	无
13	$156=6\times26\equiv0\ \mathrm{mod}\ 6$	存在
15	$210=6\times35\equiv0\ \mathrm{mod}\ 6$	存在
17	$272=17\times2^4\not\equiv0\ \mathrm{mod}\ 6$	无

当 $v=3,7,9,13,15,17,\cdots$ 时，斯梯纳三元系存在，或归纳为其实存在斯梯纳三元系的充要条件是

$$v\equiv1\ \mathrm{mod}\ 6$$

或

$$v\equiv3\ \mathrm{mod}\ 6$$

[例 5-10]

$v=3$ 的斯梯纳三元系：$x_1x_2x_3$.

$v=7$ 的斯梯纳三元系：

$$x_1x_2x_3,\ x_1x_4x_5,\ x_1x_6x_7,$$
$$x_2x_4x_6,\ x_2x_5x_7,$$
$$x_3x_4x_7,\ x_3x_5x_6.$$

$v=9$ 的斯梯纳三元系：

$$x_1x_2x_3,\ x_1x_4x_5,\ x_1x_6x_8,\ x_1x_7x_9,$$
$$x_2x_4x_9,\ x_2x_5x_6,\ x_2x_7x_8.$$
$$x_3x_4x_8,\ x_3x_5x_7,\ x_3x_6x_9,$$
$$x_4x_6x_7,\ x_5x_8x_9.$$

为了讨论方便，以后假定 $X=\{1,2,\cdots,v\}$，以取代 $X=\{x_1,x_2,\cdots,x_v\}$.

定理 5-14 设 S_1 是关于 $X=\{x_1,x_2,\cdots,x_{v_1}\}$ 的斯梯纳三元系，S_2 是关于 $Y=\{y_1,y_2,\cdots,y_{v_2}\}$ 的斯梯纳三元系，则存在一关于 v_1v_2 元素

$$z_{ij};i=1,2,\cdots,v_1;j=1,2,\cdots,v_2$$

的斯梯纳三元系.

证明 证明是构造性的，即构造一个 v_1v_2 元素的斯梯纳三元系 S. 办法如下：

设

$$(z_{ir},z_{js},z_{kt})\in S$$

若其中(1) $i=j=k$，$(y_r,y_s,y_t)\in S_2$；

或(2) $r=s=t$，$(x_i,x_j,x_k)\in S_1$；

或(3) $(x_i,x_j,x_k)\in S_1$，$(y_r,y_s,y_t)\in S_2$.

不难验证 S 是斯梯纳三元系.特别是当 $r=s=t=1$ 时的子系和 S_1 同构；$i=j=k=1$ 时的子系和 S_2 同构.

[**例 5-11**] $v_1=v_2=3$，S_1 只有一区组 $x_1x_2x_3$；S_2 也只有一区组 $y_1y_2y_3$.构造斯梯纳三元系 S 如下：

(1) $i=j=k=1$，有 z_{11},z_{12},z_{13}；$i=j=k=2$，对应有 z_{21},z_{22},z_{23}；$i=j=k=3$，对应有 z_{31}，z_{32},z_{33}.

(2) 同理，$r=s=t=1,2,3$，分别有 z_{11},z_{21},z_{31}，$z_{12},z_{22},z_{32},z_{13},z_{23},z_{33}$.

(3) $(x_1,x_2,x_3)\in S_1$，$(y_1,y_2,y_3)\in S_2$.

由于 1 2 3 的全排列有

$$1\ 2\ 3 \quad 1\ 3\ 2 \quad 2\ 1\ 3$$
$$2\ 3\ 1 \quad 3\ 1\ 2 \quad 3\ 2\ 1$$

故有区组

$$z_{11},z_{22},z_{33} \quad z_{11},z_{23},z_{32} \quad z_{12},z_{21},z_{33}$$

$$z_{12},z_{23},z_{31} \quad z_{13},z_{21},z_{32} \quad z_{13},z_{22},z_{31}$$

故关于 9 个元素 z_{ij}，$i=1,2,3$；$j=1,2,3$ 共有 12 个区组的斯梯纳三元系.

习　　题

5.1 试判断下面每对拉丁方是否正交.

(1) $\begin{bmatrix} 1 & 2 & 3 \\ 2 & 3 & 1 \\ 3 & 1 & 2 \end{bmatrix}$，$\begin{bmatrix} 1 & 2 & 3 \\ 3 & 1 & 2 \\ 2 & 3 & 1 \end{bmatrix}$.

(2) $\begin{bmatrix} 1 & 2 & 3 & 4 \\ 2 & 3 & 4 & 1 \\ 3 & 4 & 1 & 2 \\ 4 & 1 & 2 & 3 \end{bmatrix}$，$\begin{bmatrix} 1 & 2 & 3 & 4 \\ 3 & 4 & 1 & 2 \\ 2 & 3 & 4 & 1 \\ 4 & 1 & 2 & 3 \end{bmatrix}$.

(3) $\begin{bmatrix} 1 & 2 & 3 & 4 & 5 \\ 2 & 3 & 4 & 5 & 1 \\ 3 & 4 & 5 & 1 & 2 \\ 4 & 5 & 1 & 2 & 3 \\ 5 & 1 & 2 & 3 & 4 \end{bmatrix}$，$\begin{bmatrix} 5 & 1 & 2 & 3 & 4 \\ 4 & 5 & 1 & 2 & 3 \\ 3 & 4 & 5 & 1 & 2 \\ 2 & 3 & 4 & 5 & 1 \\ 1 & 2 & 3 & 4 & 5 \end{bmatrix}$.

5.2 试判断下列拉丁方是否为正交族.

$$(1)\quad \begin{bmatrix} 1 & 3 & 2 & 4 \\ 3 & 1 & 4 & 2 \\ 2 & 4 & 1 & 3 \\ 4 & 2 & 3 & 1 \end{bmatrix},\ \begin{bmatrix} 3 & 1 & 4 & 2 \\ 2 & 4 & 1 & 3 \\ 1 & 3 & 2 & 4 \\ 4 & 2 & 3 & 1 \end{bmatrix},\ \begin{bmatrix} 2 & 4 & 1 & 3 \\ 1 & 3 & 2 & 4 \\ 3 & 1 & 4 & 2 \\ 4 & 2 & 3 & 1 \end{bmatrix}.$$

$$(2)\quad \begin{bmatrix} 1 & 2 & 3 & 4 & 5 \\ 2 & 3 & 4 & 5 & 1 \\ 3 & 4 & 5 & 1 & 2 \\ 4 & 5 & 1 & 2 & 3 \\ 5 & 1 & 2 & 3 & 4 \end{bmatrix},\ \begin{bmatrix} 1 & 2 & 3 & 4 & 5 \\ 3 & 4 & 5 & 1 & 2 \\ 5 & 1 & 2 & 3 & 4 \\ 2 & 3 & 4 & 5 & 1 \\ 4 & 5 & 1 & 2 & 3 \end{bmatrix},\ \begin{bmatrix} 1 & 2 & 3 & 4 & 5 \\ 5 & 1 & 2 & 3 & 4 \\ 4 & 5 & 1 & 2 & 3 \\ 3 & 4 & 5 & 1 & 2 \\ 2 & 3 & 4 & 5 & 1 \end{bmatrix}.$$

5.3 试问下列区组是否为 BIBD? 若是,试确定其对应的参数 b,v,r,k,λ.

(1) $B_1:1,2,3$; $B_2:2,3,4$; $B_3:3,4,5$; $B_4:1,4,5$; $B_5:1,2,5$.

(2) $B_1:1,2,3,4$; $B_2:1,3,4,5$; $B_3:1,2,4,5$; $B_4:1,2,3,5$; $B_5:2,3,4,5$.

(3) $B_1:1,2,3$; $B_2:4,5,6$; $B_3:7,8,9$; $B_4:1,4,7$; $B_5:2,5,8$; $B_6:3,6,9$; $B_7:1,5,9$;

$B_8:2,6,7$; $B_9:3,4,8$; $B_{10}:1,6,8$; $B_{11}:2,4,9$; $B_{12}:3,5,7$.

5.4 有一 BIBD,已知 $b=14,k=3,\lambda=2$,求 v 和 r.

5.5 有一 BIBD,已知 $v=15,k=10,\lambda=9$,求 b 和 v.

5.6 已知下列区组

$B_1:1,2,3$; $B_2:2,3,4$; $B_3:3,4,1$; $B_4:4,1,2$,

试求 AA^{T},其中 A 是该区组的区组矩阵.

5.7 若已知区组

$$B_1:2,4,6,7;\quad B_2:1,3,6,7;\quad B_3:3,4,5,7;\quad B_4:1,2,5,7;$$
$$B_5:2,3,5,6;\quad B_6:1,4,5,6;\quad B_7:1,2,3,4,$$

试求 AA^{T},其中 A 是该区组的区组矩阵.

5.8 若 A 是 (v,k,λ)-设计的区组矩阵,试证

(1) A 的任一列正好有 k 个 1 元素.

(2) A 的任意两列正好有 λ 个行有相同的元素 1.

5.9 一个 $(7,3,1)$-设计中有 4 个区组是:

$$x_1x_2x_3,\quad x_2x_4x_6,\quad x_3x_4x_5,\quad x_3x_6x_7,$$

求出其余的区组.

5.10 给定一区组设计的区组矩阵 A,将 A 的元素以 0 和 1 互换,得到一互补设计的区组矩阵,若开始时是 (b,v,r,k,λ)-设计,它的补设计为 (b',v',r',k',λ')-设计.

(1) 找出求 b',v',r',k' 的公式;

(2) 证明 $\lambda'=b+\lambda-2r$.

5.11 对于一个 13 个对象的斯梯纳三元系求其补设计 (b,v,r,k,λ)-设计,求出 b,v,r,k,λ.

5.12 已知 $A=(a_{ij})_{v\times v}$, $k>0,\lambda>0,k<\lambda$,且 A 的任何一行恰好有 k 个 1,任何两行同时为 1 的列数为 λ.

试证

(1) $AJ=kJ$

(2) $AJ^{T}=(k-\lambda)I+\lambda J$

(3) A^{-1} 存在

(4) $A^{-1}J=k^{-1}J$

(5) $A^{T}J=(k-\lambda)I+\lambda k^{-1}JA$

(6) $JA=k^{-1}(k-\lambda+\lambda v)J$

(7) $k-\lambda+kv=k^{2}$

第6章　编码简介

6.1　基本概念

信息在公共信道上传输,包括在计算机系统内部传输都难免会受到干扰使出错.本章介绍检错和纠错的编码问题.

下面我们假定信息源是一组二进制的数.通常用 n 位二进制数表示一个字符,例如 ASCII 码便是用 8 位长的 0、1 符号串表示英文字母和数符,这样的一组 8 位长符号串称为码字. n 叫做码长,每一位二进制数叫做码元.这样的码叫做二元码,当二元码在信道上通过时,可能受到干扰出现偏差.使接收端可以判断传输过程是否出错的编码称为检错码.最简单的检错码是奇偶校验码.若不仅能判断是否出错,而且还具有纠正错误的能力,这样的码叫做纠错码.

检错码和纠错码都是抗干扰码.它们的通信过程可如图 6-1 所示.

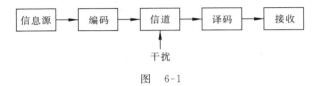

图　6-1

令 B^n 表示 n 位二进制数的集合.编码过程 E 是 m 位二进制数到 n 位二进制数的转换:
$$E: B^m \to B^n$$
即由 B^m 到 B^n 的映射.则译码过程 D 为
$$D: B^n \to B^m$$
$W = w_1 w_2 \cdots w_n$ 是 n 位二元码,即 $w_i \in \{0,1\}$.接收端收到的若是 $R = r_1 r_2 \cdots r_n$,设
$$R = W + E$$
这里使用的加法是"按位作 mod 2 加",即每一位加法满足
$$0 + 0 = 1 + 1 = 0, \quad 0 + 1 = 1 + 0 = 1$$
其中 $E = e_1 e_2 \cdots e_n$.

显然,
$$e_i = \begin{cases} 0, & w_i = r_i \\ 1, & w_i \neq r_i \end{cases}$$
且
$$W = R + E, \quad E = W + R$$
设 $A = a_1 a_2 \cdots a_n \in B^n, B = b_1 b_2 \cdots b_n \in B^n$.令 $w(A)$ 为 A 的分量为 1 的个数,称为 A 的权.

$d(A,B) = w(A + B)$ 称为 A 与 B 的汉明(Hamming)距离.

例如：

$$d(010100, 010101) = w(010100 + 010101)$$
$$= w(000001) = 1$$

引理 6-1 若 $A, B, C \in B^n$，则

(1) $d(A, B) = d(B, A)$

(2) $d(A, C) \leqslant d(A, B) + d(B, C)$

证明

(1) $d(A, B) = w(A + B) = w(B + A) = d(B, A)$

(2) 定义

$$d(a_i, b_i) = \begin{cases} 0, & b_i = a_i \\ 1, & b_i \neq a_i \end{cases}$$

则

$$d(a_i, c_i) \leqslant d(a_i, b_i) + d(b_i, c_i)$$

故

$$d(A, C) = \sum_{i=1}^{n} d(a_i, c_i)$$

$$\leqslant \sum_{i=1}^{n} d(a_i, b_i) + \sum_{i=1}^{n} d(b_i, c_i)$$

$$\leqslant d(A, B) + d(B, C)$$

在讨论下一个定理之前，先说明一个事实，对于长度为 n 的编码，并非 n 位 0,1 符号串都是码字. 若收到的不是码字，便知出错. 码字间最小距离设为 d.

定理 6-1 一组码可以检出 k 个错的充要条件是这组码的码字间最短距离至少为 $k+1$.

证明 设 $E: B^m \to B^n, A \in B^n$ 是码字，传输得 R，误差 $E = A + R, w(E) = d(A, R)$. 错误 E 可被检出的充要条件是 R 不是码字. 因此 $w(E) \leqslant k$ 的所有误差可被检出的充要条件是不存在码字 $B \neq A$，满足

$$d(A, B) \leqslant k$$

而任意两个码字 A, B，它们的距离至少为 $k+1$.

定理 6-2 已知一组编码的任意两码字的最短距离为 $2k+1$，则权不超过 k 的误差可得到纠正.

证明 设 A 是一码字，在传输过程中发生误差，接收到的是 $R, d(A, R) \leqslant k$，则不存在码字 B，使得 $d(B, R) \leqslant k$，否则，若 $d(B, R) \geqslant k+1$，使

$$d(A, R) \leqslant d(A, R) + d(R, B) \leqslant k + k + 1 = 2k+1$$

与定理的假设相矛盾.

6.2 对称二元信道

二元码传输过程可能发生错误，假定错误发生在 0 变 1,1 变 0，不考虑其他. 而且还假定 0 和 1 改变的出错几率相同. 这样的信道称为对称的信道.

若每位出错的概率为 p. 传输 n 位不出一位错的概率应为 $(1-p)^n$. 只出一位错的概率为

$$C(n,1)p(1-p)^{n-1}$$

因仅出一位错,故 $(n-1)$ 位正确的概率为 $(1-p)^{n-1}$. 一次出两位错的概率为

$$C(n,2)p^2(1-p)^{n-2}$$

最多不超过两个错的概率应为

$$C(n,1)p(1-p)^{n-1}+C(n,2)p^2(1-p)^{n-2}$$

例如,$p=0.01,1-p=0.99,n=10$. 不出一位错的概率为

$$(0.99)^{10}=0.90438$$

出一位错的概率为

$$10\times\frac{1}{100}\times\left(\frac{99}{100}\right)^9=0.09135$$

出两位错的概率为

$$45\times\left(\frac{1}{100}\right)^2\left(\frac{99}{100}\right)^8=45\times0.0001\times0.9227$$
$$=0.00415$$

传输 10 位不超过两位错误的概率为

$$0.90438+0.09135+0.00415=0.99988$$

超过两位错误的概率为

$$1-0.99988=0.00012$$

出三位错误的概率为

$$C(10,3)(0.01)^3(0.99)^7$$
$$=120\times0.000001\times0.93207$$
$$=0.00012\times0.93207$$
$$=0.00011$$

6.3 纠错码

6.3.1 最近邻法则

若码字间最小距离为 d,我们总可以检出不超过 $d-1$ 位错. 因为若有 $d-1$ 位或少一些位出错,结果所得的 $0,1$ 符号串不是码字,就能识别出它的错. 例如码字是

$$000000,010101,101010,111111$$

这组码字的码间最短距离 $d=3$,能检出所有一位错的传输. 而且将它看成是与之汉明距离最近的码字出错. 例如上面一组码字,若收到的是

$$010000$$

则认为是 000000 出一个错引起的. 当然也可能是 010101 这个码字出两个错所致,但概率比较小. 而且码字的最小距离为 3,故看作是 000000 出一个错误引起的.

这便是最近邻法则. 利用最近邻法则纠正错误,有如下定理.

定理 6-3 若一码的最短距离为 d,则可以利用最近邻法则纠正 $\left\lfloor \dfrac{1}{2}(d-1) \right\rfloor$ 个错误.

若 d 是偶数,则可同时纠正 $\dfrac{1}{2}(d-2)$ 个错误,检出 $\dfrac{1}{2}d$ 个错误.

证明 假定 $d=2t+1$,码字 a 和 b 间的汉明距离不小于 $2t+1$.

在以 a 为中心、汉明距离 t 为半径的域内,包含了 a 由于不超过 t 个错误而得到的字符(但不一定是码字).同样,在以 b 为中心、t 为半径的域内,包含了 b 由于不超过 t 个错而得到的字符.

下面证明以 a 为中心、t 为半径的圆域,与以 b 为中心、t 为半径的圆域不相交.如若不然,存在 c,使

$$d(a,c) \leqslant t, \quad d(b,c) \leqslant t$$

则

$$d(a,b) \leqslant d(a,c) + d(b,c) \leqslant 2t$$

与假定最小距离 $d=2t+1$ 相矛盾.

所以最近邻法可以正确纠正 t 个错.

若 d 是偶数,则以每个码字为中心,以 $\dfrac{1}{2}(d-2)$ 为半径的圆域,互不相交.故可以纠正 $\dfrac{1}{2}(d-2)$ 个错误.

但这是码字 a 和 b 间的距离设为 $2t$.若出现 t 个错,得码字 c,

$$d(a,c) = t, \quad d(b,c) = t$$

无法纠错,只能检出 t 个错.

若错误超过 $d/2$ 个,接收到的字符离某码字可能比离正确的码字更近,这时译码可能出错,但这种情况其概率较小.

6.3.2　Hamming 不等式

汉明不等式在第 1 章已接触到.设 c 是长度为 n、能纠正 t 个错误的纠错码.令 c 的码字数目为 M.

以每个码字为中心,t 为半径的球域应互不相交.该球域内部包含有

$$\binom{n}{0} + \binom{n}{1} + \cdots + \binom{n}{t}$$

个字符串,故有

$$M\left[\binom{n}{0} + \binom{n}{1} + \cdots + \binom{n}{t} \right] = 2^n$$

$$M \leqslant \frac{2^n}{\binom{n}{0} + \binom{n}{1} + \cdots + \binom{n}{t}}$$

例如 $n=3, t=1$

$$\frac{2^3}{1 + \binom{3}{1}} = \frac{8}{1+3} = 2$$

即 3 位长的纠一位错的纠错码,最多有两个码字,即 000,111 两个符号串.

以 000 为中心,1 为半径的球域,包含有 000,001,010,100. 即 001,010 和 100 都作为 000 传输出错予以纠正.同理,以 111 为中心,1 为半径的球体,包含有 011,101,110,111,即 011,101,110 作为 111 传输出错予以纠正.见图 6-2.

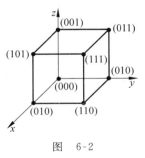

图　6-2

6.4　若干简单的编码

6.4.1　重复码

最简单的纠错码莫过于重复传输奇数次,比如重复 3 次.例如,1100 重复 3 次得
$$110011001100$$
利用这样的码,我们容易检错并予以纠正.

比如收到的为
$$101011001100$$
根据少数服从多数的原则可纠正为 1100.

传输一位数出错的概率设为 p,则连续传 3 次,不出错的概率为
$$p_1 = (1-p)^3$$
出一次错,但被纠正的概率为
$$p_2 = 3(1-p)^2 p$$
所以,传输 3 次重复码不出错的概率为
$$p_1 + p_2 = (1-p)^2 \left[1 - p + 3p\right]$$
$$= (1-p)^2 (1+2p)$$

若 $p = 0.01$,上面的概率 $p_1 + p_2 = 0.99970$.

错误情况发生在出两个错或 3 个全错,纠错了的概率为
$$1 - 0.99970 = 0.00030$$

可见,通过重复 3 次,使成功从 0.99 提高到 0.9997,出错率从 0.01 降至 0.0003,代价是传送的信息长度扩大了 2 倍,开销太大.

若 $p = 0.01$,传输 1000 个字符,不出一个错的概率应为
$$(1 - 0.01)^{1000} = (0.99)^{1000} = 0.000043$$

若采用传输 3 次的重复码,传输正确的概率提高到
$$(0.9997)^{1000} = 0.74089$$

6.4.2　奇偶校验码

奇偶校验码是检查一个错误的最简单的一种检错编码,即在每一组后面附加一位数,使得全组 1 的个数保持偶数.附加的位称为奇偶校验位.比如 0111 后加一位成 01111

229

$$0111 \rightarrow 01111$$

同理，
$$1010 \rightarrow 10100$$

还是以每位传输出错概率 $p=0.01$，传输 1000 位为例.

将 1000 位分成 10 位一组，最后传输 1100 位，每组 11 位. 11 位不出错的概率为
$$(0.99)^{11} = 0.89534$$

出一个错的概率为
$$11 \times (0.99)^{10} \times 0.01 = 0.09948$$

由于一个错可被检出，故传输不出错的概率为
$$0.89534 + 0.09948 = 0.99482$$

100 组不出错的概率为
$$(0.99482)^{100} = 0.59492$$

比用三重复码不出错的概率 0.74089 稍低，但开销省了许多. 奇偶校验码只能检错，但不能纠错.

6.5 线性码

线性码是纠错码中最方便的能纠一个错的编码技术.

6.5.1 生成矩阵与校验矩阵

令矩阵

$$\boldsymbol{G} = \begin{bmatrix} g_{11} & g_{12} & \cdots & g_{1n} \\ g_{21} & g_{22} & \cdots & g_{2n} \\ & & \vdots & \\ g_{m1} & g_{m2} & \cdots & g_{mn} \end{bmatrix} = (g_{ij})_{m \times n}$$

A 是 m 位的 0,1 符号串，即 $A = (a_1 a_2 \cdots a_m) \in B^m$，对 A 的编码过程为
$$E: \boldsymbol{W} = \boldsymbol{AG}$$

称 $\boldsymbol{G}$ 为编码的生成矩阵，$\boldsymbol{W}$ 为码字. 特别地，当 $\boldsymbol{G}$ 为如下形式用生成矩阵进行编码时，称之为线性码.

$$\boldsymbol{G} = \begin{bmatrix} 1 & 0 & 0 & \cdots & 0 & g_{1m+1} & g_{1m+2} & \cdots & g_{1n} \\ 0 & 1 & 0 & \cdots & 0 & g_{2m+1} & g_{2m+2} & \cdots & g_{2n} \\ 0 & 0 & 1 & \cdots & 0 & g_{3m+1} & g_{3m+2} & \cdots & g_{3n} \\ & & & \vdots & & & & & \\ 0 & 0 & 0 & \cdots & 1 & g_{mm+1} & g_{mm+2} & \cdots & g_{mn} \end{bmatrix}$$

对于 $A = (a_1 a_2 \cdots a_m) \in B^m$，对应的码字有

$$W = AG = (a_1 a_2 \cdots a_m) \begin{bmatrix} 1 & 0 & \cdots & 0 & g_{1m+1} & \cdots & g_{1n} \\ 0 & 1 & \cdots & 0 & g_{2m+1} & \cdots & g_{2n} \\ 0 & 0 & \cdots & 0 & g_{3m+1} & \cdots & g_{3n} \\ & & \vdots & & & & \\ 0 & 0 & \cdots & 1 & g_{mm+1} & \cdots & g_{mn} \end{bmatrix}$$

$$= (w_1 w_2 \cdots w_m w_{m+1} \cdots w_n)$$

显然有
$$w = a_1, w_2 = a_2, \cdots, w_m = a_m$$

$$w_{m+j} = g_{1j} w_1 + g_{2j} w_2 + \cdots + g_{mj} w_m,$$

$$j = 1, 2, \cdots, n - m \tag{6-1}$$

所以码字由两部分构成,一部分是信息位,另一部分是校验位,如图 6-3 所示.

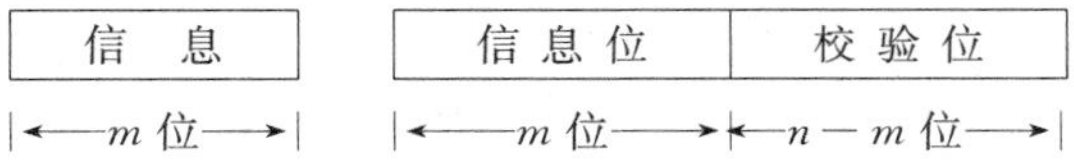

信　息		信　息　位	校　验　位
	←—— m 位 ——→		←—— m 位 ——→	←— $n-m$ 位 ——→	

图　6-3

例如,

$$G = \begin{bmatrix} 1 & 0 & 0 & 1 & 1 & 0 \\ 0 & 1 & 0 & 0 & 1 & 1 \\ 0 & 0 & 1 & 1 & 0 & 1 \end{bmatrix}$$

$$(a_1 a_2 a_3) \begin{bmatrix} 1 & 0 & 0 & 1 & 1 & 0 \\ 0 & 1 & 0 & 0 & 1 & 1 \\ 0 & 0 & 1 & 1 & 0 & 1 \end{bmatrix} = (a_1 a_2 a_3 a_4 a_5 a_6)$$

$$a_4 = a_1 + a_3, \quad a_5 = a_1 + a_2, \quad a_6 = a_2 + a_3$$

或者
$$a_1 + a_3 + a_4 = 0, \quad a_1 + a_2 + a_5 = 0, \quad a_2 + a_3 + a_6 = 0$$

或写成

$$\begin{bmatrix} 1 & 0 & 1 & 1 & 0 & 0 \\ 1 & 1 & 0 & 0 & 1 & 0 \\ 0 & 1 & 1 & 0 & 0 & 1 \end{bmatrix} \begin{bmatrix} a_1 \\ a_2 \\ a_3 \\ a_4 \\ a_5 \\ a_6 \end{bmatrix} = \begin{bmatrix} 0 \\ 0 \\ 0 \end{bmatrix} = \mathbf{0}$$

一般说来式(6-1)可写为

$$g_{1,m+1}w_1 + g_{2,m+1}w_2 + \cdots + g_{m,m+1}w_m + w_{m+1} = 0$$
$$g_{1,m+2}w_1 + g_{2,m+2}w_2 + \cdots + g_{m,m+2}w_m + w_{m+2} = 0$$
$$\vdots$$
$$g_{1n}w_1 + g_{2n}w_2 + \cdots + g_{mn}w_m + w_n = 0$$

或写成矩阵形式

$$H \cdot W = 0$$

其中
$$W = AG$$

矩阵 H 称为与生成矩阵 G 对应的校验矩阵. 已知 G, 便可求得 H, 反之亦然.

校验矩阵 H 可用于纠正一个错误. 例如, 对于

$$H = \begin{bmatrix} 1 & 0 & 1 & 1 & 0 & 0 \\ 1 & 1 & 0 & 0 & 1 & 0 \\ 0 & 1 & 1 & 0 & 0 & 1 \end{bmatrix}$$

若错误位多于 1 位, 比如
$$E = (1\ 0\ 1\ 0\ 1\ 1)$$
$$H(W+E)^\mathrm{T} = HW^\mathrm{T} + HE^\mathrm{T} = HE^\mathrm{T} = 0$$

导致不能正确译码.

若 H 的第 i 列和第 j 列相同, 则出现在第 i 位(或第 j 位)的错误将无法判定.

若出现两位错误, 一个在第 i 位, 另一个在第 j 位同时出错, 还可能将错误视为正确来处理而错译.

定理 6-4 $A = (a_{ij})_{m \times (n-m)}$ 是 $m \times (n-m)$ 的 $0,1$ 矩阵, 则矩阵

$$G = (I_{(m)} \ \vdots \ A)_{m \times n}$$

作为生成矩阵, 对应的校验矩阵

$$H = (A^\mathrm{T} \ \vdots \ I_{(n-m)})_{(n-m) \times n}$$

其中 $I_{(m)}$ 为 m 阶单位阵.

证明留作习题.

定理 6-5 若 $a = (a_1 a_2 \cdots a_m), X = aG, G = (I_{(m)} \ \vdots \ A)$, 则

$$HX^\mathrm{T} = 0$$

且 $x_i = a_i, i = 1, 2, \cdots, m$.

证明

$$HX^\mathrm{T} = H[a(I_{(m)} \ \vdots \ A)]^\mathrm{T}$$
$$= H[I_{(m)} \ \vdots \ A]^\mathrm{T} a^\mathrm{T}$$
$$= [A^\mathrm{T} \ \vdots \ I_{(n-m)}] \begin{bmatrix} I_{(m)} \\ \cdots \\ A^\mathrm{T} \end{bmatrix} a^\mathrm{T}$$
$$= (A^\mathrm{T} + A^\mathrm{T}) a^\mathrm{T} = 0 a^\mathrm{T}$$
$$= 0$$

其中
$$A^\mathrm{T} + A^\mathrm{T} = 0$$

上面定理说明 $X = aG$ 的必要条件, 即 X 是码字的必要条件是

$$HX^{\mathrm{T}} = \mathbf{0}$$

若

$$\boldsymbol{HR}^{\mathrm{T}} = \begin{bmatrix} 1 & 0 & 1 & 1 & 0 & 0 \\ 1 & 1 & 0 & 0 & 1 & 0 \\ 0 & 1 & 1 & 0 & 0 & 1 \end{bmatrix} \begin{bmatrix} 1 \\ 0 \\ 0 \\ 1 \\ 0 \\ 1 \end{bmatrix} = \begin{bmatrix} 0 \\ 1 \\ 1 \end{bmatrix}$$

则 $R=(1\,0\,0\,1\,0\,1)$ 不是码字. 因为如果是码字, 必有 $HE^{\mathrm{T}}=\mathbf{0}$. 若 W 是码字, 而且

$$R = W + E$$

则

$$\boldsymbol{HR}^{\mathrm{T}} = \boldsymbol{HW}^{\mathrm{T}} + \boldsymbol{HE}^{\mathrm{T}} = \boldsymbol{HE}^{\mathrm{T}}$$

若 $E = \begin{bmatrix} 0 & \cdots & \underset{\text{第}i\text{位}}{1} & 0 & \cdots & 0 \end{bmatrix}^{\mathrm{T}}$, 则 HE^{T} 必是矩阵 H 的第 i 列. 故根据 $HE^{\mathrm{T}} = \begin{bmatrix} 0 \\ 1 \\ 1 \end{bmatrix}$ 可知在第 2

位出错, 由 (100101) 纠正得 $W=(110101)$. 故取其信息位便得信息 (110). 即正确的译码为 110.

自然, 若出现两个或两个以上的错误, 就不能正确译码.

6.5.2　关于生成矩阵和校验矩阵的定理

定理 6-6　校验矩阵 $\boldsymbol{H} = (h_{ij})_{(n-m) \times n}$ 能纠正一个错误的充要条件是 $\boldsymbol{H}$ 的各列互不相同且为非 0 列向量.

证明　充分性成立是显然的.

必要性证明. 若 H 的第 i 列为 0 列向量. 对于误差

$$E = 0\,0 \cdots \underset{\text{第}i\text{位}}{1} \quad 0 \cdots 0$$

则 $HE=0$, 得不到纠错. 若 H 矩阵有两列相同, 设为第 i 列和第 j 列. 若误差发生在第 i 位或第 j 位则由 HE 不能断空错误发生的位, 而不能纠错. 特别是误差发生在第 i 位和第 j 位, $HE=0$, 误被当作传输正确处理.

6.5.3　译码步骤

下面给出译码的步骤, 已知接收到的字

$$R = (r_1\,r_2\,\cdots\,r_n)$$

(1) 计算 $S = \boldsymbol{HR}^{\mathrm{T}}$, S 称为校正子.

(2) 若 $S=0$, 则可认为传输过程是正确的, 确认原来的信息为 $r_1 r_2 \cdots r_m$. 如若 $S \neq 0$, 则转 (3).

（3）若 S 是 H 的第 i 列，则认为接收到的 R 在第 i 位出错，并予以纠正得 R_1. 取 R_1 的前 m 位作为信息. 若 S 不为 H 的某一列，也不为 0 列向量，则认为传输过程出现多于 1 个错误，而无法正确译码.

6.6　Hamming 码

前面已对线性码的校验矩阵 H 的各列应满足的条件作了研究.
$$H = (h_{ij})_{(n-m)\times n}$$
即要求各列为非 0 向量，且不相同.

H 的列是 $n-m$ 维 $0,1$ 列向量. 它最多有 $2^{n-m}-1$ 个互不同的非 0 的列. 若 $n=2^{n-m}-1$，以 $2^{n-m}-1$ 个 $n-m$ 维非 0，而且不同的列向量构成 H，便得到汉明码.

例如，$n-m=2$，$n=2^{n-m}-1=3$. 即
$$H = \begin{bmatrix} 1 & 1 & 0 \\ 1 & 0 & 1 \end{bmatrix}$$

又如，$n-m=3$，$n=2^{n-m}-1=2^3-1=7$，
$$H = \begin{bmatrix} 0 & 1 & 1 & 1 & 1 & 0 & 0 \\ 1 & 0 & 1 & 1 & 0 & 1 & 0 \\ 1 & 1 & 0 & 1 & 0 & 0 & 1 \end{bmatrix}$$

定理 6-7　当 $n-m \geqslant 2$ 时，汉明码的码字间最短距离为
$$d = 3$$

证明　由于汉明码的校验矩阵各列不为 $\mathbf{0}$，且不相同，故能纠一个错. 即
$$d \geqslant 3$$

可以证明 H 矩阵总存在 3 个列向量之和为 $\mathbf{0}$（mod 2 加），假定这 3 列分别为 p,q,r，则取 X 使对应于其第 p,q,r 列的元素为 1，其余为 0，则满足
$$HX^{\mathrm{T}} = \mathbf{0}$$
的 X，其非 0 元素个数等于 3. 故
$$d(X,\mathbf{0}) = w(X) \leqslant 3$$

这就证明了汉明码的最短距离就是 3.

若 $n-m=4$，$n=2^4-1=15$，
$$H = \begin{bmatrix} 1 & 1 & 1 & 0 & 0 & 0 & 1 & 1 & 1 & 0 & 1 & 1 & 1 & 0 & 0 & 0 \\ 1 & 0 & 0 & 1 & 1 & 0 & 1 & 1 & 0 & 1 & 1 & 0 & 1 & 0 & 0 \\ 0 & 1 & 0 & 1 & 0 & 1 & 1 & 0 & 1 & 1 & 1 & 0 & 0 & 1 & 0 \\ 0 & 0 & 1 & 0 & 1 & 1 & 0 & 1 & 1 & 1 & 1 & 0 & 0 & 0 & 1 \end{bmatrix}$$

对应的生成矩阵为
$$G = [\,I \mid A\,]$$
即

$$G = \begin{bmatrix} 1 & 0 & 0 & 0 & 0 & 0 & 0 & 0 & 0 & 0 & 0 & 1 & 1 & 0 & 0 \\ 0 & 1 & 0 & 0 & 0 & 0 & 0 & 0 & 0 & 0 & 0 & 1 & 0 & 1 & 0 \\ 0 & 0 & 1 & 0 & 0 & 0 & 0 & 0 & 0 & 0 & 0 & 1 & 0 & 0 & 1 \\ 0 & 0 & 0 & 1 & 0 & 0 & 0 & 0 & 0 & 0 & 0 & 0 & 1 & 1 & 0 \\ 0 & 0 & 0 & 0 & 1 & 0 & 0 & 0 & 0 & 0 & 0 & 0 & 1 & 0 & 1 \\ 0 & 0 & 0 & 0 & 0 & 1 & 0 & 0 & 0 & 0 & 0 & 0 & 0 & 1 & 1 \\ 0 & 0 & 0 & 0 & 0 & 0 & 1 & 0 & 0 & 0 & 0 & 1 & 1 & 1 & 0 \\ 0 & 0 & 0 & 0 & 0 & 0 & 0 & 1 & 0 & 0 & 0 & 1 & 1 & 0 & 1 \\ 0 & 0 & 0 & 0 & 0 & 0 & 0 & 0 & 1 & 0 & 0 & 1 & 0 & 1 & 1 \\ 0 & 0 & 0 & 0 & 0 & 0 & 0 & 0 & 0 & 1 & 0 & 0 & 1 & 1 & 1 \\ 0 & 0 & 0 & 0 & 0 & 0 & 0 & 0 & 0 & 0 & 1 & 1 & 1 & 1 & 1 \end{bmatrix}$$

若有信息字 $a = (1\,0\,0\,1\,0\,1\,1\,1\,0\,0\,1)$,它的汉明码为 aG,即

$$R = 1\,0\,0\,1\,0\,1\,1\,1\,0\,0\,1 \vdots 0\,1\,0\,1$$

不难验证,$HR^{\mathrm{T}} = \mathbf{0}$,即传输正确,予以接收.若收到的是

$$R_1 = 1\,0\,0\,0^*\,0\,1\,1\,1\,0\,0\,1\,0\,1\,0\,1$$

$HR_1^{\mathrm{T}} = (0\,1\,1\,0)^{\mathrm{T}}$,可见传输出错,而且 $(0\,1\,1\,0)^{\mathrm{T}}$ 是 H 的第 4 列.故将第 4 位改为 1,恢复了正确传输.

若收到

$$R_2 = 1\,0\,0\,0^*\,0\,1\,0^*\,1\,0\,0\,1\,0\,1\,0\,1$$

即误差超过 1 位.

$$HR_2^{\mathrm{T}} = (1\,0\,0\,0)^{\mathrm{T}}$$

$(1\,0\,0\,0)^{\mathrm{T}}$ 是 H 的第 12 位.结果导致错纠:

$$R_x = 1\,0\,0\,0\,0\,1\,0\,1\,0\,0\,1\,1\,1\,0\,1$$

虽然 $HR_x^{\mathrm{T}} = 0$,但 R_x 是错纠的结果.汉明码只能纠一个错.不过在 15 位中出两个错的概率一般比出一个错误来得小.

6.7 BCH 码

BCH 码是纠正 $t(>1)$ 个错的码,是由 Bose,Chaudhuri 和 Hocquenghem 同时发明的.BCH 便是以他们名字的第 1 个字母缩写而成.下面以能纠两个错的 BCH(15.7) 码作为例子,介绍其编码和译码过程,即码长 $n = 15$,信息 $m = m_0 m_1 \cdots m_6$ 各 7 位.生成多项式 $g(x) = (x^4 + x + 1)(x^4 + x^3 + x^2 + 1) = x^8 + x^7 + x^6 + x^4 + 1$ 其中 $x^4 + x + 1$ 和 $x^4 + x^3 + x^2 + x + 1$ 都是四次方不可化约多项式.编码方法之一,令 $c(x) = x^8 m(x) + r(x) = q(x)g(x)$,其中 $q(x)$ 是 $x^8 m(x)$ 除以 $g(x)$ 的商,$r(x)$ 为其余项,即 $x^8 m(x) = q(x)g(x) + r(x)$.

这样的 (15.7) 码能纠两个错,而且信息 m 位于 $c(x)$ 的高位前 7 位.可以验证如果 $\alpha \in \mathrm{GF}(2^3)$ 满足方程 $x^4 + x + 1 = 0$,则 α^3 满足 $x^4 + x^3 + x^2 + x + 1 = 0$,所以码字多项式 $c(x)$ 满足 $c(\alpha) = 0, c(\alpha^3) = 0$.

设想 BCH 码的校验矩阵为

$$\boldsymbol{H} = \begin{bmatrix} 1 & 2 & 3 & \cdots & 15 \\ f(1) & f(2) & f(3) & \cdots & f(15) \end{bmatrix}$$

令 $\boldsymbol{H}$ 的第 i 列用 h_i 表示,即

$$h_i = \begin{bmatrix} i \\ f(i) \end{bmatrix}$$

校正子

$$S = h_i + h_j = \begin{bmatrix} i+j \\ f(i)+f(j) \end{bmatrix} = \begin{bmatrix} z_1 \\ z_2 \end{bmatrix}$$

$$\begin{cases} i+j = z_1 \\ f(i)+f(j) = z_2 \end{cases}$$

若有适当的函数 $f(i)$,可从此找到 i,j. 比如 $f(i)=i^3$.

$$\begin{cases} i+j = z_1 \\ i^3+j^3 = z_2 \end{cases}$$

由于

$$i^3 + j^3 = (i+j)(i^2+ij+j^2)$$
$$= z_1(z_1^2 + ij) = z_2$$

所以

$$ij = \frac{z_2}{z_1} + z_1^2$$

故 i 和 j 是下面二次方程的根:

$$x^2 + z_1 x + \left(\frac{z_2}{z_1} + z_1^2 \right) = 0 \tag{6-2}$$

(1) 若 $z_1 = z_2 = 0$,无错误.

(2) 若 $z_1 \neq 0, z_2 = z_1^3$,有一个错误发生在第 i 位.

(3) 若 $z_1 \neq 0, z_2 \neq z_1^3$,若式(6-2)有两个根 i 和 j,则在第 i 位和第 j 位有错误,予以纠正.

(4) 若式(6-2)无解,或 $z_1 = 0, z_2 \neq 0$,可能有超过两位的错误发生.

α 是 $\mathrm{GF}(2^4)$ 的本原元素,设 $\alpha^{15}=1$,上面所有的加法和乘法都是在 $\mathrm{GF}(2^4)$ 上进行.

取

$$\boldsymbol{H} = \begin{bmatrix} 1 & \alpha & \alpha^2 & \alpha^3 & \alpha^4 & \alpha^5 & \alpha^6 & \alpha^7 & \alpha^8 & \alpha^9 & \alpha^{10} & \alpha^{11} & \alpha^{12} & \alpha^{13} & \alpha^{14} \\ 1 & \alpha^3 & \alpha^6 & \alpha^9 & \alpha^{12} & 1 & \alpha^3 & \alpha^6 & \alpha^9 & \alpha^{12} & 1 & \alpha^3 & \alpha^6 & \alpha^9 & \alpha^{12} \end{bmatrix}$$

现在构造 $\mathrm{GF}(2^4)$:设 $\alpha^4 + \alpha + 1 = 0$.

$$\alpha^4 = 1 + \alpha$$
$$\alpha^5 = \alpha + \alpha^2$$
$$\alpha^6 = \alpha^2 + \alpha^3$$
$$\alpha^7 = \alpha^3 + \alpha^4 = 1 + \alpha + \alpha^3$$
$$\alpha^8 = \alpha + \alpha^2 + \alpha^4 = 1 + \alpha^2$$

$$\alpha^9 = \alpha + \alpha^3$$

$$\alpha^{10} = \alpha^2 + \alpha^4 = 1 + \alpha + \alpha^2$$

$$\alpha^{11} = \alpha + \alpha^2 + \alpha^3$$

$$\alpha^{12} = \alpha^2 + \alpha^3 + \alpha^4 = 1 + \alpha + \alpha^2 + \alpha^3$$

$$\alpha^{13} = \alpha + \alpha^2 + \alpha^3 + \alpha^4 = 1 + \alpha^2 + \alpha^3$$

$$\alpha^{14} = \alpha + \alpha^3 + \alpha^4 = 1 + \alpha^3$$

$$\alpha^{15} = \alpha + \alpha^4 = 1$$

$$\boldsymbol{H} = \left[\begin{array}{cccccccccccccccc}
1 & 0 & 0 & 0 & 1 & 0 & 0 & 1 & 1 & 0 & 1 & 0 & 1 & 1 & 1 \\
0 & 1 & 0 & 0 & 1 & 1 & 0 & 1 & 0 & 1 & 1 & 1 & 1 & 0 & 0 \\
0 & 0 & 1 & 0 & 0 & 1 & 1 & 0 & 1 & 0 & 1 & 1 & 1 & 1 & 0 \\
0 & 0 & 0 & 1 & 0 & 0 & 1 & 1 & 0 & 1 & 0 & 1 & 1 & 1 & 1 \\
\hdashline
1 & 0 & 0 & 0 & 1 & 1 & 0 & 0 & 0 & 1 & 1 & 0 & 0 & 0 & 1 \\
0 & 0 & 0 & 1 & 1 & 0 & 0 & 0 & 1 & 1 & 0 & 0 & 0 & 1 & 1 \\
0 & 0 & 1 & 0 & 1 & 0 & 0 & 1 & 0 & 1 & 0 & 0 & 1 & 0 & 1 \\
0 & 1 & 1 & 1 & 1 & 0 & 1 & 1 & 1 & 1 & 0 & 1 & 1 & 1 & 1
\end{array}\right]$$

这里,矩阵 4 行,自上而下分别为常数项,α 项,α^2,α^3 项. 例如,$1 + \alpha^2 + \alpha^3$,可以表示为

$$\begin{bmatrix} 1 \\ 0 \\ 1 \\ 1 \end{bmatrix}$$

例如,校正子为

$$z_1 = 1\,0\,0\,1\,,\ z_2 = 0\,1\,0\,0$$

即　$z_1 = \alpha^{14}, z_2 = \alpha$.

$$\left[\frac{z_2}{z_1}\right] + z_1^2 = \alpha^2 + \alpha^{13}$$

$$= \begin{bmatrix} 0 \\ 0 \\ 1 \\ 0 \end{bmatrix} + \begin{bmatrix} 1 \\ 0 \\ 1 \\ 1 \end{bmatrix} = \begin{bmatrix} 1 \\ 0 \\ 0 \\ 1 \end{bmatrix} = \alpha^{14}$$

故　　　　　　　$x^2 + \alpha^{14} x + \alpha^{14} = (x + \alpha^8)(x + \alpha^6)$

$$\alpha^6 + \alpha^8 = \begin{bmatrix} 0 \\ 0 \\ 1 \\ 1 \end{bmatrix} + \begin{bmatrix} 1 \\ 0 \\ 1 \\ 0 \end{bmatrix} = \begin{bmatrix} 1 \\ 0 \\ 0 \\ 1 \end{bmatrix} = \alpha^{14}$$

故错误发生在第 6 和第 8 两位.

请注意,这里的运算是在 $GF(2^4)$ 域上进行的.

习　　题

6.1 若码长为 100 的 0,1 符号串,信道是二元对称,差错的概率为 0.001,求满足下列条件的概率:

(1) 无差错;

(2) 恰好一个错;

(3) 恰好两个错;

(4) 多于两个错.

6.2 设 A 是元素 $\{0,1,2,\cdots,q-1\}$ 的 $q \times q$ 拉丁方,问基于 $q \times q$ 拉丁方的码的纠错能力是多少?

6.3 已知生成矩阵

$$G = \begin{bmatrix} 1 & 0 & 0 & 0 & 0 & 1 & 1 \\ 0 & 1 & 0 & 0 & 1 & 0 & 1 \\ 0 & 0 & 1 & 0 & 1 & 1 & 0 \\ 0 & 0 & 0 & 1 & 1 & 1 & 1 \end{bmatrix}$$

求下列信息的码字

(1) 1　1　1　1

(2) 1　0　0　0

(3) 0　0　0　1

(4) 1　1　0　1

(5) 0　1　0　1

(6) 1　0　0　1

6.4 下列是一组码字,求码间的最小距离,

11111111,　10101010,　11001100,
10011001,　11110000,　10100101,
11000011,　10010110,　00000000,
01010101,　00110011,　01100110,
00001111,　01011010,　00111100,
01101001.

6.5 已知校验矩阵

$$H = \begin{bmatrix} 1 & 0 & 1 & 1 & 0 & 0 \\ 1 & 1 & 0 & 0 & 1 & 0 \\ 1 & 1 & 1 & 0 & 0 & 1 \end{bmatrix}$$

求所有的码字.试问能否纠正一个错?

6.6 设 C 是长为 n 的线性码,在 C 中权为偶数的码字末端加 0,在权为奇数的码字末端加 1,从而形成一新的码 C'.

(1) 若 H 是 C 的校验矩阵,则 C' 的校验矩阵为

$$\begin{bmatrix} 1 & 1 & \cdots & 1 \\ & & & 0 \\ & H & & \vdots \\ & & & 0 \end{bmatrix}$$

(2) 证明 C' 的任意两个码间的距离为偶数.

(3) 证明若 C 的两个码间的最小距离 d 是奇数,则 C' 对应码间最小距离为 $d+1$.

6.7 已知生成矩阵

$$G = \begin{bmatrix} 1 & 0 & 0 & 0 & 1 & 0 & 1 \\ 0 & 1 & 0 & 0 & 1 & 1 & 1 \\ 0 & 0 & 1 & 0 & 1 & 1 & 0 \\ 0 & 0 & 0 & 1 & 0 & 1 & 1 \end{bmatrix}$$

试求相应的校验矩阵 H.

6.8 已知校验矩阵

$$H = \begin{bmatrix} 1 & 1 & 0 & 1 & 1 & 0 & 0 \\ 1 & 0 & 1 & 1 & 0 & 1 & 0 \\ 0 & 1 & 1 & 1 & 0 & 0 & 1 \end{bmatrix}$$

求相应的生成矩阵.

6.9 已知生成矩阵

$$G = \begin{bmatrix} 1 & 0 & 1 & 1 & 0 \\ 0 & 1 & 0 & 1 & 1 \end{bmatrix}$$

的码字：00000,01011,11101,10110,试分别译出它们的原文.

6.10 证明 $2t+1$ 重复码可以纠正 t 个错.

6.11 A 是 (b,v,r,k,λ)-设计的区组矩阵,C 是由 A 的各行组成的码字,

(1) C 的码字间距离是多少?

(2) 这个码能纠正几个错误?

(3) 这个码能检出几个错误?

(4) B 是互补区组设计的区组矩阵,试问当 $i \neq j$ 时,A 的第 i 行与 B 的第 j 行的距离是多少?

(5) 用 B 的行组成的码能纠正多少错误?检出多少错误?

6.12 从一个 16×16 的规范化了的阿达玛矩阵,寻找一个 $(15,7,3)$-设计.

6.13 从

$$H = \begin{bmatrix} 1 & 1 & 1 & 1 \\ 1 & 1 & -1 & -1 \\ 1 & -1 & 1 & -1 \\ 1 & -1 & -1 & 1 \end{bmatrix}$$

求一个 8×8 的阿达玛矩阵,以及 $(7,3,1)$-设计.

6.14 C 是一个长为 n,距离为 d 的二元码,C' 是取 C 的码字的反(0 和 1 互换)所组成,

(1) C' 的距离是多少?

(2) C 和 C' 的码字间距离是多少?

(3) C 和 C' 的码字组成的码能检出几个错?能纠正几个错?

6.15 根据 6.7 节中 BCH 码的例子,若已知 $S = \begin{bmatrix} z_1 \\ z_2 \end{bmatrix}$,其中

(1)
$$z_1 = \begin{bmatrix} 0 \\ 1 \\ 0 \\ 0 \end{bmatrix}, \quad z_2 = \begin{bmatrix} 1 \\ 1 \\ 0 \\ 1 \end{bmatrix},$$

试讨论错误所在的位.

(2) 若

$$z_1 = \begin{bmatrix} 1 \\ 1 \\ 1 \\ 0 \end{bmatrix}, \quad z_2 = \begin{bmatrix} 1 \\ 0 \\ 0 \\ 0 \end{bmatrix},$$

又如何?

（3）若

$$z_1 = \begin{bmatrix} 0 \\ 0 \\ 1 \\ 0 \end{bmatrix}, \quad z_2 = \begin{bmatrix} 1 \\ 0 \\ 0 \\ 1 \end{bmatrix},$$

又如何?

第7章   组合算法简介

近若干年组合数学之所以形成为最活跃的数学分支,是因为它和计算机科学相结合,研究计算机算法,并对它的复杂性进行分析,这一章对它作扼要的介绍.

7.1   归并排序

排序是计算机经常遇上的问题,由于要求各异,而且环境差别很大,所以各种排序算法是计算机科学研究的课题,这里仅仅介绍几个排序算法,特别着重于它的复杂性分析.

7.1.1   算法

所谓排序是将一序列 $x_1, x_2, \cdots, x_n$ 按从小到大或从大到小的次序排列. 归并排序是将序列分成两半:

$$x_1, \quad x_2, \quad \cdots, x_{\lfloor \frac{n}{2} \rfloor}$$

$$x_{\lfloor \frac{n}{2} \rfloor + 1}, x_{\lfloor \frac{n}{2} \rfloor + 2}, \cdots, x_n$$

然后分别对这两个子序列进行排序,排完序再进行归并,归并成一个经过排序的序列,对两个子序列的排序,依然可以递归地调用归并排序算法,直到最后剩下两个,只要作一次比较. 所以归并排序的全过程都是在一层一层地归并.

假定两个已排好序的子序列为

$$a_1 < a_2 < a_3 < \cdots < a_m$$
$$b_1 < b_2 < b_3 < \cdots < b_n$$

归并过程非常直观,依次将两个子序列的最小元素取来比较,将最小的取走排队,反复进行直到最后. 当一子序列取尽,另一子序列可直接参加排队.算法:

S1. $k \leftarrow 1, i \leftarrow 1, j \leftarrow 1$.

S2. 若 $i \leqslant m$,且 $j \leqslant n$ 则转 S3,否则转 S6.

S3. 若 $a_i < b_j$ 则转 S4,否则作

　　始 $c_k \leftarrow b_j, j \leftarrow j+1$,转 S5,**终**.

S4. $c_k \leftarrow a_i, i \leftarrow i+1$.

S5. $k \leftarrow k+1$,转 S2.

S6. 若 $i > m$,则转 S7,否则转 S8.

S7. $c_k \leftarrow b_j, j \leftarrow j+1, k \leftarrow k+1$

　　若 $j \leqslant n$,则转 S7,否则转 S9.

S8. $c_k \leftarrow a_i, k \leftarrow k+1, i \leftarrow i+1$

　　若 $i \leqslant m$ 则转 S8,否则转 S9.

S9. 结束.

其中,i 是子序列 $a_1, a_2, \cdots, a_m$ 的指针,j 是 $b_1, b_2, \cdots, b_n$ 的指针,k 是排好序的序列

$$c_1, c_2, \cdots, c_{m+n}$$

的指针.

7.1.2 举例

对下列序列进行归并排序

$$6,9,3,11,2,8,0,4,1,5,10,7$$

归并的步骤是自上而下的"一分为二",然后归并过程是自下而上进行. 现将整个过程形象化地表示为图 7-1,其中 ▌ 是自上而下的分界标志,| 是归并的标志.

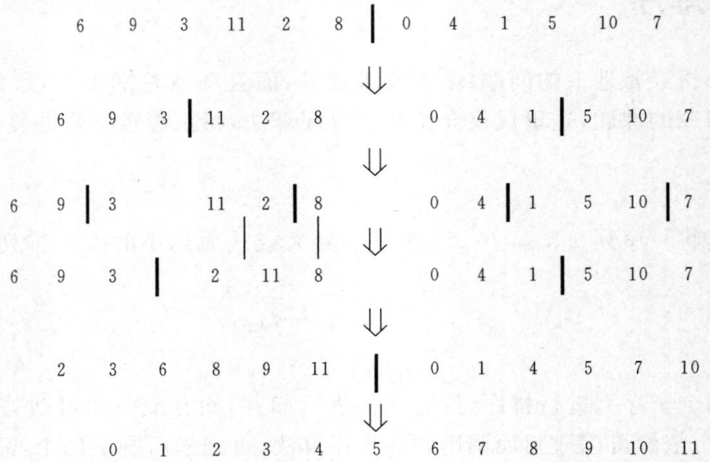

图　7-1

7.1.3 复杂性分析

为简单起见假定初始的待排序的序列长度为 $N = 2^n$. 设 T_n 为元素个数为 2^n 个利用归并排序法在最好情况时用到的比较次数. 最好情况是指对

$$a_1 < a_2 < \cdots < a_{2^{n-1}}$$
$$b_1 < b_2 < \cdots < b_{2^{n-1}}$$

进行归并时只须做 2^{n-1} 次比较. 所以

$$T_n = 2T_{n-1} + 2^{n-1} \qquad T_1 = 1$$

令 $G(x) = T_1 + T_2 x + T_3 x^2 + \cdots$

$$x: T_2 = 2T_1 + 2$$
$$x^2: T_3 = 2T_2 + 2^2$$
$$+) \qquad \vdots$$
$$\overline{G(x) - 1 = 2x(G(x) + (2x + 2^2 x^2 + \cdots))}$$

$$(1 - 2x)G(x) = 1 + \frac{2x}{1 - 2x} = \frac{1}{1 - 2x}$$

$$G(x) = \frac{1}{(1 - 2x)^2} = (1 + 2x + 2^2 x^2 + \cdots)(1 + 2x + 2^2 x^2 + \cdots)$$

$$= 1 + 2 \cdot 2x + 3 \cdot 2^2 x^2 + 4 \cdot 2^3 x^3 + \cdots$$

x^{n-1} 项系数:

$$T_n = n \cdot 2^{n-1} = \frac{1}{2}n \cdot 2^n$$

$$= \frac{1}{2}N\log_2 N$$

最坏情况下的复杂性分析:设 2^n 个元素的归并排序在最坏情况下所需的比较次数为 C_n,则有

$$C_n = 2C_{n-1} + 2^n \quad C_1 = 1$$

等式两端同除以 2^n 得

$$\frac{C_n}{2^n} = \frac{C_{n-1}}{2^{n-1}} + 1 = \frac{C_{n-2}}{2^{n-2}} + 2 = \cdots = \frac{C_0}{2^0} + n$$

补充定义 C_0

$$C_1 = 2C_0 + 2 \quad 2C_0 = -1, C_0 = -1/2$$

故

$$\frac{C_n}{2^n} = n - \frac{1}{2} \quad C_n = n2^n - \frac{1}{2}2^n$$

$$C_n = N\log_2 N - \frac{1}{2}N = O(N\log_2 N)$$

或直接解递推关系,令

$$G(x) = C_1 + C_2 x + C_3 x^2 + \cdots$$

$$x: C_2 = 2C_1 + 4$$

$$x^2: C_3 = 2C_2 + 8$$

$$+) \qquad \vdots$$

$$\overline{\qquad\qquad\qquad\qquad\qquad\qquad}$$

$$G(x) - 1 = 2x[G(x)] + \frac{2^2 x}{1 - 2x}$$

$$(1 - 2x)G(x) = 1 + \frac{4x}{1 - 2x} = \frac{1 + 2x}{1 - 2x}$$

$$G(x) = \frac{1}{(1 - 2x)^2} + \frac{2x}{(1 - 2x)^2}$$

$$= [1 + 2 \cdot 2x + 3 \cdot 2^2 x^2 + \cdots] + 2x[1 + 2 \cdot 2x + 3 \cdot 2^2 x^2 + \cdots]$$

$$C_n = n2^{n-1} + 2(n-1)2^{n-1} = n2^{n-1} + (n-1)2^{n-1} = 2n2^{n-1} - 2^{n-1}$$

$$= n2^n - 2^{n-1} = N\log_2 N - \frac{1}{2}N$$

$$C_n = O(N\log_2 N)$$

归并排序需要存储单元为 $2N$,这是它的弱点.

7.2 快速排序

快速排序和归并排序共同之处在于将序列 $a_1, a_2, \cdots, a_n$ 分成两个子序列,分别对两子序列进行排序.然后将两个已排好序的子序列简单地连起来,而对两个子序列的排序依旧调用算法本身.它和归并排序算的异同通过例子来说明.

7.2.1 算法的描述

快速排序随机取一数 k，比如说就取序列的第 1 个元素 $a_k \leqslant k \leqslant a_n$，将序列 $a_1, a_2, \cdots, a_n$ 划分成

$$（小于 a_k 的部分）a_k（大于 a_k 的部分）$$

对"小于 a_k 的部分"和"大于 a_k 的部分"分别进行快速排序，然后直接将这两部分按（小于 a_k 的部分）a_k（大于 a_k 的部分）接起来即可，无需进行比较. 为方便起见 a_k 可以直接取 a_1，但也有弊端，以后再讨论.

现在举一实例叙述快速排序算法的步骤

$$6,9,3,11,2,8,0,4,1,5,10,7,$$

假如令 a_k 为 a_1，

（1）引进指针 i 和 j，分别置于序列的开始和终端：

（2）指针 j 左移直到遇到比首位数 6 小的数为止，本例为 5，6 与 5 互换得

（3）指针 i 从左向右移直到遇到比 6 大的数为止，本例为 9，9 与 6 互换得

（4）指针 j 再一次从右向左移动，直到遇到比 6 小的数 1，6 与 1 互换位置得

```
5  1  3  11  2  8  0  4  6  9  10  7
   ↑                 ↑
   i                 j
```

（5）指针 i 从左向右移动直到遇上比 6 大的数 11，6 与 11 互换位置得

```
5  1  3  6  2  8  0  4  11  9  10  7
         ↑            ↑
         i            j
```

（6）指针 j 再一次从右向左移动，直到遇上 4 为止，4 与 6 互换得

（7）指针 i 从左向右移动到 8 停止，8 与 6 换位得

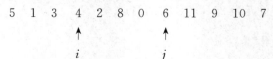

（8）指针 j 向左移动到 0,0 与 6 互换得

$$5 \quad 1 \quad 3 \quad 4 \quad 2 \quad 0 \quad 6 \quad 8 \quad 11 \quad 9 \quad 10 \quad 7$$

$$\uparrow \quad \uparrow$$
$$i \quad j$$

（9）i 从左向右移到 6 与 j 遇上，停止，则可得到以 6 为分界的两个序列

$$5 \quad 1 \quad 3 \quad 4 \quad 2 \quad 0 \quad \text{和} \quad 8 \quad 11 \quad 9 \quad 10 \quad 7$$

继续对上面两个子序列利用快速排序法排序，然后将排序后的结果和 6 直接连起来即可. 即得到 0,1,2,3,4,5,6,7,8,9,10,11.

7.2.2 复杂性分析

假定选取 a_k 是随机的，各数被选上的机率相等，假如被选上是排序中的第 k 个数，则以它划分成的两个子序列，一个长 $k-1$，另一个长 $n-k$. 设利用快速排序所需要的比较次数的平均值为 T_n，则有

$$T_n = \frac{1}{n} \sum_{k=1}^{n} \left[n - 1 + T_{k-1} + T_{n-k} \right]$$

$$= n - 1 + \frac{2}{n} \sum_{k=0}^{n-1} T_k$$

$$T_0 = 0$$

其中 $n-1$ 是第一轮将 n 个数的序列分成两个子序列时所作的比较次数.

$$n T_n = n(n-1) + 2 \sum_{k=0}^{n-1} T_k$$

$$(n+1) T_{n+1} = n(n+1) + 2 \sum_{k=0}^{n} T_k$$

相减得

$$(n+1) T_{n+1} - n T_n = 2n + 2 T_n$$

或

$$(n+1) T_{n+1} = (n+2) T_n + 2n$$

这是一个线性非常系数递推关系.

令

$$S_n = \frac{T_n}{n+1}$$

代入上式得递推关系

$$S_{n+1} - S_n = \frac{2n}{(n+1)(n+2)}, \quad S_0 = 0$$

这是一个关于 S_n 的线性常系数非齐次递推关系.

$$S_1 - S_0 = 0$$

$$S_2 - S_1 = \frac{2 \times 1}{2 \times 3}$$

$$S_3 - S_2 = \frac{2 \times 2}{3 \times 4}$$

$$\vdots$$

$$+)\qquad S_n - S_{n-1} = \frac{2(n-1)}{n(n+1)}$$

$$\overline{\qquad\qquad\qquad\qquad\qquad\qquad}$$

$$S_n = \sum_{k=1}^{n-1} \frac{2k}{(k+1)(k+2)}$$

$$\frac{2k}{(k+1)(k+2)} = \frac{4}{k+2} - \frac{2}{k+1}$$

所以

$$S_n = 4\sum_{k=1}^{n-1} \frac{1}{k+2} - 2\sum_{k=1}^{n-1} \frac{1}{k+1}$$

$$= 4\sum_{k=2}^{n} \frac{1}{k+1} - 2\sum_{k=1}^{n-1} \frac{1}{k+1}$$

$$= 2\sum_{k=1}^{n-1} \frac{1}{k+1} + \frac{4}{n+1} - 2$$

$$T_n = (n+1)S_n$$

$$= (n+1)\left[2\sum_{k=1}^{n-1} \frac{1}{k+1} + \frac{4}{n+1} - 2\right]$$

但

$$\sum_{k=1}^{n-1} \frac{1}{k+1} = \sum_{k=2}^{n} \frac{1}{k} < \int_{2}^{n} \frac{1}{x}\,\mathrm{d}x = \ln n - \ln 2$$

所以

$$T_n < 2(n+1)\ln n - 2(n+1)\ln 2 + 4 - 2(n+1)$$

$$T_n = O(n \ln n)$$

快速排序比归并排序需要的存储单元少,只需要指针以外的 $O(n \ln n)$ 个单元,也就是空间复杂性为 $O(n \ln n)$.

快速排序对于已经排好序的序列

$$a_1 < a_2 < a_3 < \cdots < a_n$$

若取第一个元素作为 a_k 将出现非常不利的状态,时间复杂性达到 $O(n^2)$. 所以避免这种最坏情况出现,a_k 应从 $a_1, a_2, \cdots, a_n$ 中随机选取.

7.3 Ford-Johnson 排序法

假定将待排序的 n 个数,分成 $\left[\frac{n}{2}\right]$ 对,在这 $\left[\frac{n}{2}\right]$ 对数偶中进行比较,产生 $\left[\frac{n}{2}\right]$ 个较大的,对 $\left[\frac{n}{2}\right]$ 个较大的进行排序,设

$$w_1 < w_2 < w_3 < \cdots < w_{\left[\frac{n}{2}\right]}$$
$$|< \quad |< \quad |< \qquad |<$$
$$l_1 \qquad l_2 \qquad l_3 \qquad l_{\left[\frac{n}{2}\right]}$$

其中 l_i 与 w_i 配对,但 $l_i < w_i$,$i = 1, 2, \cdots, \left[\dfrac{n}{2}\right]$,以 $n = 6$ 为例.假定

$$w_1 < w_2 < w_3$$
$$|< \quad |< \quad |<$$
$$l_1 \quad\quad l_2 \quad\quad l_3$$

对 $w_1 < w_2 < w_3$,l_1 的插入无须比较.再插入 l_2 或 l_3,都只要作两次比较.但以先插入 l_3 为好.插入采取二分法,即先与 w_1 比较,若大于 w_1 再与 w_2 比较;若小于 w_1 则与 w_1 比较.

对于已排好序的长 $2^k - 1$ 的序列:

$$a_1 < a_2 < \cdots < a_{2^k - 1}$$

z 的插入,用二分比较法只要 k 次比较.

若先插入 l_2,后插入 l_3,会遇到以下情况,l_3 插入需作 3 次比较,即若 l_2 插入后有

$$l_1 < w_1 < l_2 < w_2 < w_3$$

$l_3 < w_3$,实际上是 l_3 插入到

$$l_1 < w_1 < l_2 < w_2$$

中去,需 3 次比较.

若 l_3 先插入,由于 $l_3 < w_3$,故有

(1) $l_1 < w_1 < w_2 < l_3 < w_3$;

(2) $l_1 < w_1 < l_3 < w_2 < w_3$;

(3) $l_1 < l_3 < w_1 < w_2 < w_3$;

(4) $l_3 < l_1 < w_1 < w_2 < w_3$.

由于 $l_2 < w_2$,所以无论出现什么情况,l_2 的插入都只要作两次比较.

上面的讨论还可以推广到一般.比如 10 个数,分成 5 对,每对产生一个优胜者.例如

$$w_1 < w_2 < w_3 < w_4 < w_5$$
$$|< \quad |< \quad |< \quad |< \quad |<$$
$$l_1 \quad\quad l_2 \quad\quad l_3 \quad\quad l_4 \quad\quad l_5$$

5 个优胜者排序得:$w_1 < w_2 < w_3 < w_4 < w_5$.$l_i$ 是与 w_i 配对的,但 $l_i < w_i$,$i = 1, 2, 3, 4, 5$.

前面已讨论过 l_3,l_2 依次先后插入到序列中去,都只要作两次比较.设前面 6 个数通过插入得

$$v_1 < v_2 < v_3 < v_4 < v_5 < v_6 < w_4 < w_5$$
$$\qquad\qquad\qquad\qquad\qquad\quad |< \quad\quad |<$$
$$\qquad\qquad\qquad\qquad\qquad\quad l_4 \quad\quad\quad l_5$$

l_4 和 l_5 中的任何一个首先插入都只要作 3 次比较.假如 l_5 先插入,由于 $l_5 < w_5$,故面对

$$v_1 < v_2 < v_3 < v_4 < v_5 < v_6 < w_4$$

先对 v_4 作比较;若 $l_5 > v_4$,则 l_5 与 v_6 比较;若 $l_5 < v_6$,则 l_5 与 v_5 比较,便可确定它的位置,若 $l_5 > v_6$,则 l_5 与 w_4 比较以确定其位置.至于 $l_5 < v_4$ 的情况可同理讨论.

虽然 l_5 与 l_4 中的任意一个数先插入都只要作 3 次比较,但以 l_5 先插入为宜.若 l_4 先插入,l_5 再插入,有可能需要 4 次比较.比如 l_5 插入到

$$v_1 < v_2 < v_3 < l_5 < v_4 < v_5 < v_6 < w_4$$

中去,则非要 4 次比较不可.

若 l_5 先插入,无论什么情况,由于 $l_5 < w_5, l_4 < w_4$,不论 l_5 插入到什么地方,l_4 的插入都只要作 3 次比较.

可将上面讨论推及一般.

令 m_k 表示不超过 k 次比较完成插入的 l_i 的数目,则 l_{m_k} 是"失败"者中插入不超过 k 次的比较中下标最大的一个.由二分插入法知,l_{m_k} 的插入位置可能有 2^k 个.

$$w_1 < w_2 < \cdots < w_{m_{k-1}} < w_{m_{k-1}+1} < \cdots < w_{m_k}$$

$$\begin{array}{ccccc} |< & |< & | & | & | \\ l_1 & l_2 & l_{m_{k-1}} & l_{m_{k-1}+1} & l_{m_k} \end{array}$$

$$|\leftarrow\ l_k\ \text{插入不超过}\ k-1\ \rightarrow|\quad |\leftarrow\ l_k\ \text{插入要}\ k\ \rightarrow|$$
$$\text{次比较}\qquad\qquad\qquad \text{次比较}$$

$$m_k + m_{k-1} = 2^k, m_0 = 1$$

可得

$$G(x) = m_0 + m_1 x + m_2 x^2 + \cdots$$

满足

$$G(x) = \frac{1}{(1+x)(1-2x)} = \frac{1}{3}\left[\frac{2}{1-2x} + \frac{1}{1+x}\right]$$

$$m_k = \frac{1}{3}\left[2^{k+1} + (-1)^k\right]$$

这个推导过程从略,留给读者.

$$m_0 = 1, m_1 = 1, m_2 = 3,$$
$$m_3 = 5, m_4 = 11, m_5 = 21.$$

表 7-1 给出了当 l_i 插入时的比较次数及插入顺序.

表 7-1

l_i	l_1	l_2	l_3	l_4	l_5	l_6	l_7	l_8	l_9	l_{10}	l_{11}
比较次数	0	2		3		4					
插入顺序	1	3	2	5	4	11	10	9	8	7	6

7.4 排序的复杂性下界

对序列 $a_1, a_2, \cdots, a_n$ 进行排序,若采取穷举法,n 个数的全排列共 $n!$ 个,根据 Stirling 公式

$$n! \sim \sqrt{2n\pi}\left(\frac{n}{e}\right)^n$$

可见穷举法不可行,为了让读者有一个清晰的概念,以 $n = 26$ 为例根据 Stirling 公式 $26! \sim 4 \times 10^{26}$.即 26 个字符的全排列可多达 4×10^{26} 个,对每个排序进行穷举,若利用每秒能进行 4×10^{26} 个序列的判定的高速计算机,判定它是否排好序.以每年 365 天,每天 24 小时,每小时 3600 秒.

$$N = 365 \times 24 \times 3600 = 3.1536 \times 10^7\ \text{秒}$$

即 1 年共 3.1536×10^7 秒，利用每秒能进 10^7 个判定的高速计算机来从事穷举，需要的时间
$$T = 4 \times 10^{26} / 3.1536 \times 10^{14} \sim 10^{12} \text{（年）}$$

现在考虑下界先以 3 个数 k_1, k_2, k_3 为例，要确定顺序判定如下：

图 7-2 为高度 $h = 3$ 的判决树，6 片树叶是各种排序的结果.

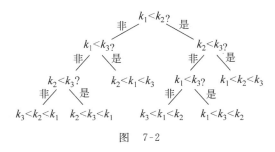

图 7-2

n 个数的全排列有 $n!$ 种可能，如图 7-2 的树的树叶个数 $n!$，树高 $\geqslant \log_2 n!$，所谓下界，是指从树顶到树叶的最坏情况路径最短。以图 7-2 为例，最坏情况从树顶到树叶的长是 $l = 3$，即需作 3 次比较上面的讨论可归结为：一个含有 m 个元素的集合 A，甲从中任取一个让乙来猜，但允许乙先提出 k 个"是"与"非"的问题，试问最坏情况 k 应取多少才能正确地答复.

乙提出第 1 个是非问题将 A 分成 $A_1^{(1)}, A_2^{(1)}$ 两个子集，其中至少有一个子集，设为 $A_1^{(1)}$，使 $|A_1^{(1)}| \geqslant \dfrac{m}{2}$.

假定甲所取的元素在 $A_1^{(1)}$，乙提第 2 个是非问题，又将 $A_1^{(1)}$ 分成 $A_1^{(2)}$ 和 $A_2^{(2)}$，其中至少有一个子集，设为 $|A_1^{(2)}| \geqslant \dfrac{|A_1^{(1)}|}{2} \geqslant \dfrac{m}{2^2}$，假定甲提的问题属于 $A_1^{(2)}$，依此类推，乙提到第 k 个问题后将集合一分为二，其中至少有 $|A_1^{(k)}| \leqslant \dfrac{m}{2^k}$. 只有当 $\dfrac{m}{2^k} \leqslant 1$，乙便可判定甲取的是哪个元素，现在 $m = n!$，故 k 应满足

$$2^k \geqslant m = n!$$
$$k \geqslant \log_2(n!)$$
$$n! = \sqrt{2\pi n} \left(\frac{n}{e} \right)^n$$
$$\log_2(n!) = \log_2 \left[\sqrt{2n\pi} \left(\frac{n}{e} \right)^n \right]$$
$$= n \left[\log_2 n - \log_2 e + \frac{1}{2} \log_2 n + \frac{1}{2} \log_2(2\pi) \right]$$
$$= O(n \log_2 n)$$

这说明不存在排序算法，其复杂性低于 $n \log_2 n$，即不存在一种排序算法，最坏情况下其复杂性低于 $n \log_2 n$. $O(n \log_2 n)$ 是排序算法的下界.

7.5 求第 k 个元素

假如给定一个未经排序的序列：

$$x_1, x_2, \cdots, x_n$$

求其中从小到大排好序的第 k 个元素. 当然, 若对它进行排序, 第 k 个元素自然可得. 现在只要找出一个元素, 希望找到效率高的算法.

下面的算法提供了问题的解法.

S1. 将 $x_1, x_2, \cdots, x_n$ 分成 $\left\lceil \dfrac{n}{15} \right\rceil$ 行, 每行 15 个元素. 对每行的 15 个元素进行排序, 每行的第 8 个元素构成子序列
$$C = \{m_1, m_2, \cdots, m_h\}, \quad h = n/15$$

S2. 求序列 C 的中间元素 x. 即求对 C 的 h 个元素进行排序后的第 $\left\lceil \dfrac{h}{2} \right\rceil$ 个元素.

S3. 元素 x 将 n 个元素分成如图 7-3 所示的部分, A 中的元素都比 x 小, B 中元素都比 x 大, 只有将 C 和 D 中的每列元素通过二分法, 作 3 次比较, 从而确定 x 在排序中的序数.

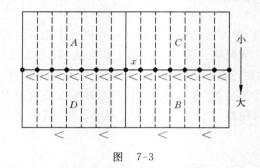

图 7-3

S4. 若 x 是第 k 个元素, 则问题已解决, 若 x 的序数比 k 大, 则所求的元素不可能在 B 中, 可将 B 从序列中除去, 问题转化为余下的近 $\dfrac{3}{4}n$ 个元素中求第 k_1 个元素. k_1 可通过简单的计算得到. 若 x 的序数比 k 小则第 k 个元素不可能在 A 中出现, 可直接将 A 中的元素除去, 在余下的近 $\dfrac{3}{4}n$ 个元素中求第 k 个元素.

S5. A 或 B 被除去后, 适当地调整使 C 或 D 恢复每列排好序的 15 个元素.

S6. 继续以上过程, 直到全部元素的数目少于 64 为止, 改用直接排序的方法求所要得到的元素.

设 $y(n)$ 是从 n 个元素中求第 k 个元素最坏情况下所需的比较次数, $z(n)$ 为 n 个元素分成 15 个元素一列, 而且每列都排好序的条件下求第 k 个元素所需的比较次数.

每列 15 个元素的排序估计在 42 次比较后完成. 所以
$$y(n) = z(n) + 42 \left(\frac{n}{15} \right)$$
$$z(n) = y \left(\frac{n}{15} \right) + 3 \left(\frac{n}{15} \right) + \frac{13}{2} \left(\frac{n}{30} \right) + z \left(\frac{3}{4} n \right)$$

其中 $y \left(\dfrac{n}{15} \right)$ 为求序列 C 的中间元素 x 的比较次数. $3 \left(\dfrac{n}{15} \right)$ 为确定 x 的序数所作的比较次数. $\dfrac{3}{2} \left(\dfrac{n}{30} \right)$ 是除去 A 或 B 后对 C 或 D 进行调整使之恢复每列 15 个排好序的序列所作的比较次数. 故有

$$y\left(\frac{n}{15}\right) = z\left(\frac{n}{15}\right) + 42\left(\frac{n}{15^2}\right)$$

$$z(n) = z\left(\frac{3}{4}n\right) + z\left(\frac{n}{15}\right) + 42\left(\frac{n}{225}\right) + \frac{3}{15}n + \frac{13}{60}n$$

$$z(n) = z\left(\frac{3}{4}n\right) + z\left(\frac{n}{15}\right) + 0.6033n \tag{7-1}$$

而且 $z(\alpha)\xrightarrow{\alpha\to 0}0$，式(7-1)是关于 $z(n)$ 的非线性递推关系. 通过迭代从(7-1)可得

$$z\left(\frac{3}{4}n\right) = z\left(\frac{9}{16}n\right) + z\left(\frac{1}{15}\times\frac{3}{4}n\right) + 0.6033\times\frac{3}{4}n$$

$$= z\left(\frac{9}{16}n\right) + z\left(\frac{1}{20}n\right) + 0.4525n,$$

$$z\left(\frac{1}{15}n\right) = z\left(\frac{3}{4}\times\frac{n}{15}\right) + z\left(\frac{n}{15^2}\right) + 0.6033\times\frac{n}{15}$$

$$= z\left(\frac{n}{20}\right) + z\left(\frac{n}{225}\right) + 0.0402n$$

故代入(7-1)式得

$$z(n) = z\left(\frac{9}{16}n\right) + 2z\left(\frac{n}{20}\right) + z\left(\frac{n}{225}\right) + 0.4927n.$$

依此类推，考虑到 $\lim\limits_{\alpha\to 0}z(\alpha)=0$，得 $z(n)=O(n)$，令 $z(n)=kn$ 代入式(7-1)得

$$kn = \frac{3}{4}kn + \frac{1}{15}kn + 0.6033n$$

$$\left(1 - \frac{3}{4} - \frac{1}{15}\right)kn = 0.6033n$$

$$k = 3.2913,$$

$$y(n) = 3.2913n + \frac{42}{15}n = 6.09n.$$

7.6 排序网络

排序网络是用于排序的硬件设备，它的基本元器件是比较元件(见图 7-4)，它有 x 和 y 两个输入端，输出的两端分别是 $\min\{x,y\}$，$\max\{x,y\}$，为方便起见，通常采用"|"代表比较元件，如图 7-5 所示.

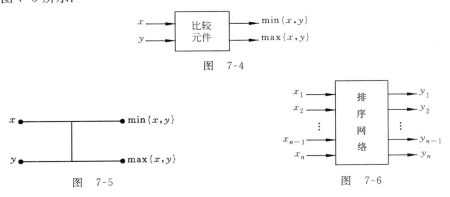

图　7-4

图　7-5　　　　　图　7-6

用比较元件构造的排序网络通常以图 7-6 表示,输入端为待排序的序列:$x_1,x_2,\cdots,$
x_n.输出端为排好序的序列:$y_1<y_2<\cdots<y_{n-1}<y_n$.

7.6.1　0-1 原理

定理 7-1　一个具有 n 个输入端的排序网络,工作正确的充要条件是输入端是 0-1 序列时工作正确.

证明　若排序网络对 0-1 序列工作正确,但对于一般序列失败,即存在序列 $\{x_1,x_2,\cdots,$
$x_n\}$,通过网络后出现原来 $x_i<x_j$,结果 x_j 排在 x_i 前面了.

定义一个单调增函数:

$$h(x) = \begin{cases} 0, & x \leqslant x_i \\ 1, & x > x_i \end{cases}$$

则对于排序网络若输入端 $X=\{x_1,x_2,\cdots,x_n\}$,输出端为 $y_1,y_2,\cdots,y_n$,如图 7-7(a)所示,则应有如图 7-7(b)所示的结果,$x_i<x_j$ 而 $h(x_j)$ 在 $h(x_i)$ 之前,与假定 0-1 序列工作正确相矛盾.这就证明了对 0-1 序列工作正确,是排序网络工作正确的充分条件.

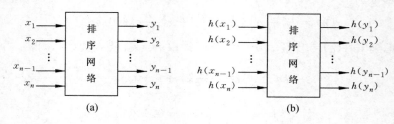

图　7-7

反之,若对 0-1 序列工作不正确,排序网络工作不可能正确,因为 0-1 序列本身就是一种序列.必要条件是显然的.

排序网络工作正确,理应以对 n 个数的全排列都保持工作正确为标准,即将它的全排列作为输入端,网络工作全部正确作为条件,0-1 原理告诉我们,只要对 2^n 种 0-1 状况工作正确就可以了.

7.6.2　B_n 网络

在介绍 B_n 网络前先引进双调序列这一概念.如下两种 0-1 序列:

$$\underbrace{0\,0\,\cdots\,0}_{p}\underbrace{1\,1\,\cdots\,1}_{q}\underbrace{0\,0\,\cdots\,0}_{r} \qquad p+q+r=n,$$

$$\underbrace{1\,1\,\cdots\,1}_{i}\underbrace{0\,0\,\cdots\,0}_{j}\underbrace{1\,1\,\cdots\,1}_{k} \qquad i+j+k=n,$$

称为双调序列.

针对双调序列引进 B_n 网络如下.

假定 n 是偶数,n 个输入端中第 i 个输入端与第 $\dfrac{n}{2}+i$ 个输入端以比较元件相连,$i=1,$

$2,\cdots,\dfrac{n}{2}$,这样的网络称为 B_n 型网络.下面看一看双调序列通过 B_n 网络时会出现什么情况.

先看一个例子,如图 7-8 所示.

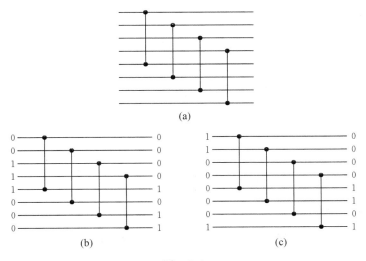

图　7-8

在任何情况下当双调序列通过 B_n 网络时,输出端有一半被清除了的序列是双调序列:双调被压缩到前一半或后一半,即一半为全 0 或全 1,见图 7-9.

利用 0-1 原理和 B_n 网络的以上性质可构造排序网络 B 如下,$n=8$,如图 7-10 所示.

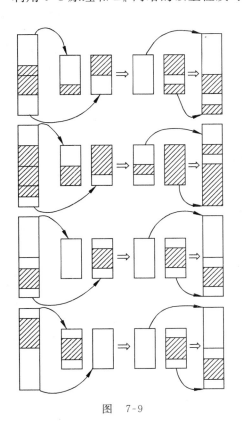

图　7-9

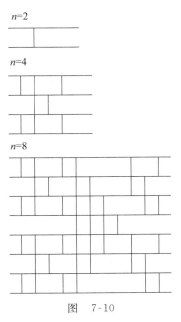

图　7-10

7.6.3 复杂性分析

1. 元件数目的估计

设 B_n 所需的比较元件数为 a_k，其中 $n=2^k$，则有

$$a_{k+1} = 2a_k + 2^k, \quad a_1 = 1$$

$$G(x) = a_1 + a_2 x + a_3 x^2 + \cdots$$

不难得到

$$G(x) = \frac{1}{(1-2x)^2}$$

$$a_k = k2^{k-1}$$

B_n 网络需要 $\frac{1}{2} n \log_2 n$ 个比较元件.

2. 时间复杂性分析

请注意 B_n 排序网络的 n 个输入端，第 i 个输入端与第 $\frac{n}{2}+i$ 个输入端作比较，$i=1$，$2,\cdots,\frac{n}{2}$ 并行处理，一次完成，所以 $n=2^k$ 个元素的排序在 k 次比较后完成.

7.6.4 Batcher 奇偶归并网络

Batcher 归并网络的思想是将待排序的序列分成前后两半，前一半和后一半各自进行排序得到两个有序的子序列，然后再进行归并，如图 7-9 所示. 归并算法可描述如下：假定 $x_1 < x_2 < \cdots < x_m$，$y_1 < y_2 < \cdots < y_n$.

S1. $x_1, x_3, x_5, \cdots$ 和 $y_1, y_3, y_5, \cdots$ 归并得

$$z_1, z_2, z_3, \cdots$$

$x_2, x_4, x_6, \cdots$ 和 $y_2, y_4, y_6, \cdots$ 归并得

$$w_1, w_2, w_3, \cdots$$

S2. 按顺序

$$z_1, w_1, z_2, w_2, \cdots$$

利用 $(2,3), (4,5), \cdots$ 比较元件作用于这个序列. 其中 $(2,3)$ 即连接序列中第 2 个元素 w_1 和第 3 个元素 z_2 的比较元件. 依此类推.

例如，$m=2, n=1$ 的网络 $B(2,1)$：

同样，$B(2,2)$ 为

$$B(3,2):$$

下面利用 0-1 原理证明 Batcher 排序网络的正确性. 设

$$x_1 x_2 \cdots x_m = \underbrace{0\,0\,\cdots\,0}_{l\ \text{位}}\underbrace{1\,1\,\cdots\,1}_{m-l\ \text{位}}$$

$$y_1 y_2 \cdots y_n = \underbrace{0\,0\,\cdots\,0}_{k\ \text{位}}\underbrace{1\,1\,\cdots\,1}_{n-k\ \text{位}}$$

奇偶归并后得到

$$z_1 z_2 \cdots z_p = \underbrace{0\,0\,\cdots\,0}_{r_1}\underbrace{1\,1\,\cdots\,1}_{s_1}$$

$$w_1 w_2 \cdots w_q = \underbrace{0\,0\,\cdots\,0}_{r_2}\underbrace{1\,1\,\cdots\,1}_{s_2}$$

由于序列 $x_1 x_2 \cdots x_m$ 有 $\left\lceil \dfrac{l}{2} \right\rceil$ 个奇数 0, $\left\lfloor \dfrac{l}{2} \right\rfloor$ 个偶数 0; $y_1 y_2 \cdots y_n$ 有 $\left\lceil \dfrac{k}{2} \right\rceil$ 个奇数 0, $\left\lfloor \dfrac{k}{2} \right\rfloor$ 个偶数 0, 所以归并后, $z_1 z_2 \cdots z_p$ 有 $\left\lceil \dfrac{l}{2} \right\rceil + \left\lceil \dfrac{k}{2} \right\rceil$ 个 0, $w_1 w_2 \cdots w_q$ 有 $\left\lfloor \dfrac{l}{2} \right\rfloor + \left\lfloor \dfrac{k}{2} \right\rfloor$ 个 0. 关键在于

$$\left\lceil \frac{l}{2} \right\rceil + \left\lceil \frac{k}{2} \right\rceil - \left(\left\lfloor \frac{l}{2} \right\rfloor + \left\lfloor \frac{k}{2} \right\rfloor \right) = 0, 1\ \text{或}\ 2.$$

分别分析如下:

(1) $r_1 - r_2 = 0$,
z: 0 0 0 1 1 1
w: 0 0 0 1 1

(2) $r_1 - r_2 = 1$,
z: 0 0 0 0 1 1
w: 0 0 0 1 1

(3) $r_1 - r_2 = 2$,
z: 0 0 0 0 1 1
w: 0 0 1 1 1 1

斜线"/"是比较元件, 排序网络的正确性得证.

7.7 快速傅里叶变换

7.7.1 问题的提出

FFT 是 Fast Fourier Transform 的缩写, 即快速傅里叶变换的意思. 随着空间技术的发展, 人造卫星可以拍摄地面的照片并用电波送回地面. 很容易想到, 将照片分割成 $n \times m$ 个格子, 每个格子上光的强弱转化为波的强弱, 然后用数据来表达. 但这种数据量大得惊人. 若将图像进行傅里叶变换, 即计算它的傅里叶系数, 由于高频部分的傅里叶系数有大量的 0, 大片为 0 的数据传输自有方便的办法, 从而达到压缩数据的目的. 但计算傅里叶系数需要付

出一定的代价. 为此, 计算傅里叶系数的快速算法便提到日程上来. FFT 便在此基础上提了出来. 可通过傅里叶系数恢复图像. 从图像求傅里叶系数, 称之为作傅里叶变换, 由傅里叶系数恢复图像是反变换.

7.7.2 预备定理

引理 7-1 若 r 和 m 都是整数则

$$\sum_{k=0}^{n-1} e^{2\pi i k(r-m)/n} = \begin{cases} n, r = m \\ 0, r \neq m \end{cases}$$

其中 i 是 0 数.

证明 $r = m$ 时, $e^{2\pi i(r-m)/n} = e^0 = 1$

故

$$\sum_{k=0}^{n-1} e^{2\pi i k(r-m)/n} = \sum_{k=0}^{n-1} e^0 = n$$

引理成立.

$r \neq m$ 时, 令 $e^{2\pi i(r-m)/n} = w$,

$$\sum_{k=0}^{n-1} e^{2\pi i k(r-m)/n} = \sum_{k=0}^{n-1} w^k = \frac{1-w^n}{1-w}$$

$$w^n = e^{2\pi i(r-m)} = \cos 2(r-m)\pi + i \sin 2(r-m)\pi = 1$$

所以 $r \neq m$ 时

$$\sum_{k=0}^{n-1} e^{2\pi i k(r-m)/n} = 0$$

定理 7-2 若数列 $x(0), x(1), \cdots, x(n-1)$ 和数列 $Z(0), Z(1), \cdots, Z(n-1)$ 满足

$$Z(k) = \frac{1}{n} \sum_{j=0}^{n-1} x(j) e^{-2\pi i j k/n}, k = 0, 1, 2, \cdots, n-1 \tag{7-2}$$

则

$$x(j) = \sum_{k=0}^{n-1} Z(k) e^{2\pi i j k/n}, \quad j = 0, 1, 2, \cdots, n-1 \tag{7-3}$$

证明 式(7-2)看作关于 $x(0), x(1), \cdots, x(n-1)$ 的线性代数方程组, 式(7-3)是解. 将式(7-3)代入式(7-2)得

$$\frac{1}{n} \sum_{j=0}^{n-1} x(j) e^{-2\pi i j k/n} = \frac{1}{n} \sum_{j=0}^{n-1} \Big[\sum_{r=0}^{n-1} Z(r) e^{2\pi i j r/n} \Big] e^{-2\pi i j k/n}$$

$$= \frac{1}{n} \sum_{j=0}^{n-1} \sum_{r=0}^{n-1} Z(r) e^{2\pi i j(r-k)/n}$$

$$= \frac{1}{n} \sum_{r=0}^{n-1} Z(r) \sum_{r=0}^{n-1} e^{2\pi i j(r-k)/n} \tag{7-4}$$

因为

$$\sum_{j=0}^{n-1} e^{2\pi i j(r-k)/n} = \begin{cases} n, r = k \\ 0, r \neq k \end{cases}$$

所以式(7-4)的右端只有 $r = k$ 时有贡献, 即

$$\frac{1}{n}\sum_{j=0}^{n-1} x(j)\,\mathrm{e}^{-2\pi ijk/n} = Z(k)$$

7.7.3 快速算法

从表面上看从 $x(0),x(1),\cdots,x(n-1)$ 计算 $Z(0),Z(1),\cdots,Z(n-1)$，和从 $Z(0)$，$Z(1),\cdots,Z(n-1)$ 求 $x(0),x(1),\cdots,x(n-1)$ 都要作大致 n^2 次的乘积和 $n(n-1)$ 次加法，其实不然，以 $n=2$ 和 $n=4$ 为例，发现有规律性在，使计算量大大降低，然后推及一般，

$$n=2, w_2 = \mathrm{e}^{\pi i} = \cos\pi + i\sin\pi = -1$$

$$x(0) = \sum_{k=0}^{1} Z(k) = Z(0) + Z(1)$$

$$x(1) = \sum_{k=0}^{1} Z(k)w_2^k = Z(0) - Z(1)$$

或写成矩阵形式

$$\begin{bmatrix} x(0) \\ x(1) \end{bmatrix} = \begin{bmatrix} 1 & 1 \\ 1 & -1 \end{bmatrix} \begin{bmatrix} Z(0) \\ Z(1) \end{bmatrix}$$

可表示成流程图，如图 7-11 所示.

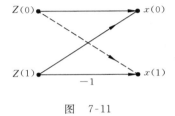

图　7-11

实际不是四次乘法和加法，而只作两次加法，

$$n = 2^2 = 4$$

$$w_4 = \mathrm{e}^{\frac{\pi}{2}i} = \cos\frac{\pi}{2} + i\sin\frac{\pi}{2} = i$$

$$w_4^0 = 1, w_4^1 = i, w_4^2 = -1 = w_2$$

$$w_4^3 = -i, w_4^4 = w_4^0 = 1$$

故

$$x(0) = Z(0) + Z(1) + Z(2) + Z(3),$$

$$x(2) = Z(0) + Z(1)w_4^2 + Z(2)w_4^4 + Z(3)w_4^6$$

$$= Z(0) + Z(1)w_4^2 + Z(2) + Z(3)w_4^2$$

$$x(1) = Z(0) + Z(1)w_4 + Z(2)w_4^2 + Z(3)w_4^3$$

$$x(3) = Z(0) + Z(1)w_4^3 + Z(2)w_4^6 + Z(3)w_4^9$$

$$= Z(0) + Z(1)w_4^3 + Z(2)w_4^2 + Z(3)w_4$$

或写成矩阵形式

$$\begin{bmatrix} x(0) \\ x(2) \\ x(1) \\ x(3) \end{bmatrix} = \left[\begin{array}{cc:cc} 1 & 1 & 1 & 1 \\ 1 & w_4^2 & 1 & w_4^2 \\ \hdashline 1 & w_4 & w_4^2 & w_4^3 \\ 1 & w_4^3 & w_4^2 & w_4 \end{array} \right] \begin{bmatrix} Z(0) \\ Z(1) \\ Z(2) \\ Z(3) \end{bmatrix}$$

但

$$\begin{bmatrix} 1 & w_4 \\ 1 & w_4^3 \end{bmatrix} = \begin{bmatrix} 1 & 1 \\ 1 & w_4^2 \end{bmatrix} \begin{bmatrix} 1 & 0 \\ 0 & w_4 \end{bmatrix}$$

$$\begin{bmatrix} w_4^2 & w_4^3 \\ w_4^2 & w_4 \end{bmatrix} = \begin{bmatrix} 1 & 1 \\ 1 & w_4^2 \end{bmatrix} \begin{bmatrix} -1 & 0 \\ 0 & -w_4 \end{bmatrix} = \begin{bmatrix} -1 & -1 \\ -1 & i \end{bmatrix}$$

于是

$$\left[\begin{array}{cc:cc} 1 & 1 & 1 & 1 \\ 1 & w_4^2 & 1 & w_4^2 \\ \hdashline 1 & w_4 & w_4^2 & w_4^3 \\ 1 & w_4^3 & w_4^2 & w_4 \end{array} \right] = \begin{bmatrix} 1 & 1 & 0 & 0 \\ 1 & w_4^2 & 0 & 0 \\ 0 & 0 & 1 & 1 \\ 0 & 0 & 1 & w_4^2 \end{bmatrix} \begin{bmatrix} 1 & 0 & 1 & 0 \\ 0 & 1 & 0 & 1 \\ 1 & 0 & -1 & 0 \\ 0 & w_4 & 0 & -w_4 \end{bmatrix}$$

$$w_4^2 = w_2$$

令

$$\begin{bmatrix} Z_1(0) \\ Z_1(1) \\ Z_1(2) \\ Z_1(3) \end{bmatrix} = \begin{bmatrix} 1 & 0 & 1 & 0 \\ 0 & 1 & 0 & 1 \\ 1 & 0 & -1 & 0 \\ 0 & w_4 & 0 & -w_4 \end{bmatrix} \begin{bmatrix} Z(0) \\ Z(1) \\ Z(2) \\ Z(3) \end{bmatrix}$$

即如图 7-12 所示.

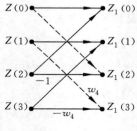

图 7-12

$$\begin{bmatrix} x(0) \\ x(2) \\ x(1) \\ x(3) \end{bmatrix} = \begin{bmatrix} 1 & 1 & 0 & 0 \\ 1 & w_2 & 0 & 0 \\ 0 & 0 & 1 & 1 \\ 0 & 0 & 1 & w_2 \end{bmatrix} \begin{bmatrix} Z_1(0) \\ Z_1(1) \\ Z_1(2) \\ Z_1(3) \end{bmatrix}$$

或从图 7-13 来看作两个 $n=2$ 的 FFT.

$n=4$ 的 FFT 流程图如图 7-14 所示.

$n=8$ 的流程图如图 7-15 所示,从 $n=2$ 到 $n=4$,从 $n=4$ 到$n=8$有内在的规律,请读者自己总结出从 $n=8$ 到 $n=16$ 的流程图.

右端:从 $n=2$ 的 $x(0),x(1)$,到 $n=4$ 的 $x(0),x(2),x(1),x(3)$,又到 $n=8$ 的 $x(0)$,

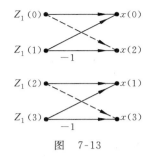

图 7-13

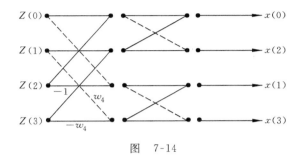

图 7-14

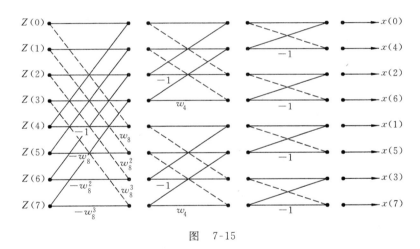

图 7-15

$x(4),x(2),x(6),x(1),x(5),x(3),x(7)$,还可推出 $n=6$ 的右端顺序还可以从 $n=4$:00, 01,10,11 将字符顺序倒过来得 00,10,01,11,即 0,2,1,3. $n=8$:000,001,010,011,100, 101,110,111,字符顺序倒过来得 000,100,010,110,001,101,011,111,即依次为 0,4,2,6, 1,5,3,7.

7.7.4 复杂性分析

(1) M_n 为 $N=2^n$ 的 FFT 所需的乘法数.
$$M_n = 2M_{n-1} + 2^{n-1} - 1, M_1 = 0$$
$$G_1(x) = M_1 + M_2 x + M_3 x^2 + \cdots$$

$$G_1(x) = \frac{x}{(1-x)(1-2x)^2} = \frac{A}{1-x} + \frac{B}{1-2x} + \frac{C}{(1-2x)^2}$$

$$= \frac{1}{1-x} - \frac{2}{1-2x} + \frac{1}{(1-2x)^2}$$

$$= (1 + x + x^2 + \cdots) - 2(1 + 2x + 2^2 x^2 + \cdots)$$

$$+ (1 + 2x + 3 \cdot 2^2 x^2 + \cdots)$$

所以
$$M_n = 1 - 2^n + n2^{n-1} = 1 - N + \frac{1}{2}N \log_2 N$$

（2）A_N 为 $N = 2^n$ 的 FFT 所需的加法数.

$$A_n = 2A_{n-1} + 2^n, \quad A_1 = 2$$

$$A_n = n2^n = N \log_2 N$$

例如 $N = 4$ 的乘法数　　$M_2 = 1 - 4 + 4 = 1$

加法数　　$A_2 = 8$

（3）还必须指出 FFT 运算可以并行处理,速度有质的飞跃,是并行计算最成功的范例之一. 他影响到空间技术的发展,所以毫不夸张地说 FFT 的成功是科技上的一件大事.

7.8　DFS 算法

前面讲的问题都是具有有效解法的例子,还有更多的问题到现在为止还没有找到解决的办法,只能诉之穷举,也就是强行搜索.搜索也有很巧妙的技巧,以使搜索的时间尽量少,也就是尽可能地缩小搜索空间.首先介绍深度优先搜索法,也称为 DFS 法. DFS 是 Depth First Search 的缩写.下面举例说明.

［**例 7-1**］　典型问题为 4×4 的棋盘,有 4 个棋子布到棋盘上要求两两不同行、不同列、不在同一对角线上.

如图 7-16 所示当第 1 行第 1 列布上棋子后,第 2 行打 $\times$ 的格子便是不能布棋子的格子,当第 2 行第 3 列布上棋子后,第 3 行所有格子都不能布棋子.说明第 2 行第 3 格子碰壁、而第 2 行第 4 列布子.依此类推.

上面的算法相当于对 1,2,3,4 的排列树:

自顶向下,自左向右依次搜索,而到"碰壁"时,剪去以下的树枝.图 7-17 是搜索空间,剪去部分树枝,使搜索空间缩小.

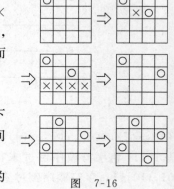

图　7-16

［**例 7-2**］　用 4 种颜色对图 7-18 进行着色,要求相邻的域不同色,试问有几种方案?

令 $c[1:12]$ 用以记录 12 个域的着色方案. $c[1] = 1$ 表示域 1 着第一种颜色,依此类推,矩阵 $[a_{ij}]_{12 \times 12}$ 表示 12 个域的邻接关系:

$$a_{ij} = \begin{cases} 0, & \text{若域 } i \text{ 和域 } j \text{ 不相邻}, \\ 1, & \text{其他}. \end{cases}$$

利用 DFS 搜索法求着色方案,算法如下:

S1. $c[i] \leftarrow i, i = 1, 2, 3, 4, c[j] \leftarrow 1, j = 5, 6, \cdots, 12; i \leftarrow 4$　　/* 初始化.

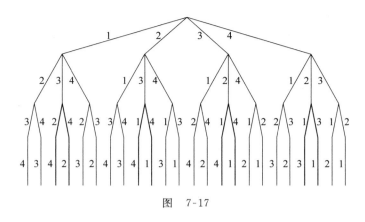

图 7-17

S2. $j \leftarrow c[i], i \leftarrow c-1$,若 <4 则结束,否则做

始 $c[i] \leftarrow c[i]+1$. 转 S2

终. / * 向后退措施.

S3. k 从 1 至 $i-1$ 做

始 若 $c[k] \times a[ij]=j$ 则做

始 $c[t] \leftarrow c[i]+1$ 转 S2

终

终 / * 判断相邻域是否同色及其相应措施.

S4. $i \leftarrow i+1$,

若 $i<13$ 则转 S2.

S5. $c[12] \leftarrow c[12]+1$.

$i \leftarrow 12$,转 S2.

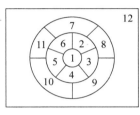

图 7-18

DFS法的关键在于处理判断"碰壁"及"前进或后退措施".本题开始时含1、2、3域分别着以颜色1、2、3,这是对4种颜色的全排列的某一个排列的排列序号.

7.9 BFS算法

BFS是 Breadth First Search 的缩写,即广度优先搜索法.举例说明如下:

设已知如图 7-19 的(a),(b)两棋盘的状态求从(a)到(b)的步骤,每步只能将与空格相邻的棋子向空格转移.

假定与空格○换位的格子顺序如图(c)中1,2,3,4所示.

BFS搜索法搜索顺序便是图 7-19(d)的边所表明的.

BFS搜索法形象化说明:从搜索树的根节点开始向下第一层作为兄弟节点,向下第二层作为第二代后裔节点,第三代、第四代依此类推搜索,先从左向右依次对兄弟节点进行搜索,等到第一代兄弟节点搜索完毕,才开始搜索第二代的后裔节点……

棋盘从状态(a)到状态(b)的BFS搜索过程如图 7-20 所示.每条边上的数字便是搜索顺序.第19步达到.

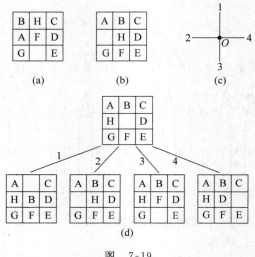

图 7-19

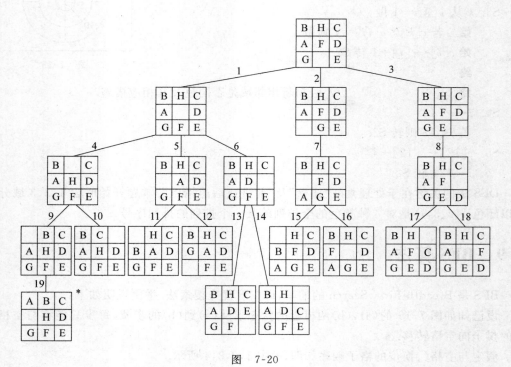

图 7-20

7.10 αβ 剪枝术

举例说明 αβ 剪枝术：有 7 根火柴棍，A，B 两人依次从中取 1 根或 2 根，但不能不取，最后将火柴取尽的为胜利者。$\boxed{m}$ 表示 A 面对的是 m 根火柴的状态。$\boxed{7}$ 为 A 面对 7 根火柴时，取 1 根则 B 面对⑥状态；取 2 根则 B 面对⑤状态。图 7-21 的每个节点旁边括号外有个数：

+1,-1 分别表示 A 胜或 B 胜. A 的目的要取胜,他的策略是取两个儿子节点数的最大者. B 的策略是要 A 失败,故取其两儿子数的最小者.各点的赋值自下而上进行.

对 ⑤,其右儿子 ③ 取值 1,不必搜索左儿子 ④ 的值如何.他的决策使进入 ③ 状态. ⑦ 的左儿子 ⑥ 取值 1,故不必搜索右儿子 ⑤.达到缩小搜索空间目的.

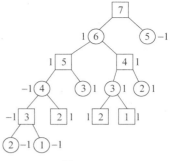

图 7-21

7.11 状态与图

[**例 7-3**] 设有 n 个银币:标号为 $1,2,\cdots,n$.其中有一块银币可能有假,假的一块的重量与正常的不一样,或轻或重,真的银币重量完全一样.另给一块标准银币,标号为 0.试问如何用一架天平将假的一块找出来.判断它是轻了还是重了.要求使用天平的次数最少.这里使用天平的次数指的是在最坏情况下使用天平的次数,或用天平的平均次数.

假设 $n=4$,图 7-22 中 $0,1:2,3$ 表示标号为 0 和 1 的银币放在天平一边,标号为 2 和 3 的银币放在天平的另一边. $<,=,>$ 表示天平两边的重量的关系.这种判定策略任何情况都只用两次天平.

图 7-22

若 $n=13$,类似有图 7-23 所示的情况. $\bar{0}$ 是 10,$\bar{1}$ 是 11 的简写,依此类推.

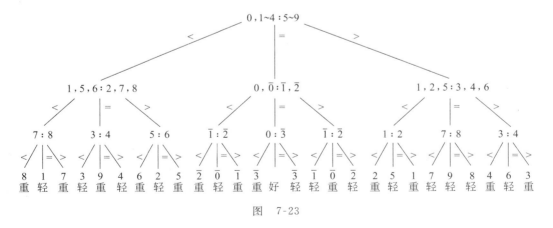

图 7-23

这些树状判决策略,称为判决树.

[**例 7-4**] 有无刻度的容器 3 种,容量分别为 10 升,7 升,4 升,各一个.10 升的容器装

满了酒.试求一种办法从中倒出 2 升的酒.由于无刻度,所以只能通过倒满或倒空测出酒量.

设 (a,b,c) 表示 3 个容器中装的酒的量,即 10 升,7 升,4 升的容器分别装有酒 a 升,b 升和 c 升,其中 $a+b+c=10,a\leqslant10,b\leqslant7,c\leqslant4$.

图 7-24 求解是状态的转移图.由于 $a+b+c=10$,所以只用 (b,c) 标志:7 升和 4 升的容器中酒的量分别为 b 升,c 升.由 10 升容器倒向 7 升容器用水平的边表示;由 10 升容器倒向 4 升容器用垂直的边表示;由 7 升容器倒向 4 升容器或 4 升容器倒向 7 升则用斜的边表示.

例如,$(0,0)$ 引向 $(7,0)$ 表示 10 升容器装满的酒倒给 7 升容器,倒满后的状态 $(7,0)$,这时 10 升里余 3 升.又如 $(4,4)$ 指向 $(7,1)$ 表示 4 升容器将 7 升的容器(原有 4 升)装满的一种状态.这时 10 升的容器有 2 升.

图 7-24 是各种状态的转移图,求从 $(0,0)$ 点到 $(2,4)$ 点的最短路径.

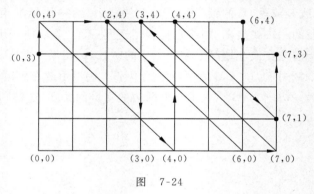

图　7-24

对图 7-24 求解采用宽度优先搜索法:

第 1 步:从 $(0,0)$ 到达 $(7,0)$,$(0,4)$;

第 2 步:从 $(7,0)$ 到达 $(7,3)$,$(3,4)$;

　　　　从 $(0,4)$ 到达 $(6,4)$,$(4,0)$;

第 3 步:从 $(7,3)$ 到 $(0,3)$;$(6,4)$ 到 $(6,0)$;

　　　　从 $(3,4)$ 到 $(3,0)$;$(4,0)$ 到 $(4,4)$;

第 4 步:从 $(6,0)$ 到 $(2,4)$.

即 $(0,0)\rightarrow(0,4)\rightarrow(6,4)\rightarrow(6,0)\rightarrow(2,4)$.

这个过程说明:

第 1 步:先将 4 升的容器装满,即 $(0,4)$ 状态,这时 10 升的容器尚剩 6 升.

第 2 步:将 10 升的容器中余下的 6 升酒倒进容量为 7 升的容器,即到达 $(6,4)$ 状态.

第 3 步:将 4 升容器装满的酒倒到 10 升容器中去,即 $(6,0)$ 状态,这时 10 升容器装的酒是 4 升.

第 4 步:将容量为 7 升的容器中的 6 升酒倒给 4 升容器并装满,即到达 $(2,4)$ 状态,这时 7 升容器中剩下 2 升,10 升容器剩有 4 升.

将状态转移过程表示如图 7-25 所示.

[例 7-5] 设有 3 对夫妻过一条河,但要求不出现一男和其他一位妻子单独在一起的情况,求渡河的方案,假定每次只能两人过河.

令 3 位丈夫表示以 h_1, h_2, h_3,对应的 3 位妻子表示以 w_1, w_2, w_3.河的一岸和对岸的状态转变可如图 7-26 所示.每条边上的符号是过河的办法,例如从左$(h_1 h_2 h_3, w_1 w_2 w_3)$状态到右$(h_1 w_1)$状态的边有$(h_1 w_1)$.

图中给出从河的一岸的 $S_1(h_1 h_2 h_3 w_1 w_2 w_3)$ 状态到对岸的 $S_2(h_1 h_2 h_3 w_1 w_2 w_3)$ 状态.当然,这里为了简单起见,紧凑地记录下摆渡的全部状态转移的可能过程,求从状态 S_1 到 S_2 的最短途径.这留给读者思考.

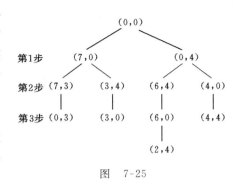

图 7-25

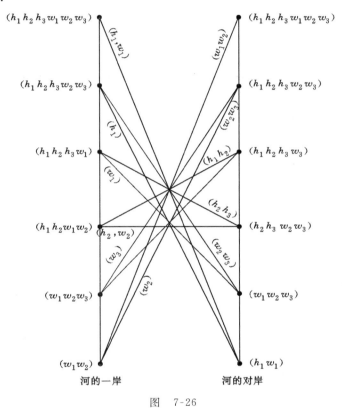

图 7-26

7.12 分支定界法

分支定界法是用途甚广的一种搜索法,本节就几个问题介绍它.

7.12.1 TSM 问题

TSM 是 Travelling Salesman 的缩写.或叫做流动推销员问题,也有的称它为货郎担问题,原意是一位商人从某一城市出发要遍历 n 个城市各一次,最后返回出发地,要求经过的路径最短,或旅费最省.这是组合数学的有名的问题,因为至今 TSM 问题尚无有效的解法,

即没有在 n 的多项式时间内给出解的办法. 已知旅费矩阵

$$C = (c_{ij})_{n \times n}$$

其中

$$c_{ij} = \begin{cases} v_i \text{ 到 } v_j \text{ 的旅费，} & i \neq j \\ \infty & i = j \end{cases}$$

对于 $1, 2, \cdots, n$ 的任意排列 $i_1 i_2 \cdots i_n$，对应一条回路

$$v_{i_1} \to v_{i_2} \to \cdots \to v_{i_n} \to v_{i_1}$$

若采取强行搜索方法，则需要对 $(n-1)!$ 排列进行比较，找出路径最短或旅费最省. 特别地，当

$$c_{ij} = c_{ji}, \qquad i, j = 1, 2, \cdots, n$$

则可将搜索数量降到一半，即

$$\frac{1}{2}(n-1)!$$

因为 $v_{i_1} \to v_{i_2} \to \cdots \to v_{i_n} \to v_{i_1}$ 和 $v_{i_n} \to v_{i_{n-1}} \to \cdots \to v_{i_2} \to v_{i_1} \to v_{i_n}$ 的代价是一样的.

无论如何，对于 n 很大时，强行搜索是不可行的. 下面介绍一种分支定界的解法. 分矩阵 C 是对称的和不对称两种情况来讨论.

[例 7-6] C 是对称矩阵：

$$C = \begin{array}{c} 1' \\ 2' \\ 3' \\ 4' \\ 5' \end{array} \begin{pmatrix} \infty & 13 & 2 & 17 & 3 \\ 13 & 10 & 23 & 2 & 4 \\ 2 & 23 & 10 & 10 & 8 \\ 17 & 2 & 10 & \infty & 7 \\ 3 & 4 & 8 & 7 & \infty \end{pmatrix}$$
$$\qquad \quad 1' \quad 2' \quad 3' \quad 4' \quad 5'$$

按 c_{ij} 从小到大排列有：

$$c_{13}, c_{24}, c_{15}, c_{25}, c_{45}, c_{35}, c_{34}, c_{21}, \cdots$$

首先取最小的 5 条边并求边长的和：

$$c_{13} + c_{24} + c_{15} + c_{25} + c_{45} = 18$$

用 $\binom{13, 24, 15, 25, 45}{18}$ 表示. 下标 5 出现 3 次，排除 15，取 c_{35} 取代 c_{15}，有 $c_{13} + c_{24} + c_{25} + c_{45} + c_{35} = 23$ 以 $\binom{13, 24, 25, 45, 35}{23}$ 表示.

5 仍出现 3 次，保留 15，但排除 25. 搜索得 $\binom{13, 24, 15, 45, 35}{22}$，搜索过程表示为图 7-27.

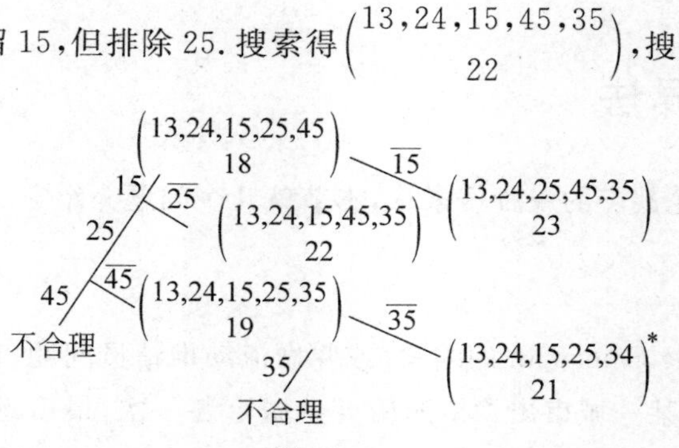

图 7-27

图中$\overline{15}$表示排除 15.其他依此类推.最后搜索得最短路径 $1'\to3'\to4'\to2'\to5'\to1'$.总长度为 21,其余各点由于估的值已超过 21,故无搜索必要,从而达到缩小搜索空间的目的.

[例 7-7] C 为非对称矩阵:

$$C = \begin{array}{c} 1' \\ 2' \\ 3' \\ 4' \\ 5' \end{array} \begin{bmatrix} \infty & 24 & 34 & 14 & 15 \\ 19 & \infty & 20 & 9 & 6 \\ 7 & 9 & \infty & 6 & 8 \\ 23 & 10 & 22 & \infty & 7 \\ 20 & 8 & 11 & 20 & \infty \end{bmatrix}$$
$$\quad\quad 1' \quad 2' \quad 3' \quad 4' \quad 5'$$

将 C 看作是旅费矩阵,每行和每列的元素,用最小元素来减使得最后每行每列至少有一 0 元素为止,可理解为从 i 点出发的旅费一律降相同数目,和到 i 点的旅费一律降相同数目,不影响最佳回路.上面 C 矩阵 $1\sim5$ 行依次减 14,6,6,7,8,第 1 列减 1 第 3 列减 3 结果得

$$C_1 = \begin{bmatrix} \infty & 10 & 17 & 0 & 1 \\ 12 & \infty & 11 & 3 & 0 \\ 0 & 3 & \infty & 0 & 2 \\ 15 & 3 & 12 & \infty & 0 \\ 11 & 0 & 0 & 12 & \infty \end{bmatrix}_{45}$$

下标 45 是 $14+6+6+7+8+1+3$ 的结果.表示 TSM 解的起码 45.问题转化为解 C_1 矩阵的 TSM 问题,若从 $1'$ 出发,由于 $c_{14}=0$,故选 $1'\to4'$,从 C_1 矩阵划去第 1 行和第 4 列,并封锁 $4'\to1'$,即令 $c_{41}\leftarrow\infty$ 得矩阵.

$$\begin{array}{c} 2' \\ 3' \\ 4' \\ 5' \end{array} \begin{bmatrix} 12 & \infty & 11 & 0 \\ 0 & 3 & \infty & 2 \\ \infty & 3 & 12 & 0 \\ 11 & 0 & 0 & \infty \end{bmatrix}_{45}$$
$$\quad\; 1' \quad 2' \quad 3' \quad 5'$$

排除 $1'\to4'$ 得矩阵,其目的在于避免 $1'\to4'$,$4'\to1'$,出现小回路.即令 c_{14} 为 ∞ 得:

$$\begin{array}{c} 1' \\ 2' \\ 3' \\ 4' \\ 5' \end{array} \begin{bmatrix} \infty & 10 & 17 & \infty & 1 \\ 12 & \infty & 11 & 3 & 0 \\ 0 & 3 & \infty & 0 & 2 \\ 15 & 3 & 12 & \infty & 0 \\ 11 & 0 & 0 & 12 & \infty \end{bmatrix}_{45}^{1} \Rightarrow \begin{array}{c} 1' \\ 2' \\ 3' \\ 4' \\ 5' \end{array} \begin{bmatrix} \infty & 9 & 16 & \infty & 0 \\ 12 & \infty & 11 & 3 & 0 \\ 0 & 3 & \infty & 0 & 2 \\ 15 & 3 & 12 & \infty & 0 \\ 11 & 0 & 0 & 12 & \infty \end{bmatrix}_{46}$$
$$\quad\; 1' \quad 2' \quad 3' \quad 4' \quad 5' \quad\quad\quad 1' \quad 2' \quad 3' \quad 4' \quad 5'$$

这说明排除 $1'\to4'$ 的边旅费估计不少于 45,搜索过程见图 7-28.每条边上的括号( )里的数是搜索的顺序.

以估的界低的优先搜索,可见第 5 步有一最佳回路为

$$1'\to4'\to2'\to5'\to3'\to1$$

总长度为 48.其他各点由于估的界超过 48,无需向下搜索.但低于 48 的状态仍需按上述办法进行.

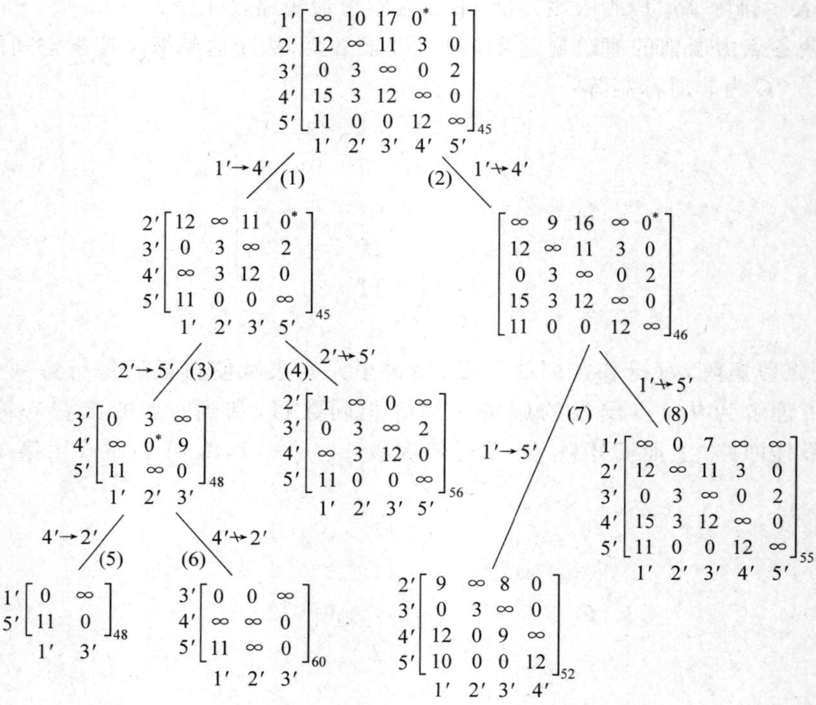

$$\begin{array}{c}
\begin{array}{c}1'\\2'\\3'\\4'\\5'\end{array}
\left[\begin{array}{ccccc}
\infty & 10 & 17 & 0^* & 1\\
12 & \infty & 11 & 3 & 0\\
0 & 3 & \infty & 0 & 2\\
15 & 3 & 12 & \infty & 0\\
11 & 0 & 0 & 12 & \infty
\end{array}\right]_{45}\\
\begin{array}{ccccc}1' & 2' & 3' & 4' & 5'\end{array}
\end{array}$$

$1'\to 4'$ (1)　　　　(2) $1'\nrightarrow 4'$

$$\begin{array}{c}
\begin{array}{c}2'\\3'\\4'\\5'\end{array}
\left[\begin{array}{cccc}
12 & \infty & 11 & 0^*\\
0 & 3 & \infty & 2\\
\infty & 3 & 12 & 0\\
11 & 0 & 0 & \infty
\end{array}\right]_{45}\\
\begin{array}{cccc}1' & 2' & 3' & 5'\end{array}
\end{array}
\qquad
\left[\begin{array}{ccccc}
\infty & 9 & 16 & \infty & 0^*\\
12 & \infty & 11 & 3 & 0\\
0 & 3 & \infty & 0 & 2\\
15 & 3 & 12 & \infty & 0\\
11 & 0 & 0 & 12 & \infty
\end{array}\right]_{46}$$

$2'\to 5'$ (3)　　(4) $2'\nrightarrow 5'$ 　　　　(7)　(8) $1'\nrightarrow 5'$

$$\begin{array}{c}
\begin{array}{c}3'\\4'\\5'\end{array}
\left[\begin{array}{ccc}
0 & 3 & \infty\\
\infty & 0^* & 9\\
11 & \infty & 0
\end{array}\right]_{48}\\
\begin{array}{ccc}1' & 2' & 3'\end{array}
\end{array}
\qquad
\begin{array}{c}
\begin{array}{c}2'\\3'\\4'\\5'\end{array}
\left[\begin{array}{cccc}
1 & \infty & 0 & \infty\\
0 & 3 & \infty & 2\\
\infty & 3 & 12 & 0\\
11 & 0 & 0 & \infty
\end{array}\right]_{56}\\
\begin{array}{cccc}1' & 2' & 3' & 5'\end{array}
\end{array}$$

$1'\to 5'$

$$\begin{array}{c}
\begin{array}{c}1'\\2'\\3'\\4'\\5'\end{array}
\left[\begin{array}{ccccc}
\infty & 0 & 7 & \infty & \infty\\
12 & \infty & 11 & 3 & 0\\
0 & 3 & \infty & 0 & 2\\
15 & 3 & 12 & \infty & 0\\
11 & 0 & 0 & 12 & \infty
\end{array}\right]_{55}\\
\begin{array}{ccccc}1' & 2' & 3' & 4' & 5'\end{array}
\end{array}$$

$4'\to 2'$ (5)　(6) $4'\nrightarrow 2'$

$$\begin{array}{c}
\begin{array}{c}1'\\5'\end{array}
\left[\begin{array}{cc}
0 & \infty\\
11 & 0
\end{array}\right]_{48}\\
\begin{array}{cc}1' & 3'\end{array}
\end{array}
\qquad
\begin{array}{c}
\begin{array}{c}3'\\4'\\5'\end{array}
\left[\begin{array}{ccc}
0 & 0 & \infty\\
\infty & \infty & 0\\
11 & 0 & 0
\end{array}\right]_{60}\\
\begin{array}{ccc}1' & 2' & 3'\end{array}
\end{array}
\qquad
\begin{array}{c}
\begin{array}{c}2'\\3'\\4'\\5'\end{array}
\left[\begin{array}{cccc}
9 & \infty & 8 & 0\\
0 & 3 & \infty & 0\\
12 & 0 & 9 & \infty\\
10 & 0 & 0 & 12
\end{array}\right]_{52}\\
\begin{array}{cccc}1' & 2' & 3' & 4'\end{array}
\end{array}$$

图 7-28

7.12.2　任务安排问题

任务安排是一个非常实际的专题,现举例如下:

设有 4 个加工项目:J_1, J_2, J_3, J_4,其加工顺序 $m_1 \to m_2 \to m_3$ 是一样的.时间矩阵

$$\boldsymbol{T}=\begin{array}{c}J_1\\J_2\\J_3\\J_4\end{array}\left[\begin{array}{ccc}5 & 7 & 9\\10 & 5 & 4\\9 & 7 & 5\\5 & 8 & 10\end{array}\right]=(t_{ij})_{4\times 3}$$
$$\quad\;\; m_1 \quad m_2 \quad m_3$$

其中,$t_{ij}=J_i$ 在 m_j 上加工的时数 $i=1,2,3,4;j=1,2,3$.

　　[**例 7-8**]　假如加工顺序是 $J_2 \to J_3 \to J_1 \to J_4$ 则从开始到结束总共时间如图 7-29 所示为 52.

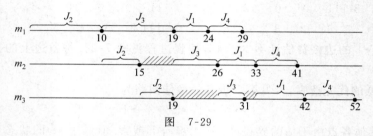

图　7-29

图 7-29 中////表示机器空闲等待任务,由于前面任务已加工完毕,下一任务在前一工

序还没结束.

（1）从 J_i 任务开始加工时间估计为

$$t_{i1} + \sum_{j=1}^{4} t_{j2} + \min_{k \neq i}\{t_{k3}\} \quad i = 1,2,3,4.$$

有

假如 J_1 开始的时间估计为

$$5 + (7+5+7+8) + 4 = 36$$

从 J_2 开始的时间估计为

$$10 + (7+5+7+8) + 5 = 42$$

（2）从 J_i 开始继以 J_j 的加工顺序的加工时间估计式为

$$t_{i1} + t_{j1} + \sum_{k \neq 1} t_{k2} + \min_{k \neq i,j}\{t_{k3}\}$$

（3）$J_i \to J_j \to J_k$ 的加工顺序的加工时间估计式为

$$t_{i1} + t_{j1} + k_{k1} + \sum_{l \neq i,j} t_{l2} + t_{h3},\ h \text{ 是除 } i,j,k \text{ 以外的唯一一个任务}.$$

现将利用分支定界法搜索的最佳加工顺序的过程如图 7-30 所示.

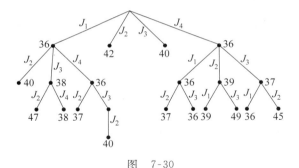

图　7-30

从 $J_1 \to J_4 \to J_3$ 估计 36 为最佳，计算

$$J_1 \to J_4 \to J_3 \to J_2 \text{ 得}$$

总时数为 40.

图 7-31 中估计超过 40 或等于 40 的不必搜索下去，但估计小于 40 还得进行. 留给读者自己来完成.

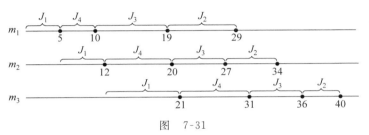

图　7-31

7.13 最短树与 Kruskal 算法

15 个城市的邻接距离如图 7-32 所示,要建一公路将这 15 个城市连在一起.要求总造价最省,也就是只要能连通,要求总长度最短,所以避免出现回路.问题转化为求图 7-32 的最短树,将图 7-32 的 22 条边,按从小到大排序,有 1,1,2,2,2,2,2,3,3,3,3,4,4,4,5,5,4,7,8,8,9,12.

算法:

S1. 集合 E 的边排序得:$e_1 \leqslant e_2 \leqslant \cdots \leqslant e_m$.

S2. $T \leftarrow \phi, S \leftarrow 0, i \leftarrow 1, t \leftarrow 0$.

S3. 若 $t = n-1$ 则做输出 T, S,结束 **终**.

S4. 若 $T \cup \{e_i\}$ 构成一回路则做 **始** $i \leftarrow i+1$,转 S4 **终**,否则转 S5.

S5. $T \leftarrow T \cup \{e_i\}, S \leftarrow S+e_i, t \leftarrow t+1, i \leftarrow i+1$,转 S3.

图 7-32 的最短树见图 7-33 边上括号里的数是加到树的序号.顶点数 n,树枝的数目为 $n-1$.

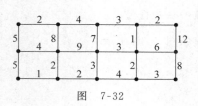

图　7-32

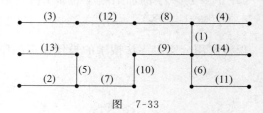

图　7-33

7.14 Huffman 树

ASCII 码的码长是 8 比特,但英文字母出现的频率差别极大,高的如 e,据统计出现的频率达 15%,低的为 z,只有 0.0008,为了提高效率,压缩数据,可采用变长度的编码.以二元码为例,设 $a_1, a_2, \cdots, a_n$,它的频率依次为 $p_1 \leqslant p_2 \leqslant \cdots \leqslant p_n$,$p_1 + p_2 + \cdots + p_n = 1$.如何构造编码使码字 a_i 的码长 l_i 满足

$$m = \sum_{i=1}^{n} p_i l_i$$

达到最小,即码长的平均值最小.其中 a_i 是码字,l_i 是码 a_i 的长度.编码可用一棵二元树来表示.

如图 7-34 所示若有一串编码:011011000111

如何译码? 从树顶开始读到树叶便是一个码字,重新从树顶开始继续往下读,依次可得:

01,10,110,00,111.

二元树的叶子是码字.首先最佳的编码的码树不存在没有"兄弟"节点的码字.

如下图可缩短 a_4 的编码 110 为 11 使 m 下降.

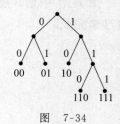

图　7-34

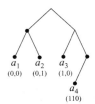

设 T_n^* 是对应于频率 $p_1 \leqslant p_2 \leqslant \cdots \leqslant p_n$ 的最佳码树. p_1, p_2 在码树上是兄弟叶片,将 $p_1 + p_2$ 给予他们的父亲节点的树 T_{n-1},可证 T_{n-1} 就是频率为 $p_1 + p_2, p_3, \cdots, p_n$ 的最佳码树 T_{n-1}^*.

因为

$$m(T_{n-1}) = m(T_n^*) - p_1 - p_2$$
$$m(T_{n-1}^*) = m(T_n) - p_1 - p_2$$

树 T_n 是由 T_{n-1}^* 的频率为 $p_1 + p_2$ 的叶子,分解为两个儿子叶子 p_1 和 p_2 所得的二元树. 有

$$m(T_n) \geqslant m(T_n^*), m(T_{n-1}) \geqslant m(T_{n-1}^*)$$

所以 $\quad m(T_n^*) - p_1 - p_2 \geqslant m(T_n) - p_1 - p_2$

即 $\quad\quad\quad\quad m(T_n^*) \geqslant m(T_n)$

这个结论说明: T_n^* 可以从 T_{n-1}^* 得到,即从 T_{n-1}^* 的 $p_1 + p_2$ 的叶片向下分解为两个儿子叶片 p_1 和 p_2 得到.

递归利用这个方法,举例如下:

已知 $a_1, a_2, \cdots, a_7, a_8$ 的频率从小到大的顺序为

$0.05, 0.05, 0.08, 0.10, 0.15, 0.15, 0.20, 0.22$

求最佳编码使平均的码长达到最小. 过程见图 7-35.

最后得编码树(图 7-36)即 a_1 的编码为 0000, a_2 的编码为 0001, a_3 的编码为 0110, a_4 的编码为 0111, a_5 的编码为 001, a_6 的编码为 010, a_7 的编码为 10, a_8 的编码为 11.

对这过程作如下说明. 从序列:

$0.05, 0.05, 0.08, 0.10, 0.15, 0.15, 0.20, 0.22$

将最小的两个频率 0.05 和 0.05 相加得序列:

$0.10, 0.08, 0.10, 0.15, 0.15, 0.20, 0.22$

序列元素个数是从 8 降为 7,其中两个最小的元素为 0.08 和 0.10,而且其中有两个 0.10,其中一个是由 0.05+0.05 形成的. 但不选择这个 0.10. 理论上选哪个结果 m 都一样,但深层次的道理超过我们的范围,故从略.

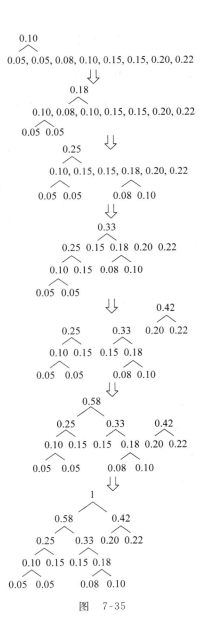

图 7-35

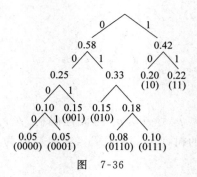

图 7-36

7.15 多段判决

7.15.1 问题的提出

已知图 7-37 所示的道路,求 O 点到 N 点最短路径.

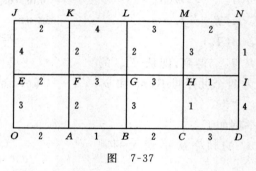

图 7-37

从 O 点到 N 点的路径数为

$$\binom{4+2}{2} = \binom{6}{2} = 15$$

相当于 4 个 x 和 2 个 y 的排列数:

$$\frac{6!}{2!4!} = 15$$

可对 15 条路径进行枚举,比较得出最短路径.每条路径的长度需作 6 次加法,共需 90 次加法.

若令

$$d_O = O \text{ 点到 } N \text{ 点的最短距离}$$
$$d_A = A \text{ 点到 } N \text{ 点的最短距离}$$
$$\vdots$$
$$d_O = \min\{d_A + 2, d_E + 3\}$$
$$d_A = \min\{d_B + 1, d_F + 2\}$$
$$\vdots$$

计算可从 M, I 开始.

$$d_M = 2, \qquad d_I = 1$$
$$d_H = \min\{d_M + 2, d_I + 1\} = \min\{3 + 2, \underline{1 + 1}\} = 2$$

即 H 点到 N 点的最短路径为 $H \to I \to N$. "＿＿" 表示最小的项.

$$d_D = 4 + 1 = 5$$

D 点到 N 的最短路径为 $D \to I \to N$.

$$d_C = \min\{d_H + 1, d_D + 3\} = \min\{\underline{2 + 1}, 5 + 3\} = 3$$

C 点到 N 点的最短路径为 $C \to H \to I \to N$.

$$d_L = 3 + 2 = 5$$
$$d_G = \min\{d_H + 3, d_L + 2\} = \min\{2 + 3, 5 + 2\} = 5$$
$$d_B = \min\{d_C + 2, d_G + 3\} = \min\{3 + 2, 5 + 3\} = 5$$
$$d_K = d_L + 4 = 5 + 4 = 9$$
$$d_F = \min\{d_K + 2, d_G + 3\} = \min\{9 + 2, \underline{5 + 3}\} = 8$$
$$d_A = \min\{d_B + 1, d_F + 2\} = \min\{\underline{5 + 1}, 8 + 2\} = 6$$
$$d_J = d_K + 2 = 9 + 2 = 11$$
$$d_E = \min\{d_J + 4, d_F + 2\} = \min\{11 + 4, \underline{8 + 2}\} = 10$$
$$d_O = \min\{d_A + 2, d_E + 3\} = \min\{\underline{6 + 2}, 10 + 3\} = 8$$

所以最短路径为 8. 从 O 点回溯可得

$$O \to A \to B \to C \to H \to I \to N$$

共作了 22 次加法, 而不是 90 次.

对一般从 $O(0, 0)$ 点到 $N(m, n)$ 点的最短路径, 如图 7-38 所示.

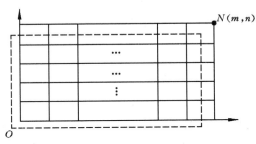

图 7-38

从 O 点到 N 点的路径数应为

$$\binom{m + n}{m} = \frac{(m + n)!}{m! \, n!}$$

相当于在 $m + n$ 个格子中选择 m 个填上 x, 其余为 y, 其结果对应于一条从 O 到 N 的路径. 若采用穷举法对每条路径求其长度进行比较, 则最后得出最优的, 共需作

$$2mn + (m + n)$$

次加法. 即图中虚线包围部分的点作两次加法, 故 mn 个点. $x = m, y = n$ 线上的点只作一次加法. 比用穷举强行搜索法所需的

273

$$(m+n)\frac{(m+n)!}{m!n!}$$

次加法数显然量级上要低得多.

7.15.2 最佳原理

前面的路径问题,将求 O 点到 N 点的最短路径问题,变为求 A 点和 E 点到 N 点的最短路径问题. A 点到 N 点的最短路径问题,转化为求 B 点与 F 点到 N 点的最短路径问题等,即将一个判决问题变成多段判决.计算却是从最里层开始,可大量地减少计算量,并给出一种判决.类似的问题很多,从中抽象出重要的最佳原理如下:

为了解决某一优化问题的判决,需要依次作出 $D_1,D_2,\cdots,D_n$ 的决策,若这个决策序列是最优的,对于任一整数 $k,1<k<n$,无论前面的决策如何,D_k 的决策只决定于由前面的决策所确定的当前状态.也就是说当前的决策只取当前的状态,所以决策计算可以从后面开始.前面讲的最短路径问题便符合最佳原理.

7.15.3 矩阵链积问题

先以 A,B,C 三个矩阵的乘积为例,设
$$A=(a_{ij})_{m\times n}, \qquad B=(b_{jk})_{n\times l}, \qquad C=(c_{kh})_{l\times r}$$
由矩阵乘积的结合律成立,可得
$$ABC=A(BC)=(AB)C$$
$(AB)C$ 的乘法次数为
$$m\times n\times l+n\times l\times r$$
$A(BC)$ 的乘法次数为
$$m\times n\times r+n\times l\times r$$
比如, $$m=10,n=100,l=5,r=50,$$
则 $(AB)C$ 的乘法次数为
$$5000+2500=7500$$
而 $A(BC)$ 的乘法次数为
$$50000+25000=75000$$
可见,计算 3 个矩阵乘积,最后的结果是一样的,而计算过程所需的计算量却大有讲究.

所谓矩阵链乘问题,就是找出计算
$$A_1A_2\cdots A_n$$
的最佳顺序,使所需的乘法次数达到最小.这问题等价于对
$$A_1A_2\cdots A_n$$
用括号来表达其运算的顺序以 $A_1A_2A_3$ 为例,$(A_1A_2)A_3$ 和 $A_1(A_2A_3)$ 两种,即 $n=3$ 时方案数为 2.一般 n 的方案数,即 2.14.2 中讨论的 Catalan 数 C_n,

设最佳的乘积方案是
$$(A_1A_2\cdots A_i)(A_{i+1}A_{i+2}\cdots A_n)$$
则对于
$$A_1A_2\cdots A_i \quad \text{和} \quad A_{i+1}A_{i+2}\cdots A_n$$

也必须是最佳的. 设 $A_i = (a_{jk}^{(i)})_{r_i \times r_{j+1}}$, $i = 1, 2, \cdots, n$.

令 $A_i A_{i+1} \cdots A_j$ 最少的乘法次数为 m_{ij}, 则

$$m_{ij} = \min_{i \leqslant k \leqslant j} \{m_{ik} + m_{k+1,j} + r_i r_{k+1} r_{j+1}\}$$

$$m_{ii} = 0, \quad i, j = 1, 2, \cdots, n, \quad i < j$$

当 $r_1 = 35, r_2 = 40, r_3 = 20, r_4 = 10, r_5 = 15$ 时, 求

$$A_1 A_2 A_3 A_4$$

的最佳乘积方案.

$$m_{12} = 35 \times 40 \times 20 = 28000$$

$$m_{23} = 40 \times 20 \times 10 = 8000$$

$$m_{34} = 20 \times 10 \times 15 = 3000$$

$$m_{13} = \min\{m_{12} + 35 \times 20 \times 10, \, m_{23} + 35 \times 40 \times 10\}$$

$$= \min\{28000 + 7000, \underline{8000 + 14000}\} = 22000$$

$$m_{24} = \min\{m_{23} + 40 \times 10 \times 15, \, m_{34} + 40 \times 20 \times 15\}$$

$$= \min\{\underline{8000 + 6000}, 3000 + 12000\} = 14000$$

$$m_{14} = \min\{m_{13} + 35 \times 10 \times 15, \, m_{12} + m_{34} + 35 \times 20 \times 15,$$

$$m_{24} + 35 \times 40 \times 15\}$$

$$= \min\{22000 + 5250, 28000 + 3000, 14000 + 21000\}$$

$$= \min\{\underline{27250}, 41500, 35000\} = 27250$$

所以最佳乘积方案应是

$$(A_1 A_2 A_3) A_4$$

回溯 $A_1 A_2 A_3$ 的最佳方案为

$$A_1 (A_2 A_3)$$

故问题的最佳求积方案为

$$(A_1 (A_2 A_3)) A_4$$

7.15.4 图的两点间最短路径

已知图 $G = (V, E)$ 及距离矩阵 $D = (d_{ij})_{n \times n}$.

$$v = (v_1, v_2, \cdots, v_n),$$

$$d_{ij} = \begin{cases} (v_i, v_j) \text{ 的长度}, (v_i, v_j) \in E \\ 0, \quad v_i = v_j \\ \infty, \quad (v_i, v_j) \notin E \end{cases}$$

求 G 任意两点的最短路径.

定义 7-1 $A = (a_{ij})_{n \times n}, B = (b_{ij})_{n \times n}$,

其中 $$C = A * B = (c_{ij})_{n \times n}$$

$$c_{ij} = \min\{a_{ik} + b_{kj}\} \quad i, j = 1, 2, \cdots, n,$$

$$E = A \bigvee B = (e_{ij})_{n \times n}, \quad e_{ij} = \min\{a_{ij}, b_{ij}\}, i, j = 1, 2, \cdots, n.$$

令 $D = D$, $D^{(k+1)} = D^{(k)} * D^{(1)}$, $D^{(k)} = (d_{ij}^{(k)})_{n \times n}$.

$d_{ij}^{(2)} = \min_k \{d_{ik} + d_{kj}\} = v_i$ 到 v_j 经过中间一个点的最短距离.

$$D^* = D^{(1)} \bigvee D^{(2)} \bigvee \cdots \bigvee D^{(n)} = (d_{ij}^*)_{n \times n} \text{给出问题的解答.}$$

计算 D^* 的复杂性是 $O(n^4)$.

若引进 $D^{(k)} = (d_{ij}^{(k)})_{n \times n}$

$$d_{ij}^{(k)} = \max_{1 \leqslant k \leqslant n} \{ d_{ij}^{(k-1)}, d_{ik}^{(k-1)} + d_{kj}^{(k-1)} \}, \quad i,j = 1,2,\cdots,n$$

利用 $D^{*(k)}$ 求 D^*（Warshall）算法如下：

S1. $D^{(0)} \leftarrow D, k \leftarrow 1$.

S2. i 从 1 到 n，j 从 1 到 n 做

$$d_{ij}^{(k)} = \min \{ d_{ij}^{(k-1)}, d_{ij}^{(k-1)} + d_{kj}^{(k-1)} \}.$$

S3. $k \leftarrow k+1$.

S4. 若 $k \leqslant n$ 则转 S2，否则输出 $D_1^{*(n)}$ 结束.

计算 $\boldsymbol{D}^{(n)}$ 的复杂性为 $O(n^3)$. 算法是对矩阵 $(d_{ij})_{n \times n}$ 针对 v_k 进行 n 次的修改.

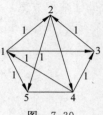

图 7-39

[**例 7-9**]　如图 7-39 所示.

$$\boldsymbol{D} = \begin{bmatrix} 0 & 1 & 1 & \infty & 1 \\ \infty & 0 & \infty & 1 & 1 \\ \infty & 1 & 0 & \infty & \infty \\ 1 & \infty & 1 & 0 & \infty \\ \infty & \infty & \infty & 1 & 0 \end{bmatrix} = \boldsymbol{D}^{*(0)} \quad \boldsymbol{D}^{*(1)} = \begin{bmatrix} 0 & 1 & 1 & \infty & 1 \\ \infty & 0 & \infty & 1 & 1 \\ \infty & 1 & 0 & \infty & \infty \\ 1 & 2^* & 1 & 0 & 2^* \\ \infty & \infty & \infty & 1 & 0 \end{bmatrix}$$

$$\boldsymbol{D}^{*(2)} = \begin{bmatrix} 0 & 1 & 1 & 2 & 1 \\ \infty & 0 & \infty & 1 & 1 \\ \infty & 1 & 0 & 2^* & 2^* \\ 1 & 2 & 1 & 0 & 2 \\ \infty & \infty & \infty & 1 & 0 \end{bmatrix} \quad \boldsymbol{D}^{*(3)} = \begin{bmatrix} 0 & 1 & 1 & 2 & 1 \\ \infty & 0 & \infty & 1 & 1 \\ \infty & 1 & 0 & 2 & 2 \\ 1 & 2 & 1 & 0 & 2 \\ \infty & \infty & \infty & 1 & 0 \end{bmatrix}$$

$$\boldsymbol{D}^{*(4)} = \begin{bmatrix} 0 & 1 & 1 & 2 & 1 \\ 2^* & 0 & \infty & 1 & 1 \\ 3 & 1 & 0 & 2 & 2 \\ 1 & 2 & 1 & 0 & 2 \\ \infty & \infty & \infty & 1 & 0 \end{bmatrix} \quad \boldsymbol{D}^{*(5)} = \begin{bmatrix} 0 & 1 & 1 & 2 & 1 \\ 2 & 0 & \infty & 1 & 1 \\ 3 & 1 & 0 & 2 & 2 \\ 1 & 2 & 1 & 0 & 2 \\ 2 & 3 & 2 & 0 & 0 \end{bmatrix}$$

习　　题

7.1 对下列序列，分别利用归并排序法、快速排序法、Ford-Johnson 排序法进行排序.

(1) $5,2,4,3,18,10,11,16,9,8$,

(2) $5,9,3,27,10,22,19,6,14,15$.

7.2 试讨论 $n = 2^4$ 的 FFT，并作其算法流程图.

7.3 已知 8 个关键字 $a_i, i = 1,2,\cdots,8$，其查找频率为

$0.01, 0.03, 0.03, 0.03, 0.05, 0.05, 0.20, 0.6$,

试求其 Huffman 树.

7.4 已知 6 个矩阵链乘 $P = A_1 A_2 A_3 A_4 A_5 A_6$，矩阵 $A_1, A_2, A_3, A_4, A_5, A_6$ 的阶依次为 $30 \times 35, 35 \times 15$,

$15\times 5,5\times 10,10\times 20,20\times 25$,试求其最佳的乘法方案,并试问可能有多少方案?

7.5 已知下列距离矩阵

$$\boldsymbol{D}=\begin{bmatrix} \infty & 5 & 3 & 4 & 6 \\ 5 & \infty & 2 & 10 & 9 \\ 3 & 2 & \infty & 8 & 7 \\ 4 & 10 & 8 & \infty & 1 \\ 6 & 9 & 7 & 1 & \infty \end{bmatrix},$$

用两种方法求其 TSM 解.

7.6 已知 4 项加工任务 J_1,J_2,J_3,J_4,三台机器 m_1,m_2,m_3,加工顺序:$m_1\rightarrow m_2\rightarrow m_3$,加工时间矩阵

$$\boldsymbol{J}=\begin{array}{c} J_1 \\ J_2 \\ J_3 \\ J_4 \end{array}\begin{bmatrix} 5 & 7 & 9 \\ 10 & 5 & 2 \\ 9 & 9 & 5 \\ 5 & 8 & 10 \end{bmatrix}=(t_{ij})_{4\times 3}$$
$$\quad\quad m_1\ \ m_2\ \ m_3$$

求最佳的加工安排.

7.7 已知图 G 的距离矩阵

$$\boldsymbol{D}=\begin{bmatrix} \infty & 1 & 2 & \infty & \infty & \infty \\ \infty & \infty & 1 & 3 & \infty & 7 \\ \infty & \infty & \infty & 1 & 2 & \infty \\ \infty & \infty & \infty & \infty & \infty & 3 \\ \infty & \infty & \infty & \infty & \infty & 6 \\ \infty & \infty & \infty & \infty & \infty & \infty \end{bmatrix}_{6\times 6}$$

求任意两点间的最短距离.